计算机“十三五”规划教材

中文版 Excel 2010
电子表格制作项目教程

冯 宇　蒋向东　于立红　主编

上海科学普及出版社

图书在版编目（CIP）数据

中文版 Excel 2010 电子表格制作项目教程 / 冯宇，蒋向东，于立红主编. -- 上海 ：上海科学普及出版社，2015.1

ISBN 978-7-5427-6337-2

Ⅰ. ①中… Ⅱ. ①冯… ②蒋… ③于… Ⅲ. ①表处理软件－职业教育－教材 Ⅳ. ①TP391.13

中国版本图书馆 CIP 数据核字（2014）第 305555 号

责任编辑　徐丽萍

中文版 Excel 2010 电子表格制作项目教程

冯宇　蒋向东　于立红主编

上海科学普及出版社出版发行

（中山北路 832 号　邮政编码 200070）

http://www.pspsh.com

各地新华书店经销	冯兰庄兴源印刷厂印制
开本 787×1092　1/16	印张 15.5　字数 386 800
2015 年 1 月第 1 版	2023 年 8 月第 2 次印刷

ISBN 978-7-5427-6337-2　定价：35.00 元

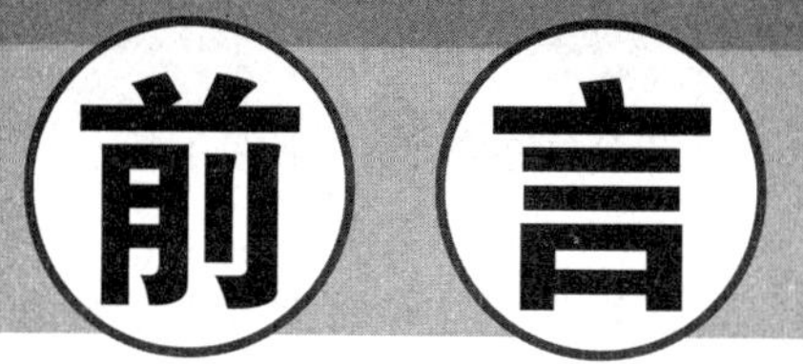

前言 Foreword

Excel 是微软公司推出的 Microsoft Office 系列套装软件中的重要组成部分，其功能强大、易于操作，用它可以制作电子表格，方便地输入数据、公式、函数以及图形对象，实现数据的高效管理、计算和分析，生成直观的图形、专业的图表等，被广泛应用于文秘办公、财务管理、市场营销、行政管理和协同办公等事务中。

➢ 本书特点

为帮助广大读者快速掌握 Excel 2010 各项功能，我们特别组织专家和一些一线骨干老师编写了《中文版 Excel 2010 电子表格制作项目教程》一书。本书具有以下主要特点：

（1）全面介绍 Excel 2010 的基本功能及实际应用，以各种重要技术为主线，然后对每种技术中的重点内容进行详细介绍。

（2）运用全新的项目任务的写作手法和写作思路，使读者在学习本书之后能够快速掌握 Excel 操作技能，真正成为 Excel 电子表格制作的行家里手。

（3）全面讲解 Excel 2010 的各种应用，内容丰富，步骤讲解详细，实例效果易于理解，读者通过学习能够真正解决实际工作和学习中遇到的难题。

（4）以实用为教学出发点，以培养读者实际应用能力为目标，通过通俗易懂的文字和手把手的教学方式讲解 Excel 软件操作中的要点与难点，使读者全面掌握 Excel 应用知识。

➢ 本书结构安排

本书结构安排如下：

项目一　初识 Excel 2010。通过对本项目的学习，读者应能熟悉启动和退出 Excel 2010 的操作方法；熟悉 Excel 2010 的工作界面；熟练掌握功能区中按钮和命令的使用方法；熟悉 Excel 2010 的视图方式。

项目二　Excel 2010 基本操作。通过对本项目的学习，读者应能熟练掌握新建、保存、打开和关闭 Excel 工作簿的方法；掌握工作表的基本操作方法；掌握拆分和冻结工作表的方法；掌握设置 Excel 2010 工作环境的方法。

项目三　数据的输入与编辑。通过对本项目的学习，读者应能掌握插入、删除、命名、复制单元格的方法；掌握手动输入数据的方法；掌握使用填充柄、填充命令和自定义填充数据的方法；掌握添加与管理批注的方法；掌握查找和替换数据的方法；掌握撤销和恢复数据的方法。

项目四　工作表格式设置与美化。通过对本项目的学习，读者应能掌握设置常用数据格式的方法；掌握设置字符格式的方法；掌握设置文本和数据对齐方式的方法；掌握格式化单元格的方法；掌握使用单元格样式的方法；掌握使用条件格式区分单元格的方法；掌握对表格进行样式设置的方法。

项目五　使用公式。通过对本项目的学习，读者应能认识公式的结构和运算符；熟练掌握公式的基本操作；熟练掌握引用单元格的方法；掌握使用复杂公式的方法；掌握审核公式的方法。

项目六　使用函数。通过对本项目的学习，读者应能了解函数的语法，掌握插入函数的方法；掌握插入和编辑文本函数的方法；掌握插入和编辑日期与时间函数的方法；掌握插入和编辑数学与统计函数的方法。

项目七　设计艺术化工作表。通过对本项目的学习，读者应能掌握插入图形的操作方法；掌握调整图形大小和位置的方法；掌握设置形状效果的操作方法；掌握插入艺术字和修改艺术字格式的方法；掌握插入剪贴画和图片文件的方法；掌握插入 SmartArt 图形，以及设置 SmartArt 图形格式的方法。

项目八　创建和编辑图表。通过对本项目的学习，读者应能熟悉 Excel 中折线图、饼图、条形图等各类图表；掌握创建基本图表和组合图表的方法；掌握改变图表类型、添加与删除数据系列、设置图表选项等编辑图表的方法；掌握在图表中添加误差线和趋势线的方法。

项目九　Excel 数据分析与管理。通过对本项目的学习，读者应能掌握快速排序和按多列排序的方法；掌握按单元格颜色排序和自定义排序的方法；掌握自动筛选、数字筛选、清除筛选、文本筛选、与关系高级筛选和关系高级筛选的方法；掌握分类汇总的方法。

项目十　数据透视表和数据透视图。通过对本项目的学习，读者应能掌握创建数据透视表的操作方法；掌握编辑数据透视表的方法；掌握创建数据透视图的方法；掌握编辑数据透视图的方法。

项目十一　Excel 页面设置与打印。通过对本项目的学习，读者应能掌握设置页面版式的方法；掌握设置打印标题、打印行号与列标的方法；掌握设置草稿和单色方式打印、设置网格线打印的方法；掌握打印预览和打印的方法；掌握插入和删除分页符的方法；掌握插入页眉和页脚的方法；掌握添加水印效果的方法。

➢　本书编写人员

本书由渤海船舶职业学院的冯宇、重庆安全技术职业学院的蒋向东、郑州轻院民族职业学院的于立红任主编，由衡水科技工程学校的祝佳光和蔡硕等参与了本书的部分编写工作。其中，冯宇编写了项目一、三、四和十，蒋向东编写了项目二、五和七，于立红编写了项目六和八，祝佳光编写了项目九，蔡硕编写了项目十一。本书的相关资料和售后服务可扫封底二维码或登 www.bjzzwh.com 下载获得。

➢　本书适合对象

本书既可作为应用型本科院校、职业院校的教材，也适合希望尽快掌握 Excel 2010 电子表格制作技能的电脑初、中级用户阅读。

本书在编写过程中难免有疏漏和不当之处，敬请各位专家及读者不吝赐教。

编　者

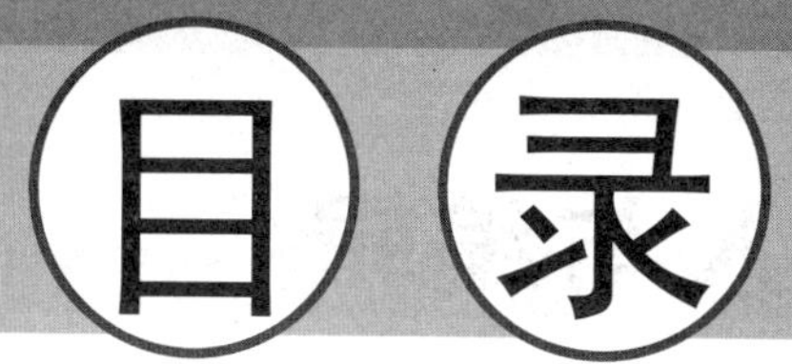

Contents

项目一　初识Excel 2010

项目二　Excel 2010基本操作

项目三　数据的输入与编辑

项目四　工作表格式设置与美化

项目五 使用公式

项目六 使用函数

项目七 设计艺术化工作表

项目八 创建和编辑图表

项目九 Excel数据分析与管理

项目十 数据透视表和数据透视图

项目十一 Excel页面设置与打印

项目一　初识 Excel 2010

项目概述

Excel 2010 是最专业的电子表格制作软件，本章将对其启动与退出、工作界面、视图方式进行详细介绍。通过对本章的学习，无论是 Excel 新用户，还是使用 Excel 以前版本的老用户，都能够全面领略 Excel 2010 的新面貌。

项目重点

- 熟悉启动和退出 Excel 2010 的操作方法。
- 认识 Excel 2010 的工作界面。
- 熟练掌握功能区中按钮和命令的使用方法。
- 熟悉 Excel 2010 的五种视图方式。

项目目标

- 能够轻松启动和退出 Excel 2010。
- 熟悉 Excel 2010 的工作界面，了解各部分的功能。
- 能够熟练运用功能区中的各种按钮和命令。
- 能够根据需要切换 Excel 2010 的视图方式。

任务一　Excel 2010 简介

Excel 2010 是 Office 2010 套装软件的重要组件部分，是微软公司新推出的一款出色的电子表格软件，用于完成电子表格制作，复杂的数据运算，以及数据分析和预测等。Excel 具有强大的图表功能，利用其图表功能可以直观、快捷地查看及分析数据。

Excel 2010 从界面到功能都进行了全新的变革，其中包括全新设计的优美界面，稳定、安全的文件格式，以及高效的沟通协作方式等，为用户提供了强大的数据运算及数据分析平台，具有用户界面友好、操作简单、易学易用等特点。

任务重点与实施

一、启动 Excel 2010

要启动 Excel 2010 应用程序，可以采用以下几种方法：

方法 1：通过“开始”菜单启动

单击“开始”按钮，打开“开始”菜单，然后单击“所有程序”| Microsoft Office | Microsoft Excel 2010 命令，即可启动 Excel 2010，如图 1-1 所示。

方法 2：通过双击快捷方式图标启动

双击桌面上的 Microsoft Excel 2010 快捷方式图标，也可以快速启动 Excel 2010，如图 1-2 所示。

图 1-1　单击 Microsoft Excel 2010 命令

图 1-2　双击 Excel2010 快捷方式图标

如果桌面上没有 Excel 2010 快捷方式图标，可以在“开始”菜单中右击 Microsoft Excel 2010 命令，在弹出的快捷菜单中选择“发送到”|“桌面快捷方式”命令，即可在桌面上创建快捷方式图标。

方法 3：通过快捷方式启动

双击电脑中已经存储的 Excel 文档，可以直接启动 Excel 2010 应用程序，并打开该文档。

二、退出 Excel 2010

退出 Excel 2010 的方法主要有以下几种：

方法 1：通过单击标题栏“关闭”按钮退出

单击 Excel 2010 标题栏右上角的“关闭”按钮，即可退出 Excel 2010，如图 1-3 所示。

方法 2：通过“文件”选项卡退出

单击“文件”按钮并选择“退出”选项，即可退出 Excel 2010，如图 1-4 所示。

方法 3：使用快捷键退出

按【Alt+F4】快捷键，也可以直接退出 Excel 2010 应用程序。

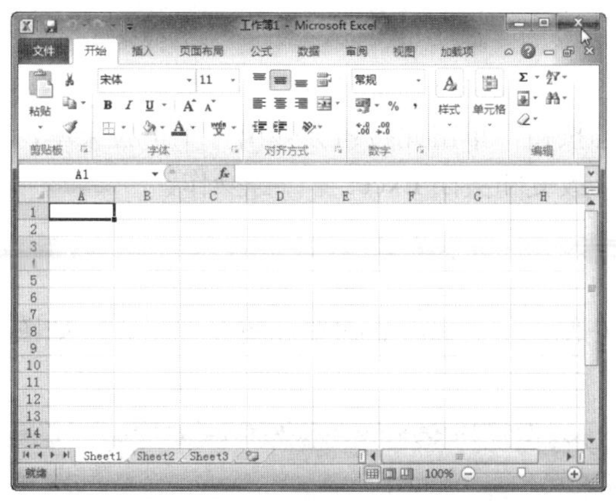

图 1-3　单击“关闭”按钮

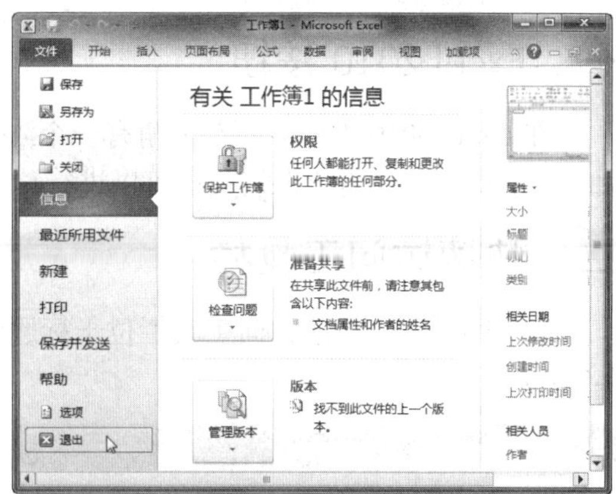

图 1-4　选择“退出”选项

任务二　熟悉 Excel 2010 工作界面

任务概述

启动 Excel 2010 后，就可以看到它的工作界面。与以前版本相比而言，Excel 2010 的工作界面有相当大的变化，其功能更加强大，操作更加方便。下面将详细介绍 Excel 2010 的工作界面。

任务重点与实施

Excel 2010 工作界面主要由 Excel 标志按钮、快速访问工具栏、标题栏、功能区、编辑栏、工作表区，工作表标签，以及状态栏等组成，如图 1-5 所示。

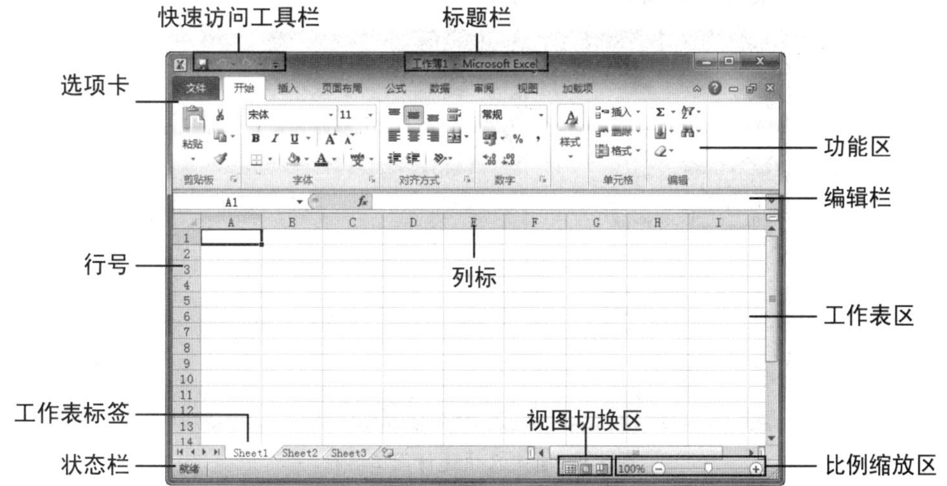

图 1-5　Excel 2010 工作界面

一、Excel 2010 按钮

在 Excel 2010 工作界面左上角有一个标志按钮，单击此按钮会弹出一个下拉菜单，如图 1-6 所示。使用此下拉菜单可以进行移动、改变和关闭 Excel 窗口等操作。

二、快速访问工具栏

默认情况下，快速访问工具栏位于标题栏左侧，用于保存、撤销和重复等操作，如图 1-7 所示。

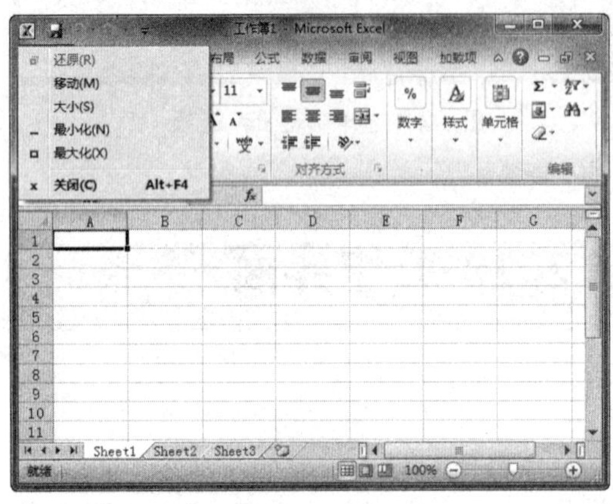

图 1-6 单击 Excel 标志按钮

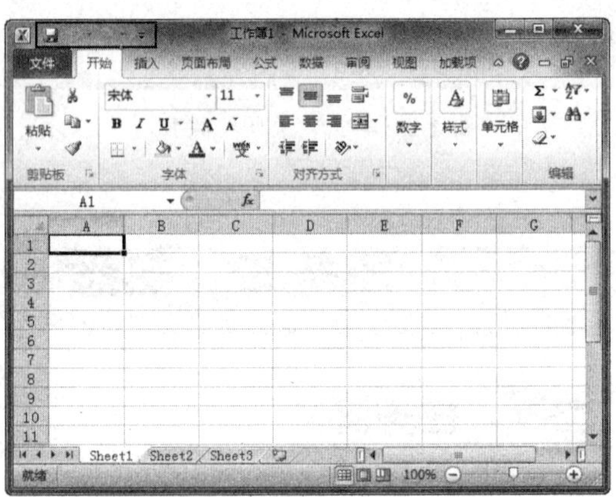

图 1-7 快速访问工具栏

其中，各按钮的功能如下：

- **“保存”按钮**：用于保存文件。
- **“撤销”按钮**：用于撤销上一步操作，也可按【Ctrl+Z】快捷键撤销上一步操作。可以多次单击此按钮或按【Ctrl+Z】快捷键，将文件恢复到初始状态。
- **“重复”按钮**：用于重做被撤销的操作。
- **“自定义快速访问工具栏”按钮**：用于自定义快速访问工具栏，单击此按钮将弹出一个快捷菜单，如图 1-8 所示。

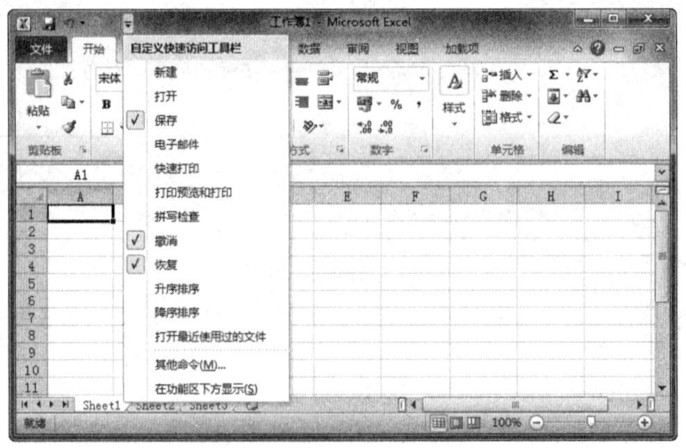

图 1-8 自定义快速访问工具栏

如果选择“在功能区下方显示”选项，就会使快速访问工具栏显示在功能区的下方。

三、标题栏

Excel 2010 标题栏左侧为快速访问工具栏。标题栏显示的内容是当前正在编辑的工作簿名称和程序名称。标题栏右侧是三个按钮，它们分别是“最小化”按钮，“还原”按钮（“最大化”按钮），“关闭”按钮。

四、功能区

在 Excel 2010 标题栏下方就是功能区。功能区能够帮助用户快速找到想要完成某一任务所需要的命令，这些命令组成一个组，集中放在各个区域内。每个区域只与一种类型的操作相关，Excel 2010 的功能区主要包括“文件”按钮，以及“开始”、“插入”、“页面布局”、“公式”、“数据”、“审阅”等选项卡，如图 1-9 所示。

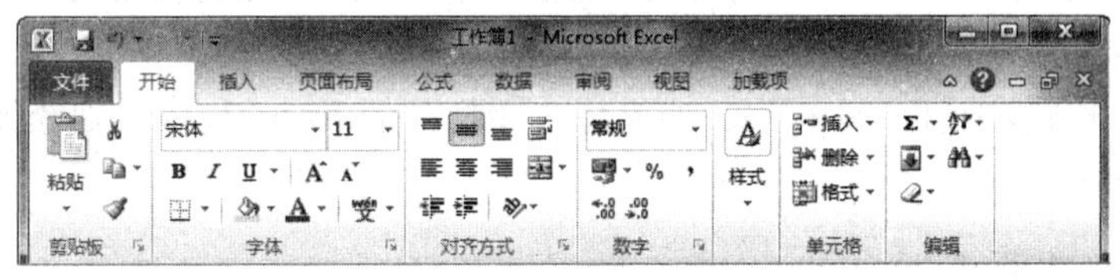

图 1-9 Excel 2010 功能区

1.“文件”按钮

“文件”按钮代替了以往版本的“文件”菜单，它位于程序窗口的左上角。单击“文件”按钮，就会显示出许多基本选项，如“打开”、“保存”、“另存为”和“关闭”等，如图 1-10 所示。其中：

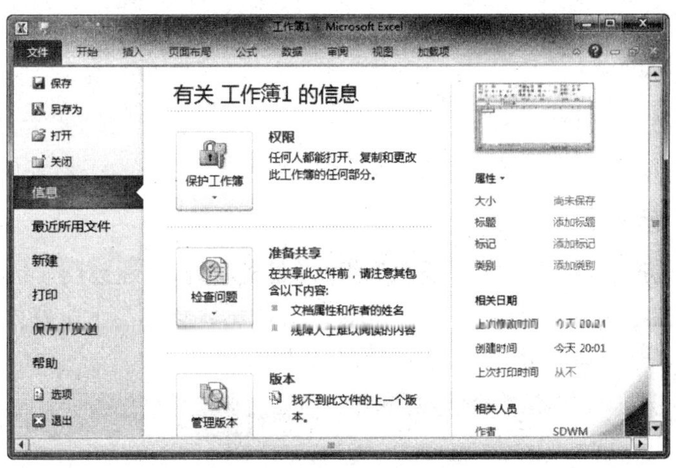

图 1-10 “文件”菜单

- ➢ **保存：**用于将用户创建的工作簿保存下来。
- ➢ **另存为：**用于将文件按用户指定的文件名、格式和位置保存下来。若要保存的文件从未保存过，则可以选择“保存”选项，也会弹出“另存为”对话框。
- ➢ **打开：**用于打开用户已经创建好的工作簿，要对该工作簿进行更改或查看，即可使用“打开”选项。

- **关闭：**用于关闭当前打开的 Excel 文档。如果要关闭当前的工作簿，则选择“文件”选项卡中的“关闭”选项。
- **信息：**用于显示有关工作簿的信息，如工作簿的大小、标题、标记、类别、上次修改时间、创建时间、上次打印时间、作者等，并且可以设置工作簿的操作权限及检查问题等。
- **最近：**用于查看最近用过的一些工作簿，可以让用户快速打开以前用过的工作簿。
- **新建：**用于创建一个新的 Excel 工作簿。
- **打印：**用于设置将要被打印文档的范围、份数、页边距及纸张的大小等。
- **共享：**可以将编辑好的工作簿通过 E-mail、Internet 传真发送出去，并且可以创建 PDF/XPS 文档。
- **帮助：**用于获取帮助信息，以及检查 Excel 程序更新等。
- **选项：**用于打开“Excel 选项”对话框，用户可以根据自己的使用习惯设置 Excel 2010 程序的工作方式。
- **退出：**用于关闭 Excel 程序。如果想关闭打开的 Excel 程序，则选择“退出”选项即可。

2．“开始”选项卡

启动 Excel 2010 后，在功能区默认打开的就是“开始”选项卡。在“开始”选项卡中有“剪贴板”组、“字体”组、“对齐方式”组、“数字”组、“样式”组、“单元格”组和“编辑”组，如图 1-11 所示。在选项卡中组的右下角有一个按钮，该按钮表示这个组还包含其他的操作窗口或对话框，可以进行更多的设置和选择。

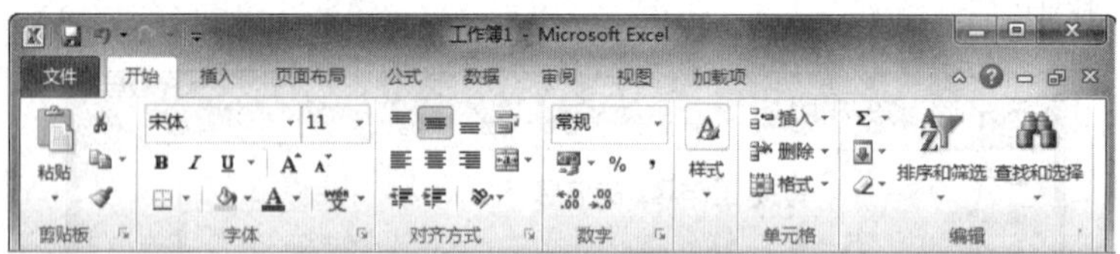

图 1-11 “开始”选项卡

3．“插入”选项卡

该选项卡中包括“表格”组、“插图”组、“图表”组、“迷你图”组、“筛选器”组、“链接”组、“文本”组和“符号”组，如图 1-12 所示。该选项卡主要为表格插入各种绘图元素，如图片、剪贴画、形状、图形、艺术字和图表等。

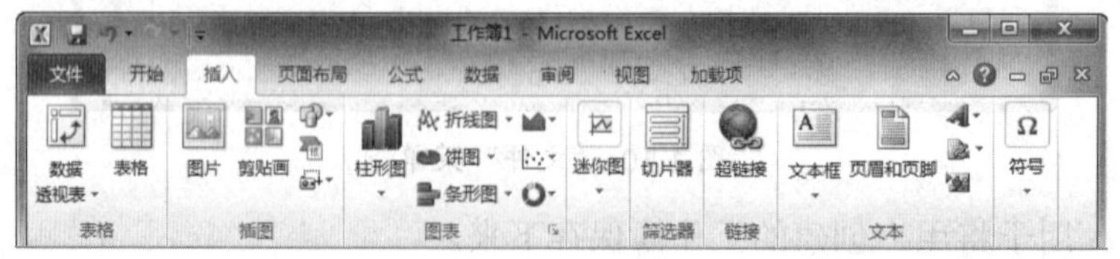

图 1-12 “插入”选项卡

4．“页面布局”选项卡

“页面布局”选项卡中包含“主题”组、“页面设置”组、“调整为合适大小”组、“工作表选项”组、“排列”组，其主要功能是设置工作簿布局，如页边距、纸张方向、背景、字体和颜色等，如图 1-13 所示。

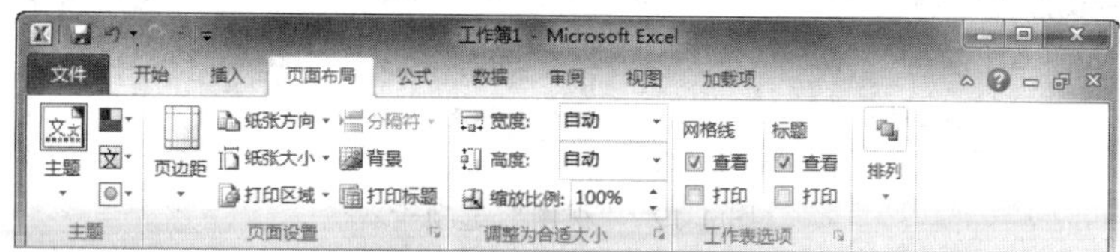

图 1-13 “页面布局”选项卡

5.“公式”选项卡

“公式”选项卡中主要是一些与公式有关的按钮和工具，包括“函数库”组、“定义的名称”组、“公式审核”组和“计算”组，如图 1-14 所示。“函数库”组包含了 Excel 2010 提供的各种函数类型，单击其中的一个按钮，即可直接打开相应的函数列表；如果将鼠标指针移到函数名称上，就会显示该函数的说明。

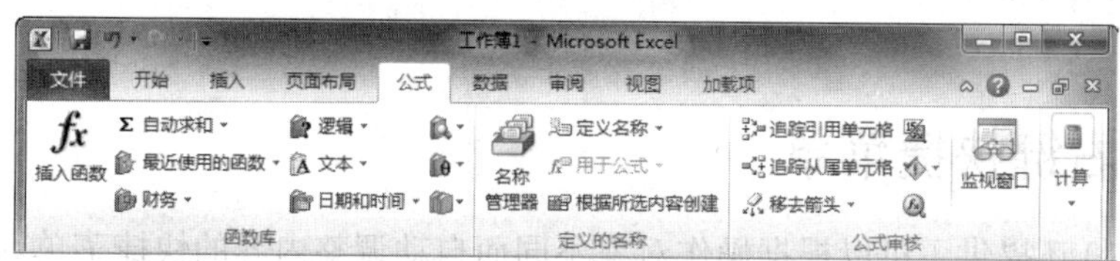

图 1-14 “公式”选项卡

6.“数据”选项卡

“数据”选项卡中包括“获取外部数据”组、“连接”组、“排序和筛选”组、“数据工具”组和“分级显示”组，如图 1-15 所示。

图 1-15 “数据”选项卡

7.“审阅”选项卡

“审阅”选项卡中包括“校对”组、“中文简繁转换”组、“语言”组、“批注”组和“更改”组，如图 1-16 所示。

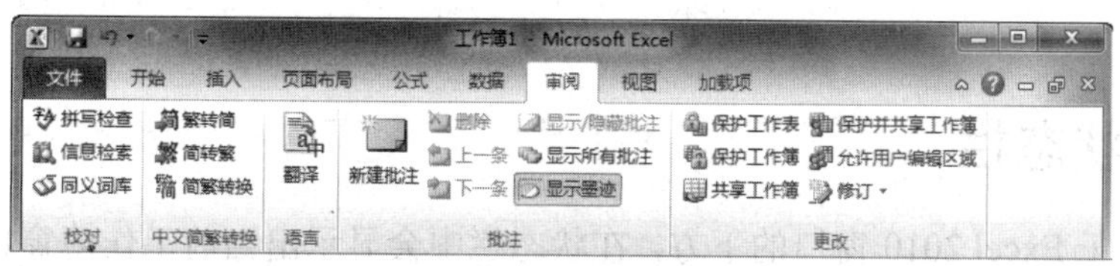

图 1-16 “审阅”选项卡

8.“视图”选项卡

“视图”选项卡中包括“工作簿视图”组、“显示”组、“显示比例”组、“窗口”组和“宏”组，如图 1-17 所示。

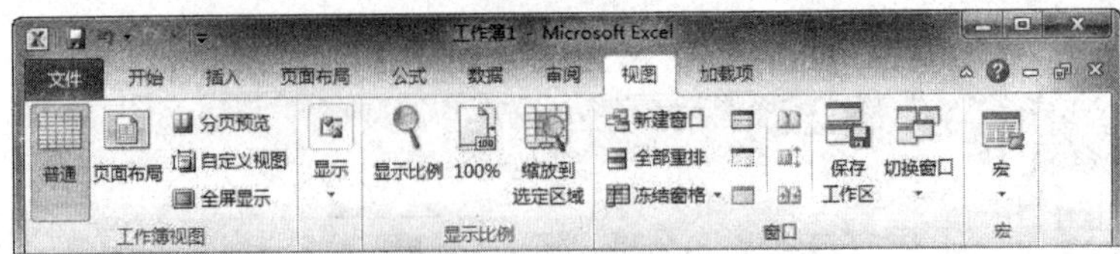

图 1-17 “视图”选项卡

9.“加载项”选项卡

“加载项”选项卡中包括“自定义工具栏”组，如图 1-18 所示。

图 1-18 “加载项”选项卡

五、使用右键快捷菜单

Excel 2010 还提供了可以根据操作对象不同而自动调整内容的快捷菜单。将鼠标指针移到要操作的对象上右击，将会弹出一个菜单，称之为快捷菜单。熟练使用快捷菜单将使 Excel 的编辑工作更加简便，效率更高，如图 1-19 所示。

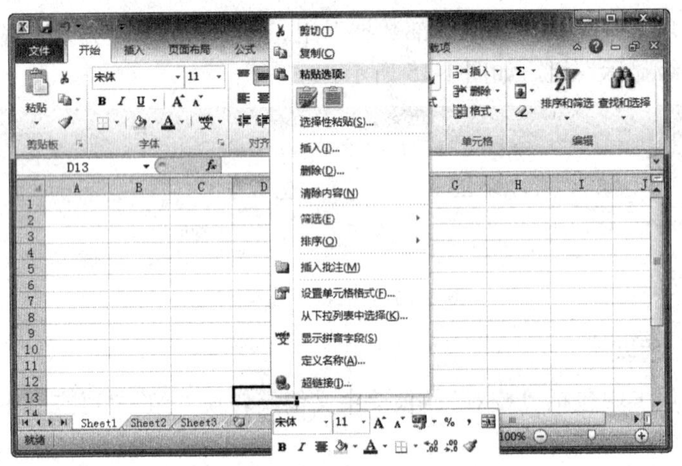

图 1-19 右键快捷菜单

六、使用状态栏

状态栏位于 Excel 2010 窗口的下方，在状态栏中会显示出当前工作簿窗口正在进行的操作。例如，默认情况下状态栏显示“就绪”字样，表示工作表正准备接收新的信息。在单元格中输入数据时，状态栏会显示“输入”字样。当对单元格中内容进行编辑或修改时，状态栏会显示“编辑”字样。

在状态栏中有各种视图按钮，单击其中任意一个视图按钮即可切换到与此对应的视图。单击⊕和⊖按钮，即可改变工作表的显示比例，如图 1-20 所示。

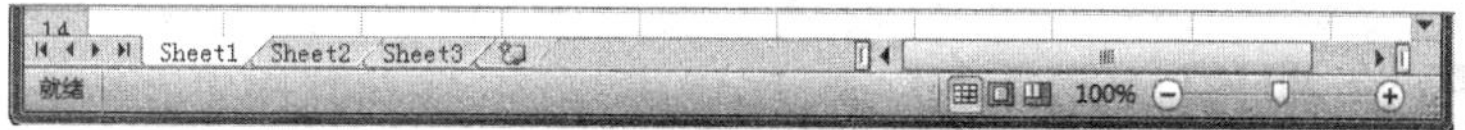

图 1-20 状态栏

任务三 Excel 2010 的视图方式

任务概述

视图是 Excel 应用程序窗口在电脑屏幕上的显示方式，主要包括 5 种视图方式，分别是普通视图、页面布局视图、分页预览视图、全屏显示视图和自定义视图。下面将分别对这 5 种视图方式进行简单介绍。

任务重点与实施

一、普通视图

普通视图是 Excel 应用程序窗口默认的视图方式。在“视图”功能区中的“工作簿视图”组中单击“普通”按钮，即可切换到普通视图。

在普通视图中可以进行一些编辑操作，如输入文字、数字、公式、函数、符号以及编码等，同时也可以插入图片、图形，创建图表、数据透视表、宏等，还可以对单元格和单元格区域的格式进行设置。

二、页面布局视图

在“视图”选项卡下的“工作簿视图”组中单击“页面布局”按钮，即可切换到页面布局视图，如图 1-21 所示。

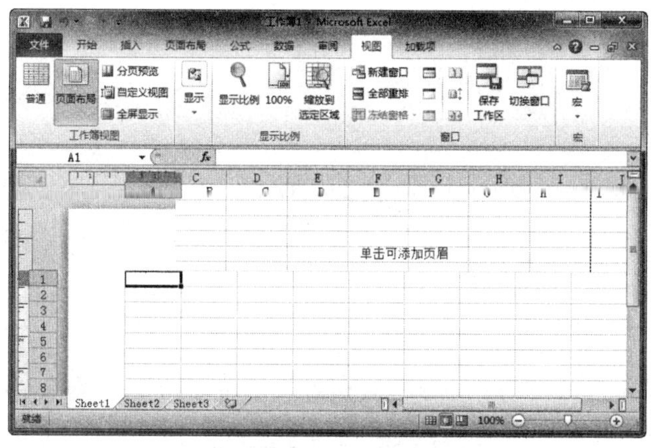

图 1-21 页面布局视图

在页面布局视图中，也可以像在普通视图中一样更改数据和单元格的格式。此外，还可以用标尺测量数据的宽度和高度，更改页边距，添加或更改页眉和页脚，以及插入图片和剪贴画等。

三、分页预览视图

在“视图”选项卡下的“工作簿视图”选项卡中单击“分页预览”按钮，即可以切换到分页预览视图，如图 1-22 所示。

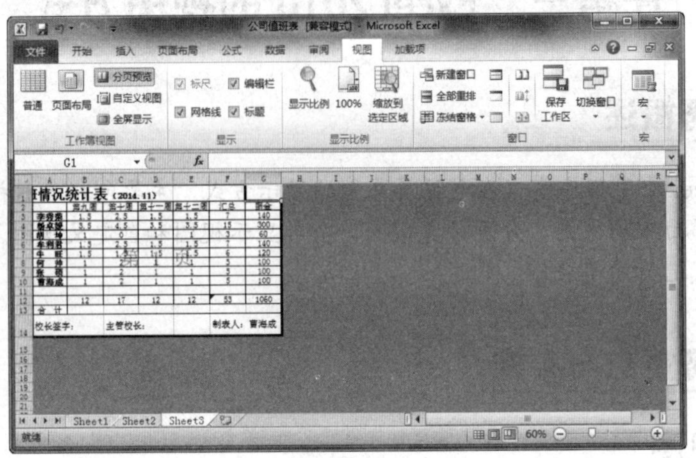

图 1-22　分页预览视图

分页预览视图是将活动工作表切换为分页预览状态，它是按打印预览的方式显示工作表的视图。在分页预览视图中，可以使用鼠标来拖动上、下、左、右分页符来调整工作表的分页效果，使其行和列调整到适合页面大小。

四、全屏显示视图

在“视图”选项卡下的“工作簿视图”组中单击“全屏显示”按钮，即可把当前活动工作表切换到全屏显示状态，如图 1-23 所示。

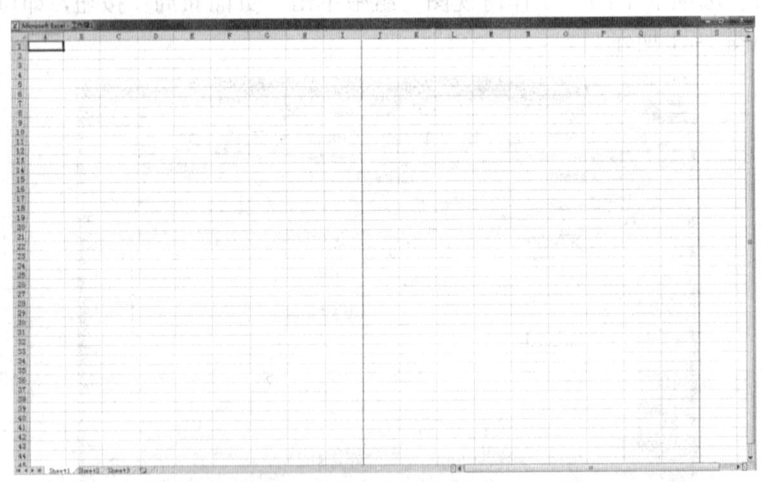

图 1-23　全屏显示视图

在该视图中，Excel 窗口可以尽可能多地显示文档的内容，同时会自动隐藏工具栏、菜单栏、功能区等，以增大显示区域。如果想关闭全屏显示视图，则在标题栏中双击鼠标左键即可。

五、自定义视图

在“视图”选项卡下的“工作簿视图”组中单击“自定义视图”按钮，将弹出一个关于自定义视图的“视图管理器”对话框，如图 1-24 所示。

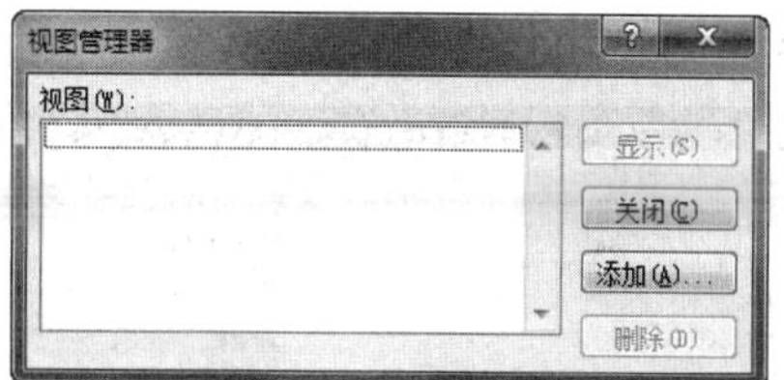

图 1-24 “视图管理器”对话框

在“视图管理器”对话框中，可以添加自己已定义好的显示方式和打印设置的视图，保存该视图，当用户想使用同样的显示方式和打印设置时，即可从自定义视图列表中选择该视图。

项目小结

本项目主要介绍了启动和退出 Excel 2010 的方法、Excel 2010 工作界面的组成及各部分的功能，以及五种视图方式。通过对本项目的学习，读者应重点掌握以下知识：

（1）启动和退出 Excel 2010 的方法。

（2）Excel 2010 工作界面各组成部分的功能。

（3）熟悉功能区中各种按钮和命令。

（4）根据需要切换不同的视图方式。

项目习题

在 Excel 2010 中，用户可以根据个人的习惯自定义功能区，具体操作方法如下：

操作提示：

① 单击“文件”按钮，在 Backstage 视图中选择“选项”选项，如图 1-25 所示。

② 弹出“Excel 选项”对话框，在其中单击“新建选项卡”按钮，如图 1-26 所示。

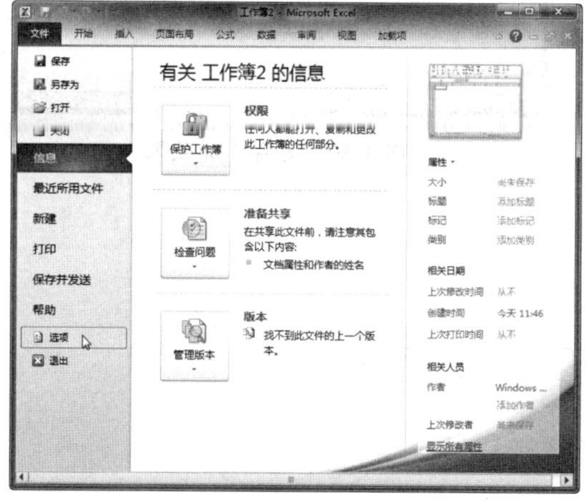

图 1-26 选择“选项”选项

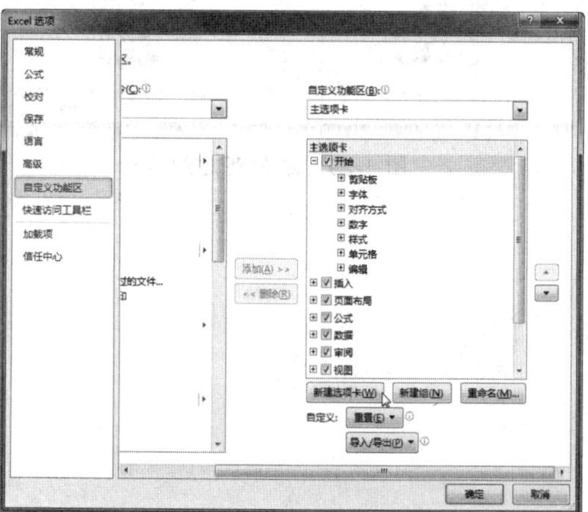

图 1-26 单击“新建选项卡”按钮

③ 新建选项卡后，单击“重命名”按钮，如图 1-27 所示。

④ 在弹出的“重命名”对话框中选择一种符号，输入显示名称，然后单击“确定”按钮，如图 1-28 所示。

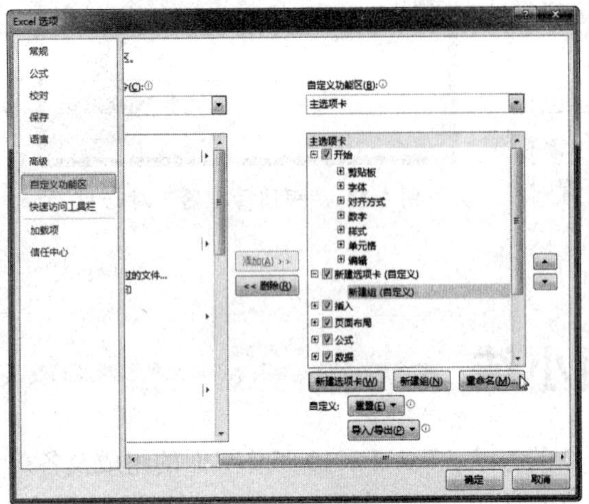

图 1-27 单击“重命名”按钮

图 1-28 选择符号

⑤ 选择需添加到新建组的命令，单击“添加”按钮，然后单击“确定”按钮，如图 1-29 所示。

⑥ 查看自定义功能区的最终效果，如图 1-30 所示。

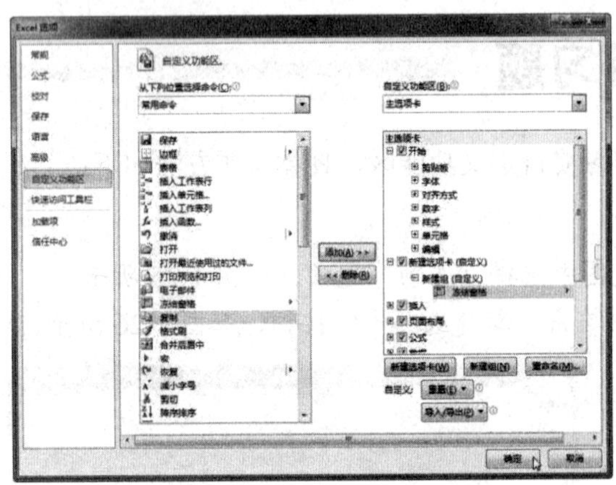

图 1-29 添加新建组命令

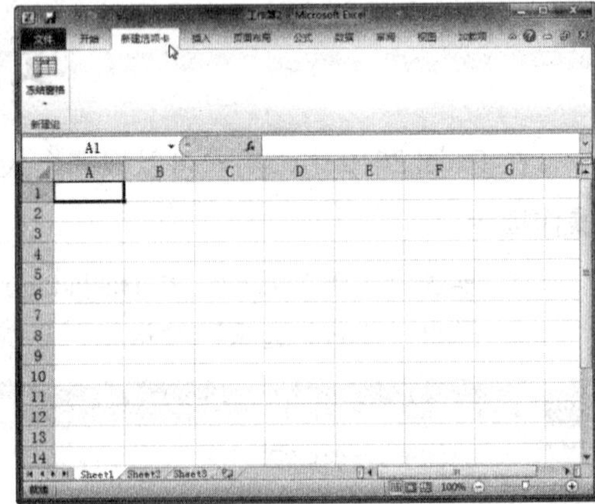

图 1-30 查看添加效果

项目二　Excel 2010 基本操作

项目概述

本章将学习 Excel 2010 的基本操作知识，其中包括工作簿的基本操作，工作表的基本操作，以及 Excel 2010 工作环境设置等。这是使用 Excel 2010 制作电子表格最基本的操作，所以读者应该熟练掌握。

项目重点

- 熟练掌握新建、保存、打开和关闭 Excel 工作簿的方法。
- 熟练掌握工作表的基本操作方法。
- 掌握拆分和冻结工作表的方法。
- 掌握设置 Excel 2010 工作环境的方法。

项目目标

- 能够新建、保存、打开和关闭 Excel 工作簿。
- 能够在工作簿中插入、删除、重命名、保护、显示和隐藏工作表。
- 能够在工作簿中拆分和冻结工作表。
- 能够根据需要设置 Excel 2010 的工作环境。

任务一　工作簿的基本操作

任务概述

工作簿是 Excel 2010 的主要数据存储单位，一个工作簿即是一个硬盘文件。工作簿的主要操作包括新建、保存、关闭和打开工作簿等，下面将对工作簿的多种操作方法进行介绍，读者应能全面掌握工作簿的常用操作技巧。

任务重点与实施

一、新建工作簿

启动 Excel 2010 后会自动新建一个工作簿，默认名称为“工作簿 1”。如果要新建一个新的工作簿，可以按照下面的方法进行操作：

Step 01 单击“文件”按钮，在弹出的 Backstage 视图中选择“新建”选项，如图 2-1 所示。

Step 02 在窗口右侧选择“可用模板”栏中的“空白工作簿”选项，然后单击右侧窗格中的“创建”按钮，如图 2-2 所示。

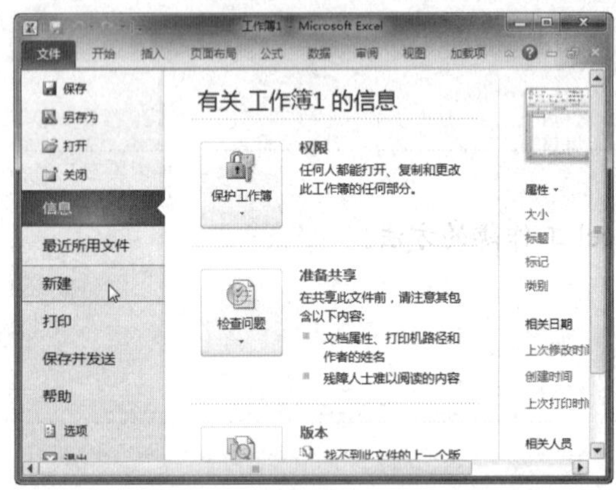

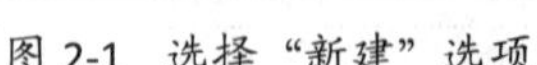
图 2-1 选择“新建”选项

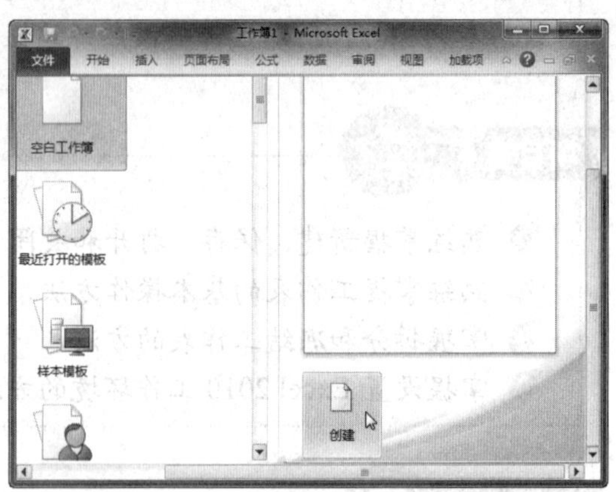

图 2-2 选择“空白工作簿”选项

Step 03 此时，即可完成工作簿的创建操作，新建的空白工作簿如图 2-3 所示。

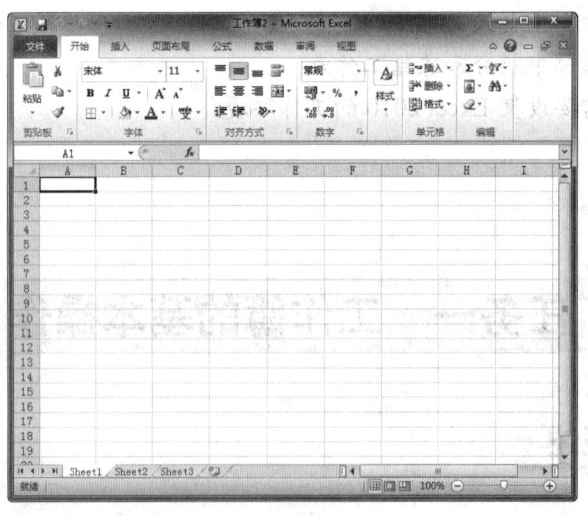

图 2-3 新建空白工作簿

二、保存工作簿

工作簿都需要经过保存以后才能成为磁盘空间的实体文件，用于以后的读取和编辑。下面将对保存工作簿的方法进行详细介绍。

方法 1：使用按钮保存

单击快速工具栏中的按钮，此时被保存文件的路径和上次保存文件的路径是相同的，如图 2-4 所示。

方法 2：使用菜单命令

单击“文件”按钮，在弹出的 Backstage 视图中选择“保存”选项，此时被保存文件的路径和上次保存文件的路径是相同的，如图 2-5 所示。

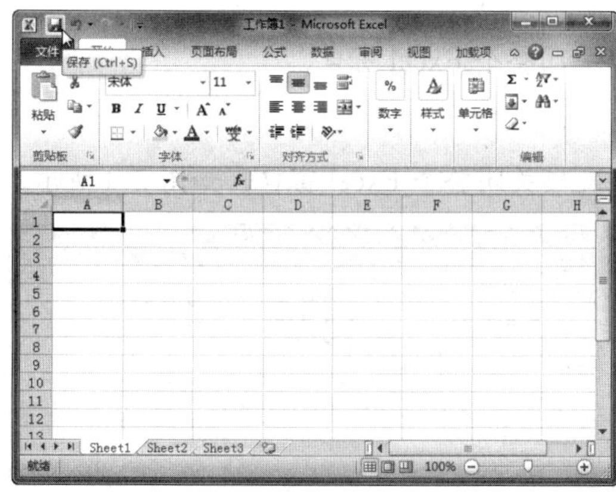

图 2-4　单击按钮

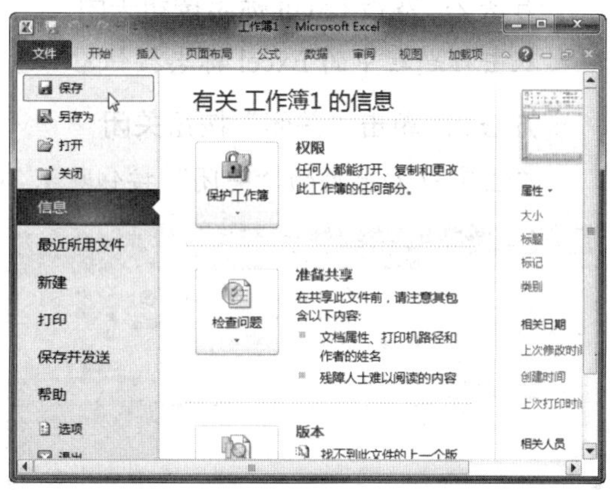

图 2-5　选择“保存”选项

方法 3：使用快捷键

使用【Ctrl+S】快捷键也可以对文件进行保存，此时被保存文件的路径和上次保存文件的路径是相同的。

方法 4：使用“另存为”选项保存

Step 01 单击“文件”按钮，在 Backstage 视图中选择“另存为”选项，如图 2-6 所示。

Step 02 在弹出的“另存为”对话框中选择保存路径，然后单击“保存”按钮，如图 2-7 所示。

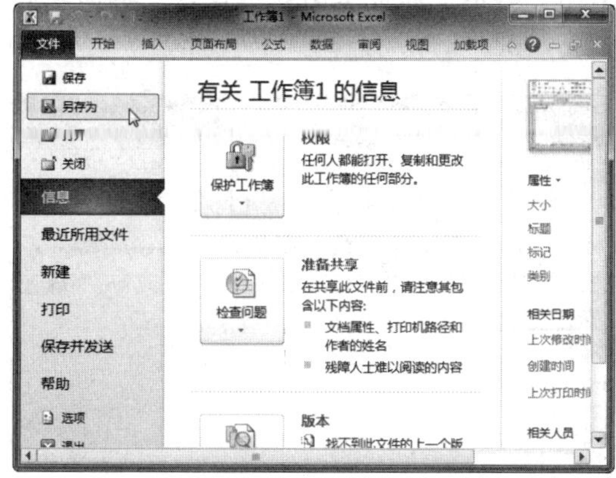

图 2-6　选择“另存为”选项

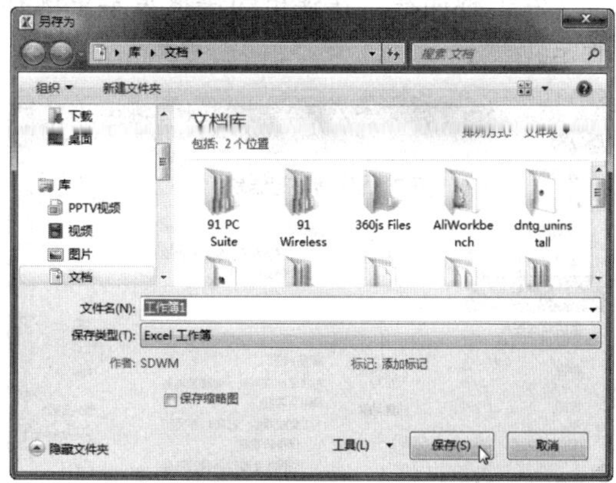

图 2-7　“另存为”对话框

三、关闭工作簿

当完成工作簿编辑后就要关闭文档，下面将对几种关闭方法进行详细介绍。

方法 1：选择“关闭”命令关闭

单击 Excel 标志按钮，在弹出的菜单中选择“关闭”命令，即可关闭整个 Excel 窗口，如图 2-8 所示。

方法 2：双击 Excel 标志按钮关闭

双击标题栏中的 Excel 标志按钮，也可以关闭整个 Excel 窗口。

方法 3：单击“关闭”按钮关闭

单击窗口右上角的“关闭”按钮，可以直接关闭整个 Excel 窗口，如图 2-9 所示。

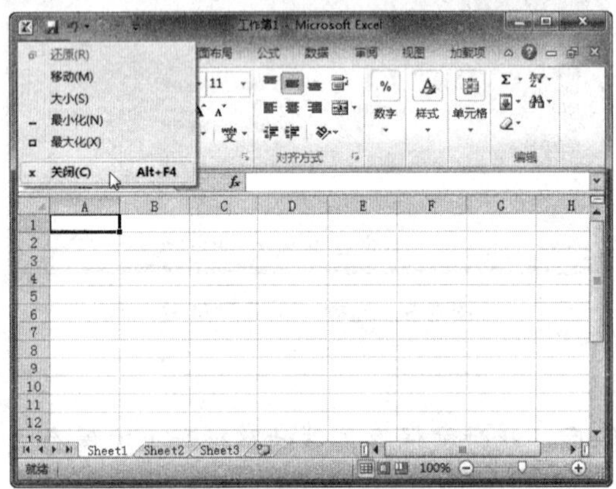

图 2-8　选择“关闭”命令

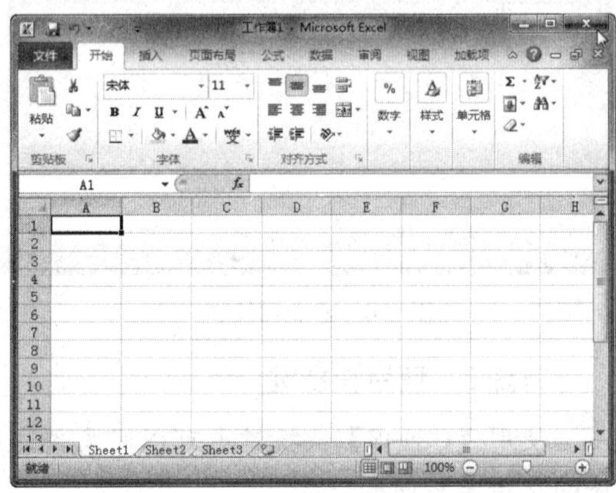

图 2-9　单击“关闭”按钮

方法 4：在“文件”选项卡中关闭

单击“文件”按钮，在左侧选择“关闭”选项，即可关闭工作簿，如图 2-10 所示。

方法 5：选择“关闭”快捷命令关闭

右击标题栏，在弹出的快捷菜单中选择“关闭”命令，即可关闭整个窗口，如图 2-11 所示。

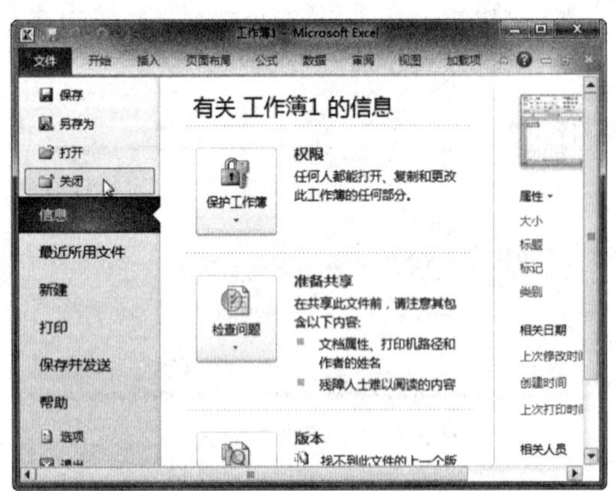

图 2-10　选择“关闭”选项

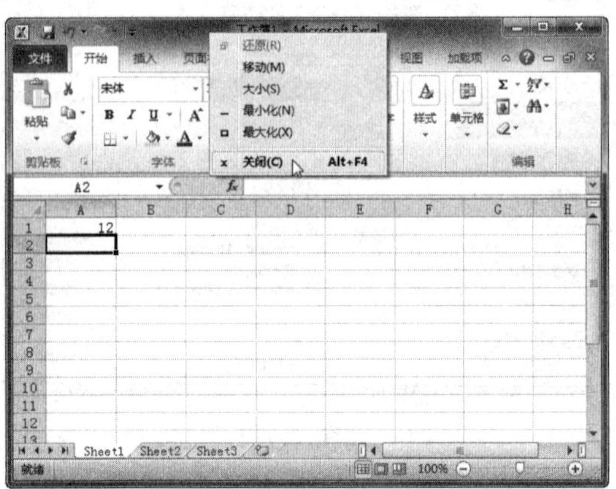

图 2-11　使用快捷菜单关闭

四、打开工作簿

当启动 Excel 2010 后，系统会自动打开一个工作簿。如果需要打开以前已经保存好的工作簿，就需要找到原始文件保存的位置，当然也可以以只读方式打开。下面将对打开工作簿的几种方法进行介绍。

方法 1：通过“文件”选项卡打开

Step 01 单击“文件”按钮，在弹出的 Backstage 视图中选择“打开”选项，如图 2-12 所示。

Step 02 弹出“打开”对话框，选择要打开的工作簿，然后单击“打开”按钮，即可打开工作簿，如图 2-13 所示。

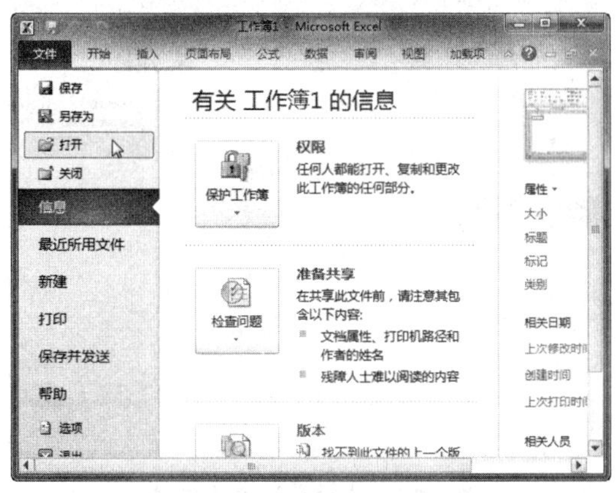

图 2-12　选择“打开”选项

图 2-13　“打开”对话框

方法 2：通过快速访问工具栏打开

Step 01 单击快速访问工具栏中的“打开”按钮，如图 2-14 所示。

Step 02 弹出“打开”对话框，选择要打开的工作簿，然后单击“打开”按钮，即可打开工作簿，如图 2-15 所示。

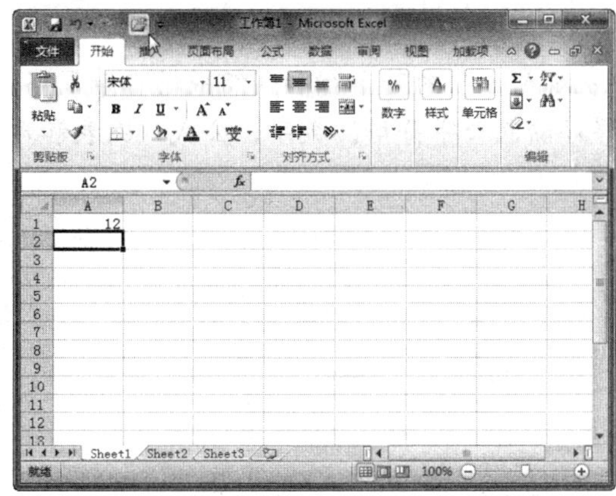

图 2-14　单击“打开”按钮

图 2-15　“打开”对话框

方法 3：通过 Windows 资源管理器打开

单击桌面任务栏中的“Windows 资源管理器”按钮，弹出“Windows 资源管理器”窗口，找到目标文件夹，在窗口右侧双击目标文件，即可打开工作簿，如图 2-16 所示。

方法 4：使用快捷键打开

按【Ctrl+O】快捷键，弹出“打开”对话框，找到目标文档并将其选中，然后单击“打开”按钮，即可打开工作簿。

方法 5：通过“最近所用文件”选项打开

单击“文件”按钮，在弹出的 Backstage 视图中选择“最近所用文件”选项，从“最近使用的工作簿”列表中选择目标工作簿，也可以打开工作簿，如图 2-17 所示。

图 2-16　Windows 资源管理器

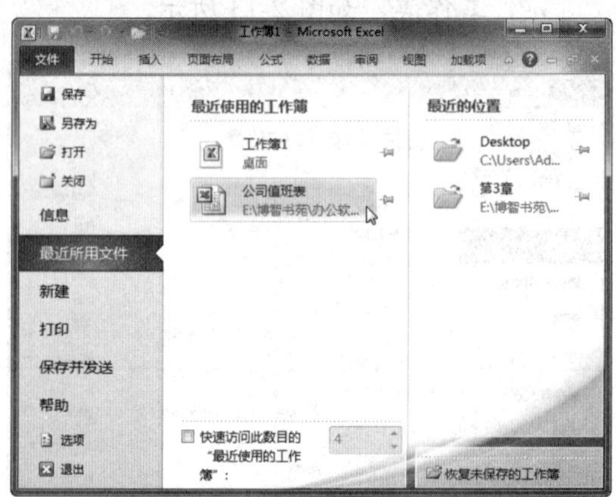

图 2-17　选择最近所用文件

任务二　工作表的基本操作

任务概述

Excel 工作簿由多个工作表组成，每个工作表都是一个由若干行和列组成的二维表格，是 Excel 进行一次完整作业的基本单位，它能够存储包含字符串、数字、公式、图表和声音等丰富的信息或数据。

任务重点与实施

一、插入工作表

一般情况下，刚启动 Excel 后打开的工作簿中默认包含三个工作表，分别为 Sheet1、Sheet2、Sheet3。下面将详细介绍如何插入一张空白工作表。

方法 1：单击“插入工作表”按钮

Step 01 打开“素材文件\第 2 章\公司培训名单.xlsx”，若要在末尾快速插入一张新的工作表，则直接单击工作表标签右侧的“插入工作表”按钮即可，如图 2-18 所示。

Step 02 新插入的工作表会自动命名为 Sheet4，效果如图 2-19 所示。

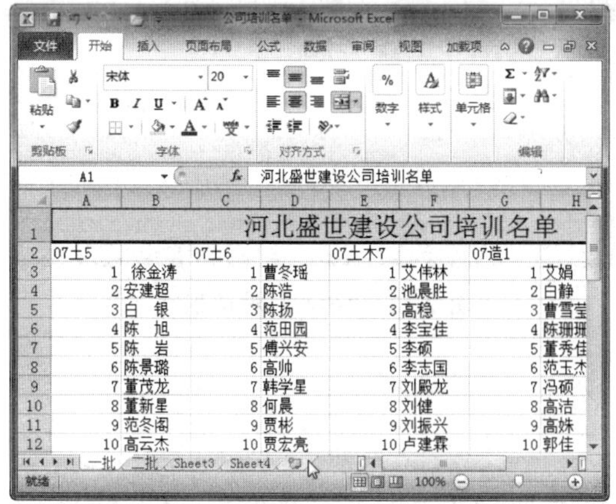

图 2-18　单击“插入工作表”按钮

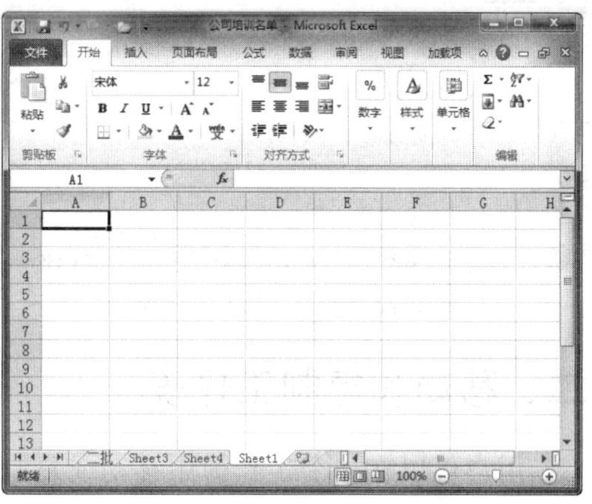

图 2-19　查看新工作表

方法 2：单击“插入”下拉按钮

Step 01 若要在该工作表之前插入一张新的工作表，则单击“开始”选项卡下“单元格”组中的“插入”下拉按钮，在弹出的下拉列表中选择“插入工作表”选项，如图 2-20 所示。

Step 02 此时，即可在当前工作簿中插入一张新工作表，新插入的工作表依然会自动命名，效果如图 2-21 所示。

图 2-20　选择“插入工作表”选项

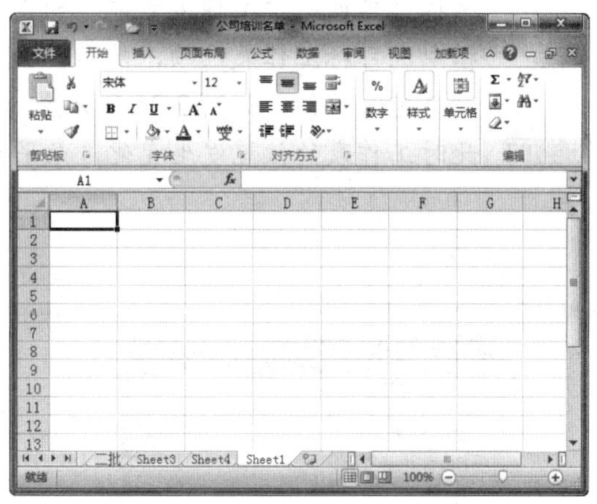

图 2-21　查看新工作表

方法 3：选择右键快捷命令

Step 01 右击任意工作表标签，在弹出的快捷菜单中选择“插入”命令，如图 2-22 所示。

Step 02 弹出“插入”对话框，在“常用”选项卡下选中“工作表”图标，然后单击“确定”按钮，即可插入新工作表，新工作表标签在该工作表标签前，如图 2-23 所示。

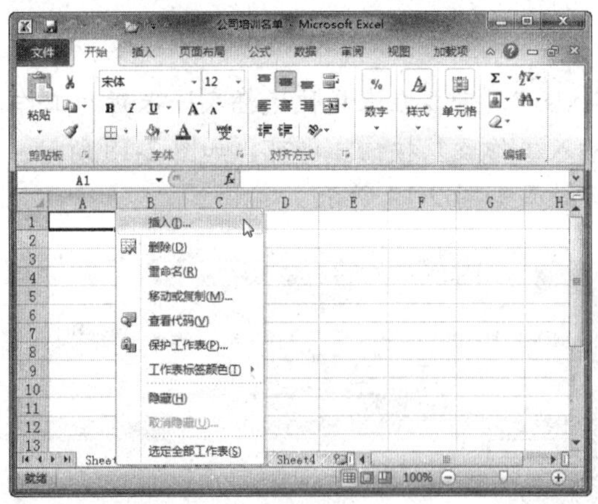

图 2-22　选择“插入”命令

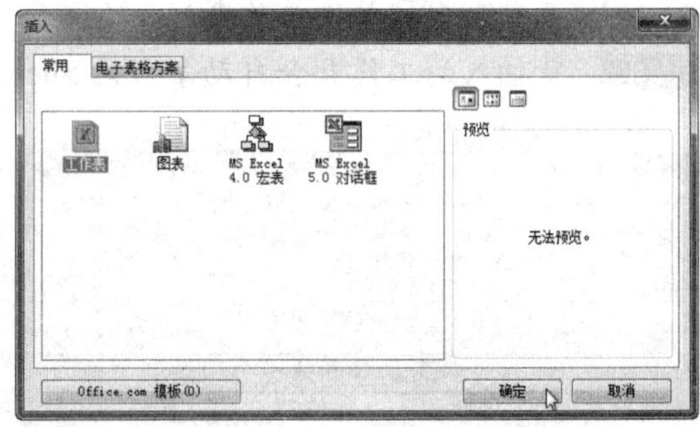

图 2-23　“插入”对话框

二、移动和复制工作表

用户可以在一个工作簿中移动或复制工作表，具体操作方法如下：

方法 1：选择“移动或复制”选项

Step 01 打开“素材文件\第 2 章\公司培训名单.xlsx”，右击其标签，在弹出的快捷菜单中选择“移动或复制”命令，如图 2-24 所示。

Step 02 弹出“移动或复制工作表”对话框，选择“下列选定工作表之前”列表框中的目标工作表选项，然后单击“确定”按钮，如图 2-25 所示。

图 2-24　选择“移动或复制”命令

Step 03 此时工作表的位置发生变化，效果如图 2-26 所示。

图 2-25　“移动或复制工作表”对话框

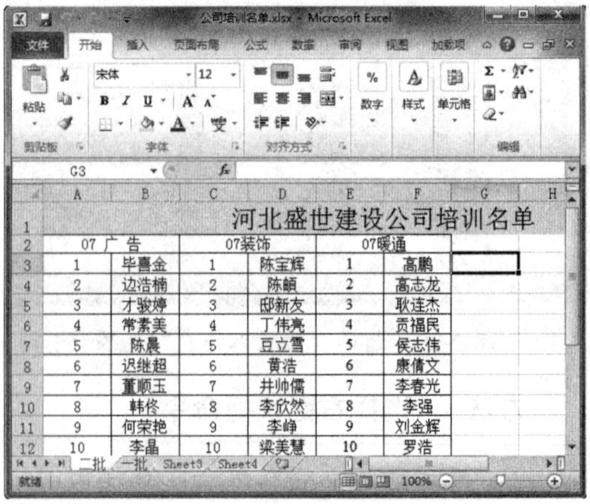

图 2-26　查看移动工作表效果

方法 2：通过拖动鼠标移动工作表

Step 01 拖动要移动的工作表标签，出现标志时拖至目标位置后释放鼠标，即可完成移动操作，如图 2-27 所示。

Step 02 此时，所拖动工作表的位置已经发生变化，效果如图 2-28 所示。

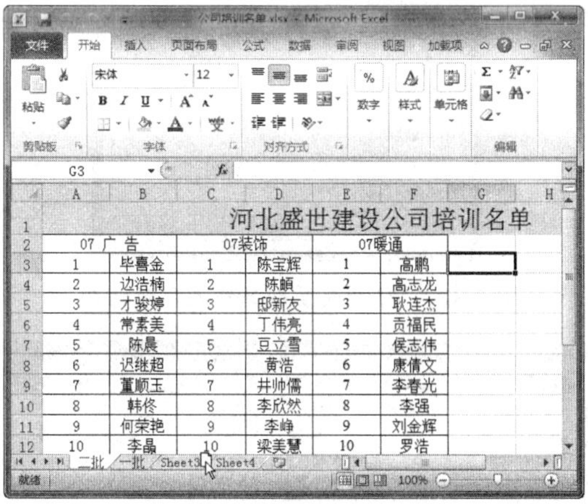

图 2-27　拖动工作表标签

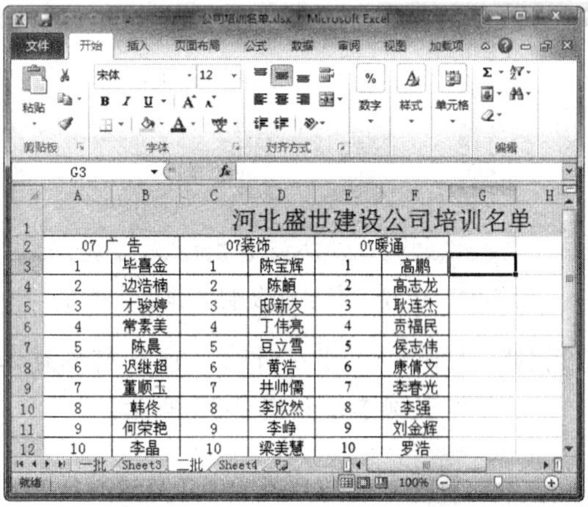

图 2-28　查看移动工作表效果

有时需要复制工作表，具体操作方法如下：

方法 1：通过拖动鼠标复制

Step 01 单击 Sheet1 标签，按住【Ctrl】键，然后按住鼠标左键并拖动，同样也会出现标志，拖至目标位置后释放鼠标，即可完成工作表的复制操作，如图 2-29 所示。

Step 02 此时，在拖至位置出现复制的工作表，效果如图 2-30 所示。

图 2-29　拖动工作表标签

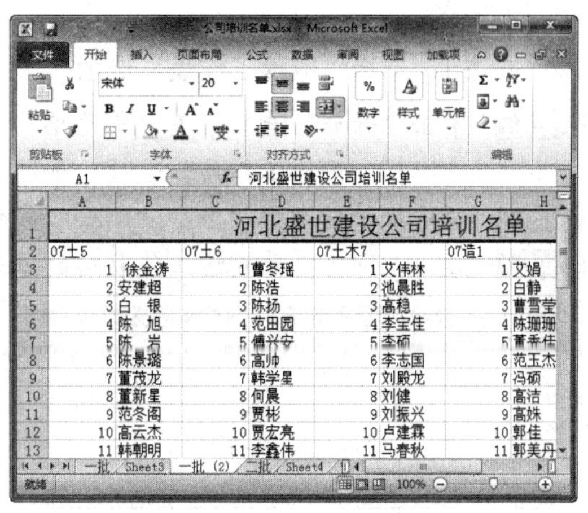

图 2-30　查看复制工作表效果

方法 2：通过功能区按钮复制

Step 01 单击“开始”选项卡下“单元格”组中的“格式”下拉按钮，在弹出的下拉列表中选择“移动或复制工作表”选项，如图 2-31 所示。

Step 02 弹出“移动或复制工作表”对话框，选择“下列选定工作表之前”列表框中的一个工作表选项，选中“建立副本”复选框，然后单击“确定”按钮，如图 2-32 所示。

图 2-31 选择“移动或复制工作表”选项

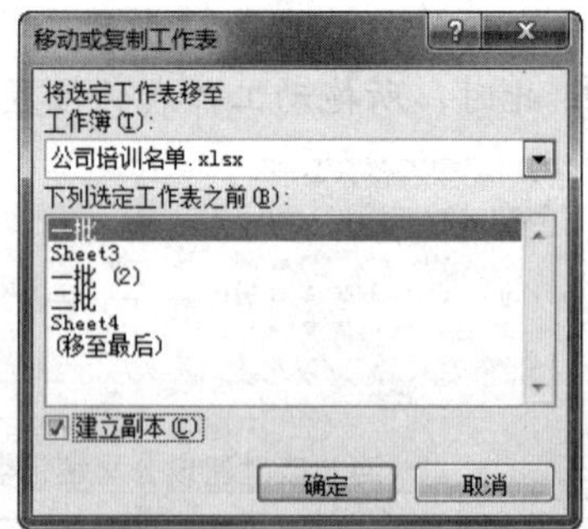

图 2-32 “移动或复制工作表”对话框

Step 03 此时，即可在所选工作表前创建工作表副本，如图 2-33 所示。

图 2-33 创建工作表副本

除了在当前工作簿移动或复制工作表之外，还可以将其移动或复制到新建工作簿中。

三、删除工作表

如果只需要一张工作表，可以删除多余的工作表。采用下面两种方法可以删除不需要的工作表：

方法 1：选择“删除工作表”选项

Step 01 单击“开始”选项卡下“单元格”组中的“删除”下拉按钮，在弹出的下拉列表中选择“删除工作表”选项，如图 2-34 所示。

Step 02 弹出提示信息框，单击“删除”按钮，即可将工作表删除。

Step 03 此时，即可查看删除工作表后的效果，如图 2-35 所示。

图 2-34 选择“删除工作表”选项

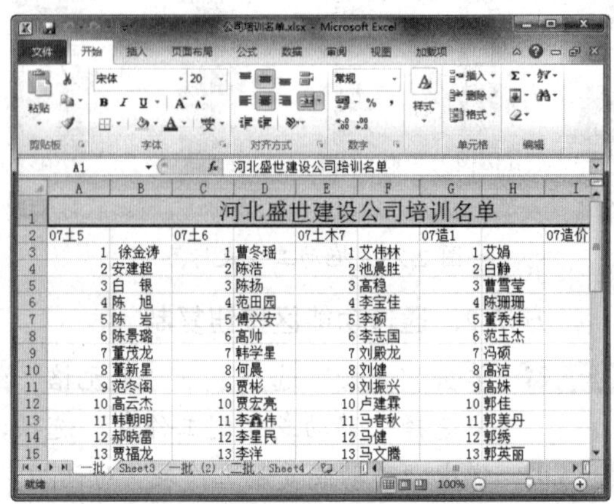

图 2-35 查看删除工作表效果

方法 2：使用快捷菜单删除

Step 01 右击工作表标签，在弹出的快捷菜单中选择“删除”命令，如图 2-36 所示。

Step 02 弹出提示信息框，单击“删除”按钮，即可删除工作表，如图 2-37 所示。

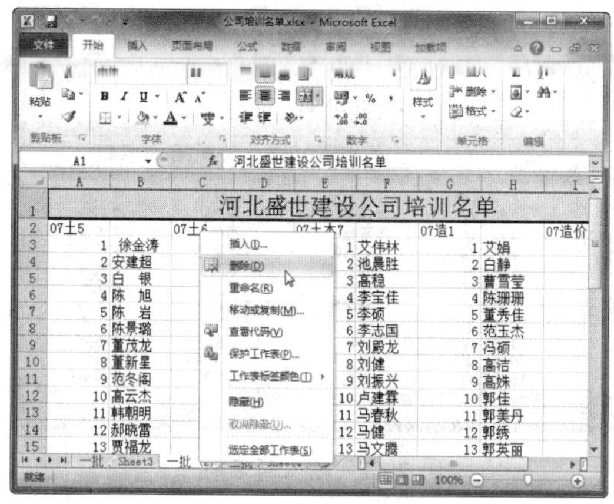

图 2-36　选择“删除”命令

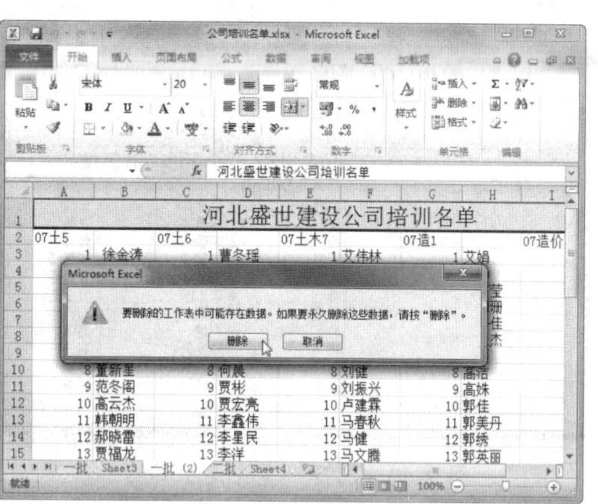

图 2-37　确认删除工作表

四、重命名工作表

当一个工作簿中的工作表过多时，使用 Sheet1、Sheet2、Sheet3 这样的工作表名称很难区分不同的工作表，此时就可以为工作表重新命名。常用的方法有以下两种：

方法 1：双击工作表标签重命名

Step 01 双击工作表标签，此时标签名称呈选中状态，如图 2-38 所示。

Step 02 直接输入新工作表名，按【Enter】键或单击标签外的任何位置，即可完成重命名操作，如图 2-39 所示。

图 2-38　双击工作表标签

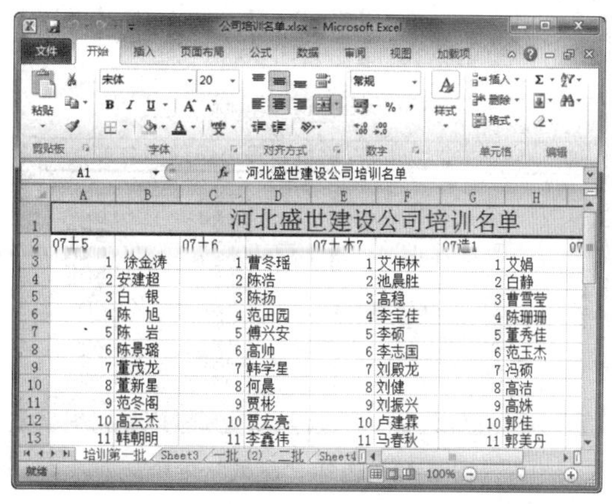

图 2-39　输入新工作表名称

方法 2：使用快捷菜单重命名

Step 01 打开“素材文件\第 2 章\公司培训名单.xlsx”，右击其工作表标签，在弹出的快捷菜单中选择“重命名”命令，如图 2-40 所示。

Step 02 此时工作表标签可编辑，输入新名称，按【Enter】键或单击标签外的任何位置，即可完成重命名操作，如图 2-41 所示。

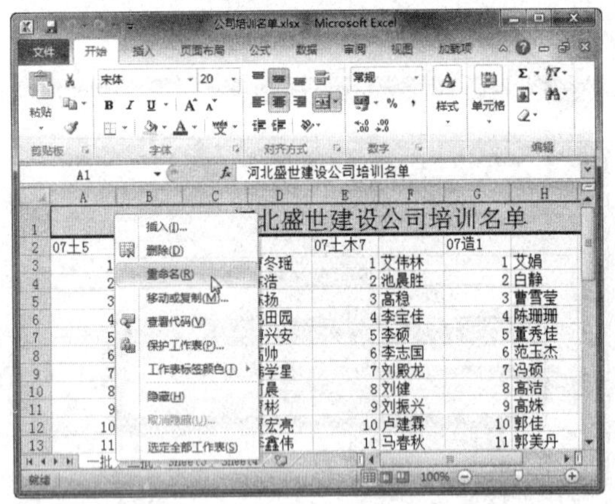

图 2-40 选择“重命名”命令

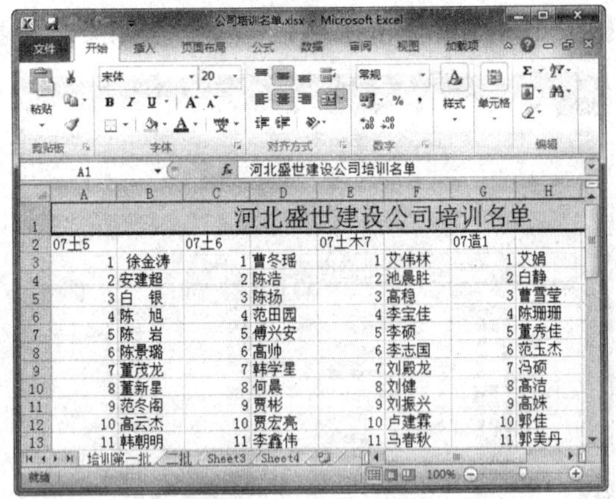

图 2-41 输入新名称

五、显示和隐藏工作表

在 Excel 中如果工作表太多，而实际情况下又不需要其中的一些工作表，或者不想让他人看到数据，可以暂时把工作表隐藏起来，需要查看时再取消隐藏，具体操作方法如下：

Step 01 右击需要隐藏的工作表标签，在弹出的快捷菜单中选择“隐藏”命令，如图 2-42 所示。

Step 02 此时，该工作表已被隐藏，效果如图 2-43 所示。

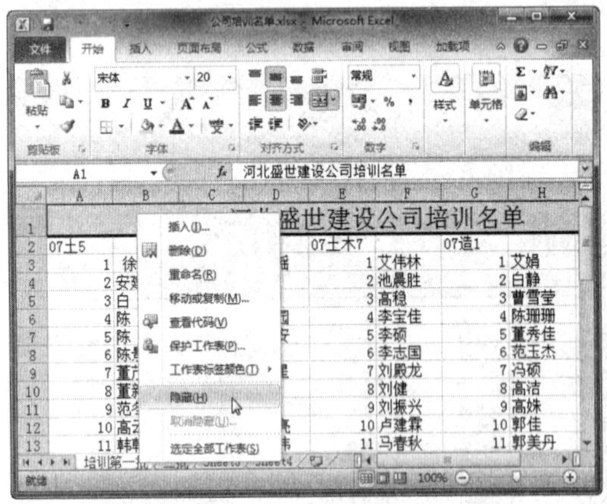

图 2-42 选择“隐藏”命令

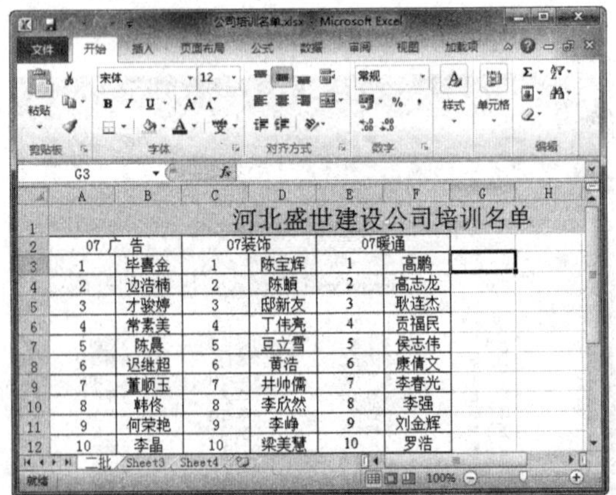

图 2-43 查看隐藏效果

Step 03 要想重新显示，可在其他工作表标签上右击，在弹出的快捷菜单中选择“取消隐藏”命令，如图 2-44 所示。

Step 04 弹出“取消隐藏”对话框，选择“取消隐藏工作表”列表框中的“培训第一批”选项，然后单击“确定”按钮，如图 2-45 所示。

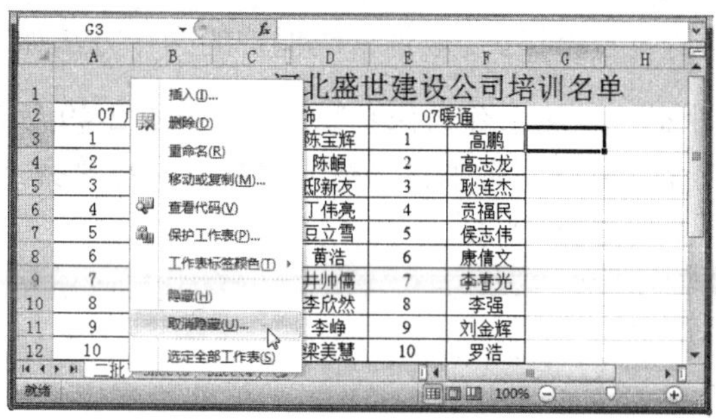

图 2-44　选择“取消隐藏”命令

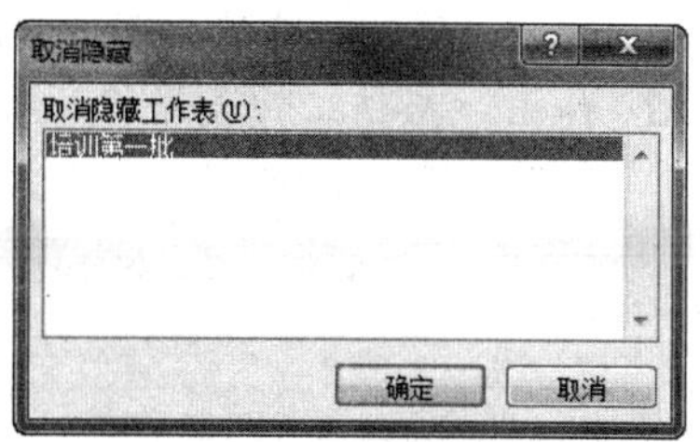

图 2-45　“取消隐藏”对话框

Step 05　此时，“培训第一批”工作表会重新显示在窗口中。

六、保护工作表

通过设置密码保护工作表，可以防止他人对工作表中的数据、图表等进行修改，这样可以提高工作表的安全性，具体操作方法如下：

Step 01　单击“审阅”选项卡下“更改”组中的“保护工作表”按钮，如图 2-46 所示。

Step 02　弹出“保护工作表”对话框，选中“保护工作表及锁定的单元格内容”复选框，在“取消工作表保护时使用的密码”文本框中输入密码，在“允许此工作表的所有用户进行”列表框中选中“选定锁定单元格”和“选定未锁定的单元格”复选框，然后单击“确定”按钮，如图 2-47 所示。

图 2-46　单击“保护工作表”按钮

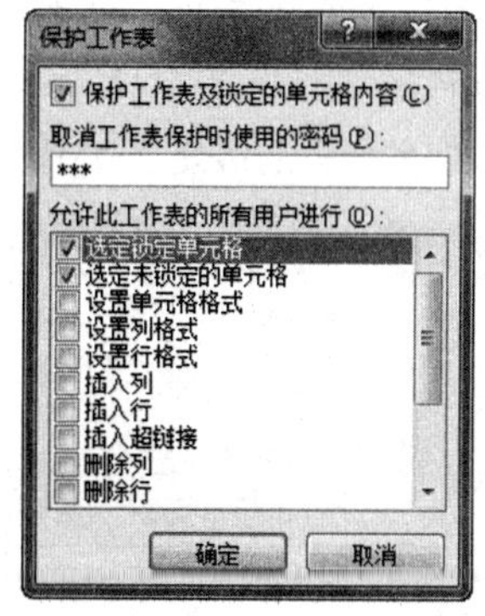

图 2-47　“保护工作表”对话框

Step 03　弹出“确认密码”对话框，在“重新输入密码”文本框中输入密码，然后单击“确定”按钮，即可完成对工作表的保护，如图 2-48 所示。

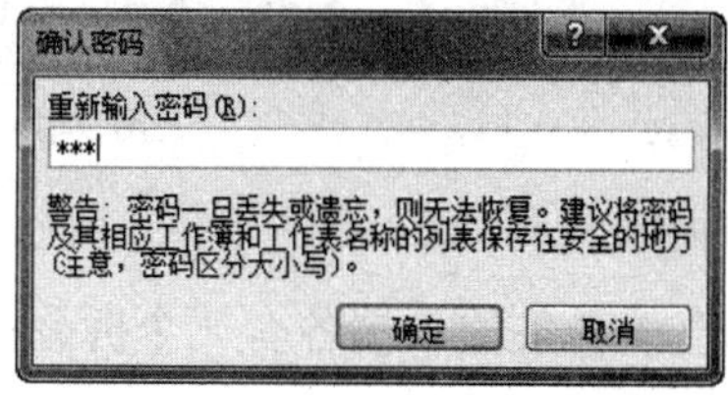

图 2-48　“确认密码”对话框

对于设置了密码保护的工作表，可以取消其密码保护。取消密码保护的操作方法如下：

Step01 单击“审阅”选项卡下“更改”组中的“撤销工作表保护”按钮，如图 2-49 所示。

Step02 弹出“撤销工作表保护”对话框，在“密码”文本框中输入密码，然后单击“确定”按钮，即可撤销工作表保护，如图 2-50 所示。

图 2-49 单击“撤销工作表保护”按钮

图 2-50 “撤销工作表保护”对话框

七、拆分工作表

用户可以对工作表进行水平和垂直拆分，拆分窗口有以下两种常用的方法：

方法 1：使用功能区按钮拆分工作表

Step01 选择一个单元格，单击“视图”选项卡下“窗口”组中的“拆分”按钮，如图 2-51 所示。

Step02 在所选单元格处，工作表被拆分为 4 个独立的窗格，效果如图 2-52 所示。

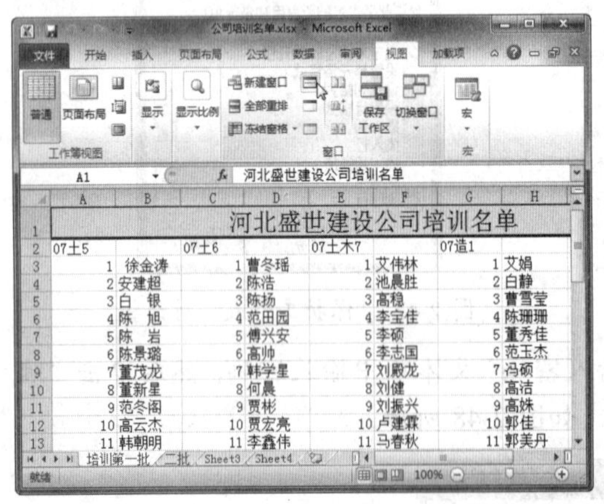

图 2-51 单击“拆分”按钮

图 2-52 查看拆分工作表效果

方法 2：使用鼠标拆分工作表

在水平滚动条的右端和垂直滚动条的顶端各有一个拆分框工具，用鼠标拖动拆分框即可拆分工作表，方法如下：

Step 01 将鼠标指针移到水平滚动条的拆分框上，当指针变为双向箭头时，按住鼠标左键并拖动鼠标到合适的位置后释放即可，如图 2-53 所示。

Step 02 将鼠标指针移到垂直滚动条的拆分框上，当指针变为双向箭头时，按住鼠标左键并拖动鼠标到合适的位置后释放即可，如图 2-54 所示。

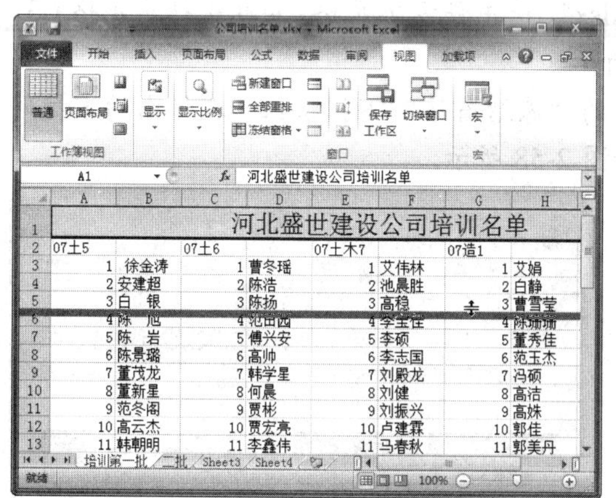

图 2-53　使用水平滚动条拆分框

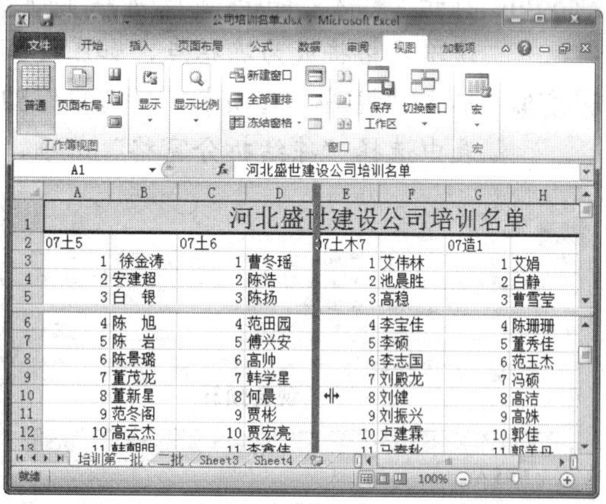

图 2-54　使用垂直滚动条拆分框

下面将详细介绍如何撤销拆分窗口，具体操作方法如下：

方法 1：再次单击“拆分”按钮撤销

单击“视图”选项卡下“窗口”组中的“拆分”按钮，即可撤销拆分窗口，如图 2-55 所示。

方法 2：在分割条上双击撤销

在分割条上双击鼠标左键，即可撤销拆分窗口，如图 2-56 所示。

图 2-55　单击“拆分”按钮

图 2-56　双击分割条

八、冻结工作表

如果工作表的数据很多，当使用垂直滚动条或水平滚动条查看数据时，可能会出现行标题或列标题无法显示的情况，使得查看数据很不方便。使用“冻结拆分窗格”功能可以将工作表的上窗格和左窗格冻结在屏幕上，在滚动工作表时行标题和列标题会一直在屏幕上显示。

1. 完全冻结

Step01 打开“素材文件\第2章\冻结工作表.xlsx”，选中任意单元格，在此选择单元格C3，该单元格将成为冻结点，如图2-57所示。

Step02 单击“视图”选项卡下“窗口”组中的“冻结窗格”下拉按钮，在弹出的下拉列表中选择“冻结拆分窗格”选项，如图2-58所示。

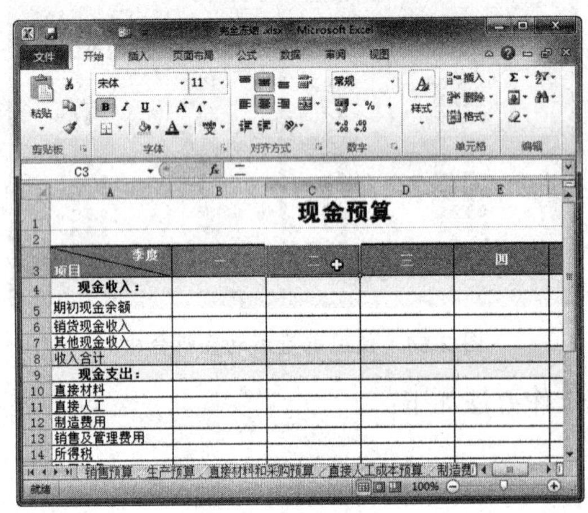

图2-57 选择冻结点

图2-58 选择“冻结拆分窗格”选项

Step03 此时，该点上边和左边的所有单元格都被冻结，一直在屏幕上显示，冻结窗口效果如图2-59所示。

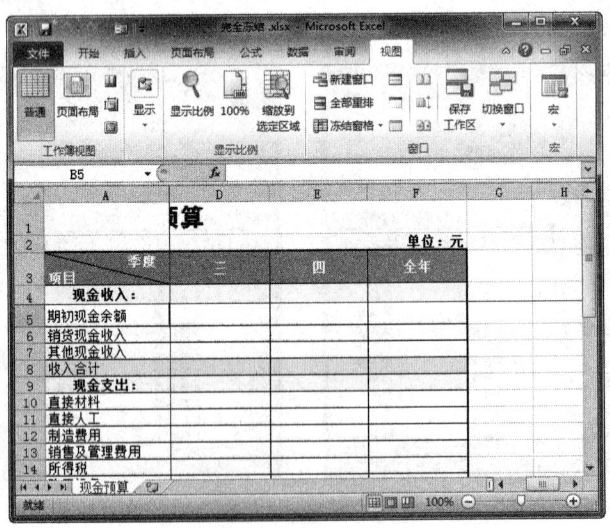

图2-59 查看冻结效果

2. 冻结首行

如果要将工作表的首行冻结，可以按照以下方法进行操作：

Step 01 打开“素材文件\第 2 章\冻结工作表.xlsx”，选择 A1 单元格，单击“视图”选项卡下“窗口”组中的“冻结窗格”下拉按钮，在弹出的下拉列表中选择“冻结首行”选项，如图 2-60 所示。

Step 02 此时，首行被冻结，拖动垂直滚动条，首行不动，效果如图 2-61 所示。

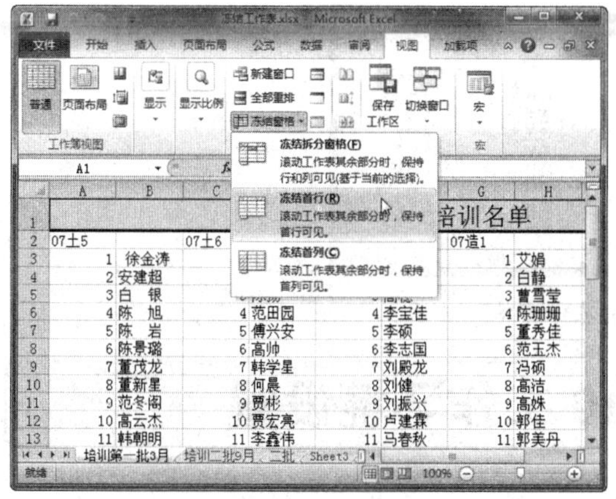

图 2-60　选择“冻结首行”选项

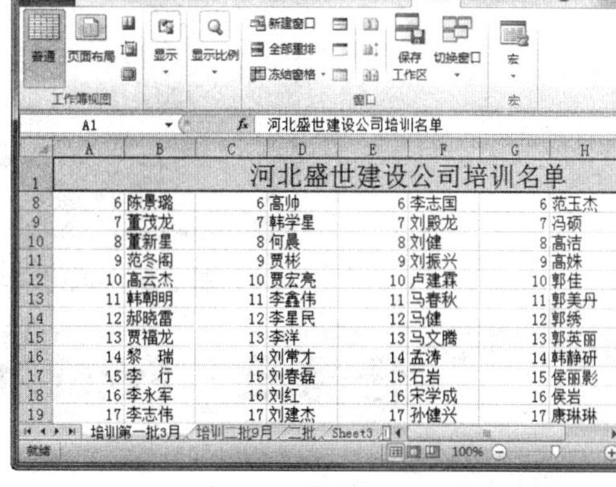

图 2-61　查看冻结首行效果

3. 冻结首列

如果要将工作表的首列冻结，可以按照以下方法进行操作：

Step 01 单击“视图”选项卡下“窗口”组中的“冻结窗格”下拉按钮，在弹出的下拉列表中选择“冻结首列”选项，如图 2-62 所示。

Step 02 拖动水平滚动条，则首列保持不动，效果如图 2-63 所示。

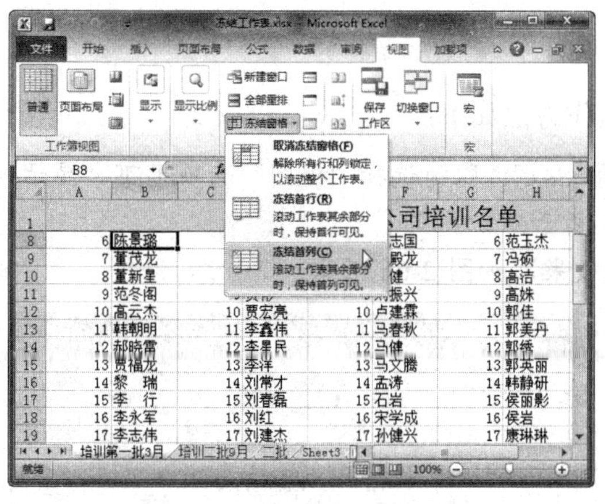

图 2-62　选择“冻结首列”选项

图 2-63　查看冻结首列效果

4. 撤销冻结

如果要撤销冻结的窗口，则单击“视图”选项卡下“窗口”组中的“冻结窗格”下拉按钮，在弹出的下拉列表中选择“取消冻结窗格”选项即可，如图 2-64 所示。

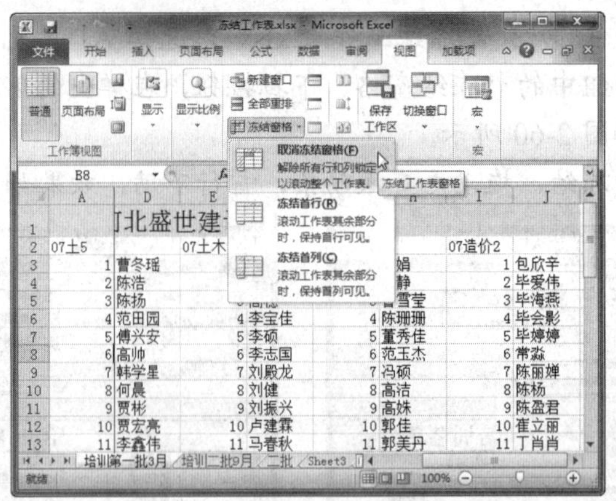

图 2-64 选择“取消冻结窗格”选项

任务三 Excel 2010 工作环境设置

任务概述

用户可以创建符合自己工作习惯的 Excel 环境，如显示或隐藏网格线，显示或隐藏标尺，设置 Excel 自动保存编辑文档的时间间隔，设置自己的默认保存路径、保存类型等，下面将分别进行介绍。

任务重点与实施

一、显示与隐藏网格线

在 Excel 2010 中可以隐藏网格线，具体操作方法如下：

Step 01 打开“素材文件\第 2 章\工作环境设置.xlsx”，取消选择“视图”选项卡下“显示”组中的“网格线”复选框，如图 2-65 所示。

Step 02 此时，即可查看去掉网格线后的窗口效果，如图 2-66 所示。

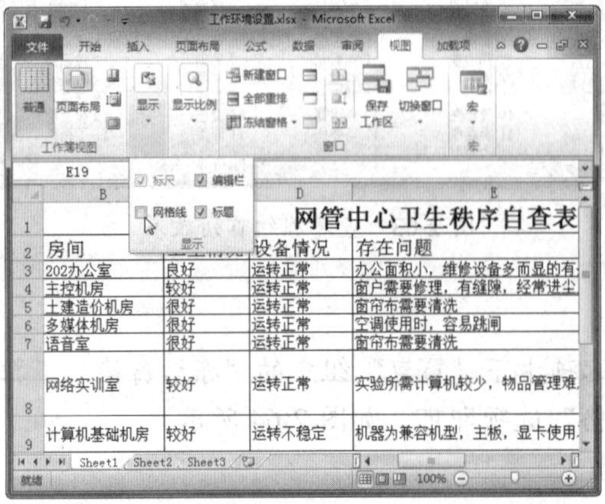

图 2-65 取消选择“网格线”复选框

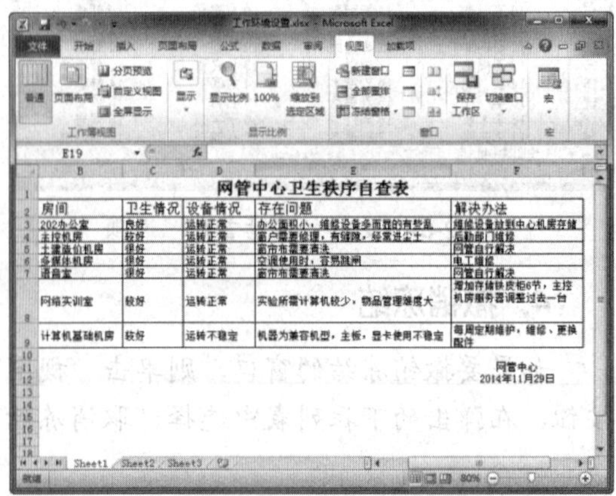

图 2-66 查看隐藏网格线效果

Step 03　如果要显示网格线，则选中“视图”选项卡下“显示”组中的“网格线”复选框，如图 2-67 所示。

Step 04　此时，即可查看显示网格线后的窗口效果，如图 2-68 所示。

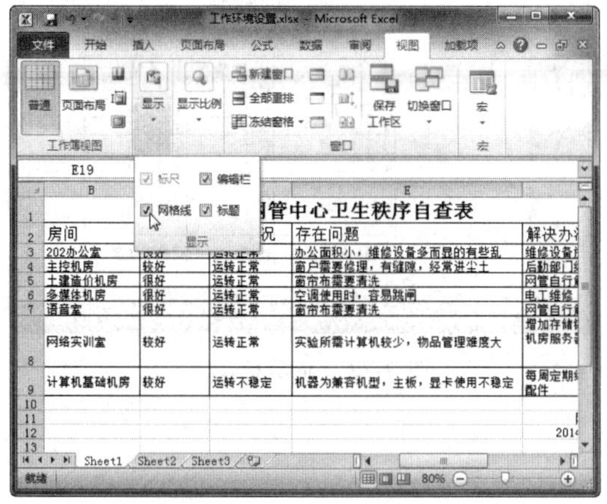

图 2-67　选中“网格线”复选框

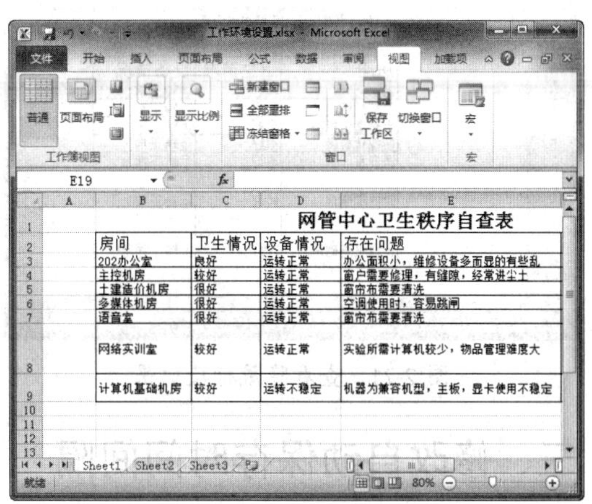

图 2-68　查看显示网格线效果

二、显示或隐藏标尺

在 Excel 的普通视图中并不能显示标尺，只有在“页面”视图中才能显示或隐藏标尺，具体操作方法如下：

Step 01　打开“素材文件\第 2 章\工作环境设置.xlsx”，在状态栏中单击“页面布局”按钮，切换到页面视图，如图 2-69 所示。

Step 02　此时，在工作表区的上方和左侧可以看到标尺。取消选择“视图”选项卡下“显示”组中的“标尺”复选框，如图 2-70 所示。

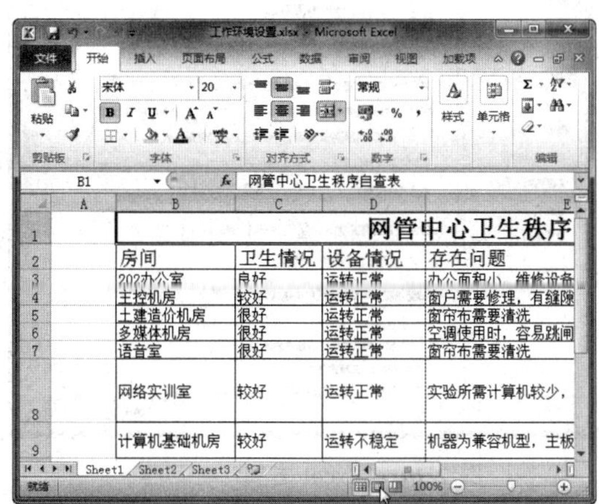

图 2-69　单击“页面布局”按钮

图 2-70　取消选择“标尺”复选框

Step 03　此时，即可查看隐藏标尺后的效果，如图 2-71 所示。

Step 04　单击“视图”选项卡下的“显示”下拉按钮，在弹出的下拉列表中选中“标尺”复选框，即可显示标尺，如图 2-72 所示。

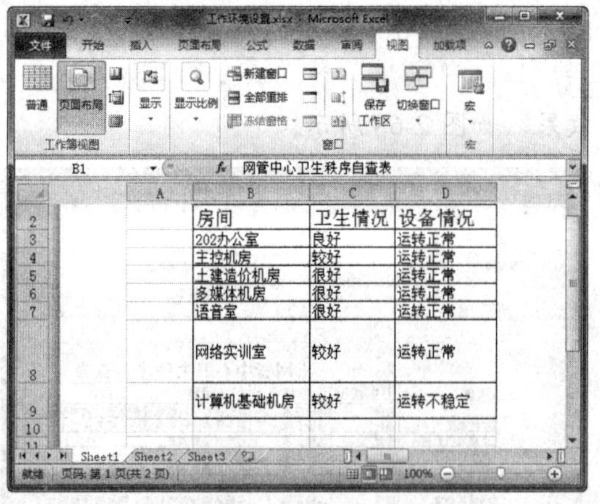

图 2-71　查看隐藏标尺效果

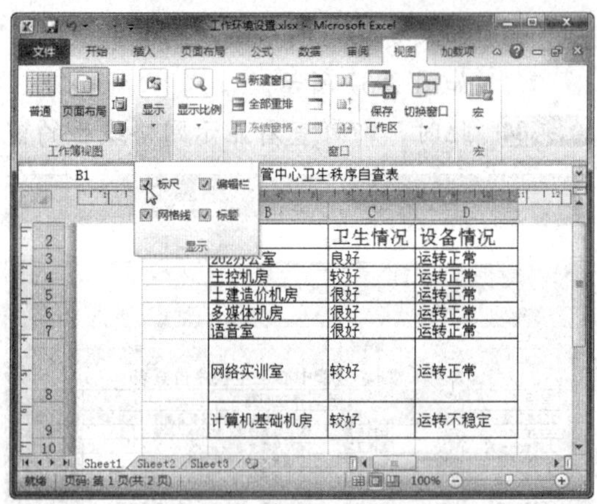

图 2-72　显示标尺

三、修改自动保存时间间隔

用户可以自己设置工作簿的自动保存信息的时间间隔，以免突然断电没有及时保存造成数据丢失。修改自动保存信息时间间隔的具体操作方法如下：

Step 01 打开“素材文件\第 2 章\工作环境设置.xlsx”，单击“文件”按钮，在 Backstage 视图中选择“选项”选项，如图 2-73 所示。

Step 02 弹出“Excel 选项”对话框，单击左侧的“保存”选项，在右侧显示与保存操作相关的选项。在“保存工作簿”选项区中选中“保存自动恢复信息时间间隔”复选框，在右侧数值框中输入一个 1~120 的整数，如输入 5，单击“确定”按钮完成设置，如图 2-74 所示。

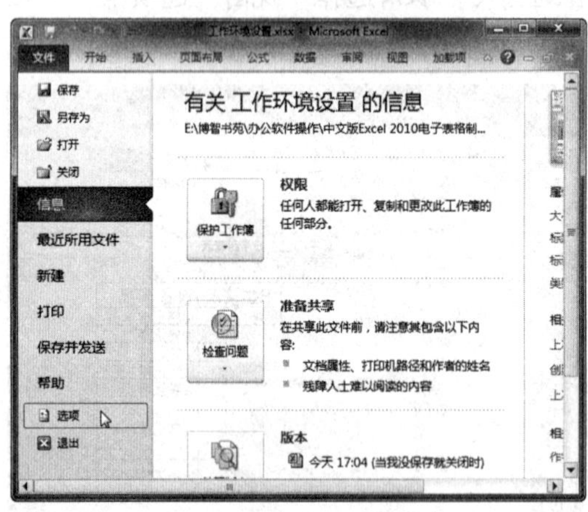

图 2-73　选择“选项”选项

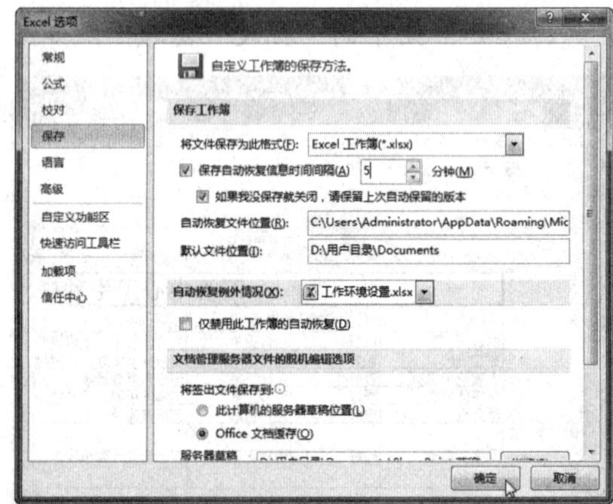

图 2-74　“Excel 选项”对话框

系统默认每 10 分钟保存一次文档，用户只需根据自己的需要设置自动保存时间间隔，工作簿即会根据用户设置的时间间隔进行保存。

项目小结

本项目主要介绍了 Excel 2010 的基本操作知识，其中包括工作簿的基本操作，工作表的基本操作，以及 Excel 2010 工作环境设置等。通过对本项目的学习，读者应重点掌握以下知识：

（1）新建、保存、打开和关闭 Excel 工作簿。

（2）在工作簿中插入、删除、重命名、保护、显示和隐藏工作表。

（3）在工作簿中拆分和冻结工作表。

（4）根据需要设置 Excel 2010 的工作环境。

项目习题

在“成绩表.xlsx”工作簿中，设置单元格格式、冻结工作表、保护工作表，以及重命名工作表。

操作提示：

① 选择 A1:E15 单元格区域，在“开始”选项卡下单击“对齐方式”组中“居中”按钮，如图 2-75 所示。

② 在“开始”选项卡下“单元格”组中单击“格式”下拉按钮，在弹出的下拉列表中选择“列宽”选项，如图 2-76 所示。

图 2-75 单击“居中”按钮

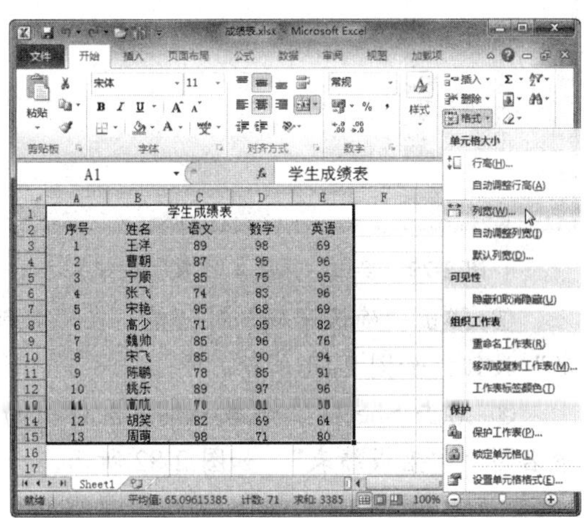

图 2-76 选择“列宽”选项

③ 弹出“列宽”对话框，在“列宽”文本框中设置需要调整的数值，然后单击“确定”按钮，如图 2-77 所示。

④ 单击 A1 单元格，切换到“视图”选项卡，在“窗口”组中单击“冻结窗格”下拉按钮，在弹出的下拉列表中选择“冻结首行”选项，如图 2-78 所示。

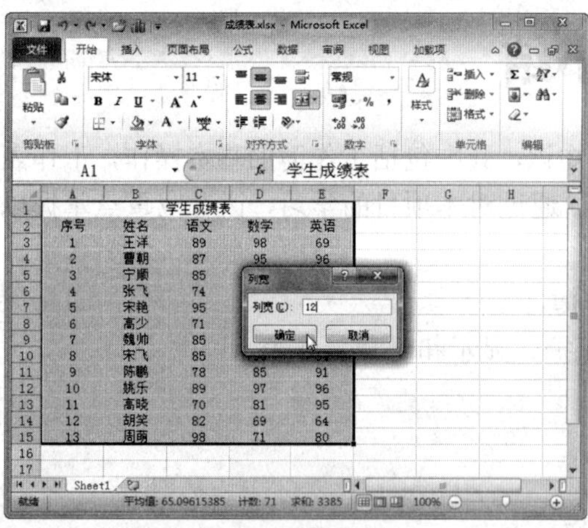

图 2-77　设置列宽

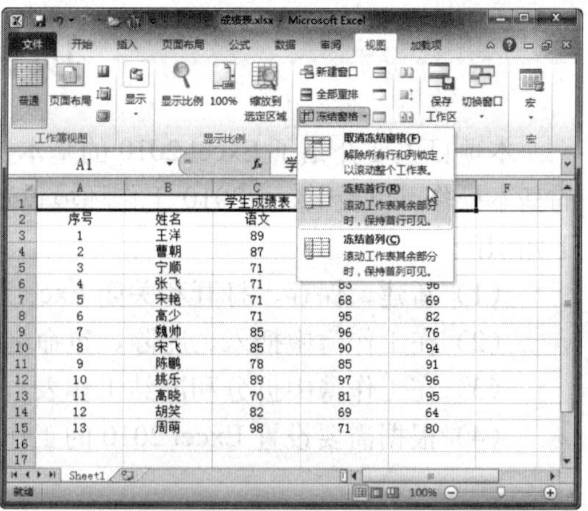

图 2-78　冻结工作表

⑤ 选择“审阅”选项卡，在“更改”组中单击“保护工作表”按钮，如图 2-79 所示。

⑥ 弹出“保护工作表”对话框，在“取消工作表保护时使用的密码”文本框中输入密码，然后单击“确定”按钮，如图 2-80 所示。

图 2-79　单击“保护工作表”按钮

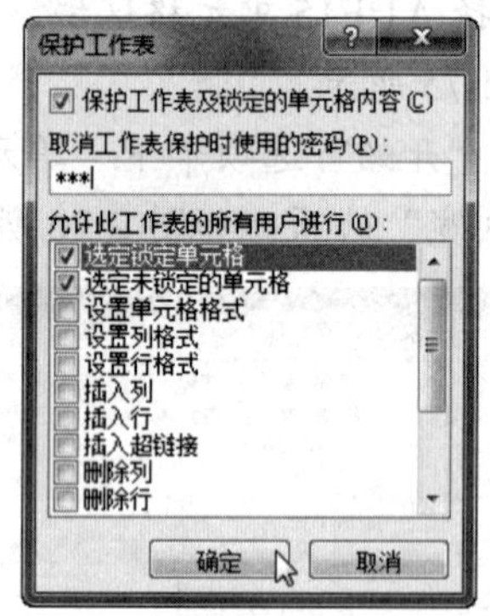

图 2-80　“保护工作表”对话框

⑦ 弹出“确认密码”对话框，在“重新输入密码”文本框中输入密码，然后单击“确定”按钮，如图 2-81 所示。

⑧ 右击 Sheet1 工作表标签，在弹出的快捷菜单中选择“重命名”选项，将工作表重命名为“学生成绩表”，如图 2-82 所示。

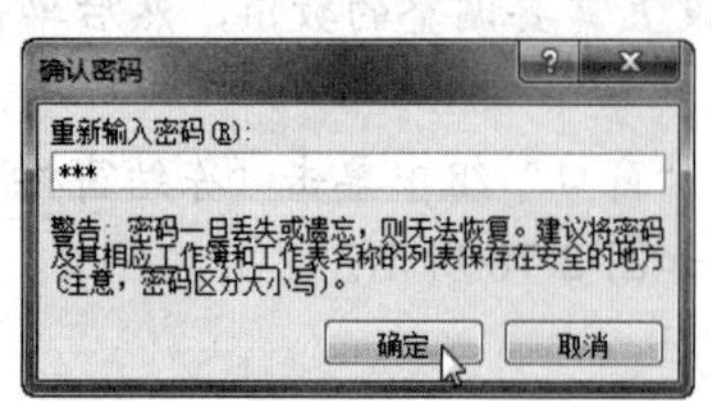

图 2-81　重新输入密码

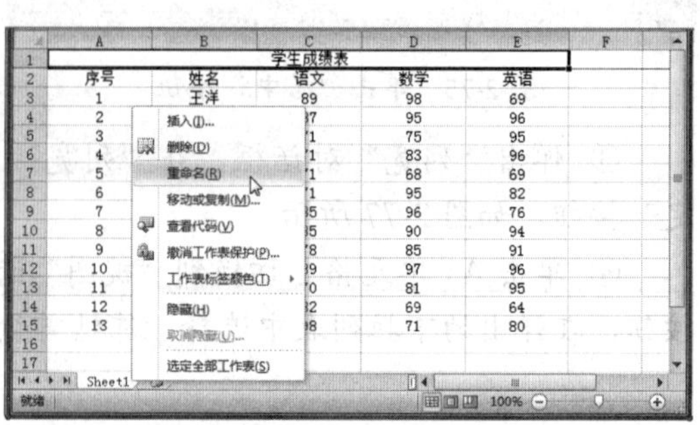

图 2-82　重命名工作表

项目三　数据的输入与编辑

项目概述

使用 Excel 处理数据时，数据的输入与编辑是最基本、最重要的操作。不同情况下，选用适当的方法会提高数据的输入效率。本项目将详细介绍 Excel 数据的输入与编辑知识，其中包括单元格的基本操作，手动输入数据，填充数据，管理批注，数据查找和替换，以及撤销与恢复操作等知识。

项目重点

- 掌握插入、删除、命名、复制单元格的方法。
- 掌握手动输入数据的方法。
- 掌握使用填充柄、填充命令和自定义填充数据的方法。
- 掌握添加与管理批注的方法。
- 掌握查找和替换数据的方法
- 掌握撤销和恢复数据的方法。

项目目标

- 能够在工作表中插入、删除、命名、复制单元格。
- 能够在工作表中手动输入数据。
- 能够使用填充柄、填充命令和自定义填充数据。
- 能够添加与管理批注。
- 能够查找和替换数据。
- 能够撤销和恢复数据。

任务一　单元格的基本操作

任务概述

对单元格的操作是使用 Excel 必不可少的，单元格的操作主要包括插入、删除、清除、命名和合并单元格等，下面将分别对其进行介绍。

任务重点与实施

一、插入单元格

在工作表中可以插入一个单元格，也可以插入一行、一列单元格。如果需要在工作表中插入单元格，方法如下：

方法 1：使用功能区按钮插入单元格

Step 01 打开“素材文件\第 3 章\单元格的基本操作.xlsx”。选择 F2 单元格，如图 3-1 所示。单击“开始”选项卡下“单元格”组中的“插入”下拉按钮，在弹出的下拉列表中选择“插入单元格”选项。

图 3-1 选择“插入单元格”选项

Step 02 弹出“插入”对话框，选中“活动单元格下移”单选按钮，然后单击“确定”按钮，如图 3-2 所示。

Step 03 此时，即可查看插入单元格后的表格效果，如图 3-3 所示。

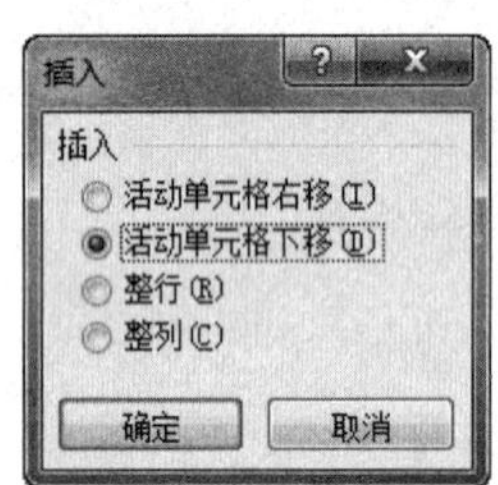

图 3-2 “插入”对话框

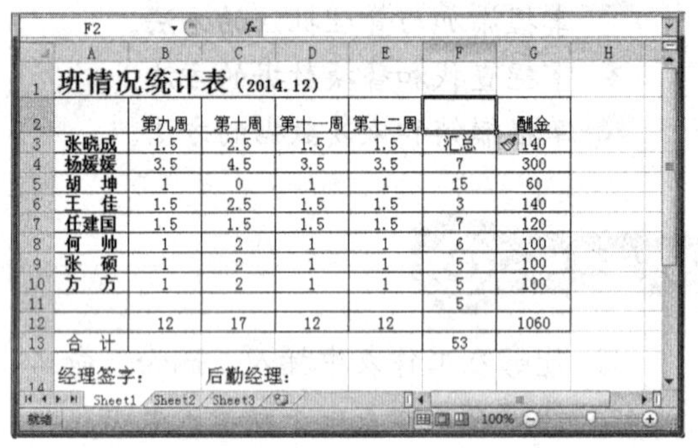

图 3-3 查看插入单元格效果

方法 2：通过快捷菜单插入单元格

Step 01 选择 G2 单元格并右击，在弹出的快捷菜单中选择“插入”命令，如图 3-4 所示。

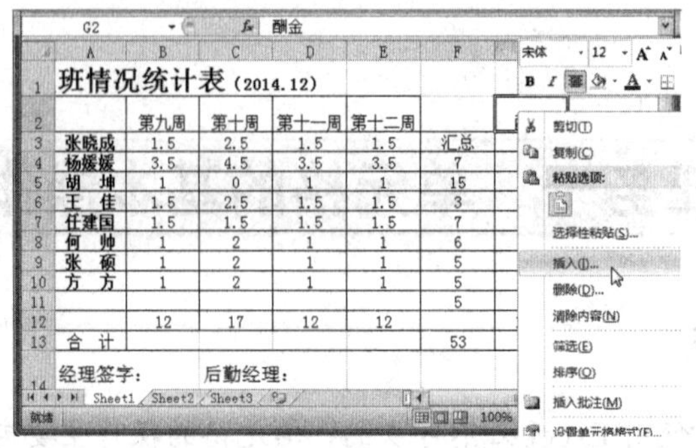

图 3-4 选择“插入”命令

Step 02 弹出“插入”对话框，选中“活动单元格右移”单选按钮，然后单击“确定”按钮，如 3-5 图所示。

Step 03 此时，即可查看插入单元格后的表格效果，如图 3-6 所示。

图 3-5 “插入”对话框

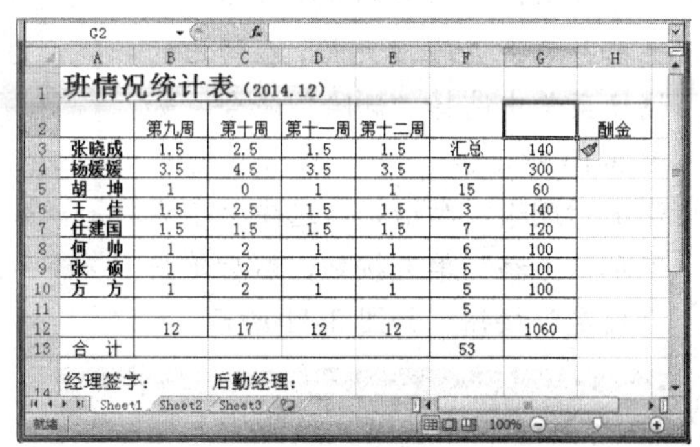

图 3-6 查看插入单元格效果

插入单元格后会影响后续的行或列，破坏现有单元格之间的对应关系，所以使用时一定要考虑周围的情况。

二、删除单元格

和插入单元格相反，删除操作就是从工作表中减少单元格。实际上删除操作不仅是减少单元格，同时减少的还有单元格中的数据。

方法 1：使用功能区按钮删除单元格

Step 01 选择 F2 单元格，单击“开始”选项卡下“单元格”组中的“删除”下拉按钮，在弹出的下拉列表中选择“删除单元格”选项，如图 3-7 所示。

Step 02 弹出“删除”对话框，选中“下方单元格上移”单选按钮，然后单击“确定”按钮，如图 3-8 所示。

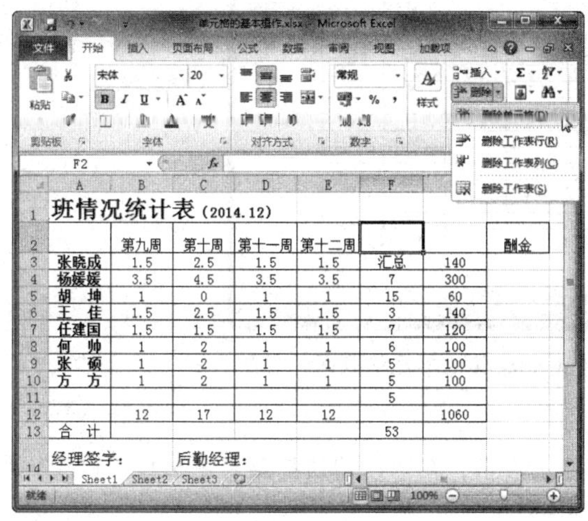

图 3-7 选择“删除单元格”选项

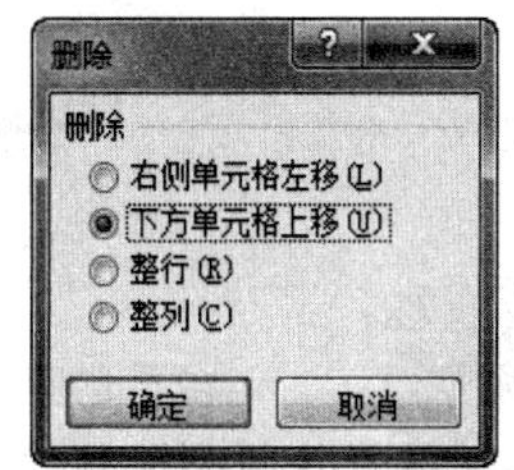

图 3-8 “删除”对话框

Step 03 此时，即可查看删除单元格后的表格效果，如图 3-9 所示。

	A	B	C	D	E	F	G	H
1	班情况统计表（2014.12）							
2		第九周	第十周	第十一周	第十二周	汇总		酬金
3	张晓成	1.5	2.5	1.5	1.5	7	140	
4	杨媛媛	3.5	4.5	3.5	3.5	15	300	
5	胡　坤	1	0	1	1	3	60	
6	王　佳	1.5	2.5	1.5	1.5	7	140	
7	任建国	1.5	1.5	1.5	1.5	6	120	
8	何　帅	1	2	1	1	5	100	
9	张　硕	1	2	1	1	5	100	
10	方　方	1	2	1	1	5	100	
11								
12		12	17	12	12	53	1060	
13	合　计							
14	经理签字:		后勤经理:			秘书：张晓成		

图 3-9　查看删除单元格效果

方法 2：使用快捷菜单删除单元格

Step 01 选择并右击 A12 单元格，在弹出的快捷菜单中选择“删除”命令，如图 3-10 所示。

Step 02 弹出“删除”对话框，选中“下方单元格上移”单选按钮，然后单击“确定”按钮，如图 3-11 所示。

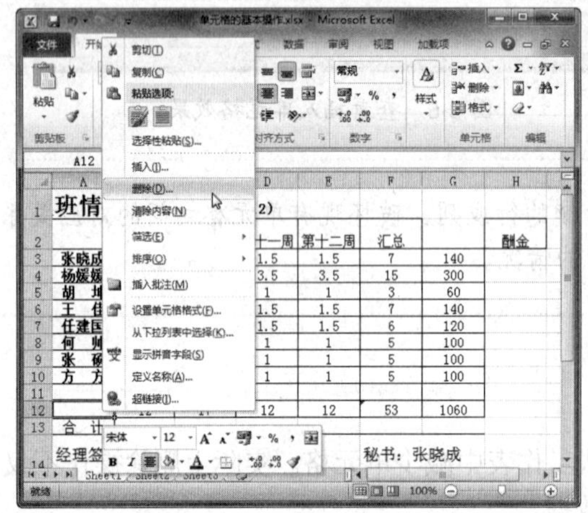

图 3-10　选择“删除”命令

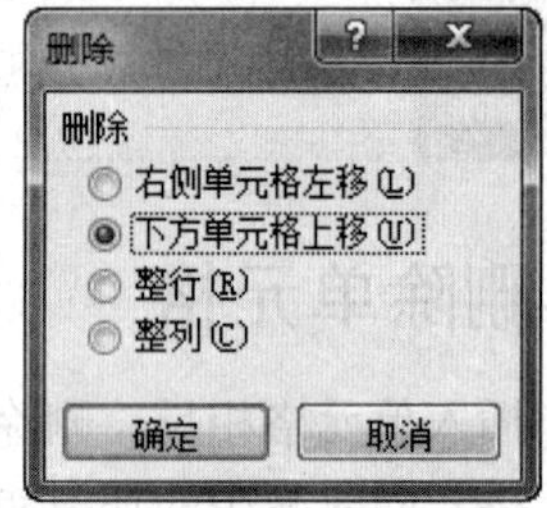

图 3-11　“删除”对话框

Step 03 删除其他不需要的单元格，效果如图 3-12 所示。

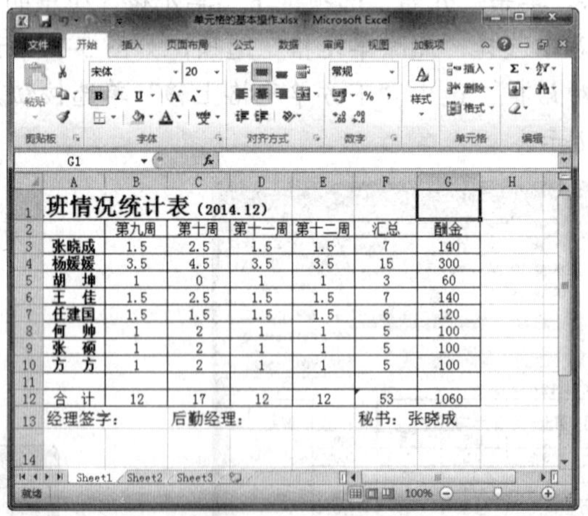

图 3-12　查看删除其他单元格效果

专家指导 Expert guidance

在要删除行或列的标签上右击，在弹出的快捷菜单中选择“删除”命令，即可删除整行或整列。

三、清除工作表

清除单元格与删除单元格有所不同，清除单元格只删除单元格中的数据，而不能删除单元格。清除单元格的方法如下：

方法 1：使用功能区按钮清除单元格内容

Step 01 选择 F3:F10 单元格区域，单击“开始”选项卡下“编辑”组中的“清除”下拉按钮，在弹出的下拉列表中选择“清除内容”选项，如图 3-13 所示。

Step 02 此时，即可查看清除单元格内容后的表格效果，如图 3-14 所示。

图 3-13　选择“清除内容”选项

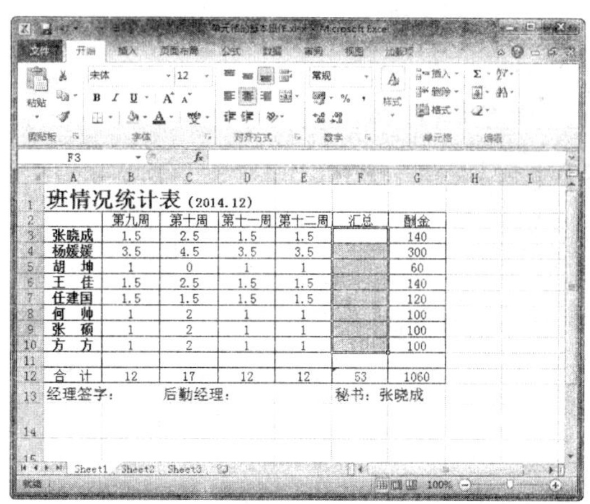

图 3-14　查看清除效果

方法二：使用快捷菜单清除单元格内容

Step 01 选中 E3:E10 单元格区域并右击，在弹出的快捷菜单中选择“清除内容”命令，如图 3-15 所示。

Step 02 此时，即可查看清除单元格内容后的表格效果，如图 3-16 所示。

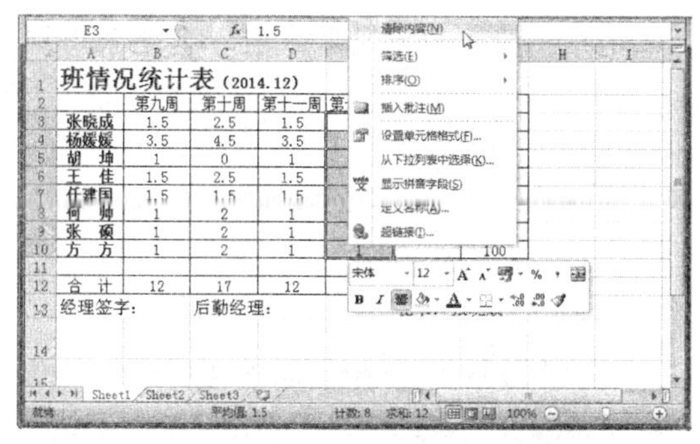

图 3-15　选择“清除内容”命令

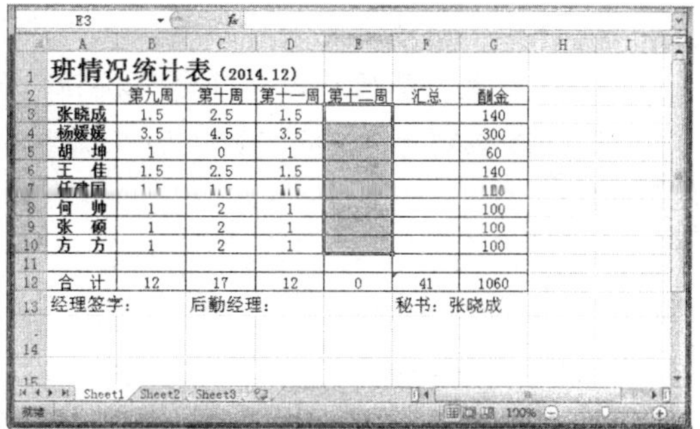

图 3-16　查看清除效果

清除单元格数据不同于删除单元格，清除操作不会改变其他单元格的位置，删除操作则会改变单元格的位置。另外，只需选定要清除的单元格，然后直接按【Delete】键，即可清除单元格内容。

四、命名单元格

对单元格进行命名，可以快速、准确地定位单元格，方法如下：

方法 1：使用名称框命名单元格

名称框位于编辑栏左侧，用于显示活动单元格的引用地址。如果单元格已命名，单击名称框下拉按钮，在下拉列表中会显示所有名称清单。

Step 01 选择 G12 单元格，单击名称框，如图 3-17 所示。

Step 02 在名称框中输入单元格新名称，然后按【Enter】键确认即可完成命名操作，如图 3-18 所示。

图 3-17　单击名称框

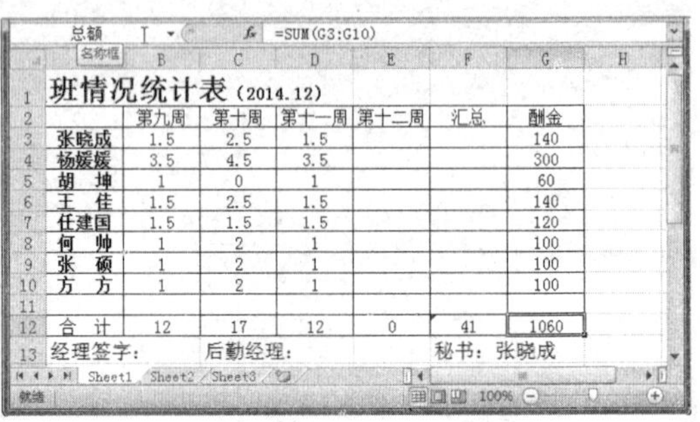

图 3-18　输入单元格新名称

在名称框中输入新名称后，一定要按【Enter】键进行确认，命名才能生效，单击其他单元格不起作用。

方法 2：使用功能区按钮命名单元格

Step 01 选择单元格，单击“公式”选项卡下“定义的名称”组中的“定义名称”下拉按钮，在弹出的下拉列表中选择“定义名称”选项，如图 3-19 所示。

Step 02 弹出“新建名称”对话框，在“名称”文本框中输入“汇总”字样，其他采用默认设置，然后单击“确定”按钮，如图 3-20 所示。

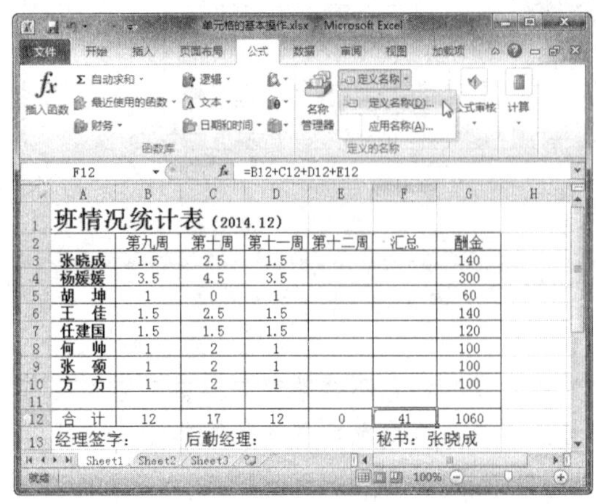

图 3-19　选择“定义名称”选项

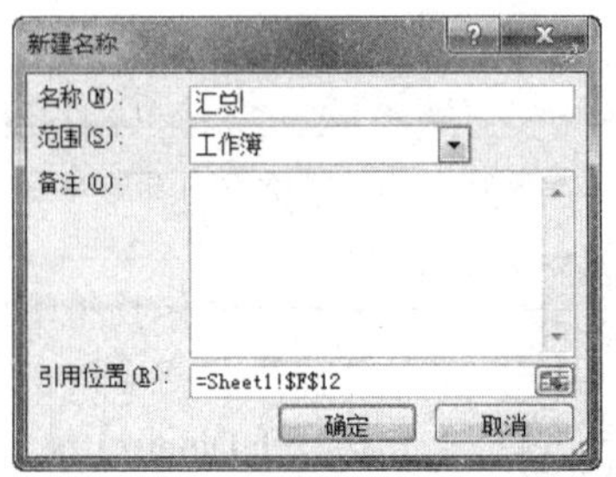

图 3-20　“新建名称”对话框

Step 03 此时，即可查看新命名单元格后的效果，如图 3-21 所示。

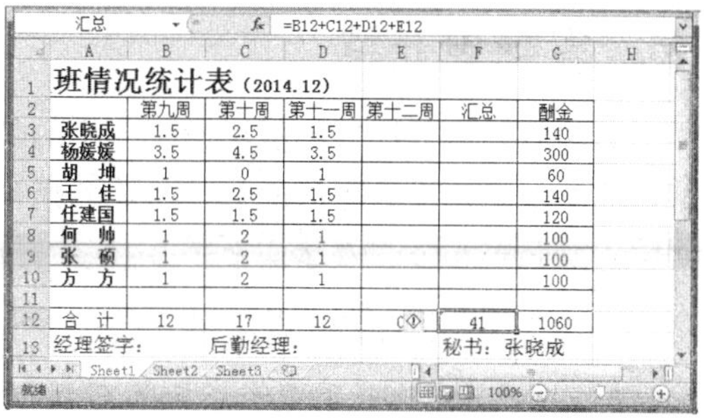

图 3-21　查看命名效果

五、移动单元格

在使用 Excel 制作表格的过程中，经常需要对单元格中的数据进行移动，具体操作方法如下：

Step 01 选择 G3:G10 单元格区域，单击“开始”选项卡下“剪贴板”组中的“剪切”按钮，如图 3-22 所示。

Step 02 选择 H3 目标单元格，单击“开始”选项卡下“剪贴板”组中的“粘贴”按钮，如图 3-23 所示。

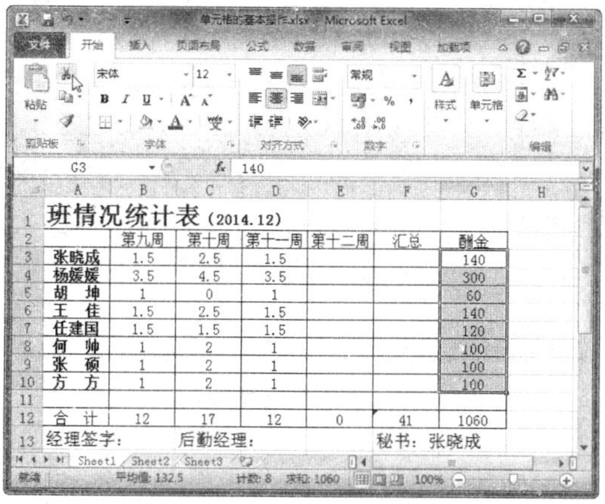

图 3-22　单击“剪切”按钮

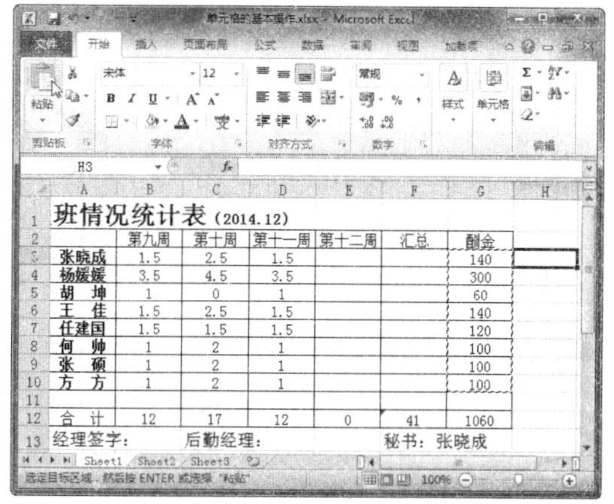

图 3-23　单击“粘贴”按钮

Step 03 此时，即可查看数据被移动后的表格效果，如图 3-24 所示。

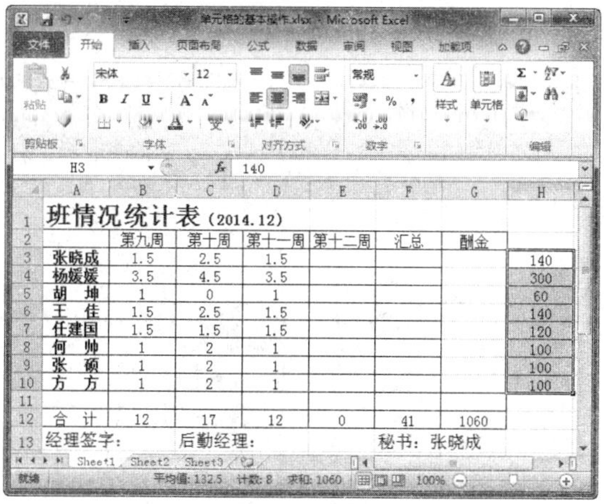

图 3-24　查看数据移动效果

六、复制单元格

移动单元格数据后不保留原单元格的数据，而复制单元格数据后原单元格的数据被保留。复制单元格的方法如下：

方法 1：使用粘贴选项复制数据

Step 01 选中 D3:D10 单元格区域并右击，在弹出的快捷菜单中选择“复制”命令，如图 3-25 所示。

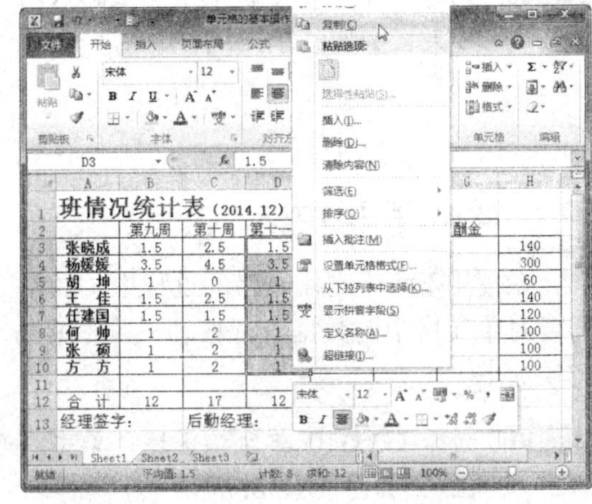

图 3-25 选择“复制”命令

Step 02 选中 E3 目标单元格并右击，在弹出的快捷菜单中单击粘贴选项中的“值”按钮，如图 3-26 所示。

Step 03 此时，即可查看复制数据后的表格效果，如图 3-27 所示。

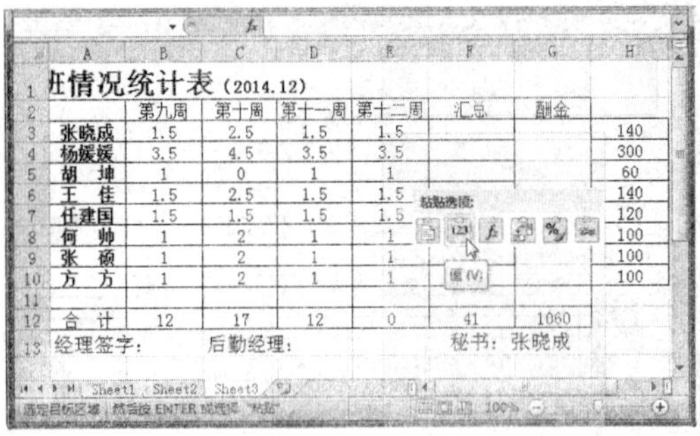

图 3-26 单击“值”按钮

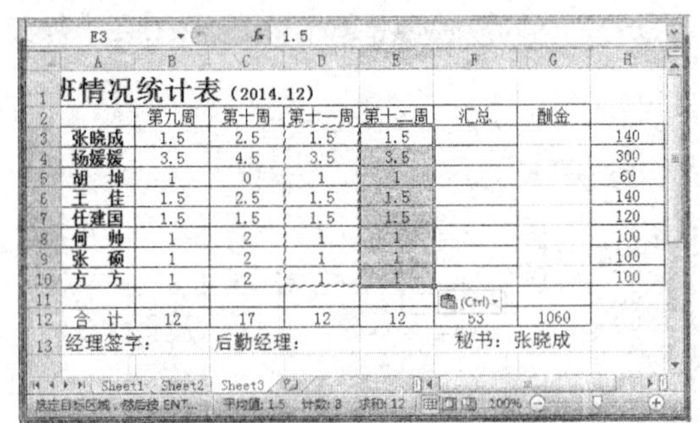

图 3-27 查看数据复制效果

方法 2：使用功能区按钮复制数据

Step 01 选择 D3 单元格，单击“开始”选项卡下“剪贴板”组中的“复制”按钮，如图 3-28 所示。

Step 02 选择 E3 目标单元格，单击“开始”选项卡下“剪贴板”组中的“粘贴”按钮，如图 3-29 所示。

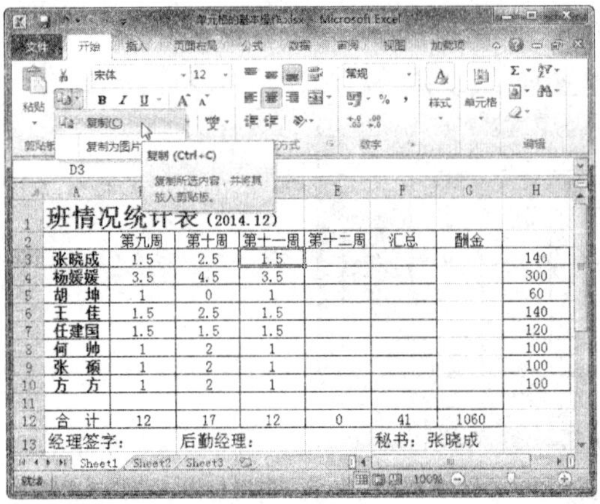

图 3-28 单击“复制”按钮

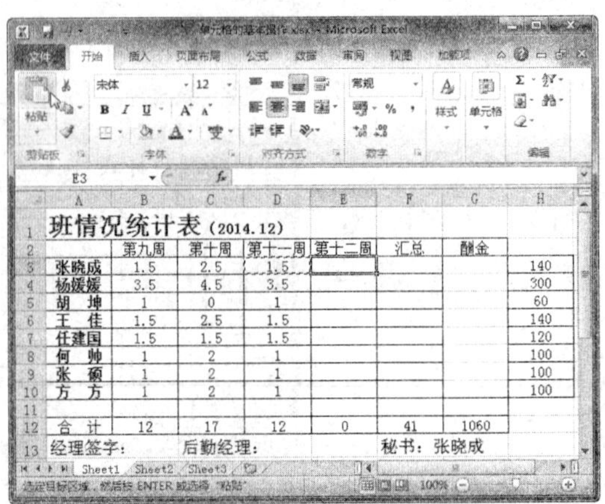

图 3-29 单击“粘贴”按钮

Step 03　此时，即可查看复制单元格数据后的表格效果，如图 3-30 所示。

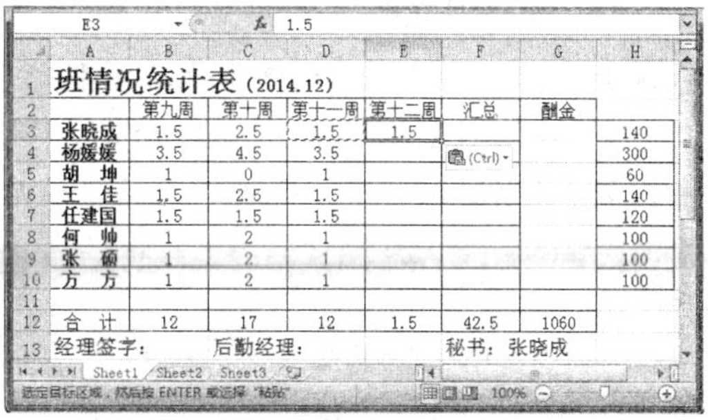

图 3-30　查看数据复制效果

方法 3：使用快捷键复制数据

Step 01　选择 E3 单元格，将鼠标指针移至选取的单元格黑色边框上，如图 3-31 所示。

Step 02　按住【Ctrl】键，用鼠标将选取的单元格拖放到目标位置，如图 3-32 所示。

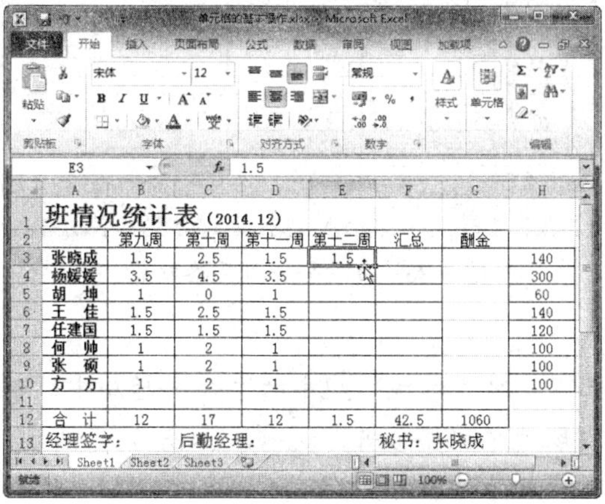

图 3-31　选择单元格

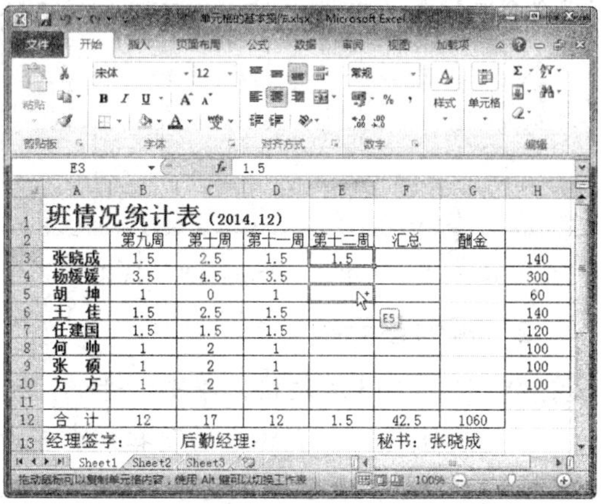

图 3-32　拖动单元格

Step 03　释放鼠标，选取的单元格数据即可复制到目标单元格内，如图 3-33 所示。

Step 04　采用同样的方法，复制其他数据到目标单元格，效果如图 3-34 所示。

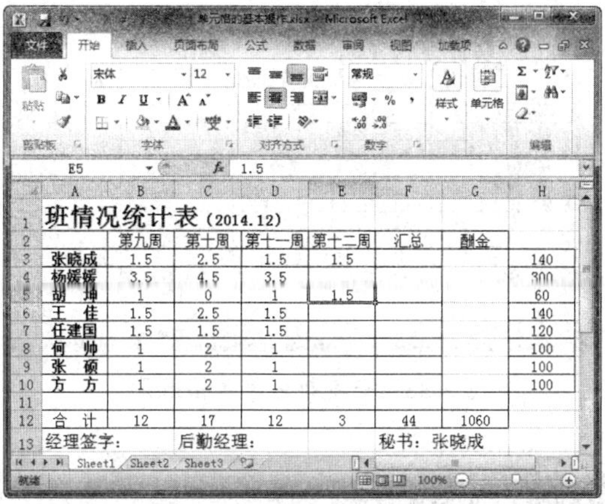

图 3-33　查看复制效果

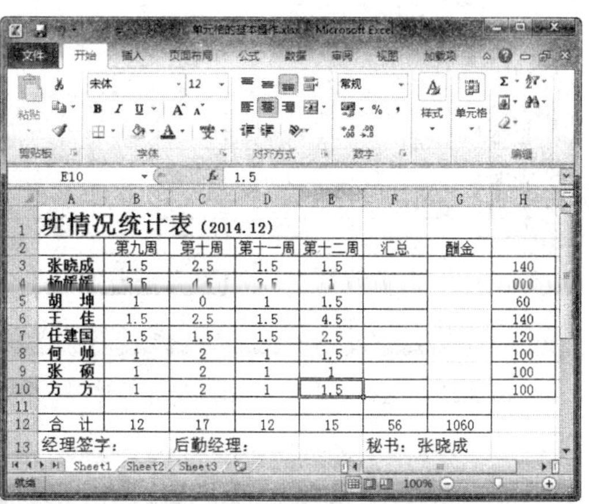

图 3-34　查看复制其他数据效果

七、合并与拆分单元格

合并单元格是将相邻的单元格合并为一个单元格。合并后只保留所选区域左上角单元格中的数据内容。拆分单元格只对合并的单元格进行拆分，不能拆分未合并过的单元格。

1．合并单元格

Step 01 选择 A1:G1 单元格区域，单击“开始”选项卡下“对齐方式”组中的“合并后居中”按钮，如图 3-35 所示。

Step 02 此时，即可查看合并单元格区域后的表格效果，如图 3-36 所示。

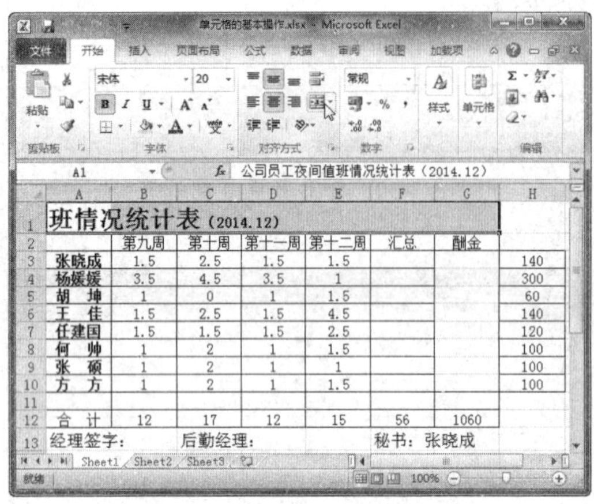

图 3-35　选择“合并后居中”按钮

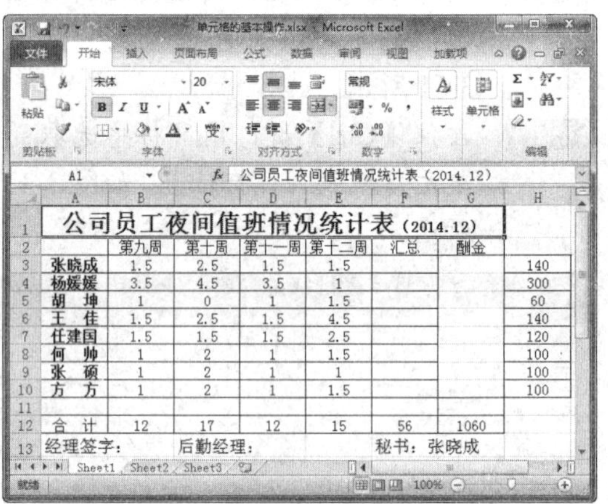

图 3-36　查看合并单元格效果

2．拆分单元格

Step 01 选择 F13 单元格，单击“开始”选项卡下“对齐方式”组中的“合并后居中”下拉按钮，在弹出的下拉列表中选择“取消单元格合并”选项，如图 3-37 所示。

Step 02 此时，即可查看拆分单元格后的表格效果，如图 3-38 所示。

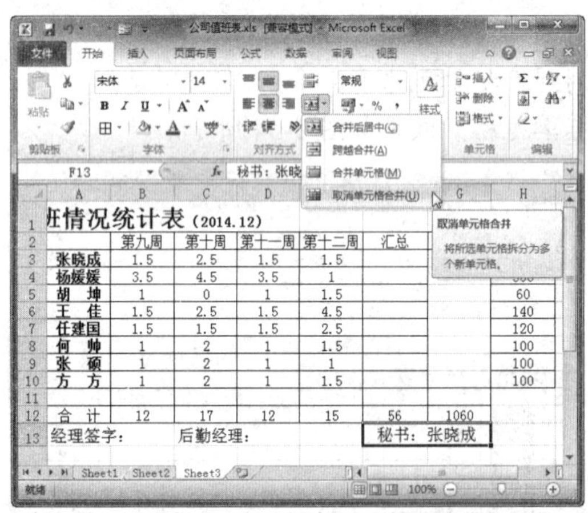

图 3-37　选择“取消单元格合并”选项

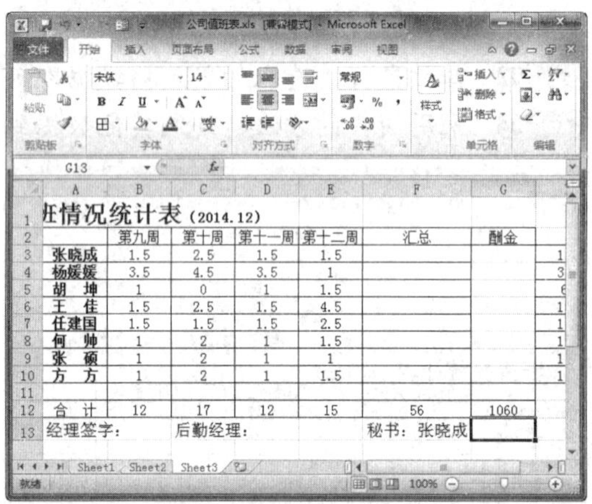

图 3-38　查看拆分单元格效果

任务二　手动输入数据

任务概述

输入数据是使用工作表的核心操作，本任务将重点学习如何手动输入数据，其中涉及输入内容的格式，也有手动输入的技巧。

任务重点与实施

一、输入文本与数字

在 Excel 2010 中，一个单元格中最多可以输入 32767 个字符，比以前各版本容纳的字符数都多。输入文本的方法如下：

Step 01 打开“素材文件\第 3 章\办公设备使用登记记录表.xlsx”，选择 A1 单元格，并在该单元格中输入内容，如图 3-39 所示。

Step 02 也可以换行，把光标定位到字符后按【Alt+Enter】快捷键，如图 3-40 所示。

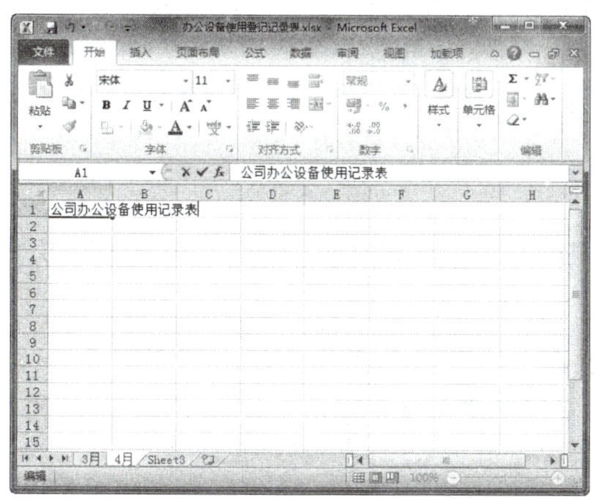

图 3-39 输入内容

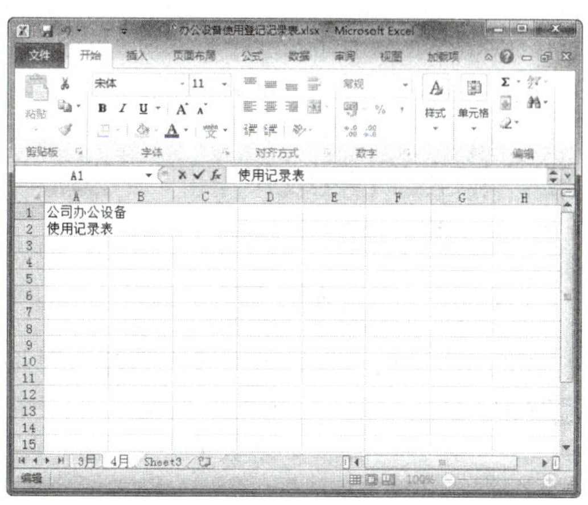

图 3-40 进行换行

Step 03 在不同的单元格中输入对应的内容，如图 3-41 所示。

Step 04 输入数字的方法同输入其他文本，只是默认的对齐方式不同，如图 3-42 所示。

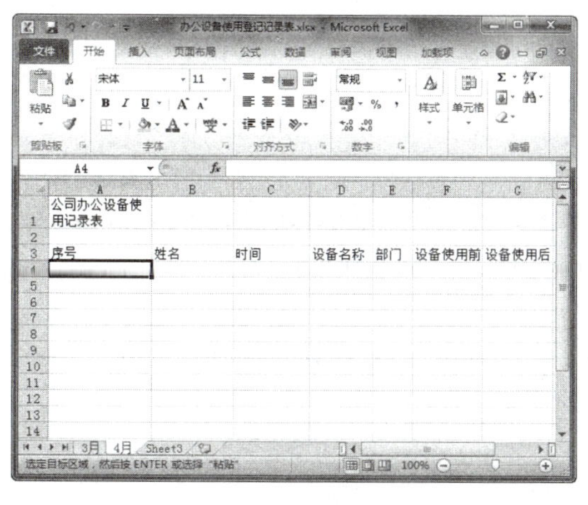

图 3-41 输入其他内容

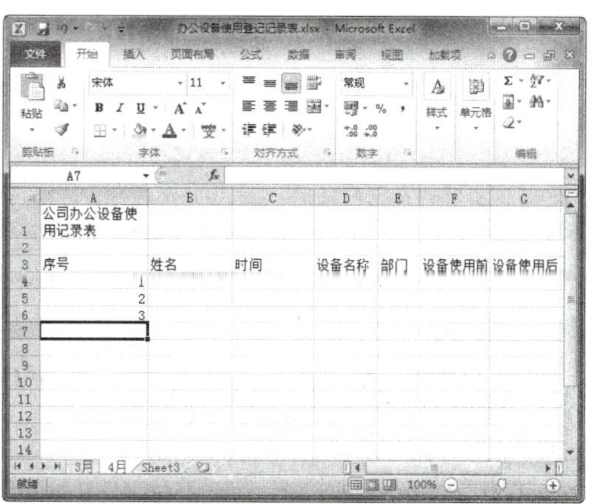

图 3-42 输入数字

二、将数字转化为文本

如果单元格中输入的数字是不进行运算的，最好将其作为文本输入，如邮政编码、证件号码或学号等。默认情况下，将数字输入到单元格时 Excel 将其作为数字设置为右对齐。

若要将输入的数字转化为文本，可以进行以下操作：

Step 01 在数字前加半角的单引号“'”，即可将数字转化为文本，如图 3-43 所示。

Step 02 按【Enter】键确认，查看数字效果，如图 3-44 所示。

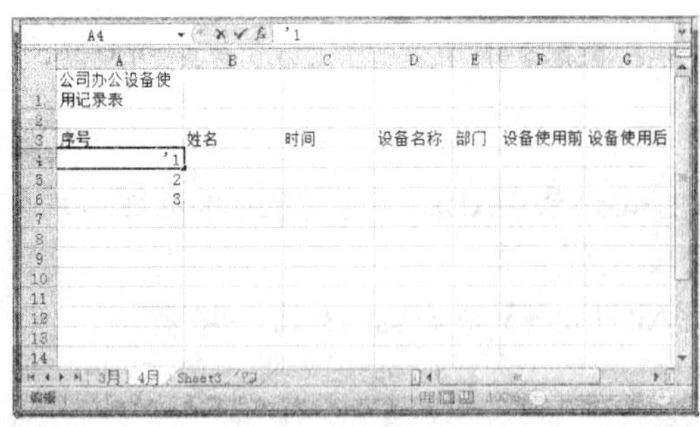

图 3-43　输入半角单引号

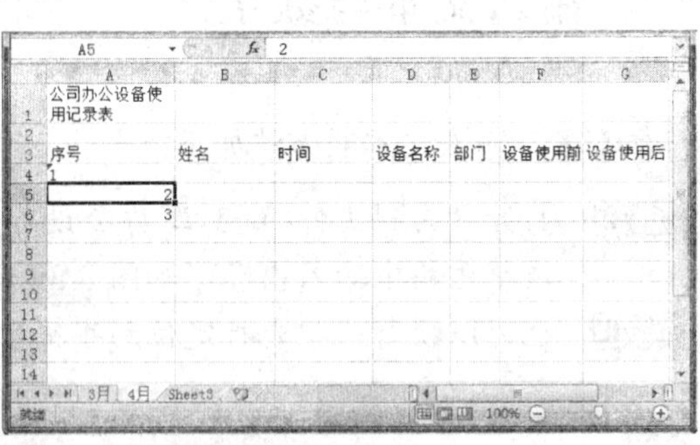

图 3-44　查看数字转化为文本后的效果

三、输入日期或时间

日期和时间可以直接输入，Excel 2010 会自动识别日期和时间格式，并将其转换为序列号保存。手工输入日期的具体操作方法如下：

Step 01 选择单元格并输入日期，输入时用连接符号“/”或“-”连接，如图 3-45 所示。

Step 02 输入时间时，默认为 24 小时时钟系统。在同一单元格中可以同时输入日期和时间，日期和时间之间要用空格隔开，否则将被视为文本，时间的连接符号是“:”，如图 3-46 所示。

图 3-45　输入日期

图 3-46　输入时间

在输入状态下，按【Ctrl+；】快捷键，将自动输入当天日期；按【Ctrl+Shift+;】快捷键，将自动输入当前时间。

四、在多个单元格中同时输入相同数据

如果要在工作表中输入部分相同的数据，可以进行以下操作：

Step 01 选择 D4:D8 单元格区域并输入一个数据，如图 3-47 所示。

Step 02 按【Ctrl+Enter】快捷键，输入的数据就会自动填充到单元格区域，如图 3-48 所示。

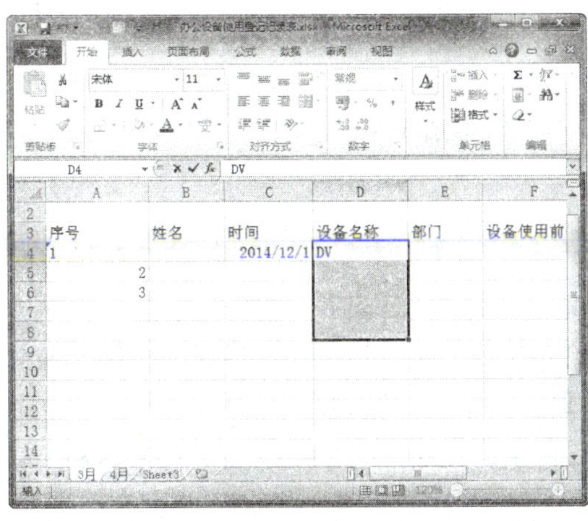

图 3-47　输入数据

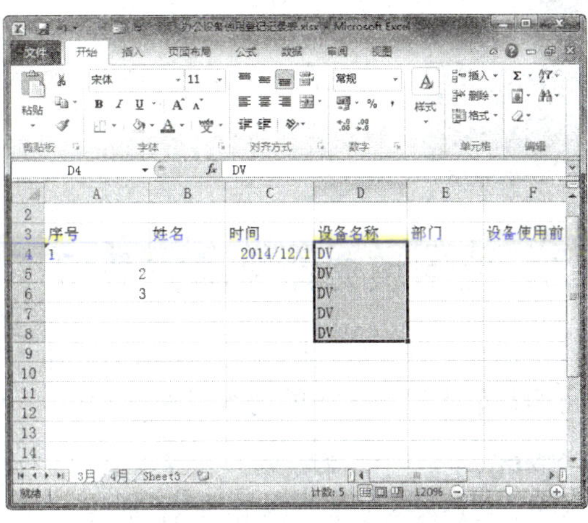

图 3-48　查看填充效果

任务三　填充数据

任务概述

填充数据包括记忆式键入、日期序列填充、数值序列填充、文本序列填充，以及自定义序列填充等，下面将分别对其进行介绍。

任务重点与实施

一、使用填充柄自动填充数据

使用填充柄可以完成数据自动填充，具体操作方法如下：

 选择 A4 单元格，用鼠标拖动右下角的填充柄，拖至需要填充的最后一个单元格，如图 3-49 所示。

 此时，数据将自动填充到单元格区域中，如图 3-50 所示。

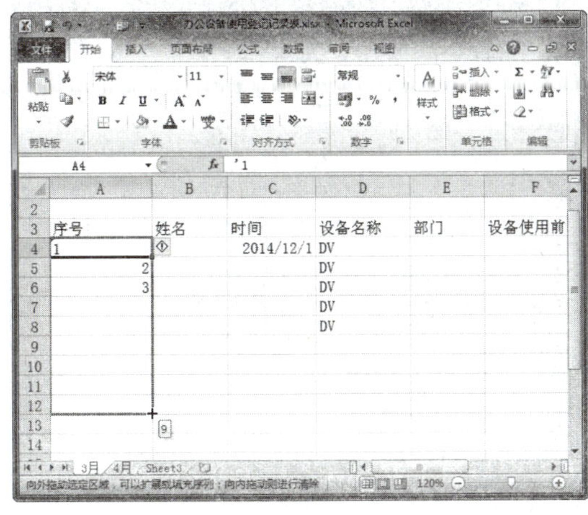

图 3-49　选择数据

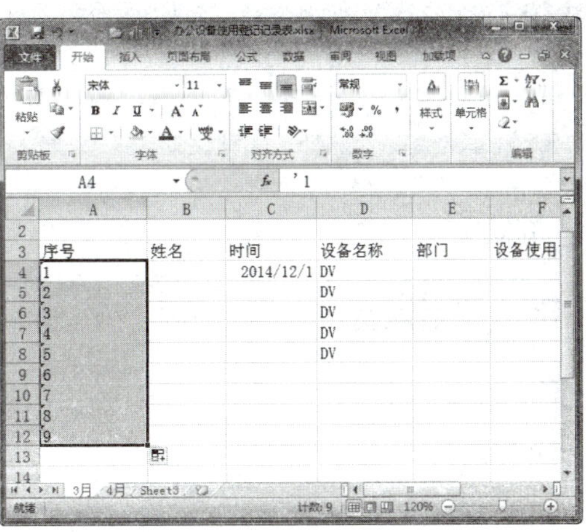

图 3-50　查看填充效果

填充数据完成后，将自动显示“自动选项填充”下拉按钮，单击此按钮，在弹出的下拉列表中可以选择所需的填充选项。

二、使用填充命令填充数据

在填充数据时，除了可以拖动填充柄快速填充相邻的单元格外，还可以通过填充命令用相邻单元格或区域的内容填充活动单元格或选定区域，具体操作方法如下：

Step 01 选择 B4 单元格，该单元格位于填充数据单元格的上方、下方、左侧或右侧，然后输入文本，如图 3-51 所示。

Step 02 单击“开始”选项卡下“编辑”组中的“填充”下拉按钮，在弹出的下拉列表中选择“向下”选项，如图 3-52 所示。

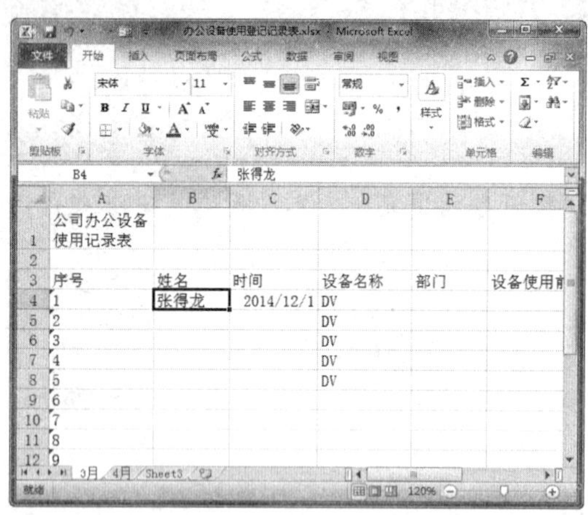

图 3-51 选择单元格并输入文本

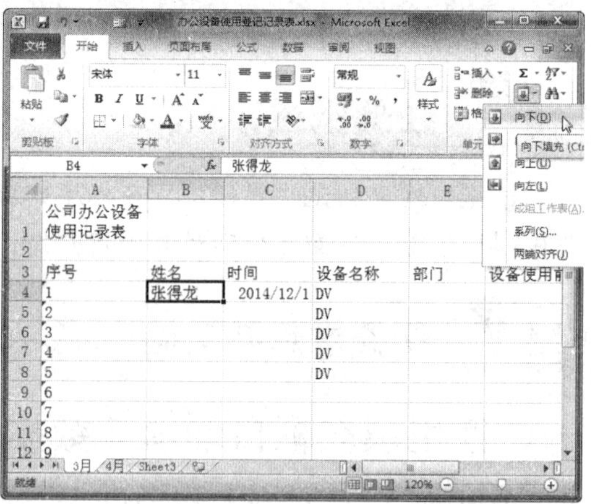

图 3-52 选择“向下”选项

Step 03 此时，即可查看使用填充命令填充数据后的效果，如图 3-53 所示。

Step 04 使用该方法继续填充其他单元格，效果如图 3-54 所示。

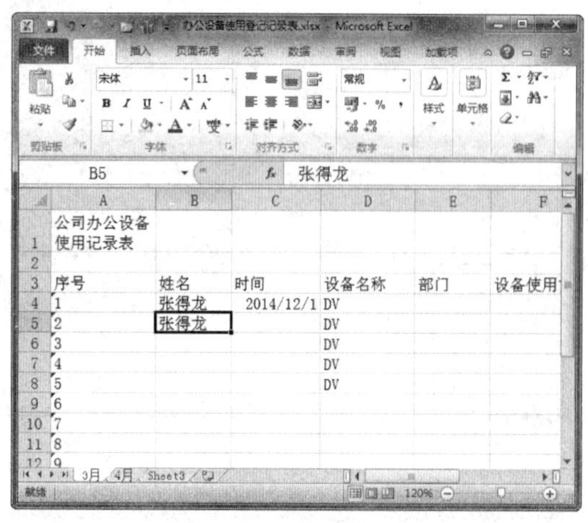

图 3-53 查看填充效果

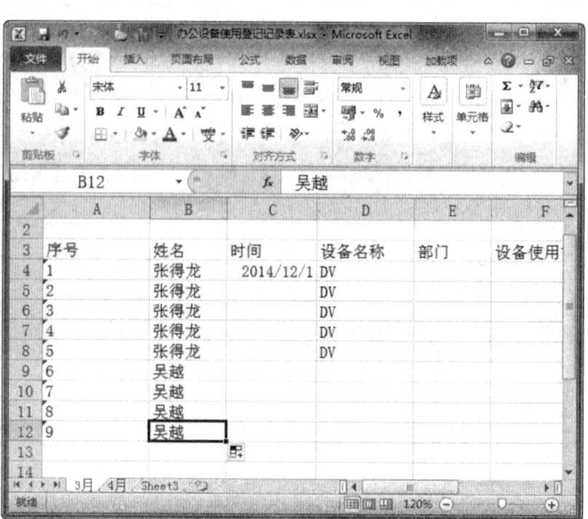

图 3-54 填充其他单元格

三、自定义填充数据

自定义填充可以使数据按照用户需要的方式进行填充，如以等差序列、等比序列或者以日期的类型进行填充，具体操作方法如下：

Step 01 新建空白工作簿，在 A1 单元格中输入起始数据 1，并选中该单元格，如图 3-55 所示。

Step 02 单击“开始”选项卡下“编辑”组中的“填充”下拉按钮，在弹出的下拉列表中选择“系列”选项，如图 3-56 所示。

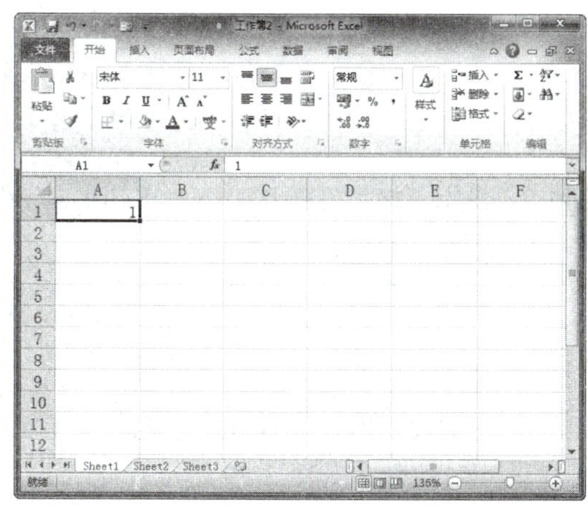

图 3-55 输入数据

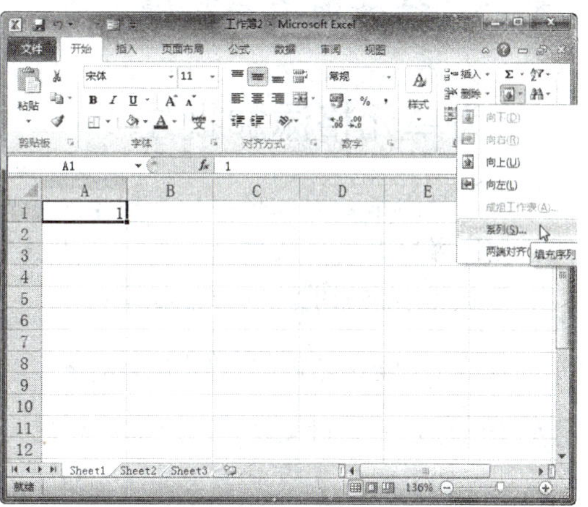

图 3-56 选择“系列”选项

Step 03 弹出“序列”对话框，在“序列产生在”选项区中选中“列”单选按钮，在“类型”选项区中选中“等差序列”单选按钮，在“步长值”文本框中输入 3，在“终止值”文本框中输入 15，设置完成后单击“确定”按钮，如图 3-57 所示。

Step 04 返回工作表编辑区域，即可看到 A1:A5 单元格区域中已经自动填充数据，如图 3-58 所示。

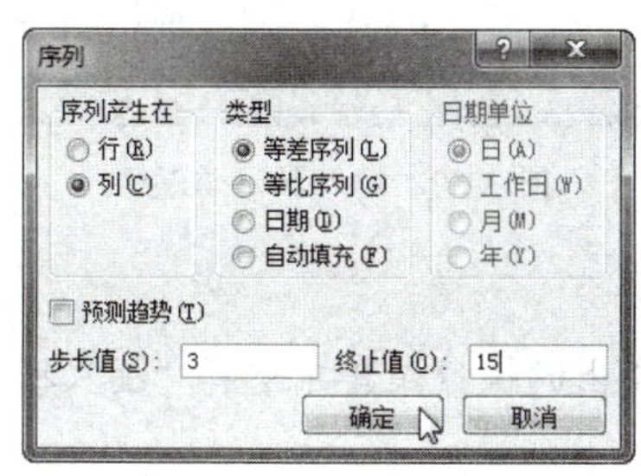

图 3-57 “序列”对话框

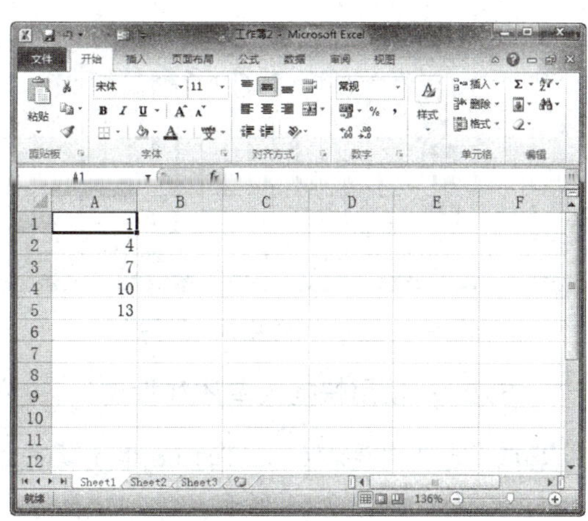

图 3-58 查看填充效果

任务四 添加与管理批注

任务概述

在 Excel 2010 中，可以对单元格的内容添加批注，使其他用户可以更好地理解单元格中的内容，起到提示、辅助理解的作用。下面将详细介绍如何为单元格添加与管理批注。

任务重点与实施

一、为单元格添加批注

批注是附加在单元格，与其他单元格内容进行区分的注释。批注是十分有用的提醒方式，如注释复杂的公式如何工作，或为其他用户提供反馈信息等。

为单元格添加批注的方法如下：

方法 1：使用功能区按钮添加批注

Step 01 打开“素材文件\第 3 章\出勤记录.xlsx”，选择需要添加批注的 E6 单元格，单击“审阅”选项卡下“批注”组中的“新建批注”按钮，如图 3-59 所示。

Step 02 弹出批注框，在其中输入批注信息，单击其他单元格即可完成添加批注操作，如图 3-60 所示。

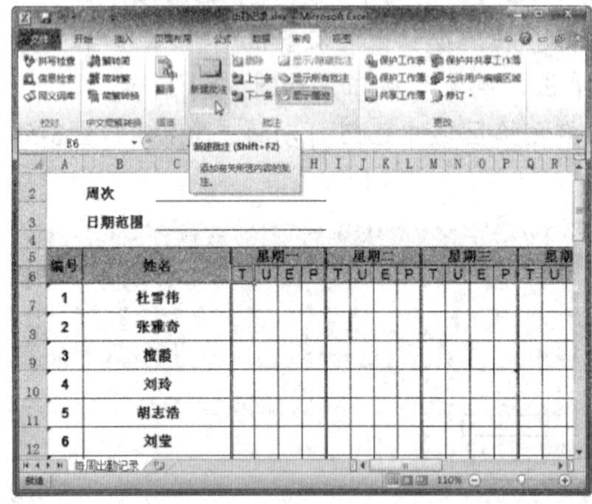

图 3-59 单击“新建批注”按钮

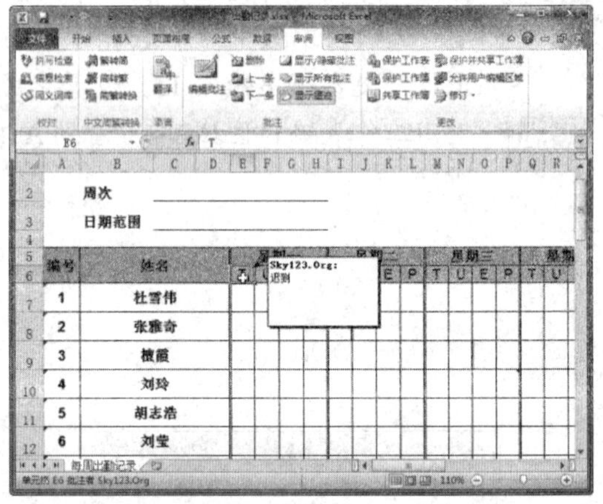

图 3-60 输入批注信息

方法 2：使用快捷菜单添加批注

Step 01 选择需要添加批注的 F6 单元格并右击，在弹出的快捷菜单中选择“插入批注”命令，如图 3-61 所示。

Step 02 弹出批注框，输入批注信息，单击其他单元格即可完成添加批注操作，如图 3-62 所示。

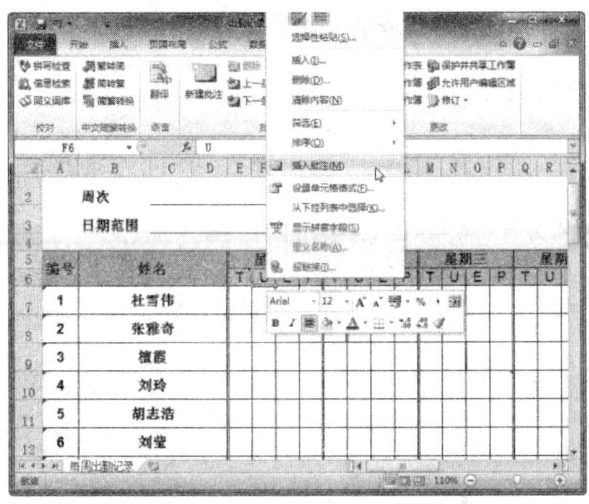

图 3-61　选择“插入批注”命令

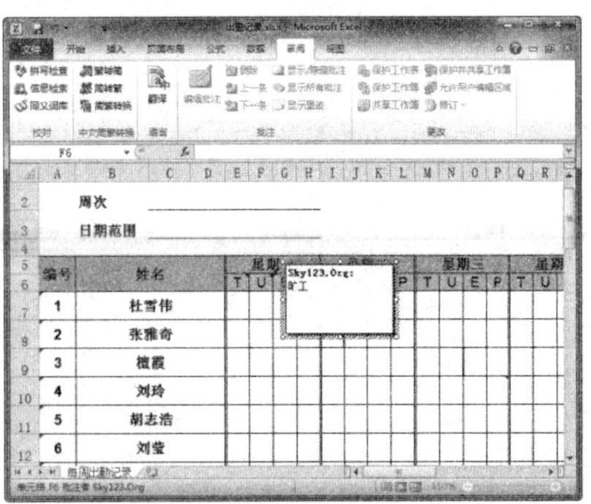

图 3-62　输入批注信息

二、编辑批注

批注的内容可以根据需要随时对其进行修改，方法如下：

方法 1：使用功能区按钮编辑批注

Step 01 选择有批注信息的 F6 单元格，单击“审阅”选项卡下“批注”组中的“编辑批注”按钮，如图 3-63 所示。

Step 02 在批注框中输入批注新内容，单击其他单元格即可完成编辑批注操作，如图 3-64 所示。

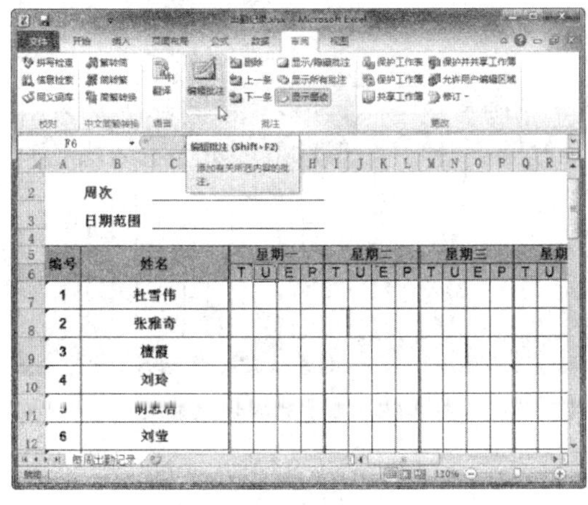

图 3-63　单击“编辑批注”按钮

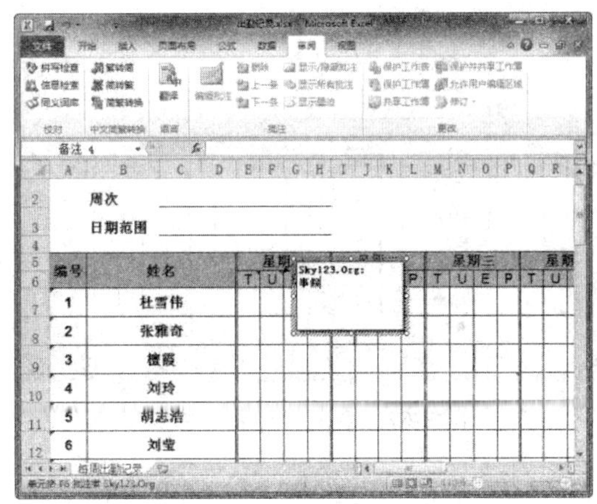

图 3-64　编辑批注信息

方法 2：使用快捷菜单编辑批注

Step 01 选择有批注信息的 E6 单元格并右击，在弹出的快捷菜单中选择“编辑批注”命令，如图 3-65 所示。

Step 02 在批注框中输入新信息，单击其他单元格即可完成编辑批注操作，如图 3-66 所示。

图 3-65 选择“编辑批注”选项

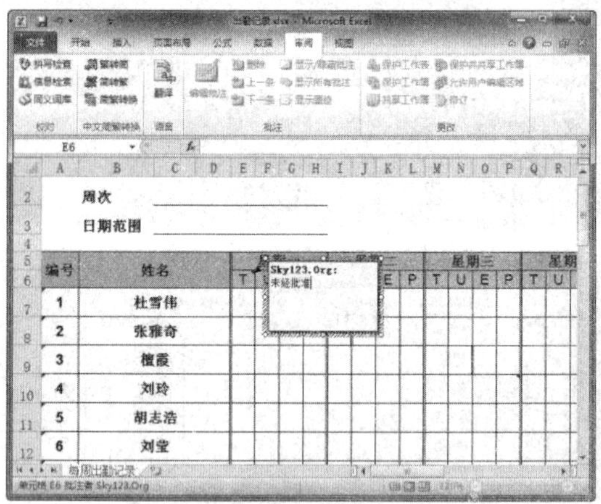

图 3-66 输入批注信息

三、删除单元格批注

如果不需要工作表中的某个或某些批注，可以将其删除，具体操作方法如下：

Step 01 选择需要删除有批注信息的 F6 单元格，单击“审阅”选项卡下“批注”组中的“删除”按钮，如图 3-67 所示。

Step 02 此时，即可查看删除批注后的表格效果，如图 3-68 所示。

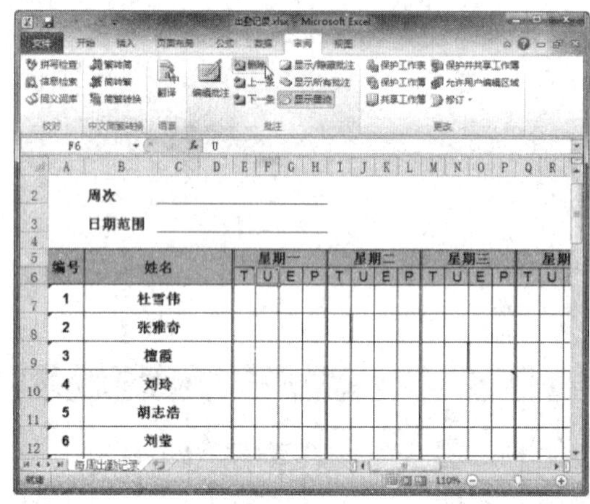

图 3-67 单击“删除”按钮

图 3-68 查看删除批注效果

任务五 数据的查找和替换

任务概述

对于数据量较少的工作表，用户可以很方便地对数据进行查找和替换。当工作表的数据量很大时，就需要使用查找和替换功能快速地查找和替换数据了。

任务重点与实施

一、查找数据

如果工作表中的数据量非常大，那么人工查找某个数据就是比较困难的事情，使用Excel的查找功能可以简单、迅速地完成这个任务，具体操作方法如下：

Step 01 打开"素材文件\第3章\出勤记录.xlsx"，选择需要查找数据的单元格区域，若要查找整个工作表，可任选一个单元格。单击"开始"选项卡下"编辑"组中的"查找和选择"下拉按钮，在弹出的下拉列表中选择"查找"选项，如图3-69所示。

Step 02 弹出"查找和替换"对话框，选择"查找"选项卡，在"查找内容"文本框中输入需要查找的文本或数字，然后单击"查找全部"按钮，如图3-70所示。

图3-69　选择"查找"选项

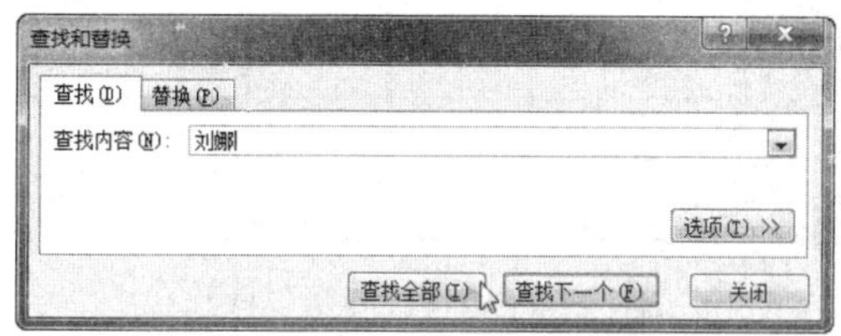

图3-70　"查找和替换"对话框

Step 03 此时，查找结果就会显示在对话框的下部，单击"关闭"按钮，如图3-71所示。

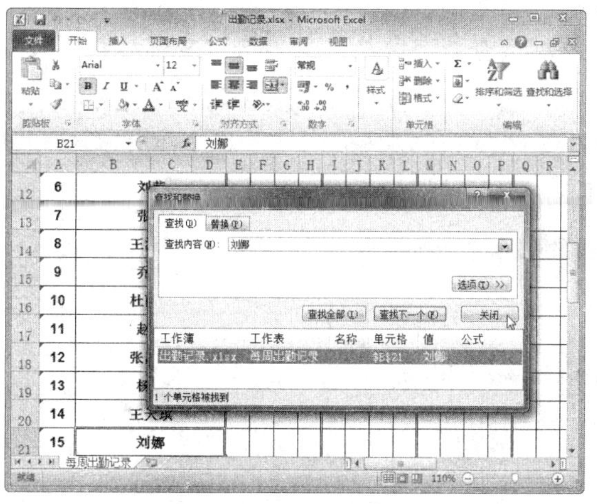

图3-71　查看查找结果

二、替换数据

在使用 Excel 2010 制作表格时，经常需要对数据进行替换。用户既可以在一张工作表中进行替换，也可以在多个工作表中进行替换，具体操作方法如下：

Step 01 选择需要替换数据的单元格区域，若要在整个工作表中进行，可任选一个单元格。单击“开始”选项卡下“编辑”组中的“查找和选择”下拉按钮，在弹出的下拉列表中选择“替换”选项，如图 3-72 所示。

Step 02 弹出“查找和替换”对话框，选择“替换”选项卡，在“查找内容”下拉列表框中输入需要查找的文本，在“替换为”下拉列表框中输入需要替换的文本，然后单击“查找下一个”按钮，如图 3-73 所示。

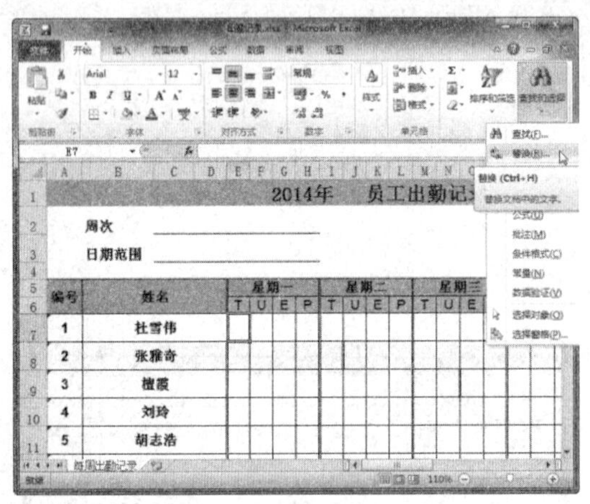

图 3-72 选择“替换”选项

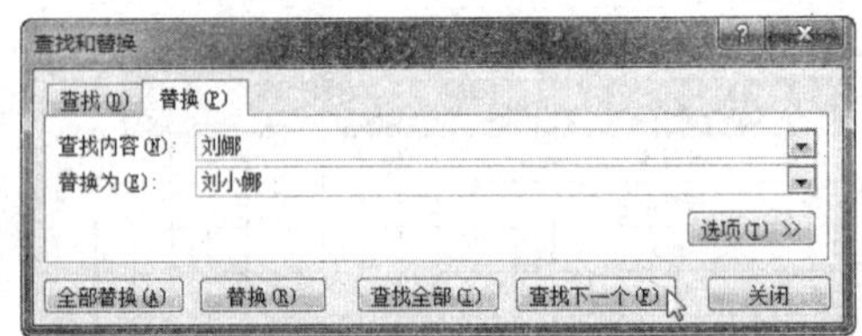

图 3-73 “查找和替换”对话框

Step 03 查找到所需数据后，会自动选中其所在的单元格，单击“替换”按钮，如图 3-74 所示。

Step 04 此时，即可替换所选单元格内特定的文本，结果如图 3-75 所示。单击“查找下一个”按钮，可以继续查找与替换。若单击“全部替换”按钮，可以一次全部替换为所需内容。

图 3-74 单击“替换”按钮

图 3-75 查看替换效果

任务六　撤销与恢复操作

任务概述

撤销操作可以取消刚刚完成的一步或多步操作，恢复操作则可以取消刚刚完成的一步或多步撤销操作。撤销和恢复是对应的操作，是使用 Excel 的过程中是常用的基本操作，下面将分别对其进行介绍。

任务重点与实施

一、撤销操作

在进行输入、删除和改写单元格等操作时，Excel 2010 中会自动记录下最新的击键和刚执行的命令。当不小心进行了错误的操作，就可以撤销操作，具体操作方法如下：

Step 01　若发现输入错误，可单击快速访问工具栏中的“撤销”下拉按钮，在弹出的下拉列表中选择需要撤销的操作，如图 3-76 所示。

Step 02　此时，即可查看进行撤销操作后的效果，如图 3-77 所示。

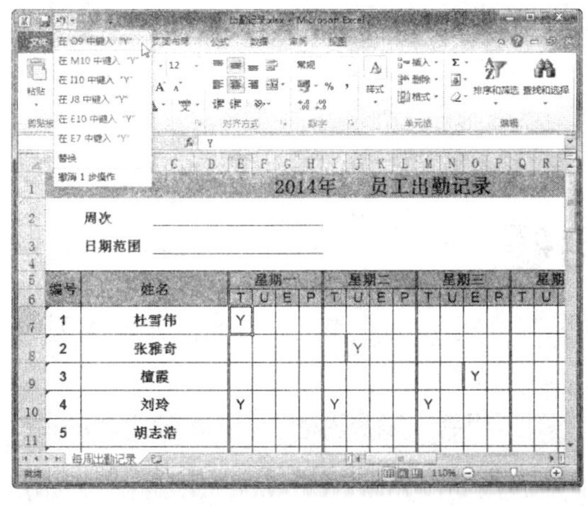

图 3-76　选择需要撤销的操作

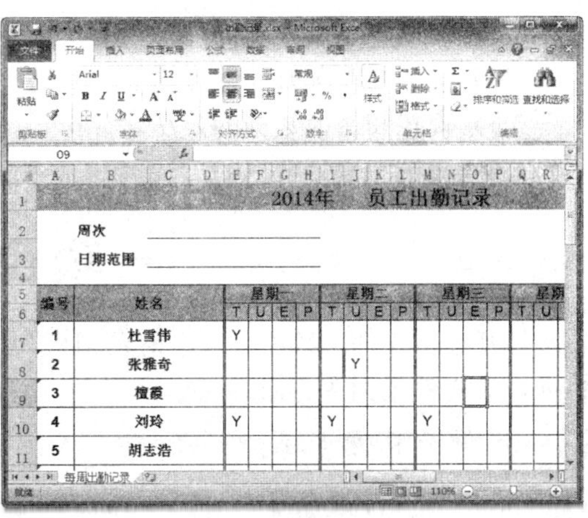

图 3-77　查看撤销效果

二、恢复操作

进行撤销操作后，“撤销”按钮右侧的“恢复”按钮将被激活，这时即可进行恢复操作，具体操作方法如下：

Step 01　单击快速工具栏中的“恢复”下拉按钮，在弹出的下拉列表中选择恢复操作，如图 3-78 所示。

Step 02　此时，即可查看进行恢复操作后的表格效果，如图 3-79 所示。

图 3-78 选择需要恢复的操作

图 3-79 查看恢复效果

项目小结

本项目主要介绍了 Excel 数据的输入与编辑知识，其中包括单元格的基本操作，手动输入数据，填充数据，管理批注，数据查找和替换，以及撤销与恢复操作等方法。通过对本项目的学习，读者应重点掌握以下知识：

（1）在工作表中插入、删除、命名、复制单元格的方法。

（2）在工作表中手动输入数据的方法。

（3）使用填充柄、填充命令和自定义填充数据的方法。

（4）添加与管理批注的方法。

（5）查找和替换数据的方法。

（6）撤销和恢复数据的方法。

项目习题

打开素材文件“名片印制申请表.xlsx”（如图 3-80 所示），在单元格中输入不同类型的数据，最终效果如图 3-81 所示。

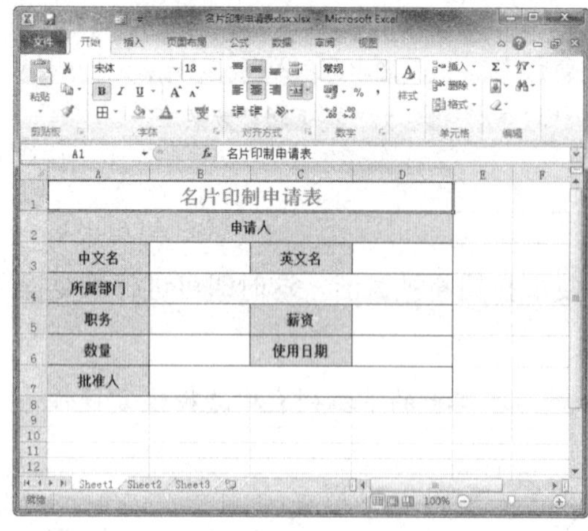

图 3-80 素材文件

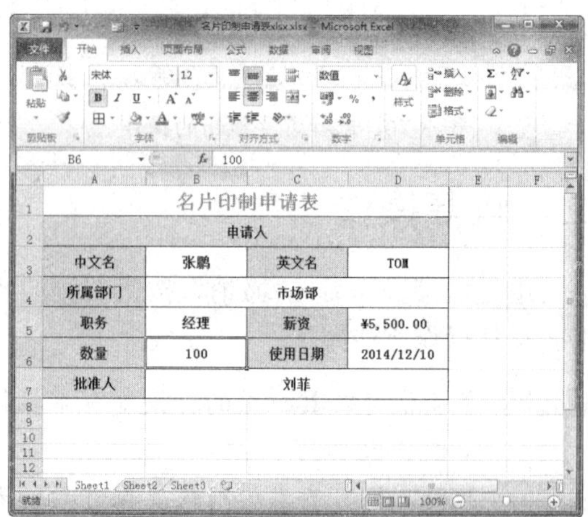

图 3-81 效果文件

操作提示：

① 单击“开始”选项卡下“数字”组中的“数字格式”下拉按钮，在弹出的下拉列表中选择“文本”选项，如图 3-82 所示。

② 在 B3 单元格中输入文本数据，按【Ctrl+Enter】组合键确认，如图 3-83 所示。

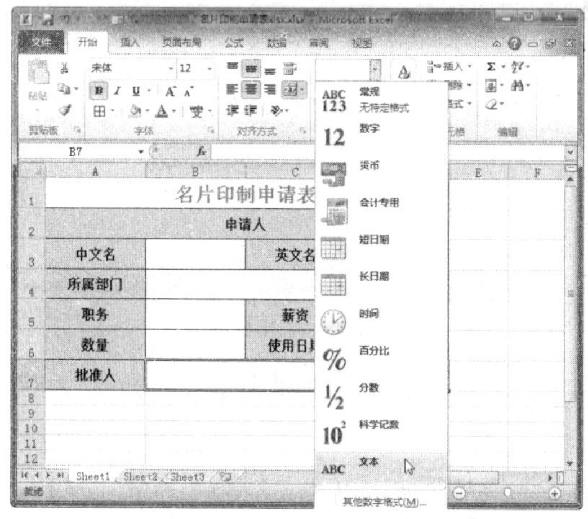

图 3-82　选择“文本”选项

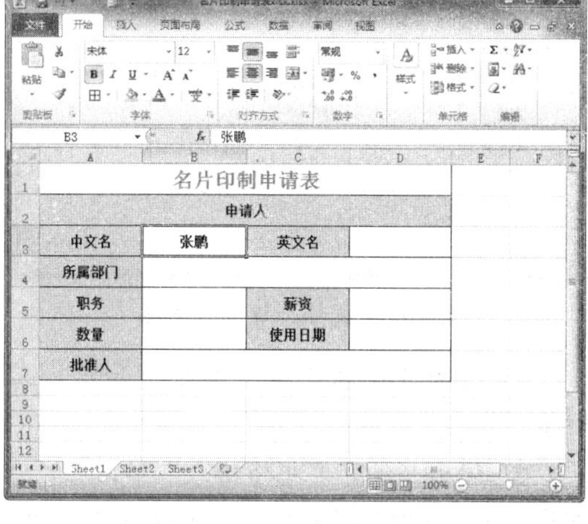

图 3-83　输入文本数据

③ 单击“开始”选项卡下“数字”组中的“数字格式”下拉按钮，在弹出的下拉列表中选择“文本”选项，在工作表中按住【Ctrl】键不放，依次选中 D3、B4、B5、B7 单元格，并将其数据格式设置为文本类型，如图 3-84 所示。

④ 在 D3、B4、B5、B7 单元格中输入文本数据，如图 3-85 所示。

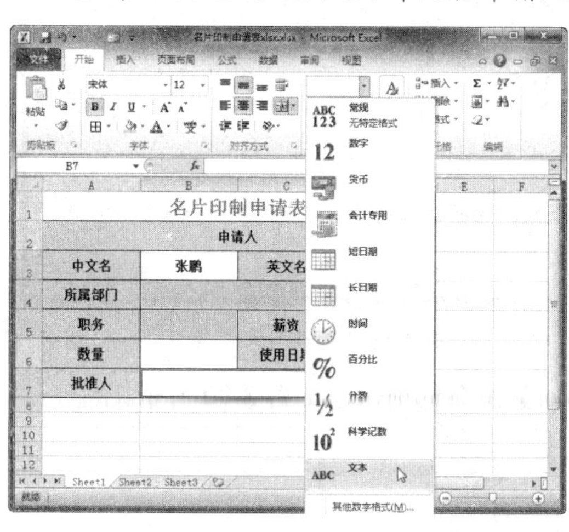

图 3-84　选择“文本”选项

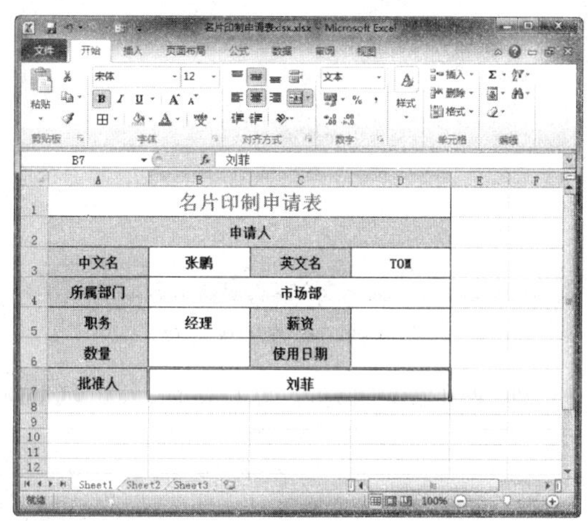

图 3-85　输入文本数据

⑤ 选中 D5 单元格，单击“开始”选项卡下“数字”组中的“数字格式”下拉按钮，在弹出的下拉列表中选择“货币”选项，如图 3-86 所示。

⑥ 在 D5 单元格中输入数据，如图 3-87 所示。

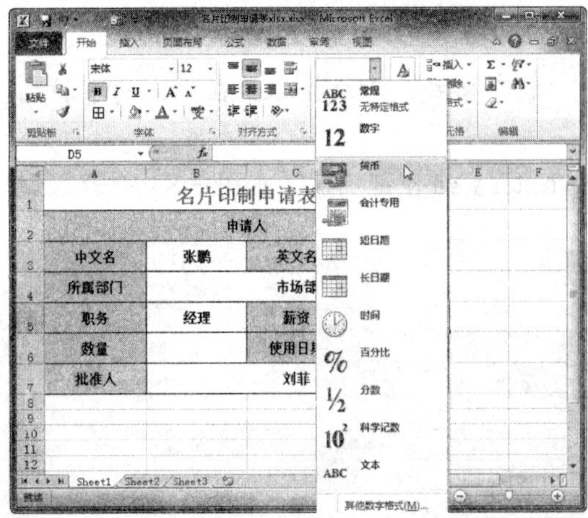

图 3-86　选择“货币”选项

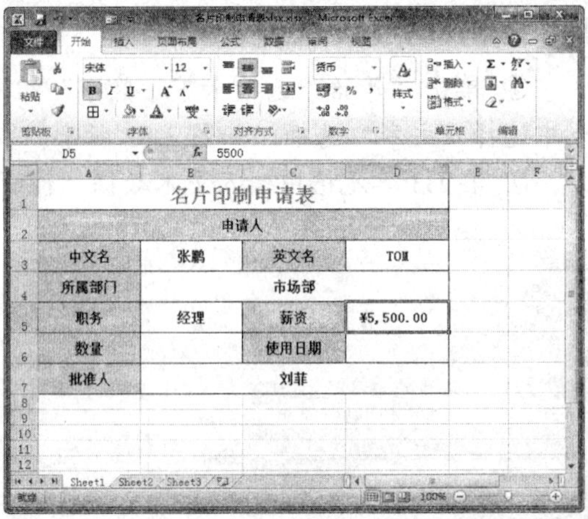

图 3-87　输入数据

⑦ 选中 D6 单元格，单击“开始”选项卡下“数字”组中的扩展按钮，如图 3-88 所示。

⑧ 弹出“设置单元格格式”对话框，在“数字”选项卡下“分类”列表中选择“日期”选项，在“类型”列表框中选择需要的日期类型，然后单击“确定”按钮，如图 3-89 所示。

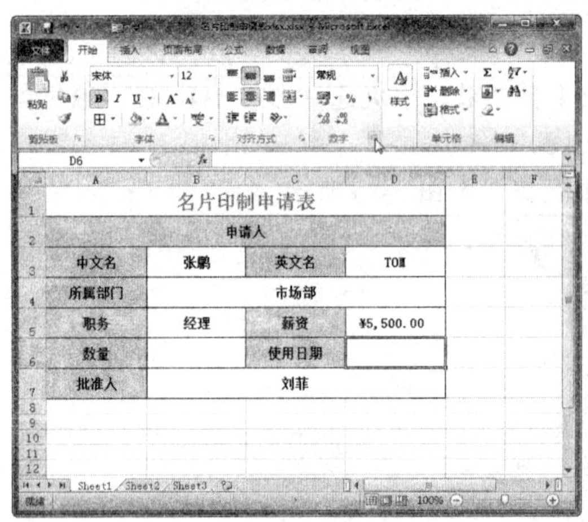

图 3-88　单击扩展按钮

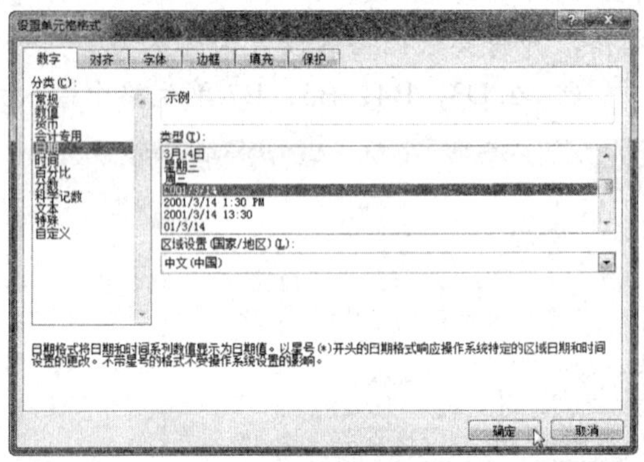

图 3-89　选择日期类型

⑨ 在 D6 单元格中输入日期，按【Ctrl+Enter】组合键确认，如图 3-90 所示。

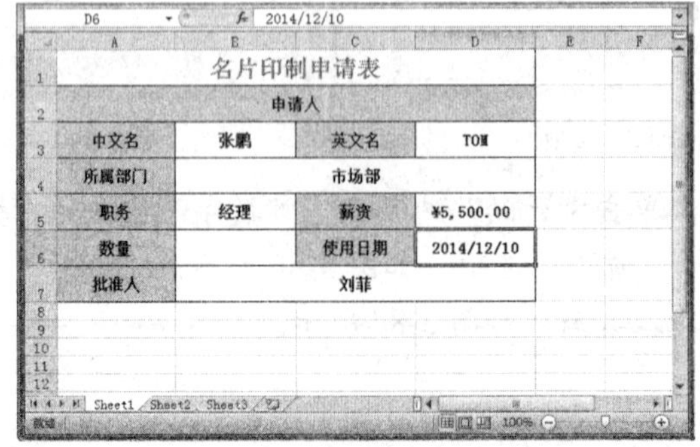

图 3-90　输入日期

⑩ 选中 B6 单元格，然后单击“开始”选项卡下“数字”组中的扩展按钮，如图 3-91 所示。

⑪ 弹出“设置单元格格式”对话框，在“分类”列表中选择“数值”选项，在“小数位数”数值框中设置小数位数，在“负数”下拉列表框中选择类型，然后单击“确定”按钮，如图 3-92 所示。

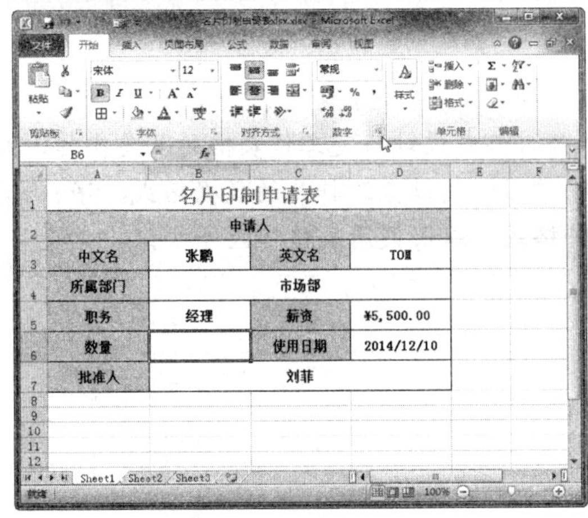

图 3-91　单击扩展按钮

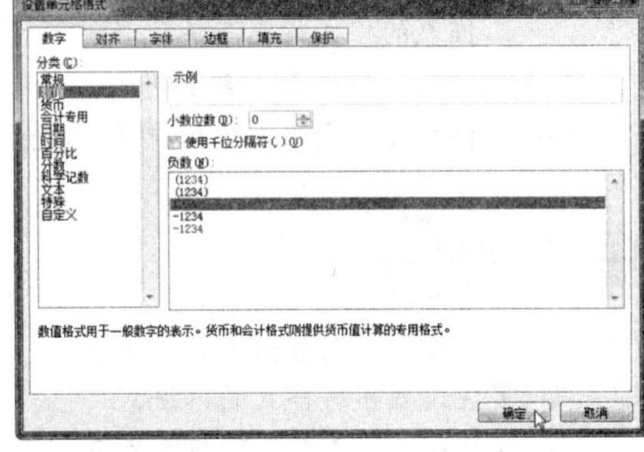

图 3-92　“设置单元格格式”对话框

⑫ 在 B6 单元格中输入数据，如图 3-93 所示。

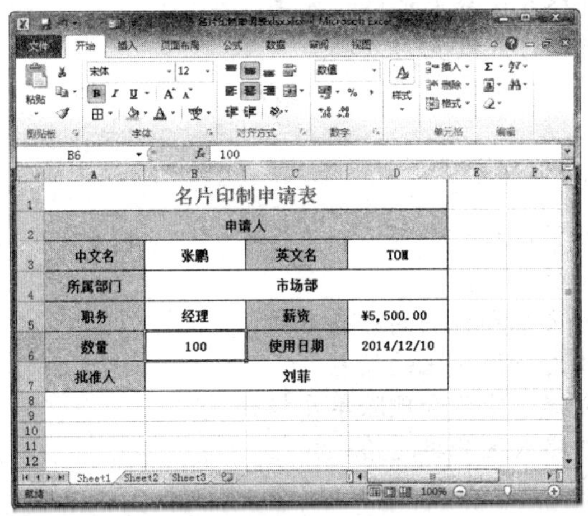

图 3-93　输入数据

项目四　工作表格式设置与美化

项目概述

工作表的格式设置与美化虽然不涉及内容，却是设计特定工作表格的必要操作，在各种实际应用情景下都要用到。本项目将学习如何设置工作表的数据格式、字符格式，格式化单元格，使用样式，使用条件格式，以及使用表格样式等知识。

项目重点

- 掌握设置常用数据格式的方法。
- 掌握设置字符格式的方法。
- 掌握设置文本和数据对齐方式的方法。
- 掌握格式化单元格的方法。
- 掌握使用单元格样式的方法。
- 掌握使用条件格式区分单元格的方法。
- 掌握对表格进行样式设置的方法。

项目目标

- 能够数据进行常用格式设置。
- 能够设置字符的格式。
- 能够熟练设置文本和数据的对齐方式。
- 能够对单元格进行格式化的设置。
- 能够应用、创建、修改和删除单元格样式。
- 能够使用条件格式区分单元格。
- 能够对整张表格进行样式设置。

任务一　设置数据格式

Excel 2010 针对常用的数字格式进行了分类，包含常规、数值、货币、会计专用、日期、时间、百分比、分数、科学记数、文本、特殊以及自定义等数字格式。下面将详细介绍如何设置数据格式。

任务重点与实施

一、设置数字格式

数字格式用于数字的一般表示，可以指定要使用的小数位数，是否使用千位分隔符，以及如何显示负数等。设置数字格式的具体操作方法如下：

Step 01 打开“素材文件\第 4 章\签到表.xlsx”，选择需要设置数字格式的单元格区域，然后单击“开始”选项卡下“数字”组中的扩展按钮，如图 4-1 所示。

Step 02 弹出“设置单元格格式”对话框，在“数字”选项卡下“分类”列表框中选择“数值”选项，如图 4-2 所示。

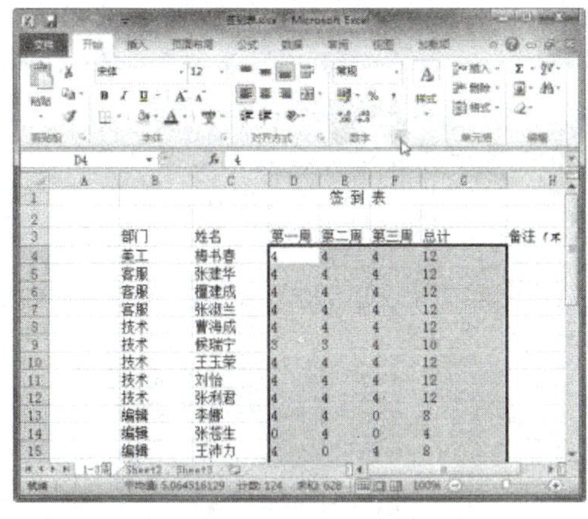

图 4-1　选择单元格区域

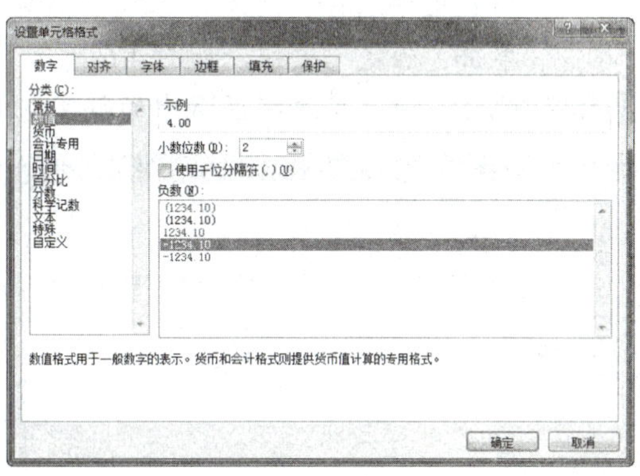

图 4-2　“设置单元格格式”对话框

Step 03 在“小数位数”数值框中输入 0，在“负数”列表框中选择第四种格式，其他采用默认设置，然后单击“确定”按钮，如图 4-3 所示。

Step 04 此时，所选单元格区域中的数字变为右对齐，效果如图 4-4 所示。

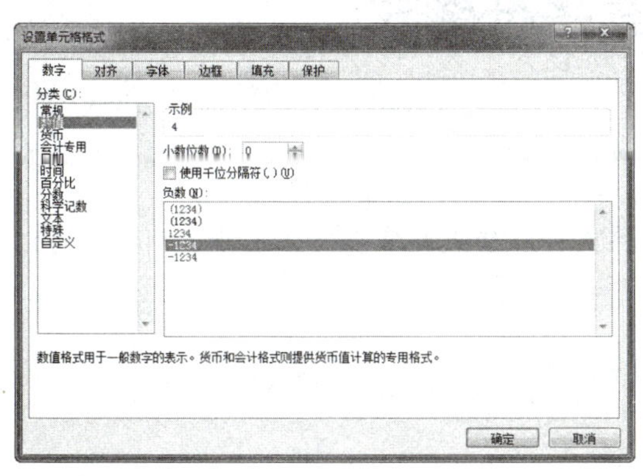

图 4-3　设置数值格式

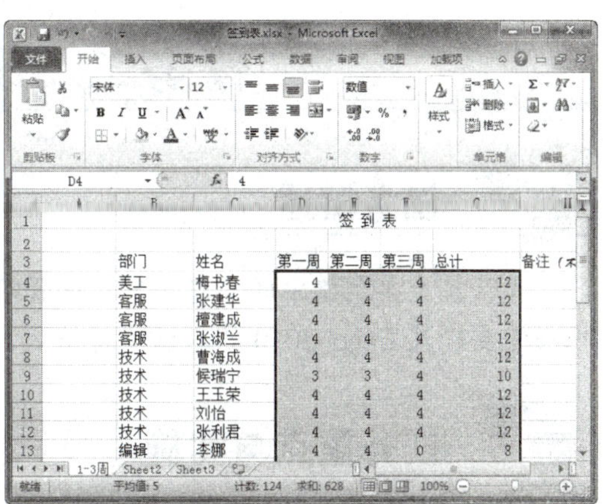

图 4-4　查看设置效果

二、设置文本格式

如果希望将输入的数字作为普通文本，可以将单元格设置为文本格式，具体操作方法如下：

图 4-5　选择单元格区域

Step 01　选择需要设置数字格式的单元格区域，单击“开始”选项卡下“对齐方式”组中的扩展按钮，如图 4-5 所示。

Step 02　弹出“设置单元格格式”对话框，选择“数字”选项卡，在“分类”列表框中选择“文本”选项，然后单击“确定”按钮，如图 4-6 所示。

Step 03　此时，所选单元格区域中的数字以文本格式显示并左对齐，效果如图 4-7 所示。

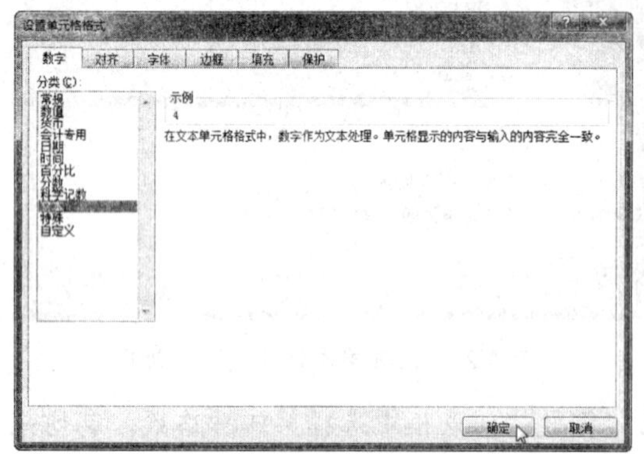
图 4-6　“设置单元格格式”对话框

图 4-7　查看设置效果

任务二　设置字符格式

任务概述

字符就是单元格中的信息内容，设置字符格式可以使表格字符更加美观，用户也可以根据需要修改 Excel 2010 的默认字符格式。

任务重点与实施

一、设置字体格式

使用各种字体是美化工作表外观的最基本的方法，设置字符格式主要包括设置字体、字号、字形及字符颜色等。通过设置字体可以适当突出某些内容，具体操作方法如下：

Step 01 选择需要设置格式的单元格区域，单击“开始”选项卡下“数字”组中的扩展按钮，如图 4-8 所示。

Step 02 弹出“设置单元格格式”对话框，选择“字体”选项卡，设置字体的各种格式，然后单击“确定”按钮，如图 4-9 所示。

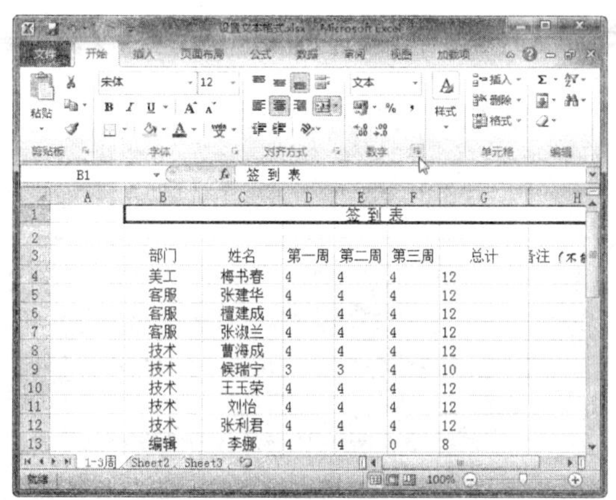

图 4-8　选择单元格区域

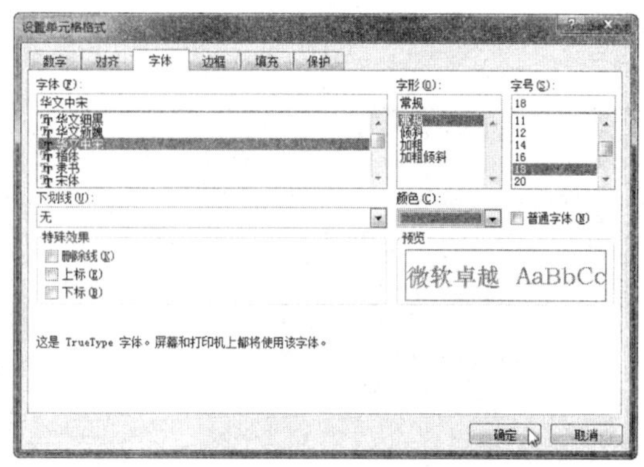

图 4-9　“设置单元格格式”对话框

Step 03 此时，即可查看设置单元格文本字体、字号和颜色后的效果，如图 4-10 所示。

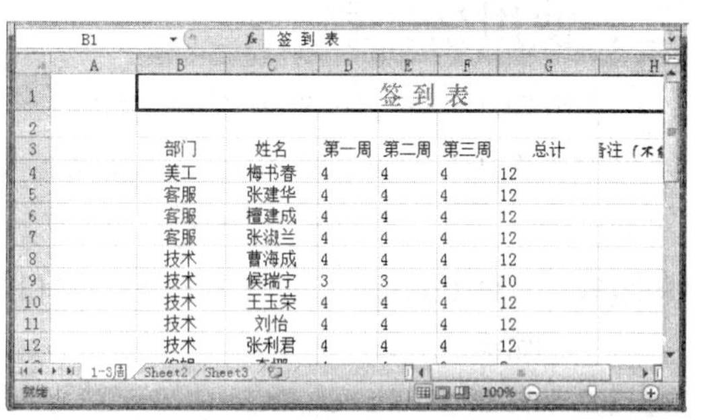

图 4-10　查看设置效果

二、设置默认字体格式

设置默认字体格式的具体操作方法如下：

Step 01 单击“文件”按钮，在左侧选择“选项”选项，如图 4-11 所示。

Step 02 弹出“Excel 选项”对话框，在左侧选择“常规”选项，如图 4-12 所示。

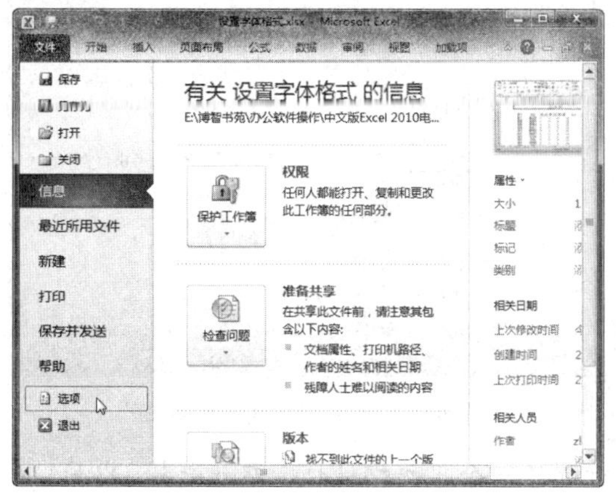

图 4-11　选择“选项”选项

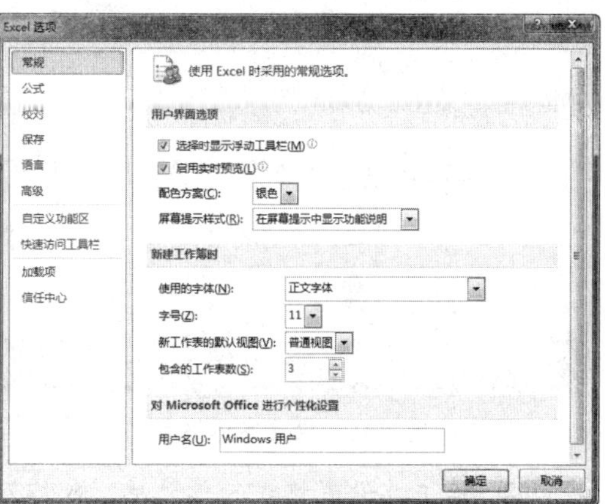

图 4-12　“Excel 选项”对话框

Step 03 在右侧"使用的字体"下拉列表框中选择"宋体"，在"字号"数值框中选择 14，然后单击"确定"按钮，如图 4-13 所示。

Step 04 弹出提示信息框，单击"确定"按钮，重新启动 Excel 2010 后即可生效，如图 4-14 所示。

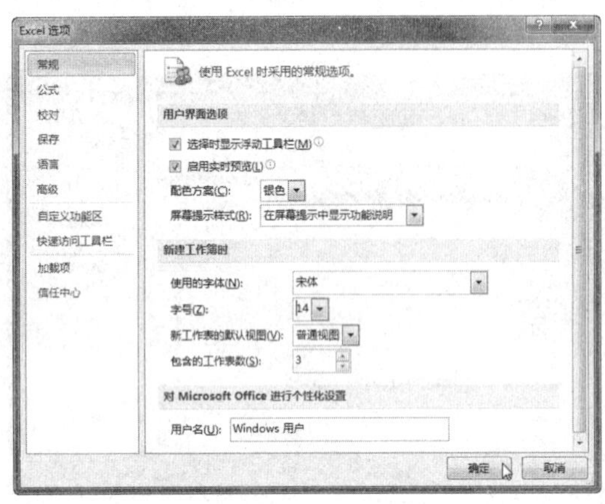

图 4-13 设置 Excel 选项

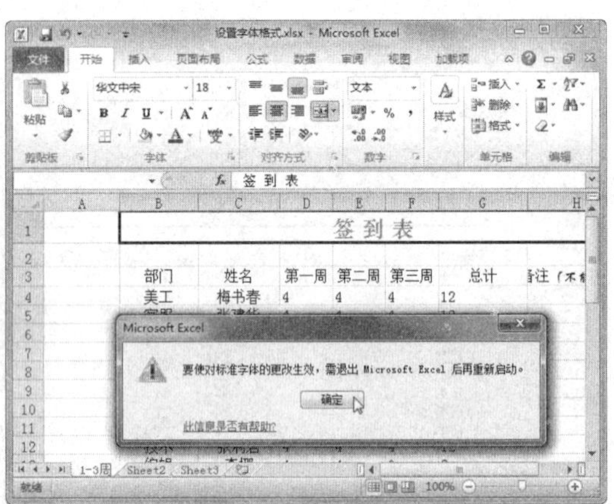

图 4-14 确认重启生效

三、使用格式刷

在编辑工作表的过程中，经常会有多个单元格的格式一致，若逐一设置单元格的格式，就等于多次进行重复的工作，既麻烦又容易出错，这时就可以使用格式刷，具体操作方法如下：

Step 01 选中 B3 单元格，然后设置"部门"的字体格式为"华文行楷"、18 磅，如图 4-15 所示。

Step 02 单击"开始"选项卡下"剪贴板"组中的"格式刷"按钮，此时鼠标指针变为形状，如图 4-16 所示。

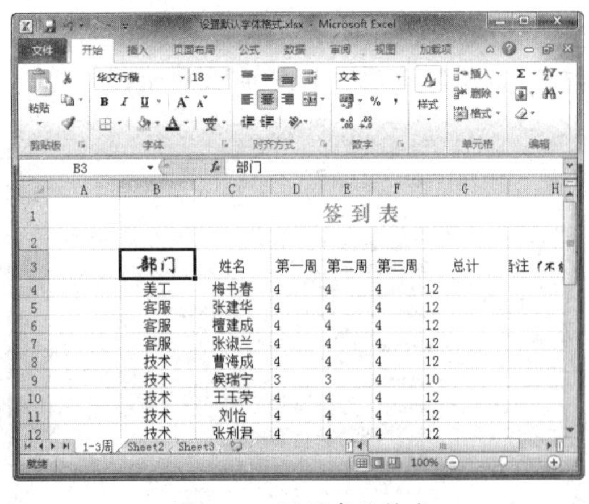

图 4-15 设置字体格式

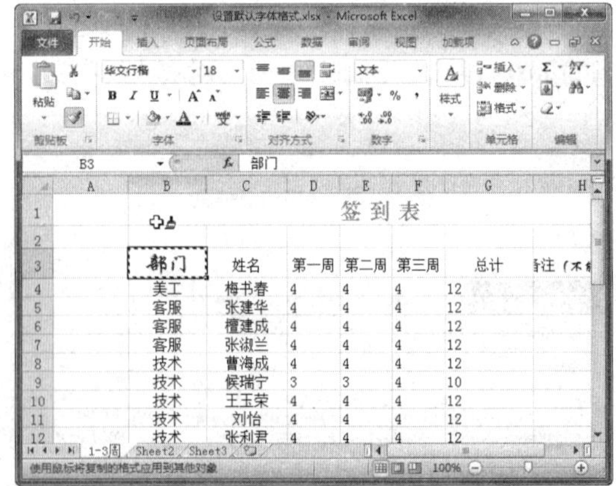

图 4-16 单击"格式刷"按钮

Step 03 单击要设置格式的单元格，或拖动鼠标选择一个单元格区域，在此选择 D3:H3 单元格区域，如图 4-17 所示。

Step 04 此时，即可查看使用格式刷快速设置单元格格式后的效果，如图 4-18 所示。

图 4-17　选择单元格区域

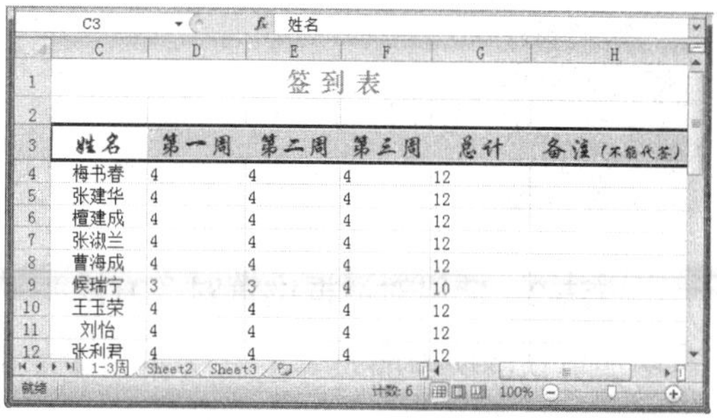

图 4-18　查看设置效果

任务三　设置对齐方式

任务概述

在 Excel 2010 中，文字的对齐是相对单元格的边框而言的。默认情况下，单元格中的文本是左对齐，数字是右对齐，用户也可以根据自己的需要对单元格中内容的对齐方式进行修改。

任务重点与实施

一、设置水平和垂直对齐方式

对齐方式包括水平对齐和垂直对齐两种，用户可以设置多种对齐方式，具体操作方法如下：

方法 1：使用功能区按钮设置对齐方式

Step 01　选择 B3:H3 单元格区域，单击“开始”选项卡下“对齐方式”组中的“文本左对齐”按钮，如图 4-19 所示。

Step 02　此时，即可查看单元格内容左对齐后的效果，如图 4-20 所示。

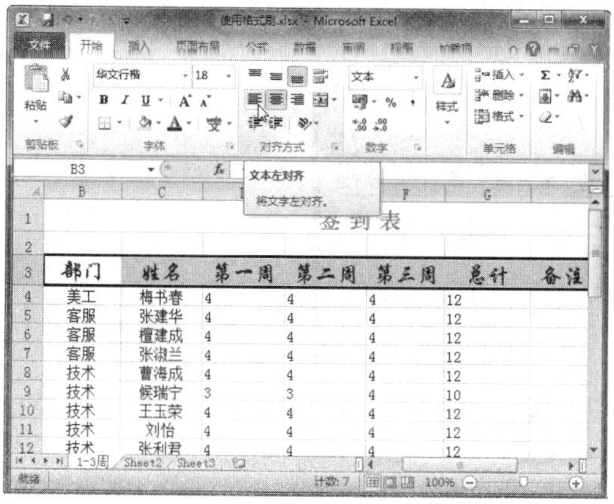

图 4-19　单击“文本左对齐”按钮

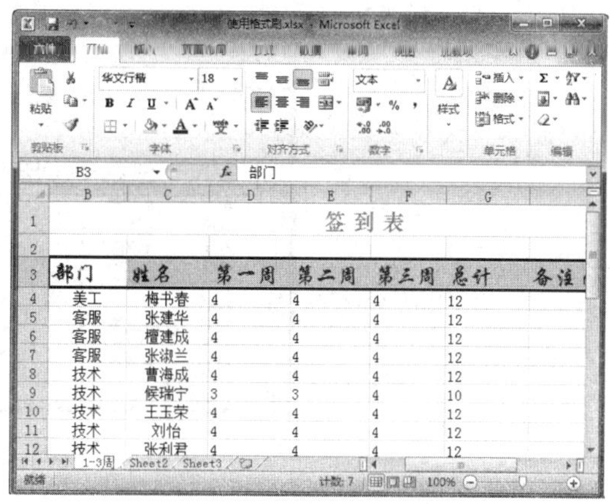

图 4-20　查看对齐效果

专家指导 Expert guidance

在“对齐方式”组中还有其他对齐按钮，如“顶端对齐”按钮、“垂直居中”按钮、“底端对齐”按钮、“左对齐”按钮、“右对齐”按钮、“减少缩进量”按钮和“增大缩进量”按钮，用户可根据需要选择使用。

方法 2：使用对话框设置对齐方式

如果功能区中的对齐工具按钮不能满足用户的需要，可以通过对话框进行设置，具体操作方法如下：

Step 01 选中需要设置对齐方式的 B3:H3 单元格区域，单击“对齐方式”组中的扩展按钮，如图 4-21 所示。

Step 02 弹出“设置单元格格式”对话框，选择“对齐”选项卡，在“水平对齐”和“垂直对齐”下拉列表框中分别选择“居中”选项，然后单击“确定”按钮，如图 4-22 所示。

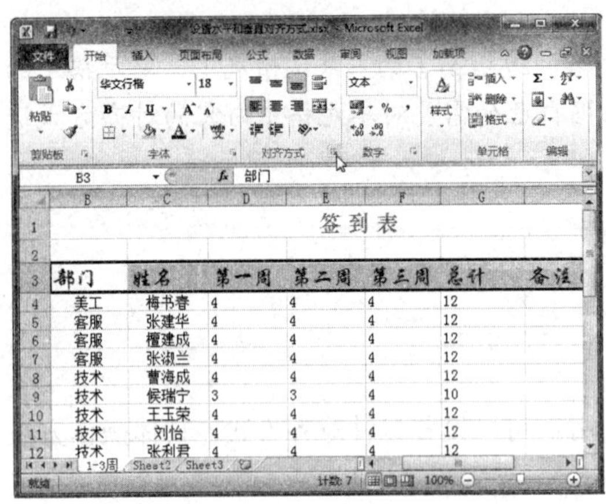

图 4-21　单击扩展按钮

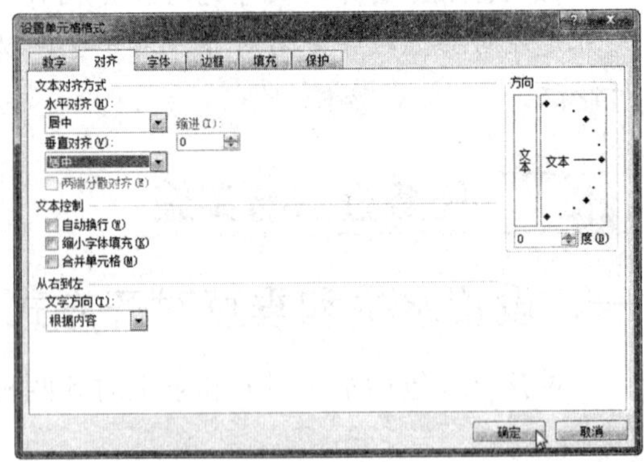

图 4-22　“设置单元格格式”对话框

Step 03 此时，即可查看重新设置对齐方式后的效果，如图 4-23 所示。

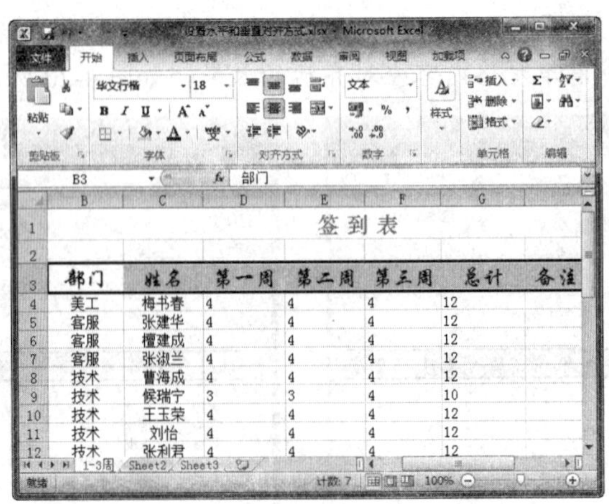

图 4-23　查看对齐效果

二、设置垂直和旋转文本

利用 Excel 2010 提供的垂直文本或旋转文本两个功能可以在单元格中垂直显示文本，也可以将文本旋转一定的角度。

方法 1：使用功能区按钮设置

Step 01 选择需要垂直显示文本的 D3:F3 单元格区域，单击“开始”选项卡下“对齐方式”组中的“方向”下拉按钮，在弹出的下拉列表中选择“竖排文字”选项，如图 4-24 所示。

Step 02 此时，即可查看竖排文字后的效果，如图 4-25 所示。

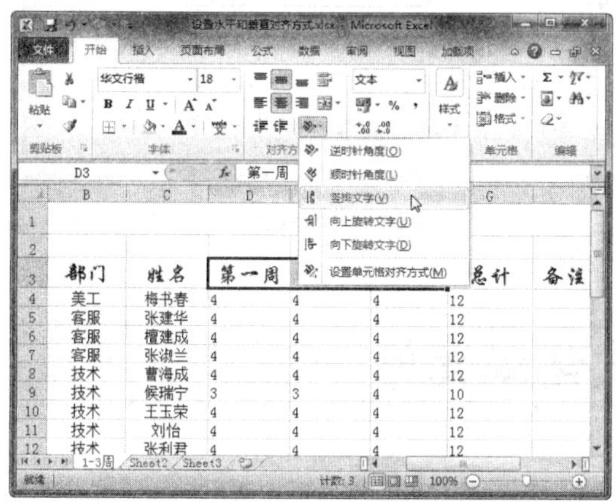

图 4-24　选择“竖排文字”选项

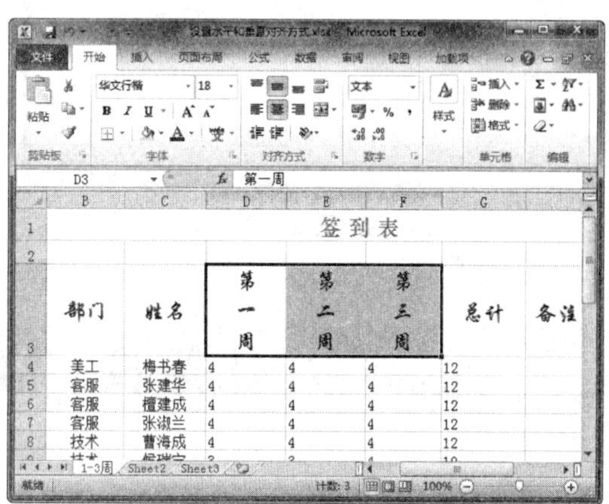

图 4-25　查看竖排文字效果

方法 2：通过对话框设置

如果想精确地旋转文本，具体操作方法如下：

Step 01 选择需要旋转的 D3:F3 单元格区域，单击“开始”选项卡下“数字”组中的扩展按钮，如图 4-26 所示。

Step 02 弹出“设置单元格格式”对话框，选择“对齐”选项卡，在“方向”选项区中单击左侧“文本”按钮，可以设置垂直文本，如图 4-27 所示。

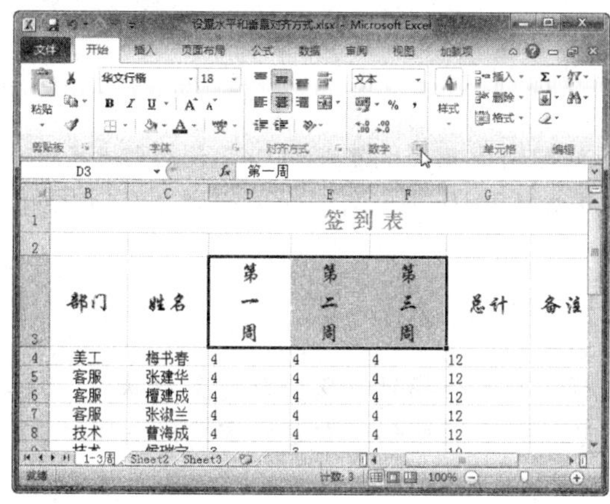

图 4-26　选择单元格区域

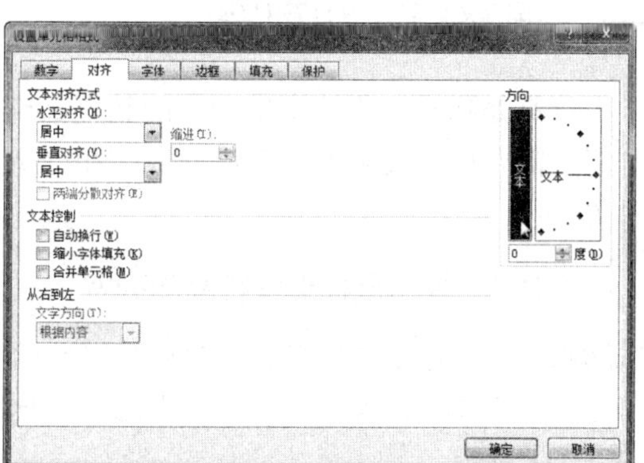

图 4-27　“设置单元格格式”对话框

Step 03 单击或拖动右侧“文本”旋转框中的度量指针，或在“度”数值框中输入合适的旋转度数，即可设置旋转文本，单击“确定”按钮，如图 4-28 所示。

Step 04 此时，即可查看任意设置旋转角度后的文本效果，如图 4-29 所示。

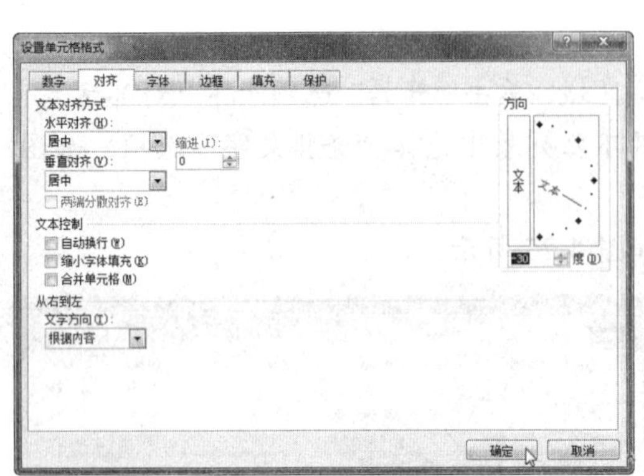

图 4-28　设置旋转度数

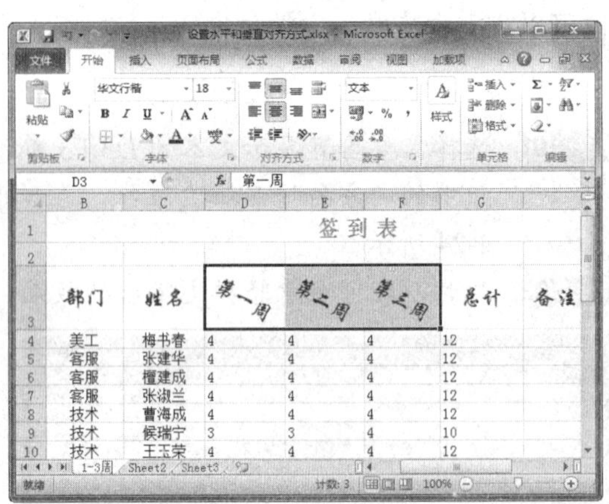

图 4-29　查看设置效果

任务四　格式化单元格

任务概述

格式化单元格就是对单元格的外观进行调整，使之更加美观。下面将详细介绍格式化单元格的相关知识，其中包括调整行高和列宽，设置单元格边框，设置单元格背景和图案，以及设置工作表的背景图等。

任务重点与实施

一、调整行高和列宽

行高是指在工作簿中单元格的竖直高度，列宽是指单元格的水平宽度。在进行表格处理时，需要根据实际的内容调整行高和列宽。在 Excel 2010 中，调整行高和列宽有以下两种方法：

方法 1：使用鼠标调整行高和列宽

Step 01 将鼠标指针移到需要改变列宽的两个列标之间，当指针将变为双箭头形状时，按住鼠标左键并向左或向右拖动鼠标，即可将列宽调整到所需要的宽度，如图 4-30 所示。

Step 02 调整到合适的宽度后，释放鼠标左键即可查看调整后的效果，如图 4-31 所示。

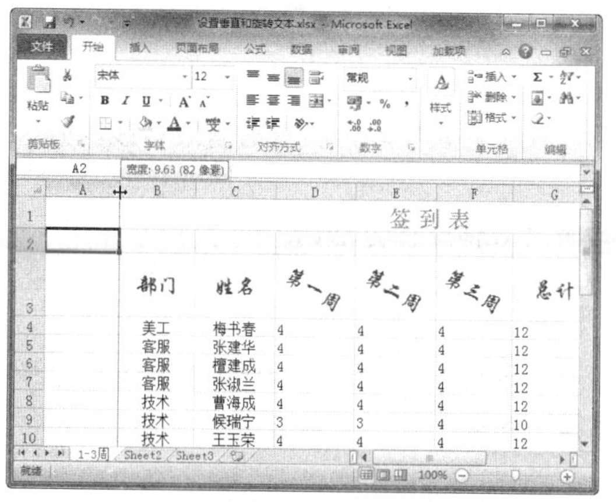

图 4-30　调整列宽

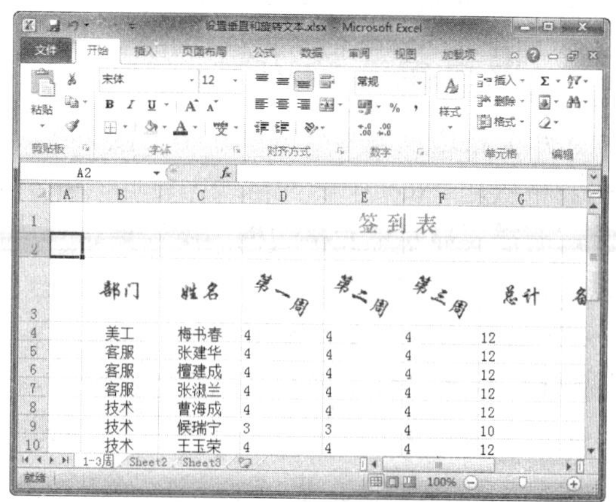

图 4-31　查看调整效果

方法 2：使用快捷菜单调整行高和列宽

Step 01 选择需要改变列宽的单元格区域并右击，在弹出的快捷菜单中选择“列宽”命令，如图 4-32 所示。

Step 02 弹出“列宽”对话框，在“列宽”文本框中输入 10，然后单击“确定”按钮，如图 4-33 所示。

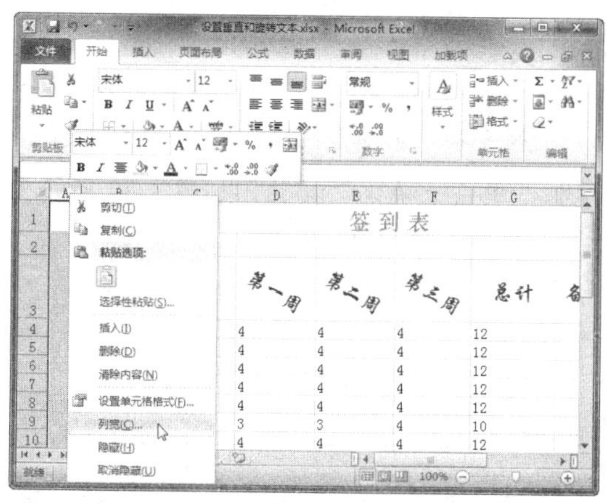

图 4-32　选择“列宽”命令

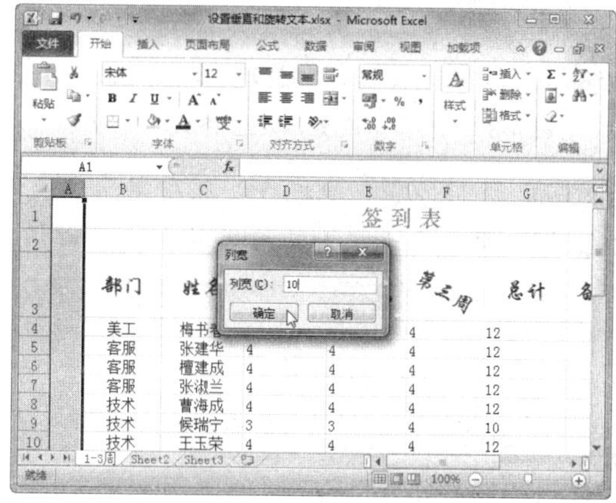

图 4-33　设置列宽

Step 03 此时，即可查看精确设置列宽后的效果，如图 4-34 所示。

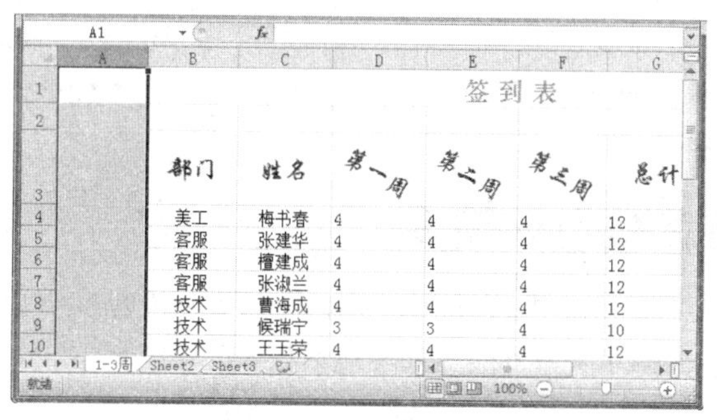

图 4-34　查看调整效果

二、设置单元格边框

单元格边框就是组成单元格的四条线段。尽管在工作表中输入数据时有表格线，但这些表格线是 Excel 中的网格线，打印时并不显示。

若需要显示单元格边框，就需要进行边框设置，具体操作方法如下：

Step 01 选中需要设置边框的单元格区域并右击，在弹出的快捷菜单中选择“设置单元格格式”命令，如图 4-35 所示。

Step 02 弹出“设置单元格格式”对话框，选择“边框”选项卡，在“样式”列表中选择一种线条，单击“颜色”下拉按钮，选择一种颜色，然后单击“外边框”按钮，如图 4-36 所示。

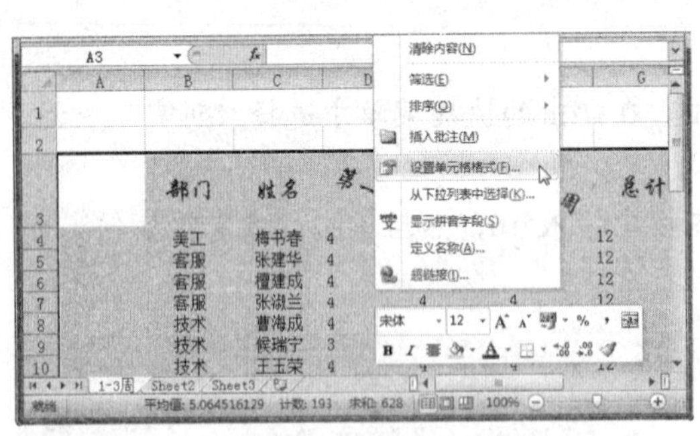

图 4-35 选择“设置单元格格式”命令

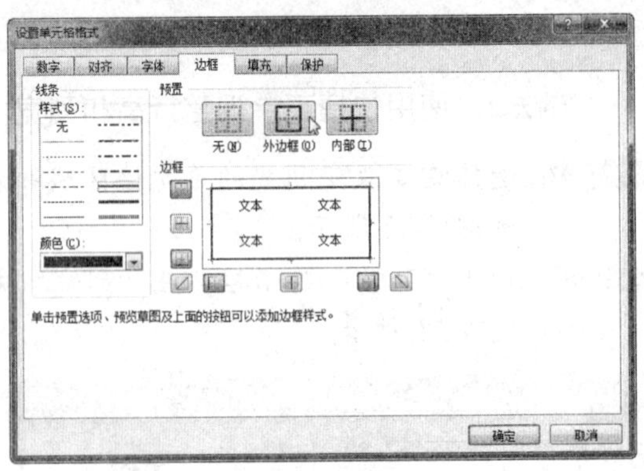

图 4-36 “设置单元格格式”对话框

Step 03 选择线型、颜色等，然后单击“内部”按钮，单击“确定”按钮，如图 4-37 所示。

Step 04 调整文字倾斜的角度和列宽，以适应边框，效果如图 4-38 所示。

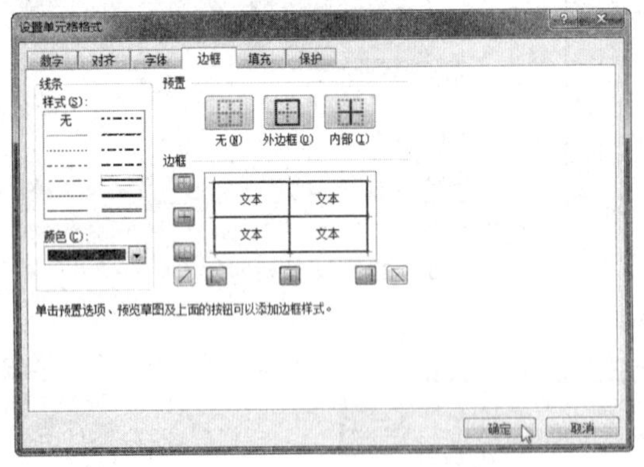

图 4-37 设置内边框

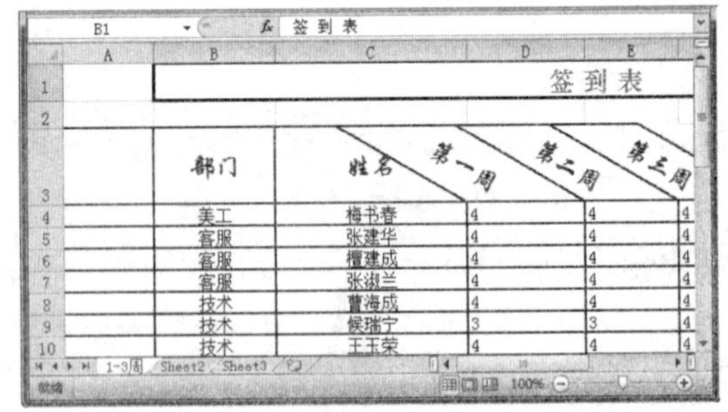

图 4-38 调整文字角度和列宽

三、设置单元格背景色和图案

在使用 Excel 2010 进行表格处理时，为了使工作表中的数据突出显示，可以设置单元格的背景色或图案，以强调单元格的重要性，具体操作方法如下：

Step 01 选择需要设置背景的 D3:F3 单元格区域并右击，在弹出的快捷菜单中选择“设置单元格格式”命令，如图 4-39 所示。

Step 02 弹出“设置单元格格式”对话框，选择“填充”选项卡，在“背景色”列表中选择合适的颜色，然后单击“确定”按钮，如图 4-40 所示。

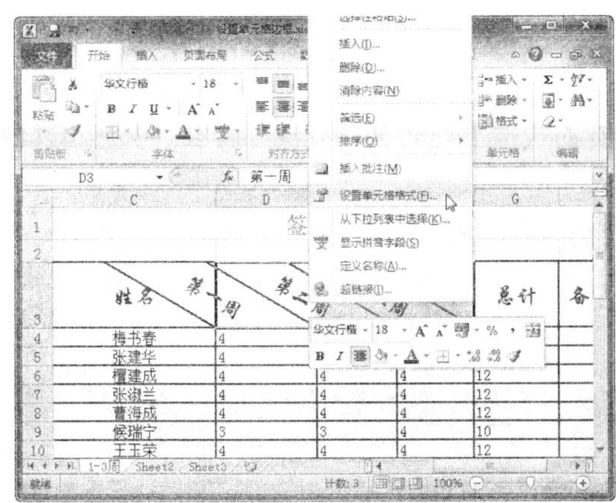

图 4-39　选择“设置单元格格式”命令

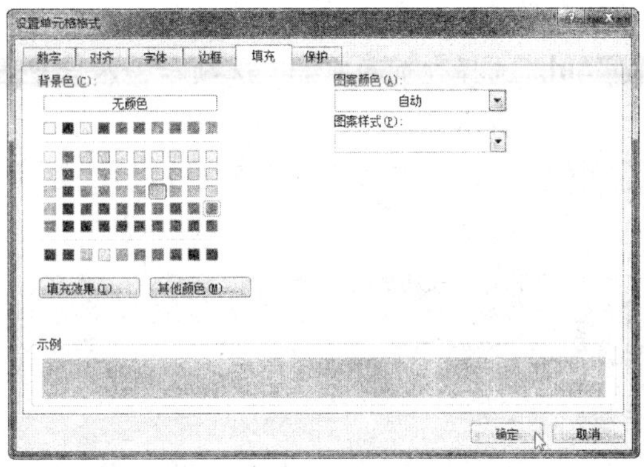

图 4-40　“设置单元格格式”对话框

Step 03 此时，即可查看为单元格填充背景色后的效果，如图 4-41 所示。

Step 04 打开“设置单元格格式”对话框，选择“填充”选项卡，在“图案颜色”下拉列表框中选择一种颜色，在“图案样式”下拉列表框中选择一种样式，然后单击“确定”按钮，如图 4-42 所示。

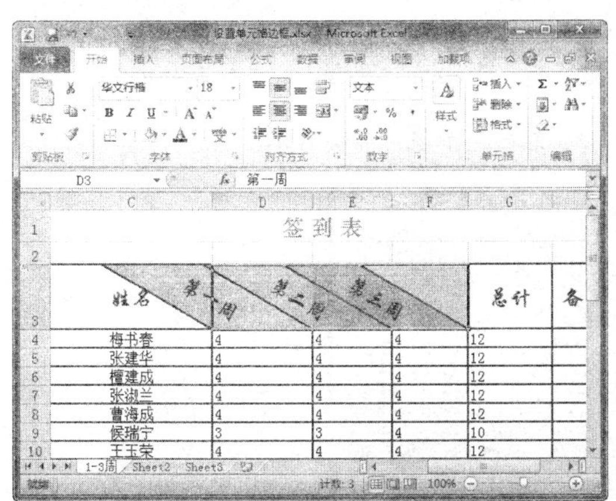

图 4-41　查看设置效果

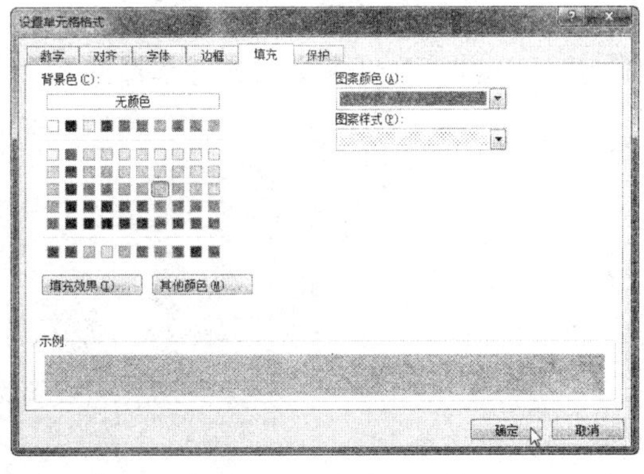

图 4-42　设置图案颜色和样式

Step 05 此时，即可查看单元格填充图案后的效果，如图 4-43 所示。

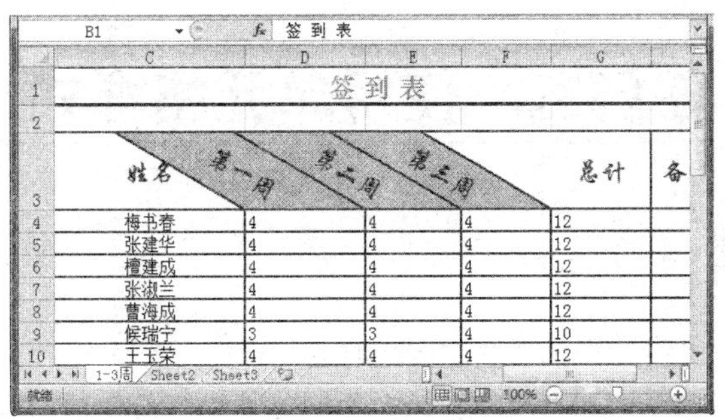

图 4-43　查看填充图案效果

四、设置工作表的背景图

在 Excel 2010 中，除了设置单元格的背景色和图案外，还可以为整个工作表添加背景图，具体操作方法如下：

Step 01 选择“页面布局”选项卡，然后单击“页面设置”组中的“背景”按钮，如图 4-44 所示。

Step 02 弹出“工作表背景”对话框，选择背景图片，然后单击“插入”按钮，如图 4-45 所示。

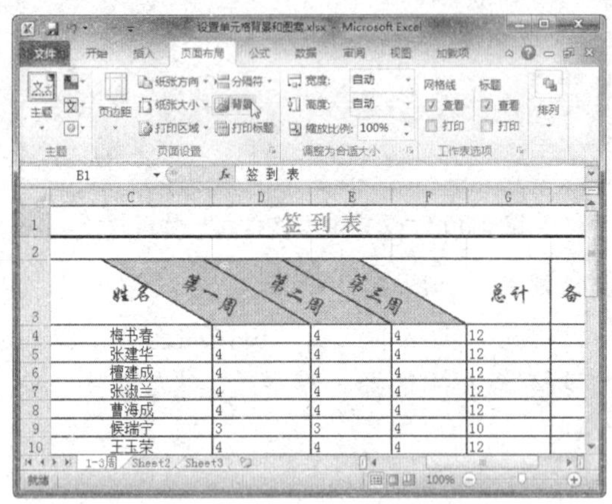

图 4-44 单击“背景”按钮

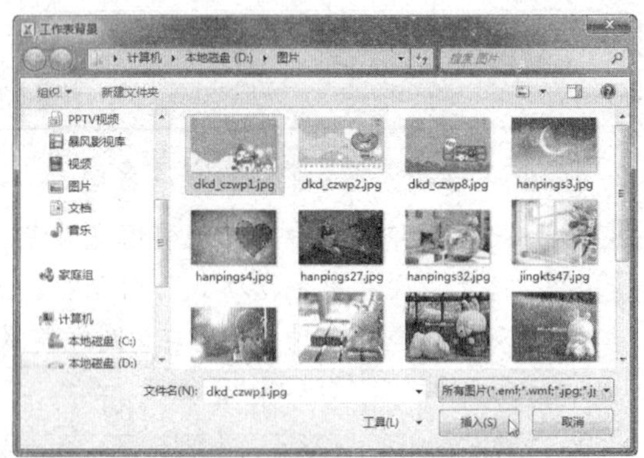

图 4-45 “工作表背景”对话框

Step 03 此时，即可查看插入背景图片后的工作表效果，如图 4-46 所示。

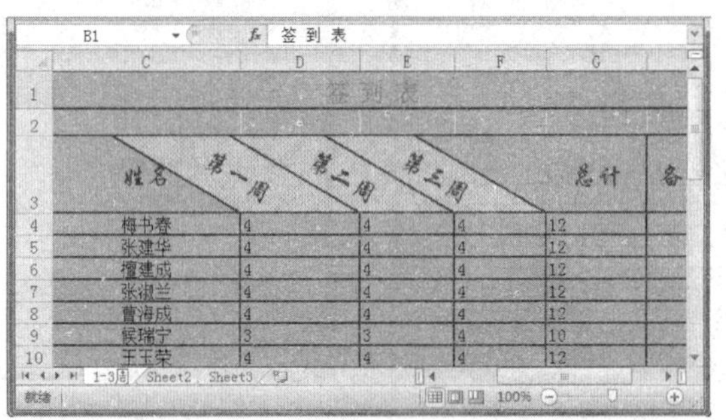

图 4-46 查看设置效果

任务五 使用单元格样式

任务概述

样式就是 Excel 中一组可以定义并保存的格式集合，如字体、字号、颜色、边框、底纹、数字格式和对齐方式等。对单元格进行编辑时，如果要保持对应的单元格格式一致，就可以使用样式。用户不仅可以使用 Excel 2010 的内置样式，也可以自己创建样式。

任务重点与实施

一、应用已有单元格样式

在 Excel 2010 中提供了一组内置的样式，用户可以直接应用这些样式，以快速创建具有某种风格的表格。在表格中直接应用样式的具体操作方法如下：

Step 01　打开“素材文件\第 4 章\签到表.xlsx”，选中要应用样式的 B1 单元格，选择“开始”选项卡，单击“样式”下拉按钮，在弹出的下拉列表中单击“其他”按钮，如图 4-47 所示。

Step 02　此时，弹出“单元格样式”下拉列表，选择“强调文字颜色 6”选项，如图 4-48 所示。

图 4-47　选择单元格

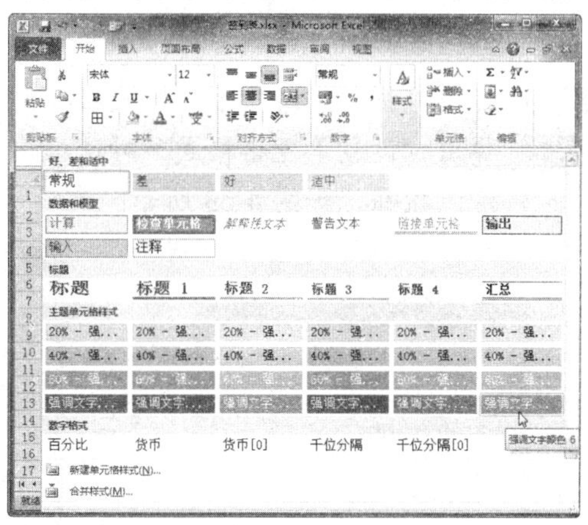

图 4-48　选择样式

Step 03　此时，即可查看应用已有样式后的表格效果，如图 4-49 所示。

图 4-49　查看应用样式效果

二、新建单元格样式

如果对 Excel 2010 提供的样式不满意，还可以自己创建新的样式，具体操作方法如下：

Step 01　选中要应用新样式的 B1 单元格，选择“开始”选项卡，单击“样式”下拉按钮，在弹出的下拉列表中单击“单元格样式”下拉按钮，如图 4-50 所示。

Step 02 在弹出的下拉列表中选择“新建单元格样式”选项，如图 4-51 所示。

图 4-50 单击“单元格样式”下拉按钮

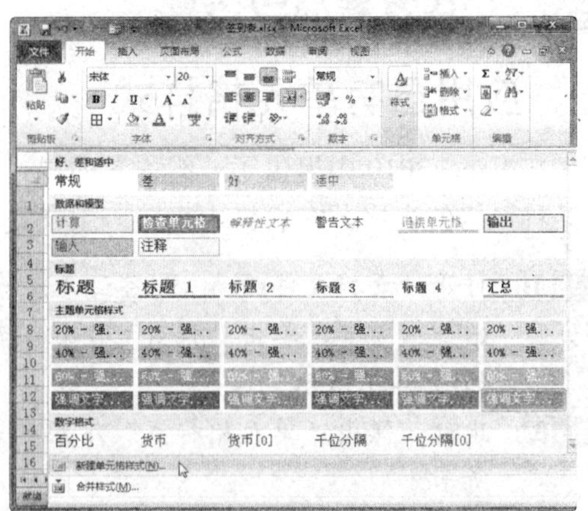

图 4-51 选择“新建单元格样式”选项

Step 03 弹出“样式”对话框，输入新样式名，然后单击“格式”按钮，如图 4-52 所示。

Step 04 弹出“设置单元格格式”对话框，在其中对字体进行相应的设置，然后单击“确定”按钮，如图 4-53 所示。

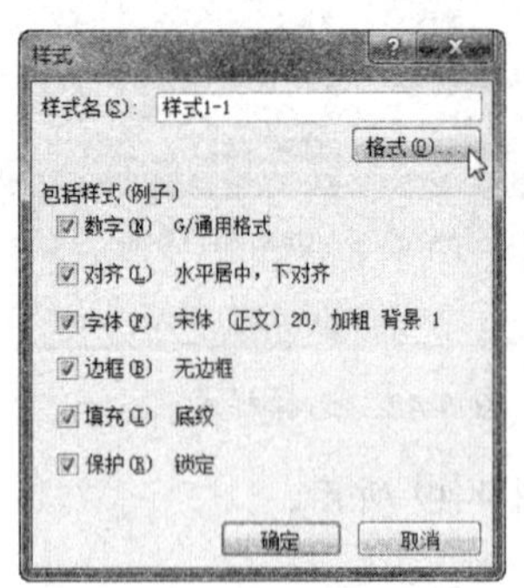

图 4-52 “样式”对话框

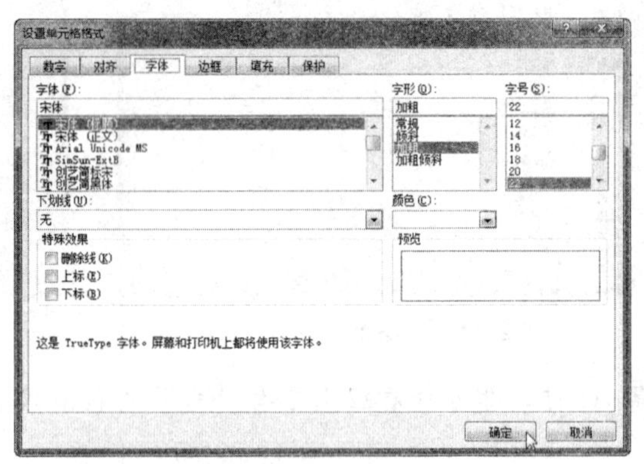

图 4-53 “设置单元格格式”对话框

Step 05 在样式下拉列表中选择新建的样式选项，如图 4-54 所示。

Step 06 此时，即可使用自定义的单元格样式，效果如图 4-55 所示。

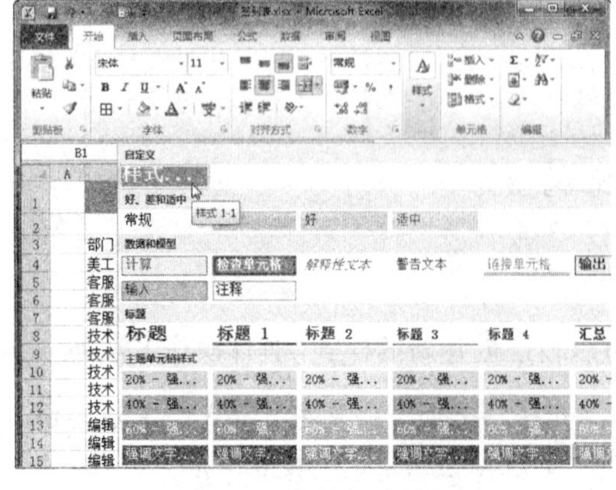

图 4-54 选择新建样式

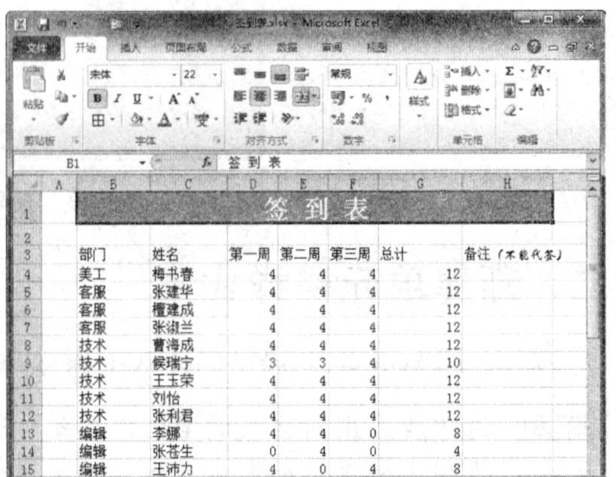

图 4-55 查看应用新样式效果

三、修改单元格样式

样式创建完成后，当再次使用时，由于具体要求不同，可能需要对原有的样式进行修改。修改样式的具体操作方法如下：

Step 01 选择“开始”选项卡，单击“样式”下拉按钮，在弹出的的下拉列表中右击要修改的样式，在弹出的快捷菜单中选择“修改”命令，如图 4-56 所示。

Step 02 弹出“样式”对话框，在“样式名”文本框中输入新的样式名，然后单击“格式”按钮，如图 4-57 所示。

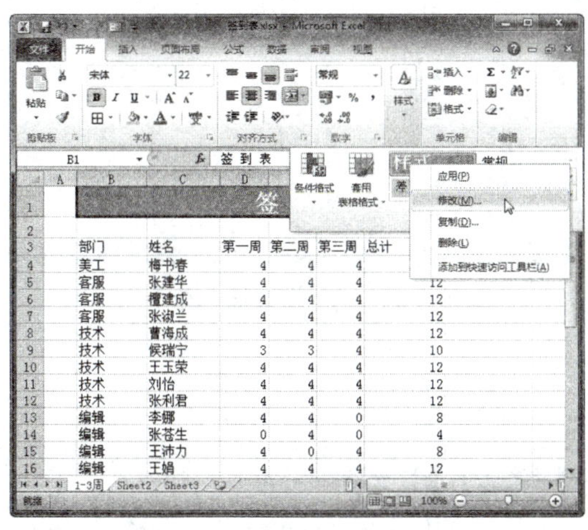

图 4-56 选择“修改”命令

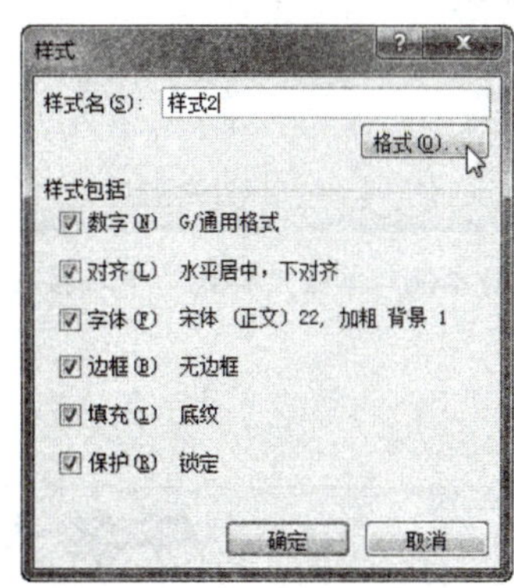

图 4-57 “样式”对话框

Step 03 弹出“设置单元格格式”对话框，在其中对填充选项进行相应的修改设置，然后单击“确定”按钮，如图 4-58 所示。

Step 04 此时，即可查看修改样式后的表格效果，如图 4-59 所示。

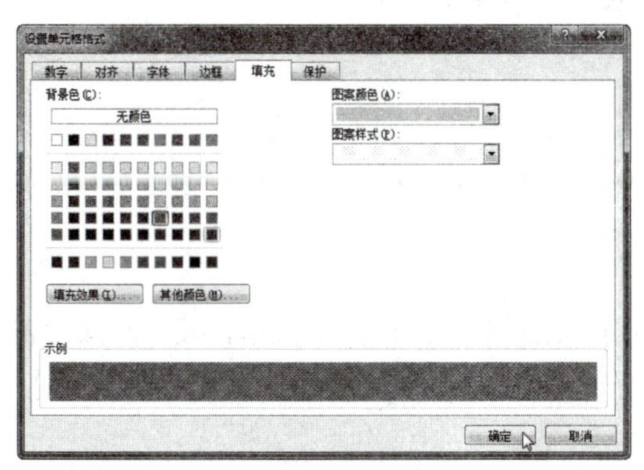

图 4-58 “设置单元格格式”对话框

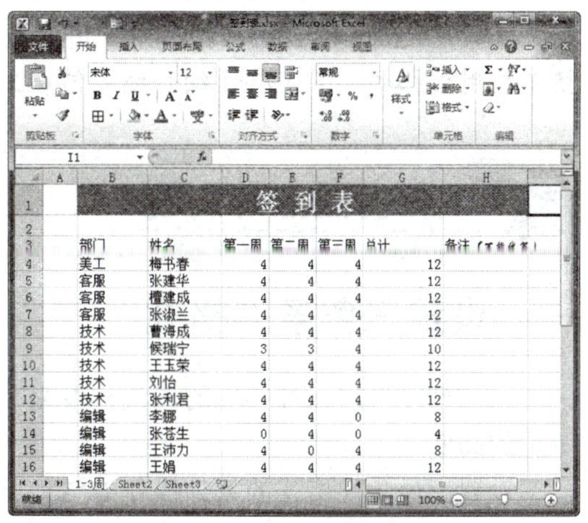

图 4-59 查看修改样式效果

四、删除单元格样式

当不再需要某种样式时，可以将其删除，具体操作方法如下：

Step 01 单击“开始”选项卡下的“样式”下拉按钮，如图 4-60 所示。

Step 02 弹出下拉列表，右击需要删除的样式选项，在弹出的快捷菜单中选择“删除”命令，即可删除自定义的样式，如图 4-61 所示。

图 4-60 单击“样式”下拉按钮

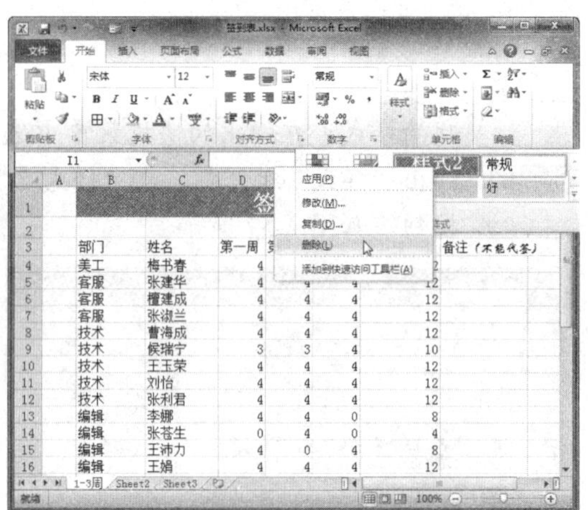

图 4-61 选择“删除”命令

任务六 使用条件格式

任务概述

条件格式是一种自定义的带有条件的单元格格式，是一种“动态变化”的格式。如果条件满足，Excel 便自动将该格式应用到符合条件的单元格中；如果条件不满足，则单元格不应用该格式。下面将详细介绍如何在工作表中使用条件格式。

任务重点与实施

一、设置三色条件格式

三色刻度使用三种颜色的深浅程度来帮助用户比较某个区域的单元格，颜色的深浅表示值的高低。

设置三色条件格式的具体操作方法如下：

Step 01 打开“素材文件\第 4 章\使用条件格式.xlsx”，选择要设置格式的 D4:D23 单元格区域，如图 4-62 所示。

Step 02 选择“开始”选项卡，单击“样式”下拉按钮，在弹出的下拉列表中选择“条件格式”|“新建规则”选项，如图 4-63 所示。

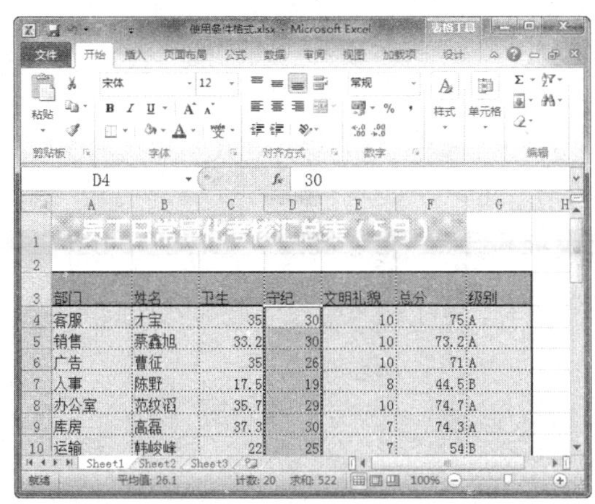

图 4-62　选择单元格区域

图 4-63　选择“新建规则”选项

Step 03　弹出“新建格式规则”对话框，在“格式样式”下拉列表框中选择“三色刻度”选项，“最小值”选择红色，“中间值”选择黄色，“最大值”选择绿色，然后单击“确定”按钮，如图 4-64 所示。

Step 04　此时，即可查看使用三色刻度格式后的表格效果，如图 4-65 所示。

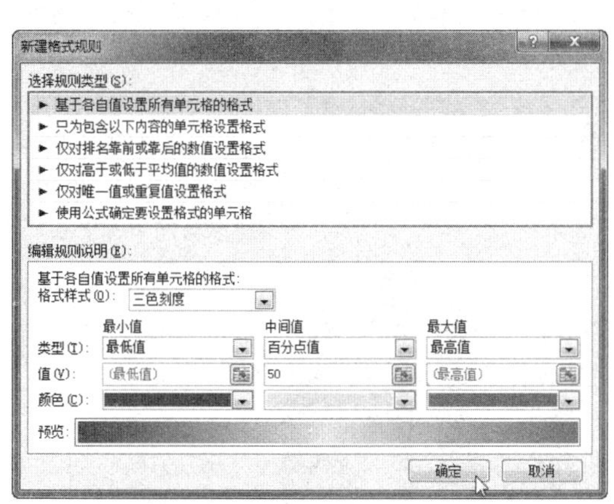

图 4-64　“新建格式规则”对话框

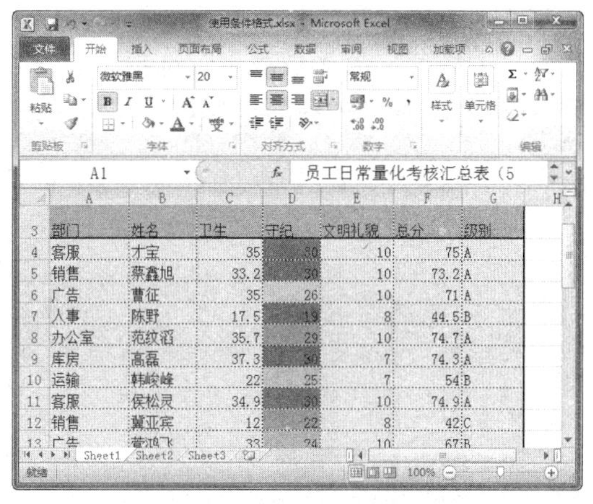

图 4-65　查看设置效果

二、设置数据条格式

数据条的长度代表单元格中的值。数据条越长，表示值越大；数据条越短，表示值越小。在观察大量数据中的较高值和较低值时，数据条尤其有用。

设置数据条格式的具体操作方法如下：

Step 01　选择要设置格式的 C4:C23 单元格区域，如图 4-66 所示。

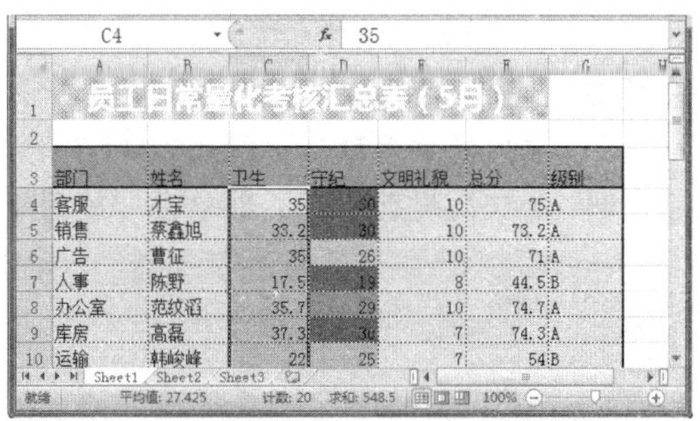

图 4-66　选择单元格区域

Step 02　选择“开始”选项卡，单击“样式”下拉按钮，在弹出的下拉列表中选择“条件格式”|“管理规则”选项，在弹出的数据条列表中选择一种样式，如图 4-67 所示。

Step 03　此时，即可查看应用数据条设置后的表格效果，如图 4-68 所示。

图 4-67　选择数据条样式

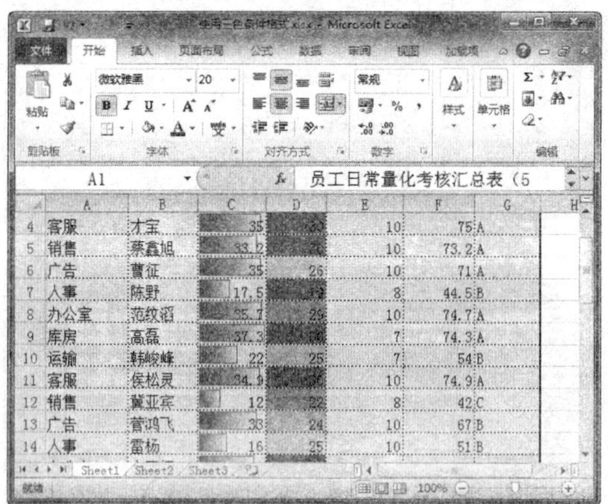

图 4-68　查看设置效果

三、更改条件格式

用户可以根据需要对已经设置的条件格式进行更改，具体操作方法如下：

Step 01 选择已经应用条件格式的 C4:C23 单元格区域，如图 4-69 所示。

Step 02 选择“开始”选项卡，单击“样式”下拉按钮，在弹出的下拉列表中选择“条件格式”|“管理规则”选项，如图 4-70 所示。

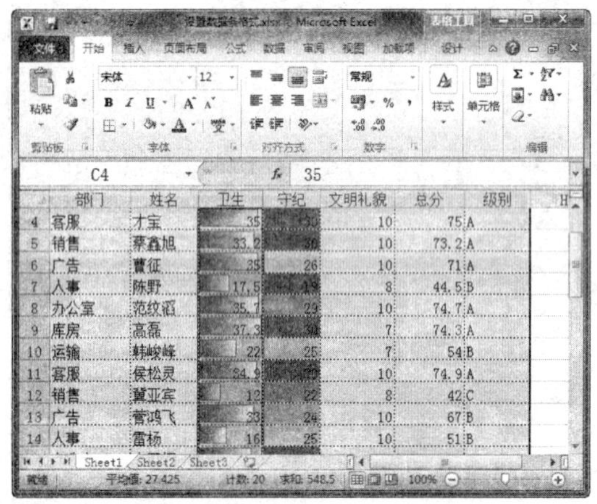

图 4-69　选择单元格区域

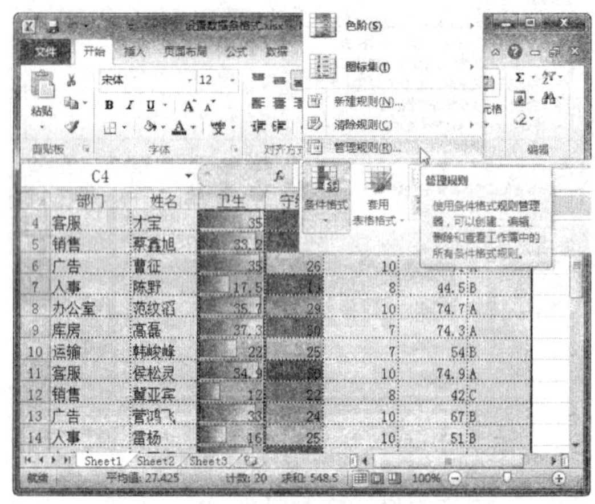

图 4-70　选择“管理规则”选项

Step 03 弹出“条件格式规则管理器”对话框，单击对应规则的折叠按钮可以重新选择应用的单元格，如图 4-71 所示。

Step 04 要修改规则本身，则单击“编辑规则”按钮，如图 4-72 所示。

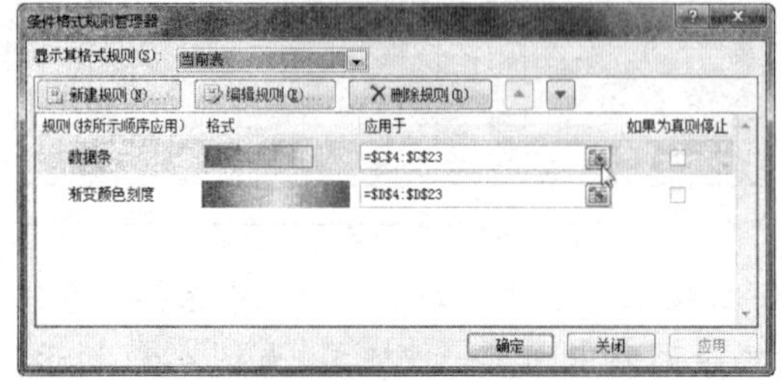

图 4-71　“条件格式规则管理器”对话框

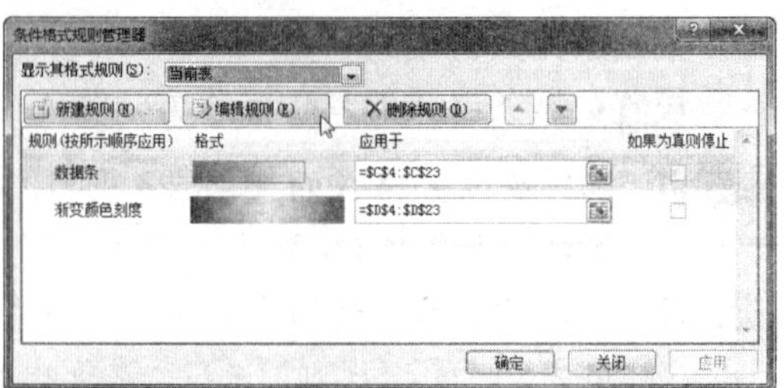

图 4-72　单击“编辑规则”按钮

Step05 弹出“编辑格式规则”对话框，重新设置规则格式，然后单击“确定”按钮，如图 4-73 所示。

Step06 修改规则对应的格式后，表格已经发生变化，效果如图 4-74 所示。

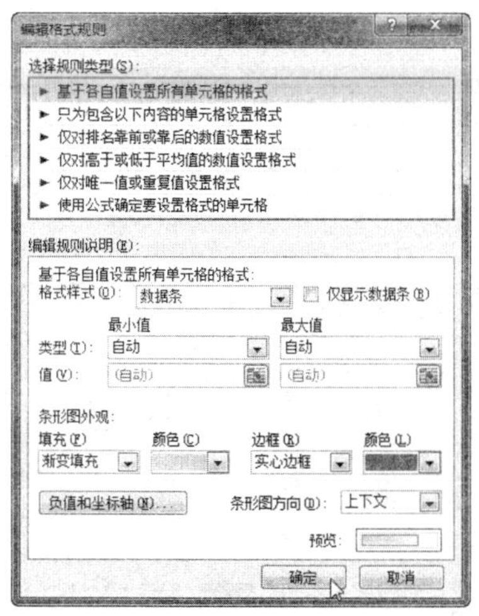

图 4-73 “编辑格式规则”对话框

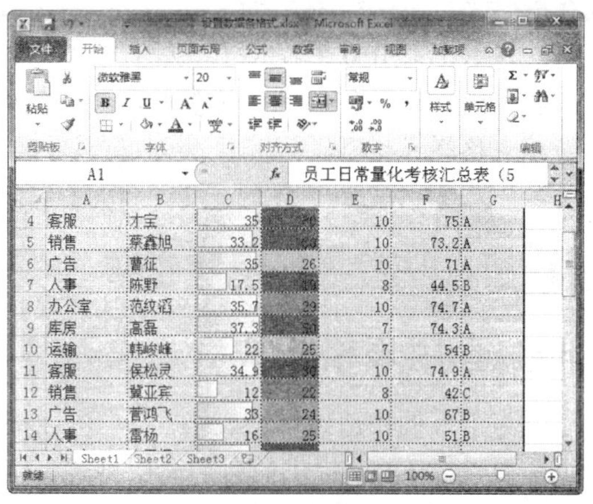

图 4-74 查看设置效果

四、删除条件格式

如果要删除已经存在的某种条件格式，可以按以下方法进行操作：

Step01 选择“开始”选项卡，单击“样式”下拉按钮，在弹出的的下拉列表中选择“条件格式”|“清除规则”|“清除所选单元格的规则”选项，如图 4-75 所示。

Step02 清除格式后单元格恢复为 Excel 2010 的默认格式，效果如图 4-76 所示。

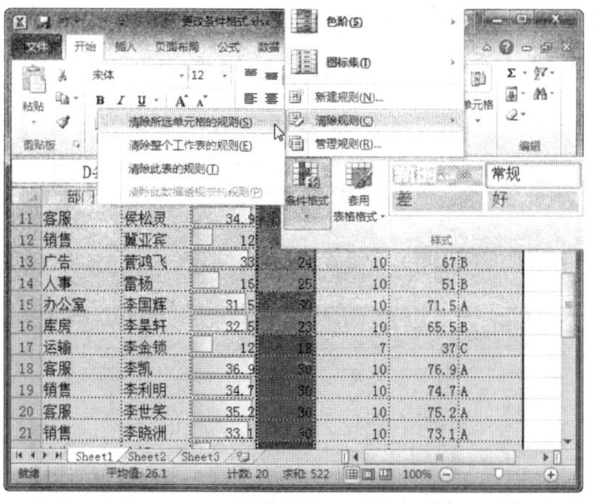

图 4-75 选择 “清除所选单元格的规则”选项

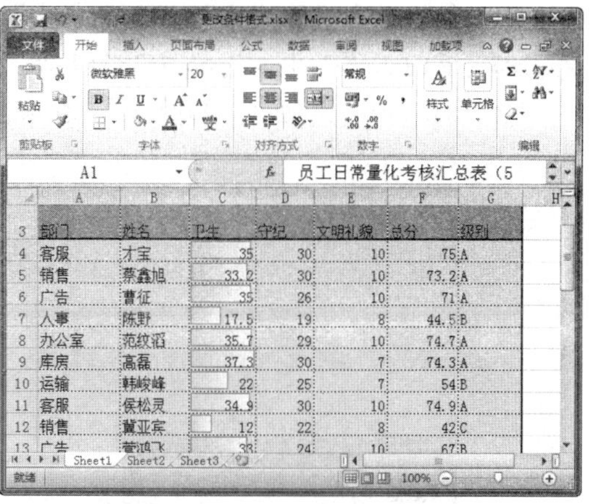

图 4-76 查看清除格式效果

数据条可帮助用户查看某个单元格相对于其他单元格的值。数据条的长度代表单元格中的值。数据条越长，表示值越高，数据条越短，表示值越低。在观察大量数据中的较高值和较低值时，数据条尤其有用。

任务七　使用表格样式

任务概述

在 Excel 2010 中提供了多种自动套用格式，应用这些格式可以大大提高工作效率。下面将详细介绍如何应用自动套用格式。若对自动套用格式不满意，还可以根据自己的需要新建表格样式。

任务重点与实施

一、套用表格样式

为了方便快速地修饰表格，用户可以根据需要选择 Excel 提供的自动套用格式。应用自动套用格式的具体操作方法如下：

Step 01　打开“素材文件\第 4 章\表格样式.xlsx”，选择“开始”选项卡，单击“样式”下拉按钮，在弹出的的下拉列表中选择“套用表格格式”|“表样式浅色 11”选项，如图 4-77 所示。

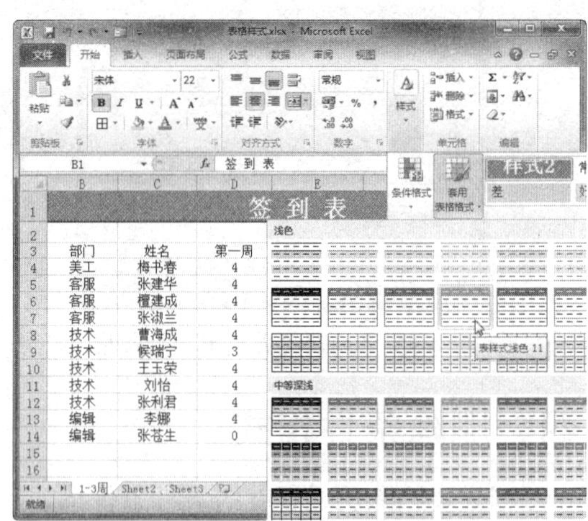

图 4-77　选择表格样式

Step 02　弹出“套用表格式”对话框，同时在表格中会出现一个虚线框，单击对话框中“表数据的来源”文本框右侧的折叠按钮，如图 4-78 所示。

Step 03　返回工作表中，选择 B3:G14 单元格区域，再次单击“表数据的来源”文本框右侧的折叠按钮，如图 4-79 所示。

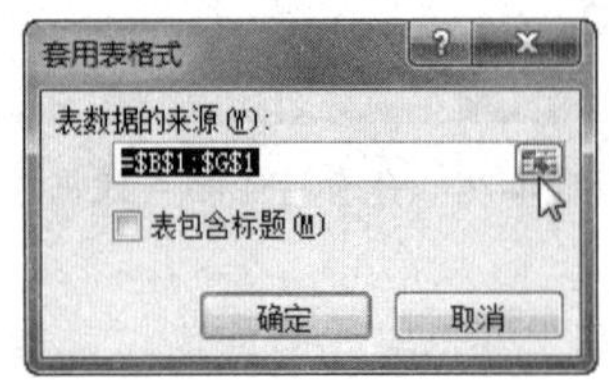

图 4-78　“套用表格式”对话框

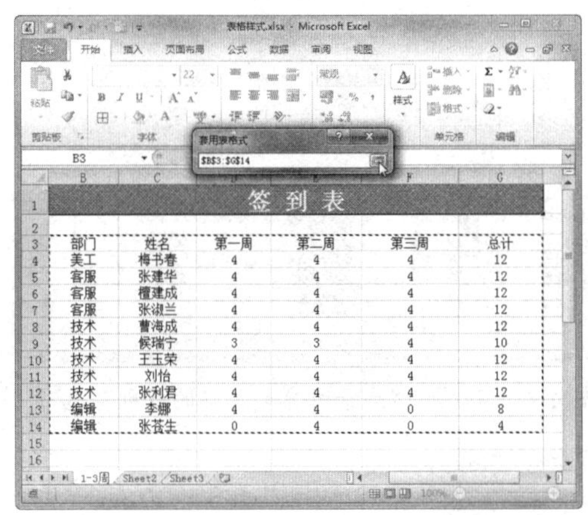

图 4-79　选择单元格区域

Step 04　弹出“创建表”对话框，选中“表包含标题”复选框，然后单击“确定”按钮，如图 4-80 所示。

Step 05　返回工作表编辑区域，此时即可看到选择的单元格区域套用表格样式后的效果，如图 4-81 所示。

图 4-80　“创建表”对话框

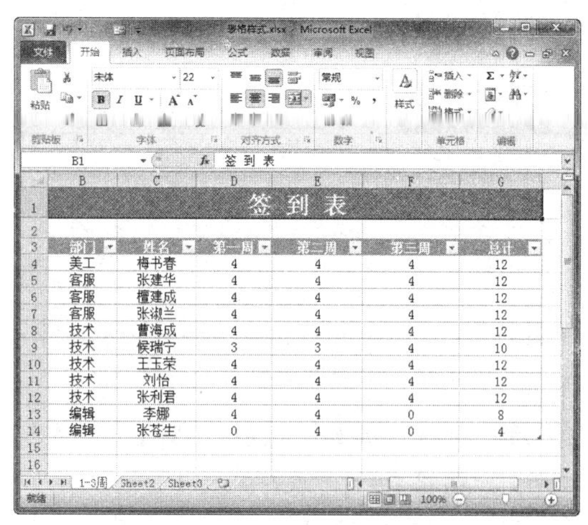

图 4-81　查看套用表格样式效果

二、新建表样式

如果对 Excel 2010 提供的自动套用格式不满意，也可以新建自己需要的表格样式。新建表格样式的具体操作方法如下：

Step 01　打开“素材文件\第 4 章\表格样式.xlsx”，选择“开始”选项，单击“样式”下拉按钮，在弹出的下拉列表中选择“套用表格格式”|“新建表样式”选项，如图 4-82 所示。

Step 02　弹出“新建表快速样式”对话框，输入样式名称，在“表元素”列表中选择“标题行”选项，然后单击“格式”按钮，如图 4-83 所示。

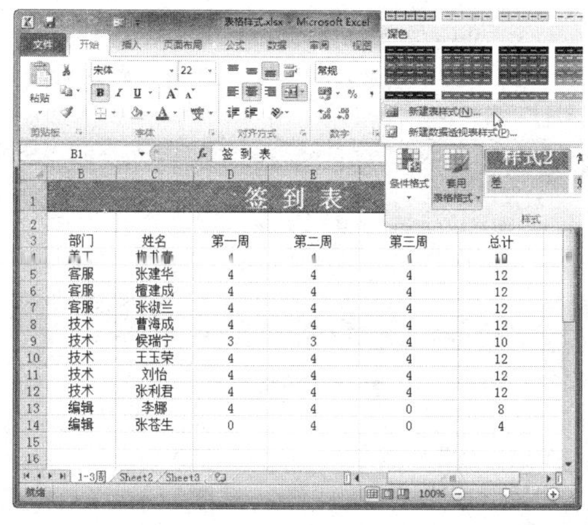

图 4-82　选择“新建表样式”选项

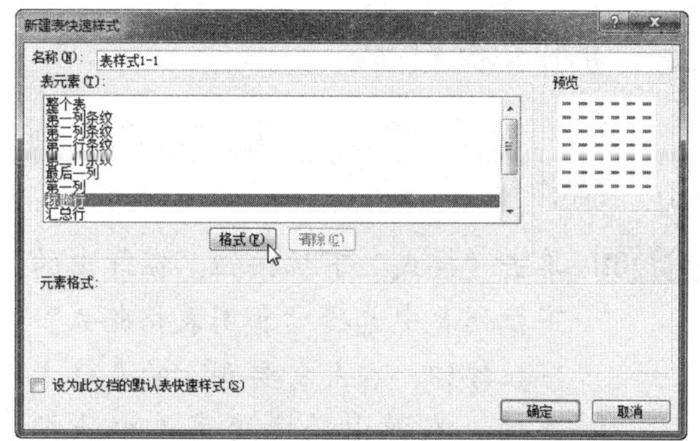

图 4-83　“新建表快速样式”对话框

Step 03　弹出“设置单元格格式”对话框，选择“填充”选项卡，设置背景色、图案、图案样式颜色，然后单击“确定”按钮，如图 4-84 所示。

Step 04　返回“新建表快速样式”对话框，单击“确定”按钮，如图 4-85 所示。

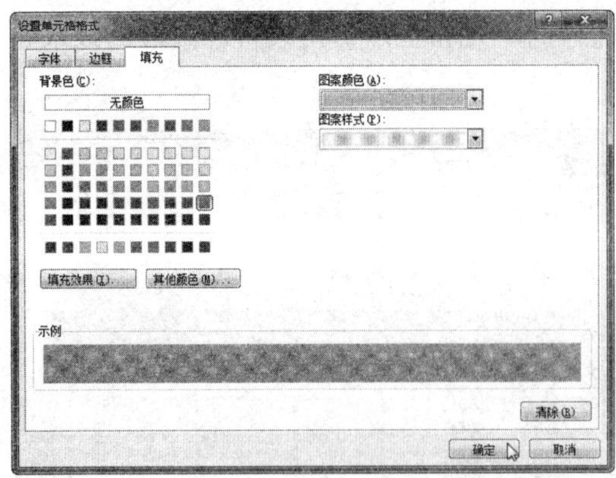

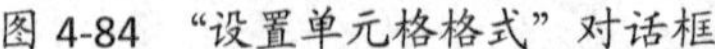

图 4-84 “设置单元格格式”对话框

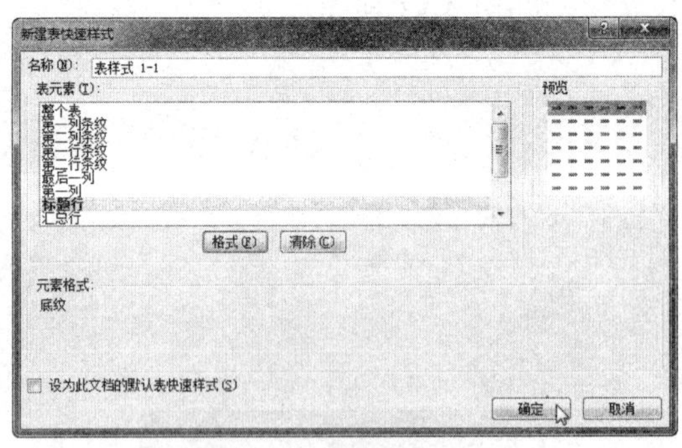

图 4-85 “新建表快速样式”对话框

Step05 选择“开始”选项，单击“样式”下拉按钮，在弹出的下拉列表中选择“套用表格格式”|“表样式 1-1”选项，如图 4-86 所示。

Step06 此时，即可查看应用自定义表格样式后的表格效果，如图 4-87 所示。

图 4-86 选择自定义样式

图 4-87 查看应用自定义表格样式效果

三、删除表样式

当不再需要某种表样式时，可以将其删除，具体操作方法如下：

Step01 单击“样式”下拉按钮，在弹出的下拉列表中选择“套用表格格式”下拉按钮，右击需要删除的表样式选项，在弹出的快捷菜单中选择“删除”命令，如图 4-88 所示。

Step02 弹出提示信息框，单击“确定”按钮，即可删除自定义的表样式，如图 4-89 所示。

图 4-88 选择“删除”命令

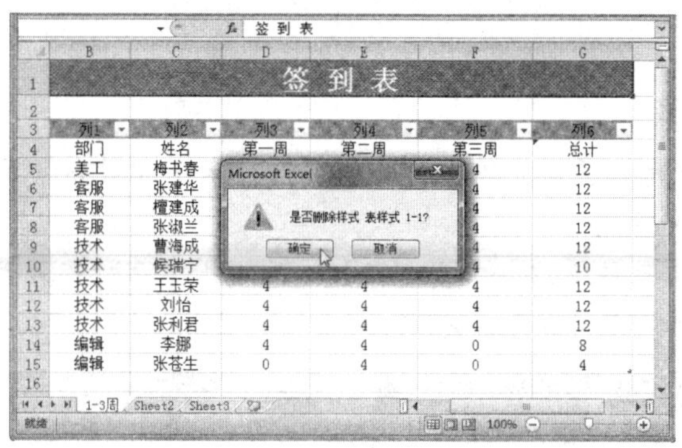

图 4-89　确认删除表样式

项目小结

本项目主要介绍了设置工作表的数据格式、字符格式，格式化单元格，使用样式，使用条件格式以及使用表格样式等方法。通过对本项目的学习，读者应重点掌握以下知识：

（1）对常用的数据进行格式设置。

（2）设置字符格式的方法。

（3）设置文本和数据的对齐方式。

（4）对单元格进行格式化设置的方法。

（5）应用、创建、修改和删除单元格样式的方法。

（6）使用条件格式区分单元格的方法。

（7）对整个表格进行样式设置的方法。

项目习题

打开素材文件“员工日常形象考核表.xlsx”（如图 4-90 所示），在单元格中设置字体格式、对齐方式、使用单元格样式，并使用表格样式，最终效果如图 4-91 所示。

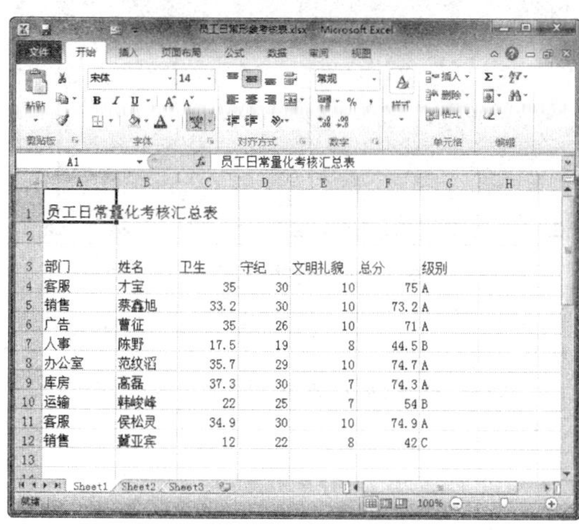

图 4-90　素材文件

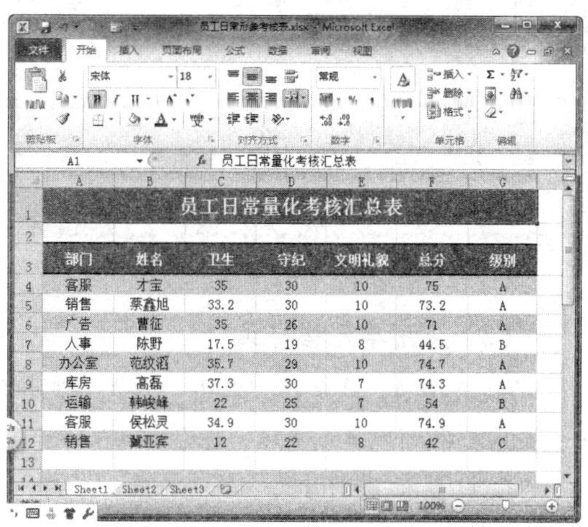

图 4-91　效果文件

操作提示：

（1）设置对齐方式

① 选择 A1:G1 单元格区域，单击“开始”选项卡下“对齐方式”组中的“合并后居中”按钮，如图 4-92 所示。

② 选择 A3:G12 单元格区域，单击“开始”选项卡下“对齐方式”组中的“居中”按钮和“垂直居中”按钮，如图 4-93 所示。

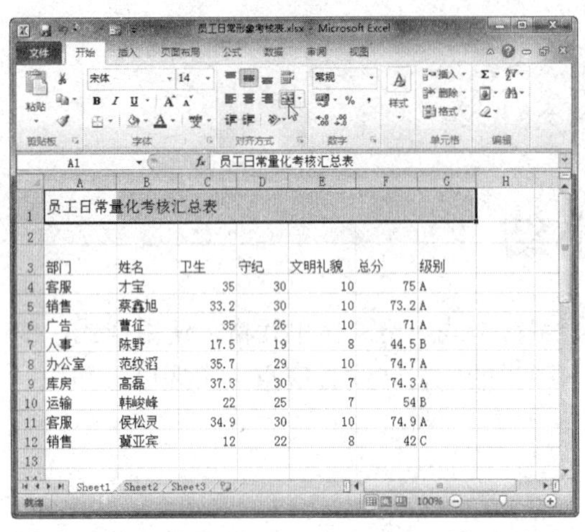

图 4-92 单击“合并后居中”按钮

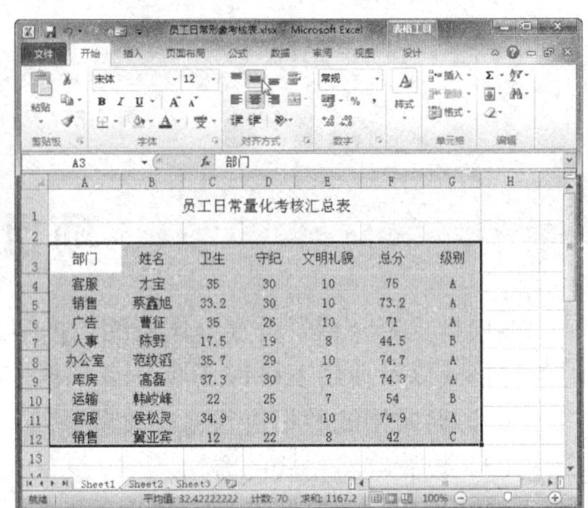

图 4-93 设置对齐方式

③ 选择 A3:G3 单元格区域，设置字号为 12，并单击“加粗”按钮，如图 4-94 所示。

④ 选择整个表格，适当调整列宽，如图 4-95 所示。

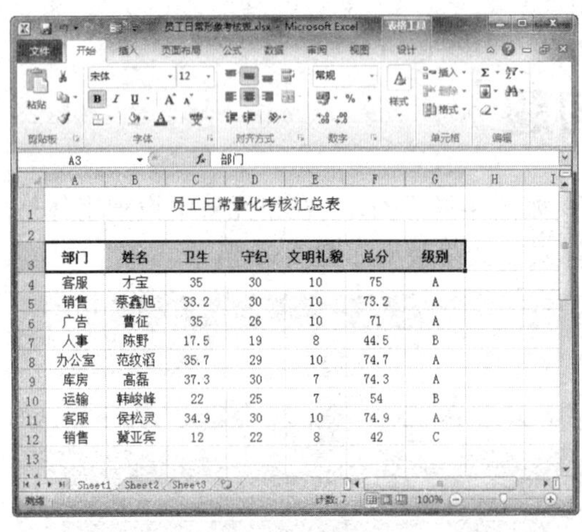

图 4-94 设置字体格式

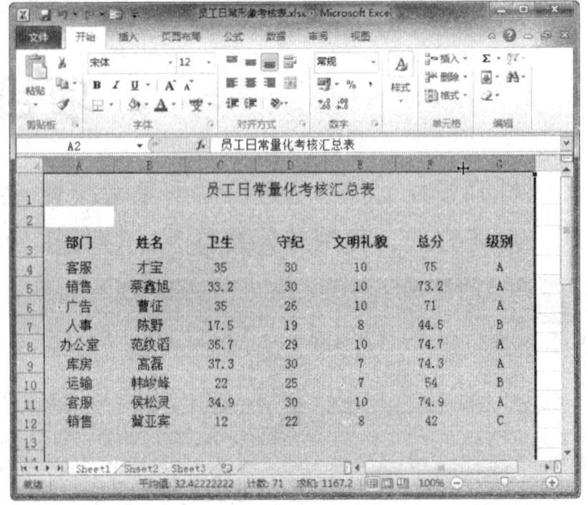

图 4-95 调整列宽

（2）应用单元格样式

① 选择 A1 单元格，单击“样式”下拉按钮，在弹出的下拉列表中选择“单元格样式”|“强调文字颜色 4”选项，如图 4-96 所示。

② 设置标题字号为 18，单击“加粗”按钮，即可查看应用单元格样式后的表格效果，如图 4-97 所示。

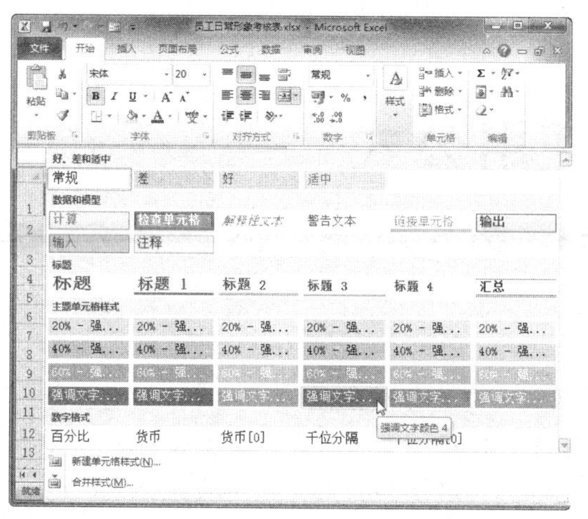

图 4-96　选择单元格样式

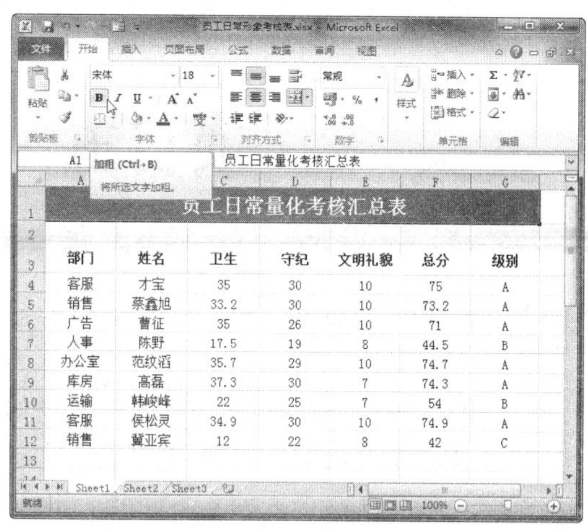

图 4-97　设置字体格式

（3）套用表格样式

① 选择 A3:G12 单元格区域，选择“开始”选项卡，单击“样式”下拉按钮，在弹出的下拉列表中选择“套用表格格式”|“表样式中等深浅 19”选项，如图 4-98 所示。

② 此时，即可查看应用表格样式后的效果，如图 4-99 所示。

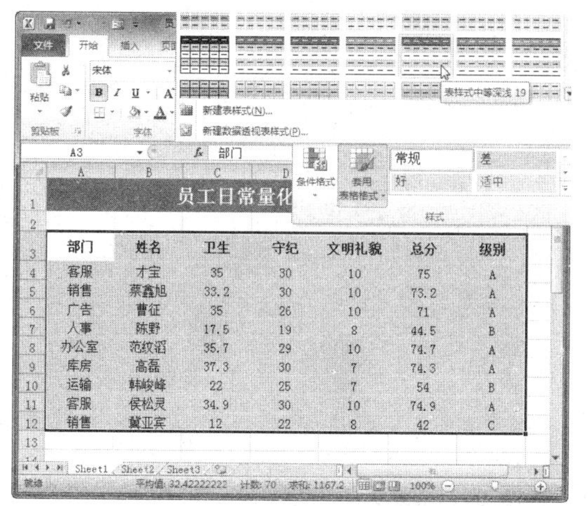

图 4-98　选择表格样式

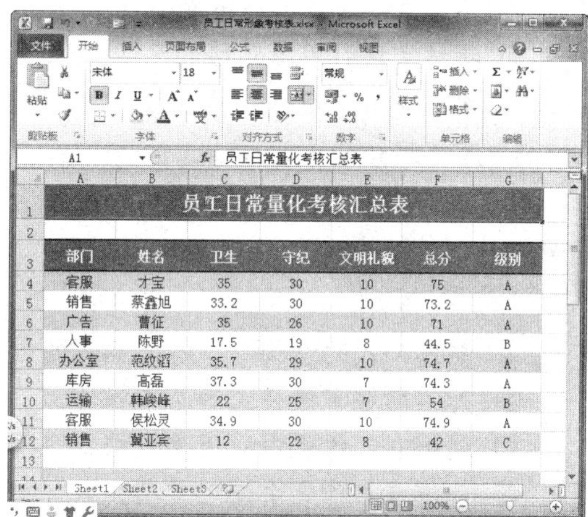

图 4-99　查看应用表格样式效果

项目五　使用公式

项目概述

与数据的存储相比，Excel 对数据的处理能力更能体现出软件的效率和优势。公式是 Excel 重要的应用工具，方便用户处理各种数据。本章将学习公式使用的相关知识，其中包括公式的基本操作，引用单元格，使用复杂公式，使用数组公式，以及审核公式等。

项目重点

- 认识公式的结构和运算符。
- 熟练掌握公式的基本操作。
- 熟练掌握引用单元格的方法。
- 掌握使用复杂公式的方法。
- 掌握审核公式的方法。

项目目标

- 熟悉公式的结构，了解运算符的种类。
- 能够熟练掌握公式的基本操作。
- 能够在工作表中引用单元格。
- 能够在工作表中使用复杂公式。
- 能够审核公式，检查公式中的错误。

任务一　认识公式

任务概述

公式就是由用户自行设计并结合常量数据、单元格引用、运算符元素进行数据处理和计算的算式。公式不同于文本、数字等存储格式，它有自己的语法规则，如结构、运算符号及优先次序等。用户使用公式是为了有目的地计算结果，因此 Excel 的公式必须返回值。

任务重点与实施

一、公式的结构

输入公式时，必须以“=”开始，然后输入公式的内容，如公式“=(C1+D1)*5”。在Excel中，公式可以包含下列部分或全部内容：

- **函数**：Excel中的一些函数，如SUM、AVERAGE、IF等。
- **单元格引用**：可以是当前工作簿中的单元格，也可以是其他工作簿中的单元格。例如，在公式“=Sheet1!A1”中，引用的是Sheet1工作表A1单元格的值。
- **运算符**：公式中使用的运算符，如“+”、“-”、“*”、“/”及“>”等。
- **常量**：公式中输入的数字或文本值，如5等。
- **括号**：用于控制公式的计算次序。

二、运算符

运算符的作用在于对公式中的运算数产生特定类型的运算。在Excel公式中，可以使用的运算符主要有算术运算符、文本运算符、比较运算符和引用运算符4种，它们负责完成各种复杂的运算。

1．算术运算符

若要完成基本的数学运算（如加法、减法、乘法或除法等）、合并数字以及生成数值结果，可以使用下表中的算术运算符。

算术运算符

算术运算符	含 义	示 例
+（加号）	加法	1+2
-（减号）	减法	2-1
-（负号）	负数	-1
*（星号）	乘法	1*2
/（正斜号）	除法	4/2
%（百分号）	百分比	21%
^（脱字号）	乘方	2^3

2．比较运算符

比较运算符用于比较两个数值的大小关系，并产生逻辑值TURE或FALSE，常用的比较运算符见下表。

逻辑运算符

比较运算符	含 义	示 例
=（等号）	等于	A1=B1
>（大于号）	大于	A1>B1
<（小于号）	小于	A1<B1
>=（大于等号）	大于或等于	A1>=B1
<=（小于等号）	小于或等于	A1<=B1
<>（不等号）	不等于	A1<>B1

3．文本运算符

文本运算符将一个或多个文本连接为一个组合文本，见下表。

文本运算符

文本运算符	含 义	示 例
&（与号）	将两个值连接或串起来产生一个连续的文本值	“学” & “生”，得到 “学生”

4．引用运算符

使用引用运算符可以对单元格区域进行合并计算，常用的引用运算符见下表。

引用运算符

引用运算符	含 义	示 例
:（冒号）	区域运算符，生成对两个引用之间所有单元格的引用（包括这两个引用）	A1:A9
,（逗号）	联合运算符，将多个引用合并为一个引用	SUM(A1:A2,A3:A4)
（空格）	交集运算符，生成对两个引用中共有的单元格的引用	SUM(A1:A10 B1:B5)

三、运算符优先级

在某些情况中，执行计算的次序会影响公式的返回值，因此了解如何确定计算次序，以及如何更改次序以获得所需的结果非常重要。

1．计算次序

公式按特定次序计算值。Excel 中的公式始终以等号（=）开头，这个等号与 Excel 随后的字符组成一个公式。等号后面是要计算的元素（操作数），各操作数之间由运算符分隔。Excel 按照公式中每个运算符的特定次序从左到右计算公式。

2．运算符优先级

如果一个公式中有若干个运算符，Excel 将按下表中的次序进行计算。如果一个公式中的若干个运算符具有相同的优先顺序，Excel 将从左到右进行计算。

运算符优先级

优先级	运算符类型	说 明
1	引用运算符	:（冒号）
2		（单个空格）
3		,（逗号）
4	算术运算符	-负数（如-2）
5		%百分比
6		^乘方
7		*和/（乘和除）
8		+和-（加和减）
9	文本运算符	&连接两个文本字符串
10	比较运算符	=
11		<>
12		<=
13		>=
14		<>

3．使用括号

按照上面介绍的运算顺序，下面公式的结果是 9，因为 Excel 先进行了乘法计算后进行加法运算。将 2 与 3 相乘，再加上 3，即可得到结果。

```
=3+2*3
```

若要更改公式中的运算顺序，可以将公式中要先计算的部分用括号括起来，如：

```
=(3+2)*3
```

Excel 将先求出 3 加 2 之和，再用结果乘以 3 得到 15。

使用括号可以改变运算符优先级的顺序，优先计算括号里面的表达式。括号的优先级居所有运算符优先级的第一位。

任务二　公式的基本操作

任务概述

公式的操作不同于普通的文本，有其特定的要求。下面将介绍使用公式时必要的操作，如输入、复制、移动、命名以及显示公式等。

任务重点与实施

一、输入公式

Excel 公式必须以等号（=）开始，输入公式时可以在选取的单元格中直接输入，也可以在编辑栏的公式栏中输入。

输入公式的具体操作方法如下：

Step01 打开“素材文件/第 5 章/产品月销售额.xlsx”，选择要输入公式的单元格，如 B16，如图 5-1 所示。

Step02 在单元格中输入“=”，在公式栏中将出现“=”，如图 5-2 所示。

图 5-1　选择单元格

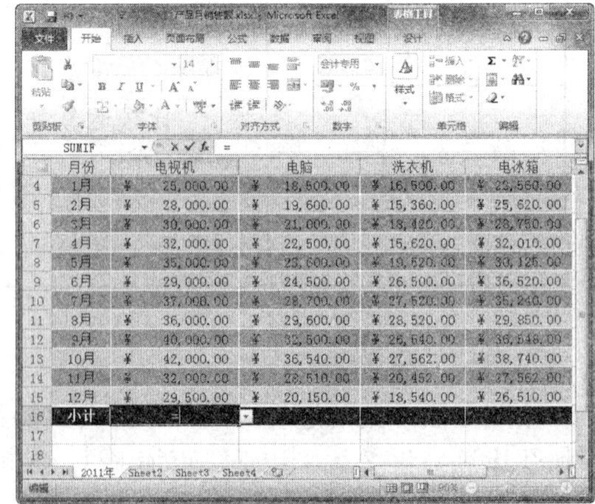

图 5-2　输入“=”

Step03 根据需要输入公式表达式，然后在编辑栏中单击“输入”按钮✓，如图 5-3 所示。

Step04 此时，在选择的单元格中将显示使用公式的计算结果，如图 5-4 所示。

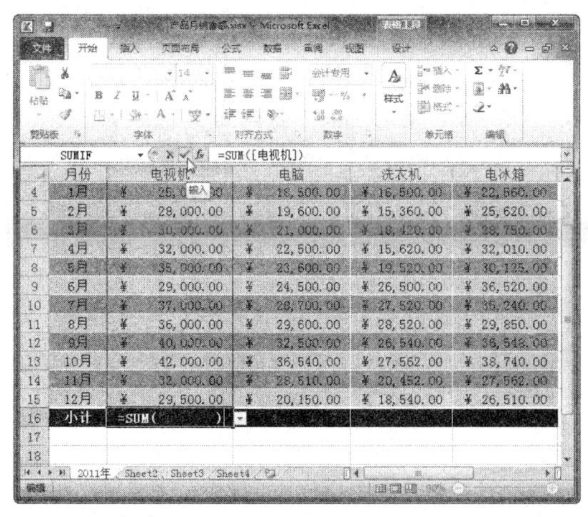

图 5-3 输入公式

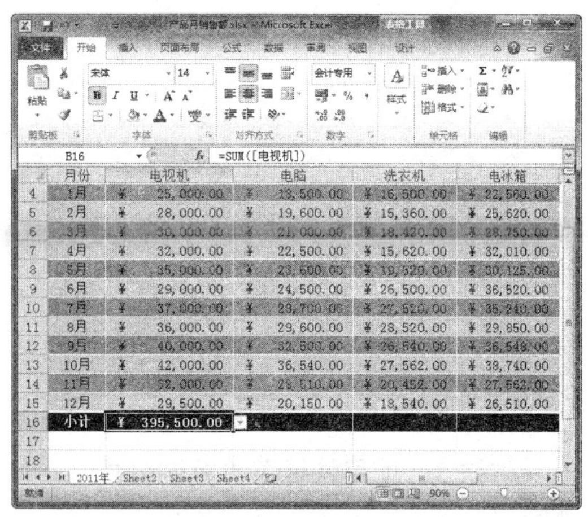

图 5-4 查看计算结果

二、复制公式

在 Excel 2010 中，可以将已经编辑好的公式复制到其他单元格中，从而提高输入效率。在复制公式时，单元格引用将会根据单元格的相对位置而发生变化。

方法 1：使用“复制”按钮复制公式

Step01 选择包含公式的单元格，单击“开始”选项卡下“剪贴板”组中的“复制”按钮，如图 5-5 所示。

Step02 选择需要复制公式的单元格，单击“剪贴板”组中的“粘贴”下拉按钮，在弹出的下拉列表中单击“公式和数字格式”按钮，在选择的单元格中即可出现公式的计算结果，如图 5-6 所示。

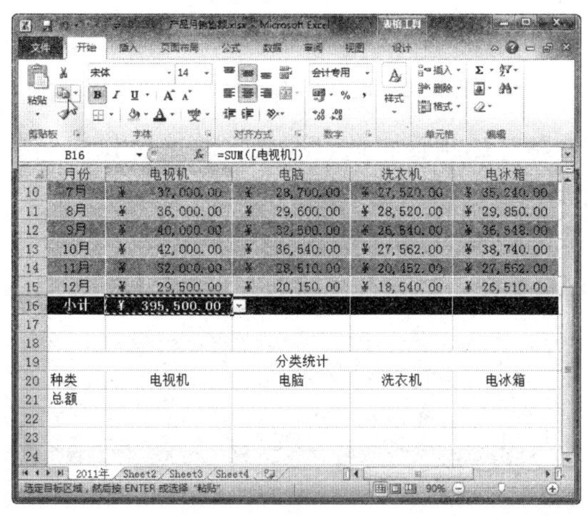

图 5-5 单击“复制”按钮

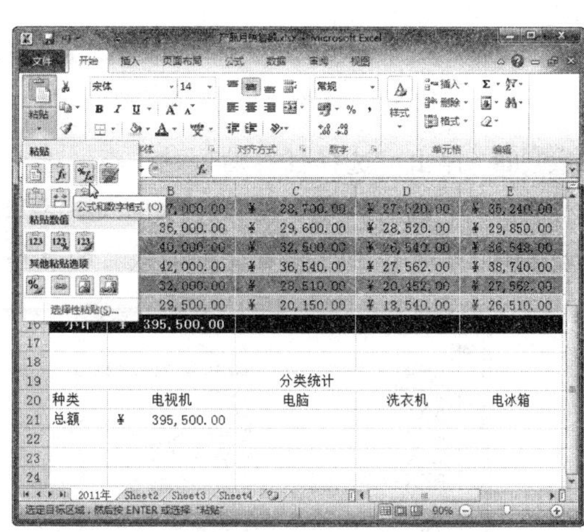

图 5-6 粘贴公式和数字格式

方法 2：使用填充柄复制公式

Step01 选择 B16 单元格，向右拖动填充柄来实现批量复制公式，如图 5-7 所示。

Step02 此时，即可查看拖动填充柄复制公式后的计算结果，如图 5-8 所示。

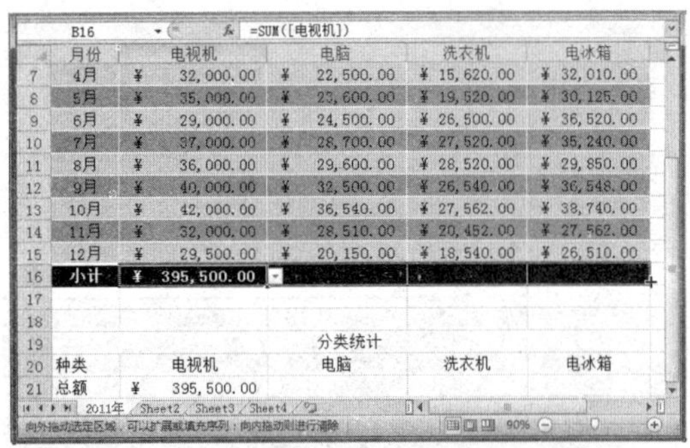
图 5-7　使用填充柄复制公式

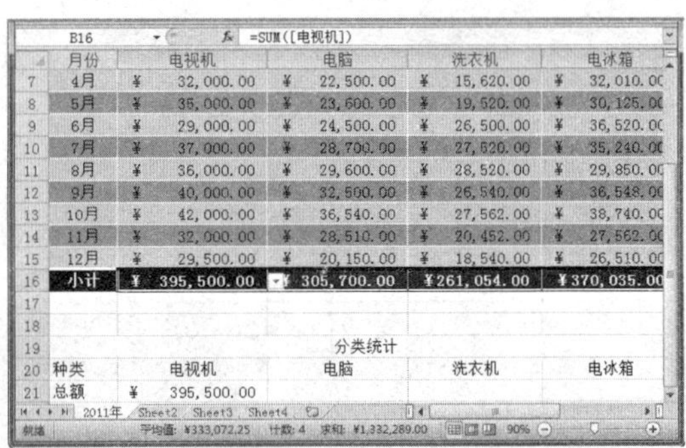
图 5-8　查看计算结果

方法 3：使用快捷菜单复制公式

Step 01 右击包含公式的单元格，在弹出的快捷菜单中选择“复制”命令，如图 5-9 所示。

Step 02 右击需要粘贴公式的单元格，在弹出的快捷菜单中选择“选择性粘贴”命令，如图 5-10 所示。

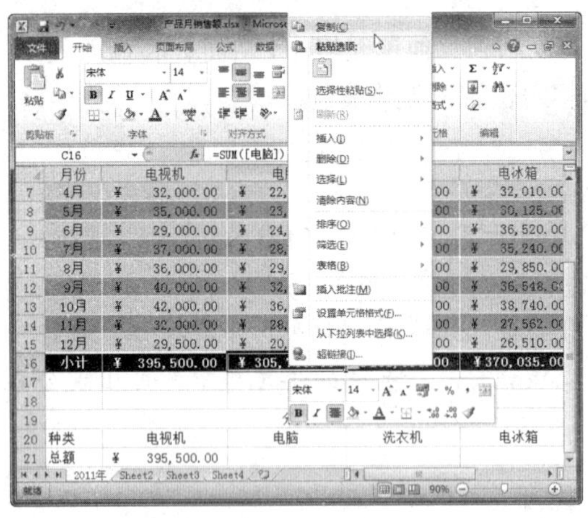
图 5-9　选择“复制”命令

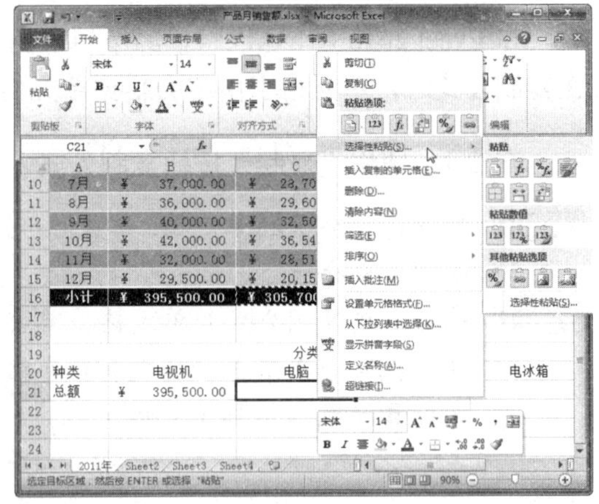
图 5-10　选择“选择性粘贴”命令

Step 03 弹出“选择性粘贴”对话框，选中“粘贴”选项区中的“公式”单选按钮，然后单击“确定”按钮即可，如图 5-11 所示。

Step 04 此时，即可查看复制公式后的表格效果，如图 5-12 所示。

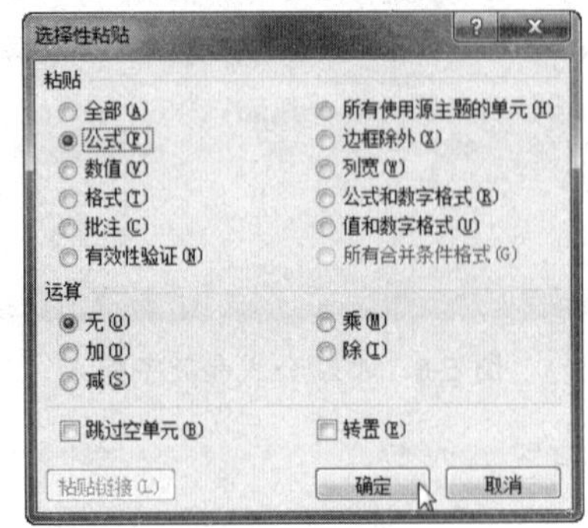

图 5-11　“选择性粘贴”对话框

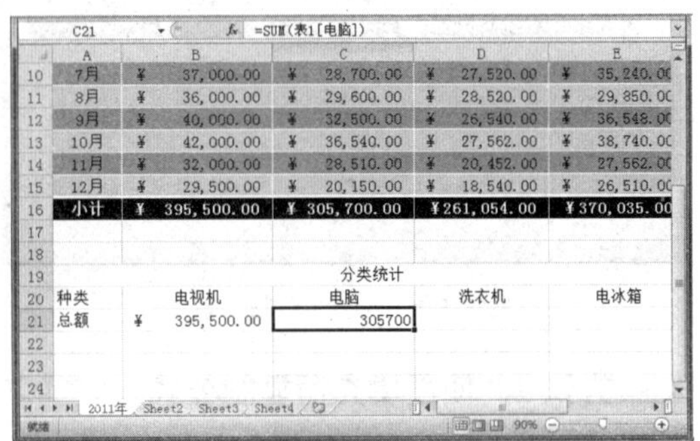
图 5-12　查看复制公式效果

三、移动公式

移动公式的操作与移动单元格的操作相似，具体操作方法如下：

Step 01 选择需要移动公式的单元格，将鼠标指针移到包含公式的单元格边框上，这时指针会变为十字形状，按住鼠标左键并拖动鼠标到目标单元格上，然后释放鼠标左键，如图 5-13 所示。

Step 02 移动公式后，公式中的单元格引用不会发生变化，效果如图 5-14 所示。

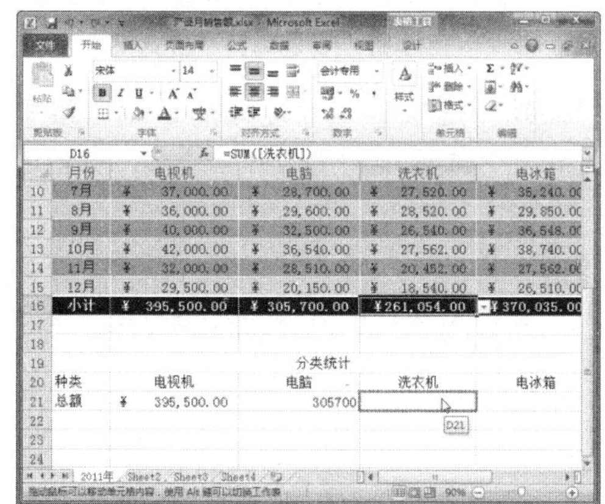

图 5-13　移动公式

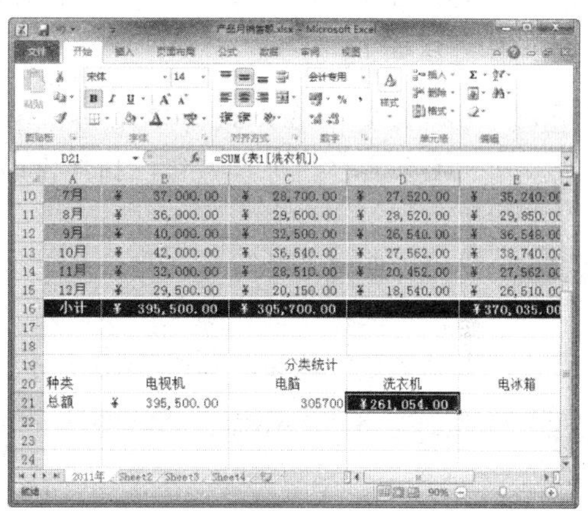

图 5-14　查看移动公式效果

通过对比就会发现，这种移动方式移动了公式，也移动了原单元格的格式等其他设置。

四、编辑公式

对于创建完成的公式，如果不满意或不能满足用户的要求，可以对其进行编辑，具体操作方法如下：

Step 01 双击需要编辑公式的单元格，如 B16，如图 5-15 所示。

Step 02 根据需要对公式进行编辑，编辑完成后单击编辑栏中的“输入”按钮✓即可，如图 5-16 所示。

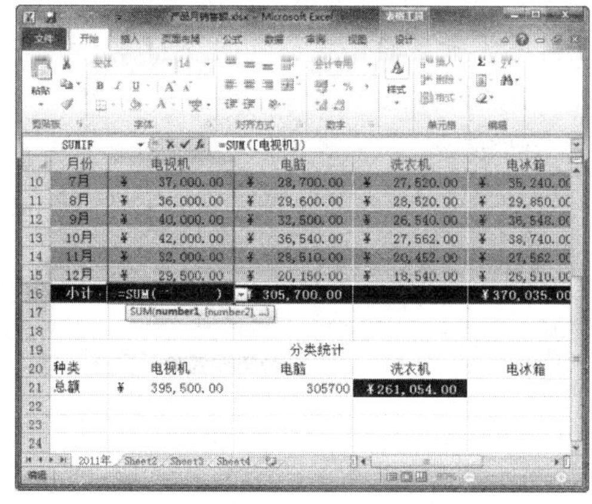

图 5-15　双击单元格

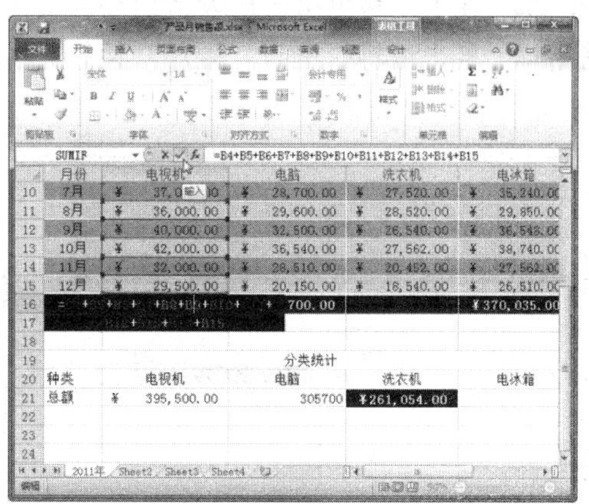

图 5-16　编辑公式

Step03 此时，即可查看编辑公式后的结果，如图 5-17 所示。

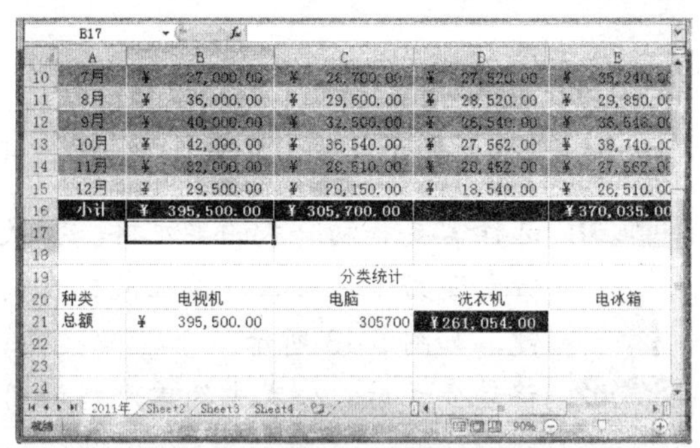

图 5-17 查看编辑公式结果

五、命名公式

为公式命名后，输入公式名称时可以自动执行公式，显示计算结果。为公式命名的具体操作方法如下：

Step01 选择需要命名公式的单元格，单击"公式"选项卡下"定义的名称"组中的"定义名称"下拉按钮，在弹出的下拉列表中选择"定义名称"选项，如图 5-18 所示。

Step02 弹出"新建名称"对话框，在"名称"文本框中输入新名称，在"范围"下拉列表框中选择"工作簿"选项，在"引用位置"文本框中输入单元格地址，然后单击"确定"按钮，如图 5-19 所示。

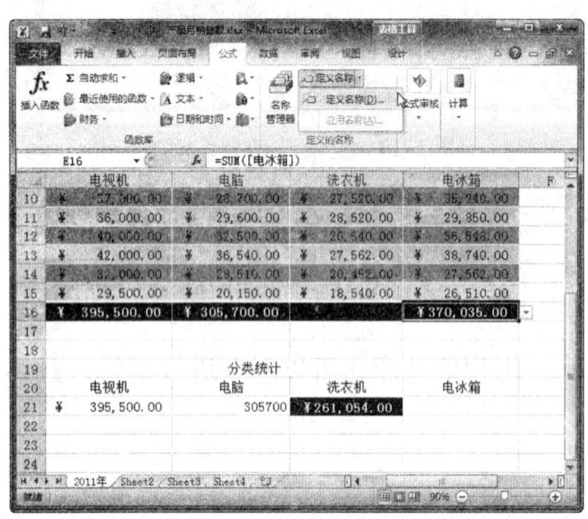

图 5-18 选择"定义名称"选项

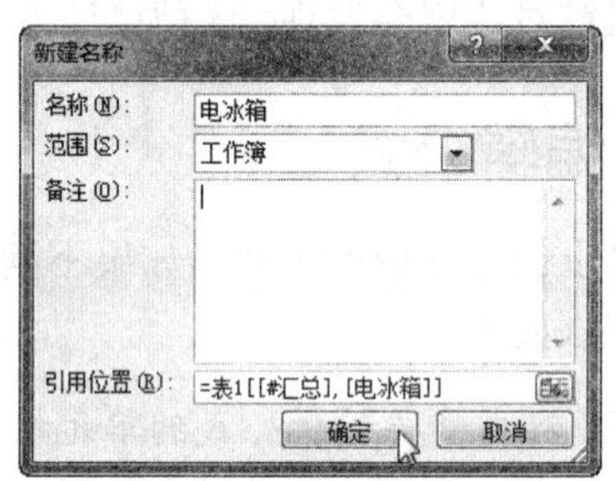

图 5-19 "新建名称"对话框

Step03 在单元格中输入已命名的公式"=电冰箱"，如图 5-20 所示。

Step04 单击编辑栏中的"输入"按钮✓，即可引用已命名的公式，如图 5-21 所示。

图 5-20 引用已命名的公式

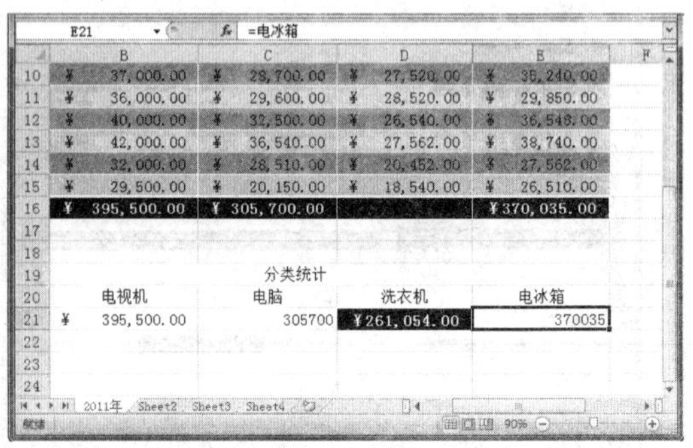

图 5-21 查看引用公式结果

六、隐藏公式

若要对公式进行隐藏，使其不在编辑栏中显示，可以按以下方法进行操作：

Step 01 选择需要隐藏公式的单元格，单击“开始”选项卡下“单元格”组中的“格式”下拉按钮，在弹出的下拉列表中选择“设置单元格格式”选项，如图 5-22 所示。

Step 02 弹出“设置单元格格式”对话框，选择“保护”选项卡，选中“隐藏”复选框，然后单击“确定”按钮，如图 5-23 所示。

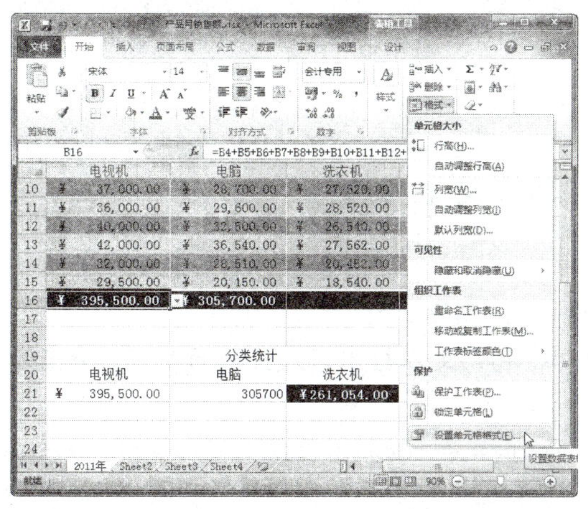

图 5-22　选择“设置单元格格式”选项

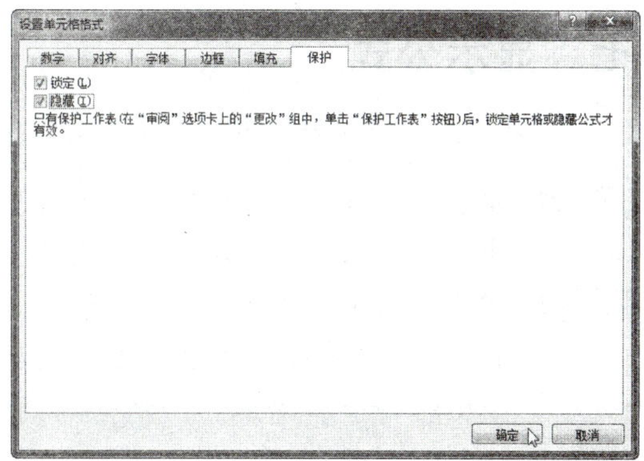

图 5-23　“设置单元格格式”对话框

Step 03 单击“开始”选项卡下“单元格”组中的“格式”下拉按钮，在弹出的下拉列表中选择“保护工作表”选项，如图 5-24 所示。

Step 04 弹出“保护工作表”对话框，选中“保护工作表及锁定的单元格内容”复选框，在“取消工作表保护时使用的密码”文本框中输入密码，然后单击“确定”按钮，如图 5-25 所示。

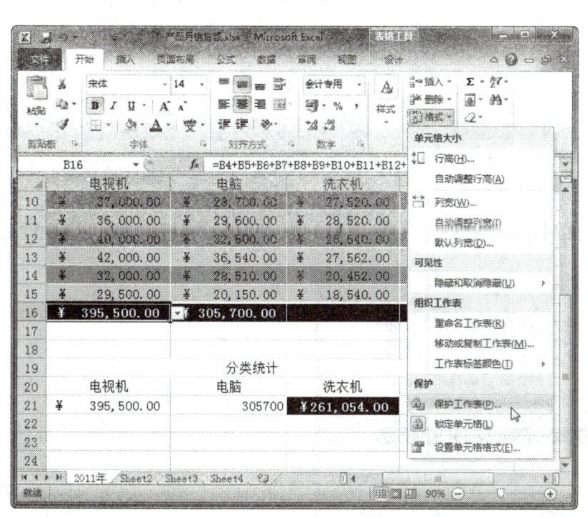

图 5-24　选择“保护工作表”选项

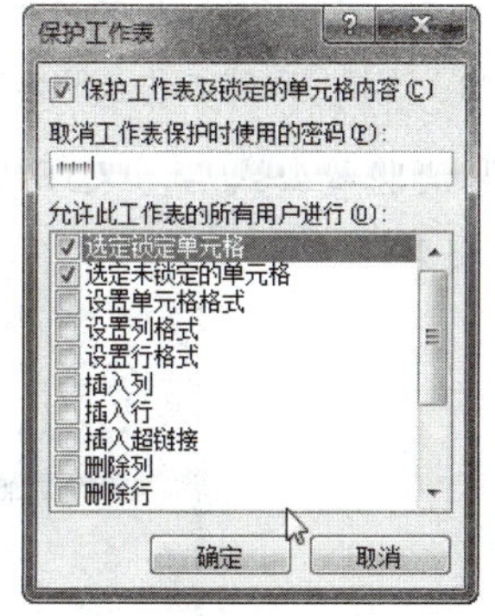

图 5-25　“保护工作表”对话框

Step 05 再次输入密码，以确保密码的正确性，然后单击“确定”按钮，如图 5-26 所示。

Step 06 单元格隐藏公式后，在编辑栏中就不会显示公式的内容，效果如图 5-27 所示。

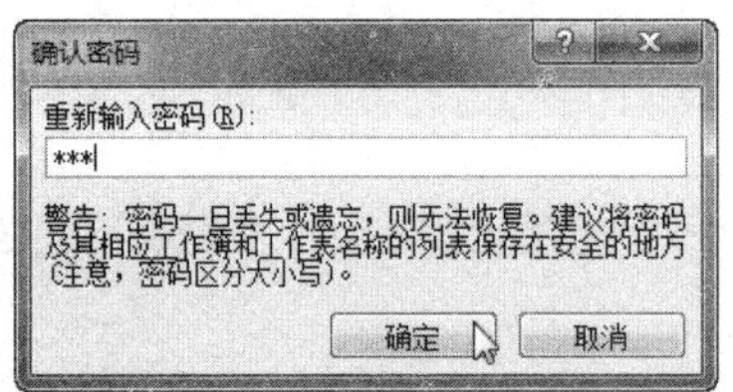

图 5-26 再次输入密码

图 5-27 查看隐藏公式效果

七、显示公式

如果要将隐藏的公式重新显示，可以按照以下方法进行操作：

Step 01 单击“开始”选项卡下“单元格”组中的“格式”下拉按钮，在弹出的下拉列表中选择“取消工作表保护”选项，如图 5-28 所示。

Step 02 弹出“撤销工作表保护”对话框，在“密码”文本框中输入正确的密码，然后单击“确定”按钮，如图 5-29 所示。

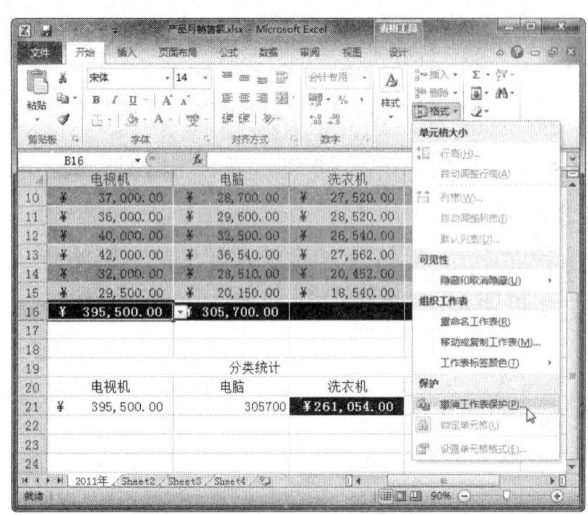

图 5-28 选择“取消工作表保护”选项

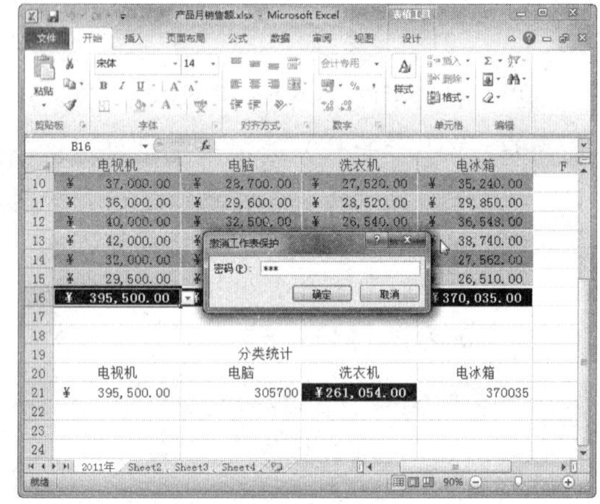

图 5-29 输入密码

Step 03 取消隐藏公式后，又可以在编辑栏中看到公式了，效果如图 5-30 所示。

图 5-30 查看显示公式效果

任务三　引用单元格

任务概述

填充数据包括记忆式键入、日期序列填充、数值序列填充、文本序列填充，以及自定义序列填充等，下面将分别对其进行介绍。

任务重点与实施

一、A1 引用样式

默认情况下，Excel 使用 A1 引用样式，引用样式使用行列标签组合来代替单元格。

1. A1 引用样式示例

A1 引用样式是默认的引用方式，不同引用内容的引用方式见下表。

A1 引用样式示例

引 用	正确输入
列 A 和行 5 交叉处的单元格	A5
在列 A 和行 5 到行 10 之间的单元格区域	A5:A10
在行 5 和列 A 到列 G 之间的单元格区域	A5:G5
行 5 中的全部单元格	5:5
行 5 到行 10 之间的全部单元格	5:10
列 H 中的全部单元格	H:H
列 H 到列 J 之间的全部单元格	H:J
列 A 到列 E 和行 5 到行 10 之间的单元格区域	A5:E10

2. 引用其他工作表

还可以引用其他工作表中的单元格，方法是：在工作表名称后加上“!”符号，如“Sheet2!A1”，就表示同一个工作簿中不同工作表的单元格引用。

在不同工作表或不同的工作簿中用单元格时，感叹号“!”不能省略。在其他工作表中引用单元格的简捷方法是为这个单元格起一个名称，使用时直接引用该名称。

二、相对引用

公式中的相对单元格引用就是直接使用行列标志。如果公式所在单元格的位置改变，引用也会随之改变。默认情况下，新公式使用相对引用，具体操作方法如下：

Step 01 打开“素材文件/第 5 章/员工工资表.xlsx”，选择 F4 单元格，并在该单元格中输入公式“=C4+D4+E4”，然后单击“输入”按钮✓，如图 5-31 所示。

Step 02 使用填充柄向下填充，Excel 会自动向下计算各行的值。单击 F5 单元格，可以看到填充时公式中引用的单元格地址发生了相对变化，如图 5-32 所示。

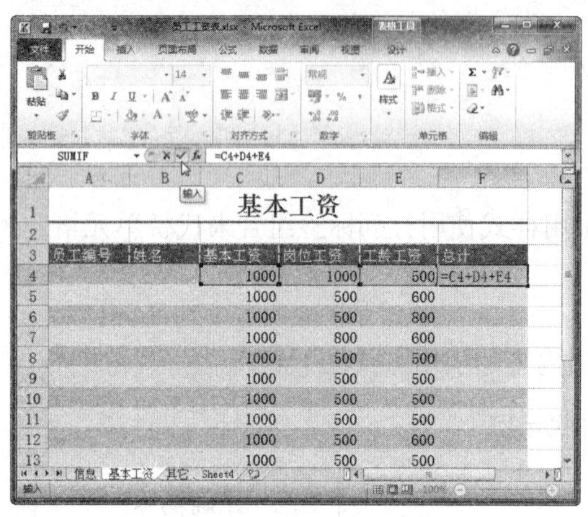

SUMIF =C4+D4+E4

	A	B	C	D	E	F
1	基本工资					
2						
3	员工编号	姓名	基本工资	岗位工资	工龄工资	总计
4			1000	1000	500	=C4+D4+E4
5			1000	500	600	
6			1000	500	800	
7			1000	800	600	
8			1000	500	500	
9			1000	500	500	
10			1000	500	500	
11			1000	500	500	
12			1000	500	600	
13			1000	500	500	

图 5-31 输入公式

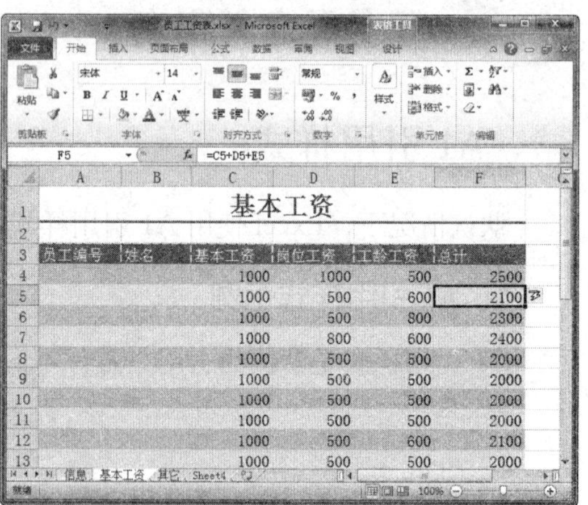

F5 =C5+D5+E5

	A	B	C	D	E	F
1	基本工资					
2						
3	员工编号	姓名	基本工资	岗位工资	工龄工资	总计
4			1000	1000	500	2500
5			1000	500	600	2100
6			1000	500	800	2300
7			1000	800	600	2400
8			1000	500	500	2000
9			1000	500	500	2000
10			1000	500	500	2000
11			1000	500	500	2000
12			1000	500	600	2100
13			1000	500	500	2000

图 5-32 查看引用效果

三、绝对引用

绝对引用就是在行列标志前加上“$”符号，保证在指定位置引用单元格。如果公式所在单元格的位置改变，绝对引用保持不变。如果多行或多列地复制公式，绝对引用将不做调整，具体操作方法如下：

Step 01 切换到“其它”工作表，选择 F4 单元格，并在该单元格中输入绝对引用公式“=E5*B2”，然后单击“输入”按钮✓，如图 5-33 所示。

Step 02 向下填充公式，单击其他单元格，可以发现对 B2 单元格的引用不发生变化，如图 5-34 所示。

SUMIF =E5*B2

	A	B	C	D	E	F	G
1	其它工资项目						
2	业绩提成比	1.00%					
3	员工编号	姓名	缺勤扣除	全勤奖励	业绩金额	业绩提成	总计
4	DB001	王伟	200	0	12378	=E5*B2	
5	DB002	白志国	0	200	32136		
6	DB003	尹亦平	0	200	36327		
7	DB004	陈栎	200	0	18293		
8	DB005	李亚军	0	200	29878		
9	DB006	马博	0	200	10382		
10	DB007	崔思宇	220	0	9038		
11	DB008	董丽阳	0	200	8362		
12	DB009	许雅芳	0	200	30948		
13	DB010	郇光健	0	200	49983		

图 5-33 输入公式

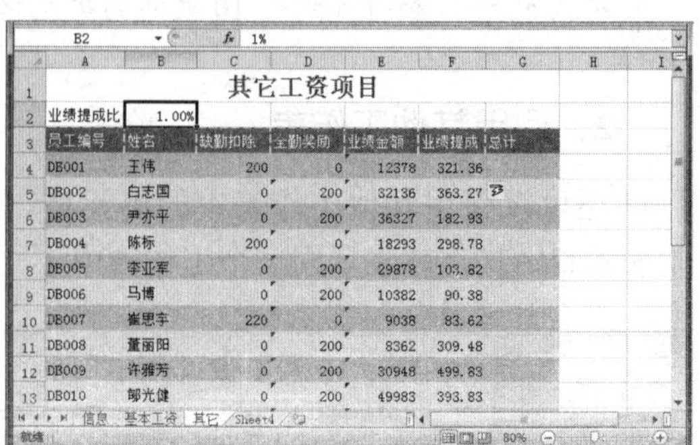

B2 1%

	A	B	C	D	E	F	G
1	其它工资项目						
2	业绩提成比	1.00%					
3	员工编号	姓名	缺勤扣除	全勤奖励	业绩金额	业绩提成	总计
4	DB001	王伟	200	0	12378	321.36	
5	DB002	白志国	0	200	32136	363.27	
6	DB003	尹亦平	0	200	36327	182.93	
7	DB004	陈标	200	0	18293	298.78	
8	DB005	李亚军	0	200	29878	103.82	
9	DB006	马博	0	200	10382	90.38	
10	DB007	崔思宇	220	0	9038	83.62	
11	DB008	董丽阳	0	200	8362	309.48	
12	DB009	许雅芳	0	200	30948	499.83	
13	DB010	郇光健	0	200	49983	393.83	

图 5-34 填充公式

四、混合引用

如果一个公式既使用了相对引用，又使用了绝对引用，则称为混合引用。在使用混合引用时，一定要分清哪部分是相对引用，哪部分是绝对引用。混合引用的方法如下：

Step 01 在 G4 单元格中输入公式“=$D4+$F4-$C4”，然后单击“输入”按钮，如图 5-35 所示。

Step 02 填充下方单元格，对比其他单元格可以发现应用的列没有变化，而行相对变化，如图 5-36 所示。

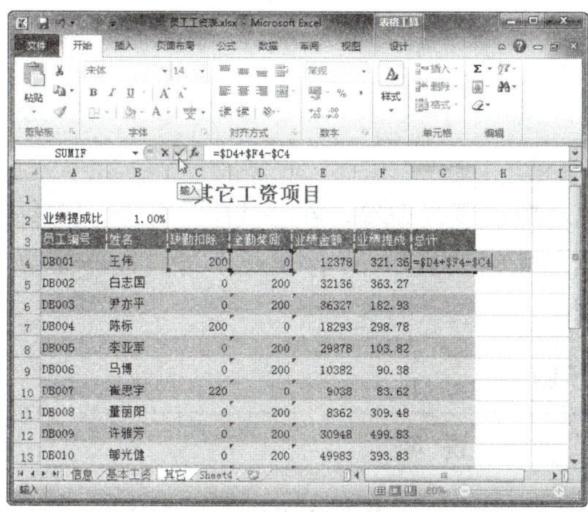

图 5-35 输入公式

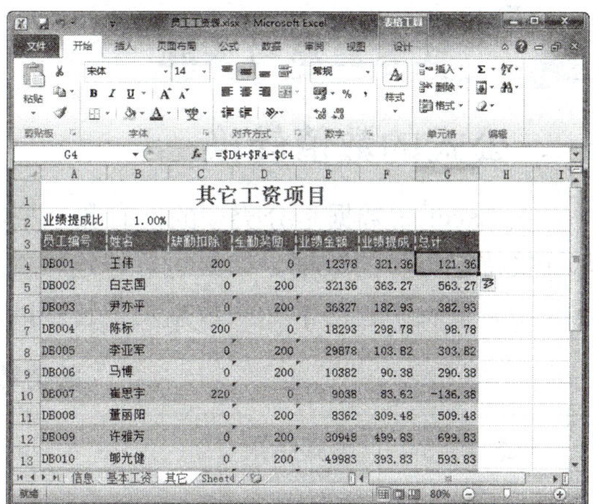

图 5-36 填充公式

五、三维引用

三维引用是对两张或两张以上工作表中的单元格或单元格区域进行的引用，也可以在一个工作簿中的不同工作表之间进行公式的引用。三维引用的一般格式为“工作表名!单元格地址”。三维引用的方法如下：

Step 01 切换到“基本工资”工作表，在 A4 单元格中输入“=信息！B4”，然后单击“输入”按钮，如图 5-37 所示。

Step 02 引用“信息”工作表 B4 单元格，向下填充数据即可，如图 5-38 所示。

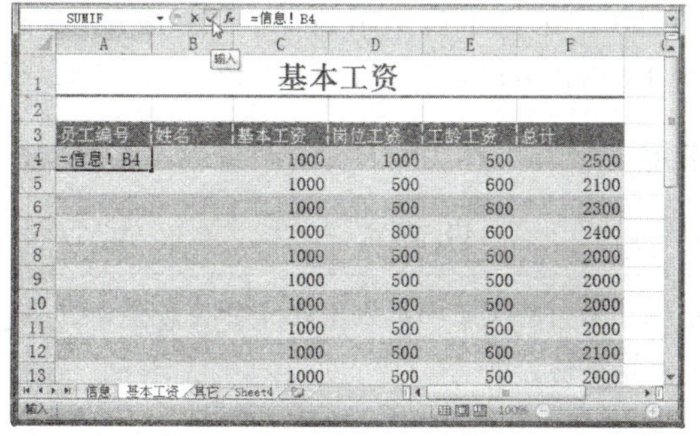

图 5-37 输入公式

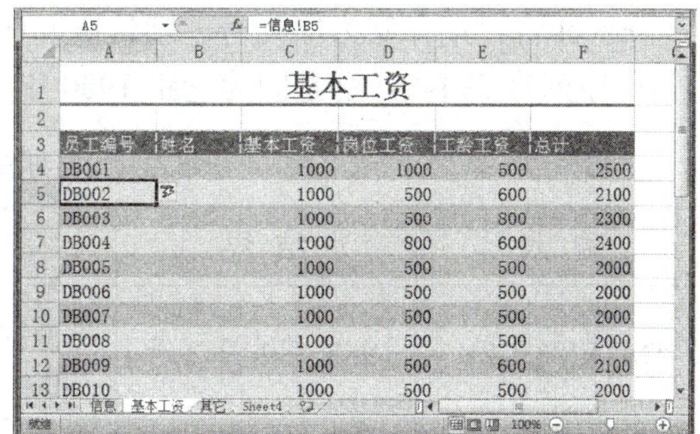

图 5-38 填充公式

任务四　使用复杂公式

任务概述

前面介绍了一些简单的公式计算，然而只掌握简单的公式使用是不够的，在工作表中往往会遇到复杂的问题，例如，公式中既有文本数据又有数值数据，此时就需要把文本类型转换为数值类型。

任务重点与实施

一、公式的数值转换

在 Excel 中数据是分类型的，有数字型、文本型和逻辑型等。在公式中，每个运算符都连接特定类型的数据。如果运算符连接的数据与所需的类型不同，Excel 能自动转换数据类型。下表中列出了一些数据类型转换的示例。

数值转换示例

公 式	运算结果	说 明
="1"*"2"	2	当使用+、-、*、/等运算符时，Excel 会认为运算项是数值。虽然 1 和 2 是文本类型的数据，但 Excel 会自动将其转换为数字
="2010/11/27"-"2010/11/7"	20	Excel 将具有 yy/mm/dd 格式的文本当作日期，将日期转换成序列号之后再进行计算
SUM（"1+2",3）	#VALUE	返回出错值，因为 Excel 不能将文本"1+2"转换为数字，而 SUM（"3",3）可以返回 6
5&"abc"	5abc	当公式需要文本型数值时，Excel 自动将数值转换文本

二、使用日期和时间

Excel 将日期存储为序列号。默认情况下，1900 年 1 月 1 日是序列号 1，2008 年 1 月 1 日是序列号 39448，这是因为它距 1900 年 1 月 1 日有 39448 天。

日期的使用

输 入	结 果	说 明
=DATE(88,1,2)	1988 年 1 月 2 号	如果 year 位于 0~1899 之间，则 Excel 会将该值加上 1900，再计算年份
=DATE(2003,1,2)	2003 年 1 月 2 日	如果 year 位于 1900~9999 之间，则 Excel 将使用该数值作为年份

=DATE(-1,1,2)	#NUM!	如果 year 小于 0 或大于 10000，则 Excel 将返回出错值#NUM!

因为日期和时间都是数值，因此也可以进行加、减等各种运算，见下表。

日期计算

输入日期公式	结 果
="2010/11/27"-"2010/10/27"	31
="2010/11/27"+"2010/10/27"	80987

如果在文本格式的单元格中输入了具有两位数年份的日期，或者在函数中输入具有两位数年份的日期作为文本参数时，Excel 会按以下方式解释年份：

年份说明

输入日期	结 果	说 明
9/11/27	2009/11/27	Excel 将 00~29 之间两位数字的年解释为 2000 年到 2029 年
39/11/27	1939/11/27	将 30~99 之间两位数字的年解释为 1930 年到 1999 年

三、使用数组公式

前面介绍的公式都是执行单个计算并且返回单个结果的情况，而数组公式可以执行多个计算并且返回多个结果。数组公式作用于两组或多组被称为数组参数的数值，每组数组参数必须具有相同数目的行和列。

创建数组公式的具体操作方法如下：

Step 01 打开"素材文件/第 5 章/使用数组公式.xlsx"，选择 F4:F20 单元格区域，在编辑栏中输入"=C4:C20+D4:D20+E4:E20"，如图 5-39 所示。

Step 02 输入完成后按【Ctrl+Shift+Enter】组合键，将其变成数组公式，如图 5-40 所示。

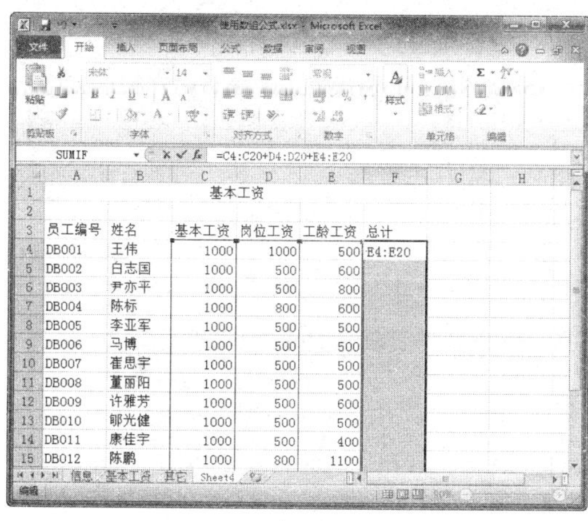

图 5-39 输入公式

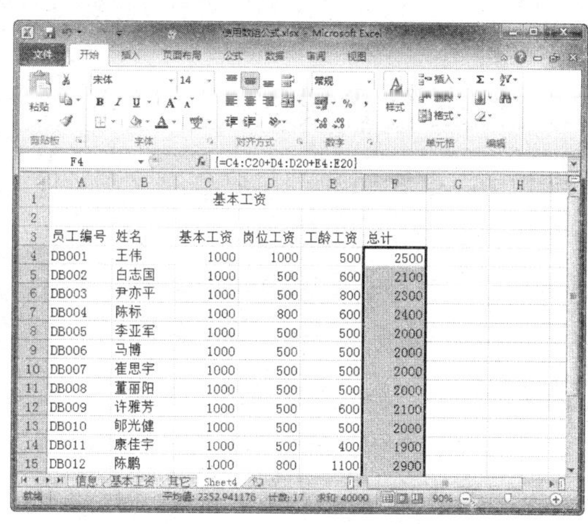

图 5-40 应用数组公式

任务五　审核公式

任务概述

在处理表格数据时，有时会因公式或函数的设置有其他人为因素，造成单元格出现错误值。当出现错误值时，利用公式的审核功能 Excel 会给出提示，并指出错误的原因，且可以利用公式审核功能跟踪选定范围中公式中的引用或从属单元格，并能跟踪错误。

任务重点与实施

一、公式返回的错误值和产生原因

如果输入的公式有错误，那么 Excel 将显示一个错误值。在 Excel 公式中，一些常见的错误值和产生错误的原因见下表。用户可以根据这个表格来判断自己在哪里出现了错误，并进行相应的更改。

错误值	错误产生原因
#VALUE	需要数值或逻辑值时输入了文本
#DIV/0	除数为 0
#####!	公式计算的结果太长，超出了单元格的字符显示范围
#N/A	公式中没有可用的数值或缺少函数参数
#NAME?	使用了不存在的名称或名称的拼写有错误
#NULL!	使用了不正确的区域运算或不正确的单元格引用
#NUM!	使用了不能接收的参数
#REF!	删除了由其他公式引用的单元格

二、检查公式错误

在 Excel 2010 中，可以使用一定的规则检查公式中出现的问题，这些规则对找出常见的公式错误会大有帮助。检查工作表中公式错误的具体操作方法如下：

Step 01 选择“公式”选项卡，单击“公式审核”下拉按钮，在弹出的下拉列表中选择“错误检查”|“错误检查”选项，如图 5-41 所示。

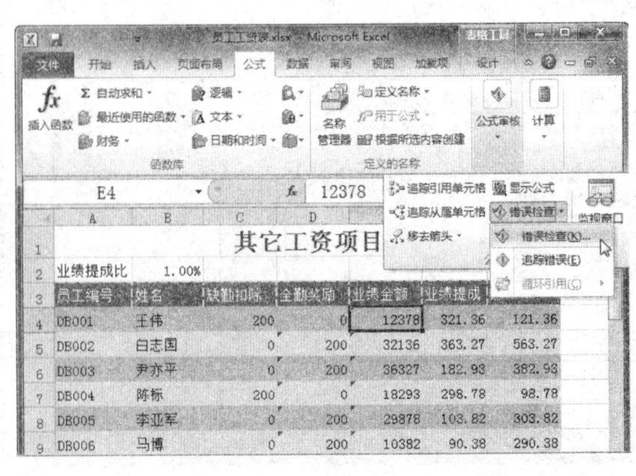

图 5-41　选择“错误检查”选项

Step 02 弹出“错误检查”提示信息框，根据需要单击相应的按钮即可，如图 5-42 所示。

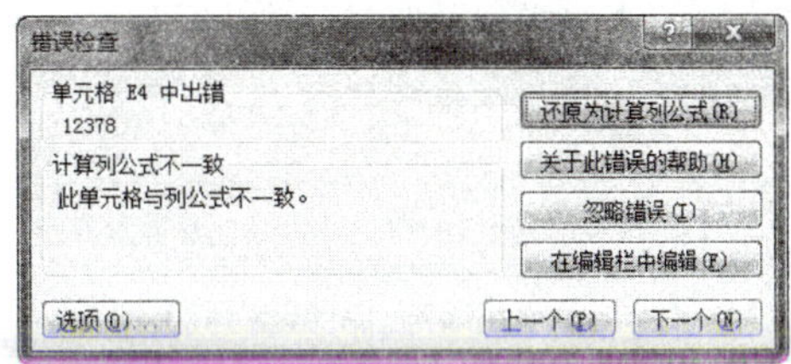

图 5-42 “错误检查”对话框

在“错误检查”提示信息框中，各按钮的功能如下：

- **还原为计算列公式**：单击此按钮，可自动复制上一个单元格的公式来计算当前单元格中的值。
- **关于此错误的帮助**：单击此按钮，打开“Excel 帮助”对话框，可获取错误值的帮助信息。
- **忽略错误**：单击此按钮，保留现有内容不变，忽略当前单元格中值的错误。
- **在编辑栏中编辑**：单击此按钮，激活编辑栏，可对当前错误单元格中的内容进行编辑修改。
- **上一个**：单击此按钮，检查上一个错误。
- **下一个**：单击此按钮，检查下一个错误。
- **选项**：单击此按钮，弹出“Excel 选项”对话框，可以重新设置错误检查规则。

三、公式求值

如果一个公式很长，用户想看到计算的每个步骤，可以通过“公式求值”对话框进行查看，具体操作方法如下：

Step 01 选择需要求值的单元格，选择“公式”选项卡，单击“公式审核”下拉按钮，在弹出的下拉列表中单击“追踪引用单元格”按钮，如图 5-43 所示。

Step 02 弹出“公式求值”对话框，单击“求值”按钮，即可计算出标有下划线表达式的值，如图 5-44 所示。

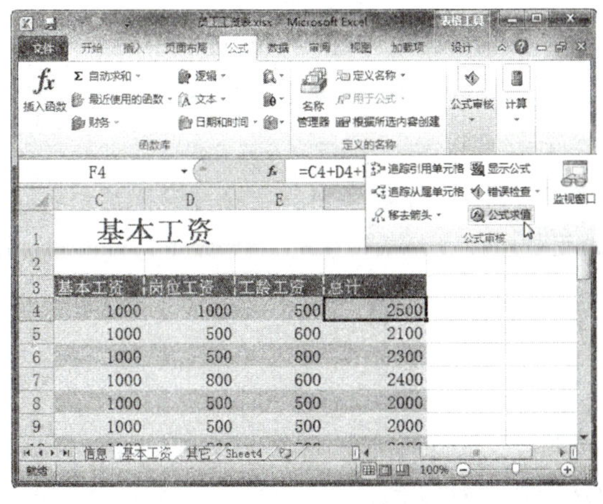

图 5-43 单击“公式求值”按钮

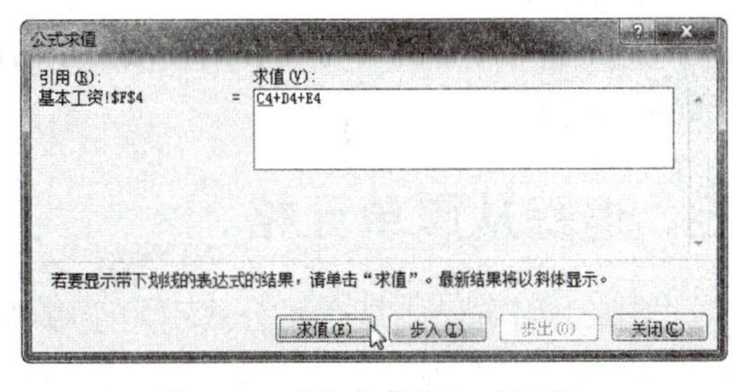

图 5-44 “公式求值”对话框

Step 03 继续计算表达式的第二步，单击“求值”按钮，即可计算出表达式第二步的值，如图 5-45 所示。

Step 04 继续操作，直到表达式的每一部分都计算出结果，最终结果如图 5-46 所示。

图 5-45　计算第二步

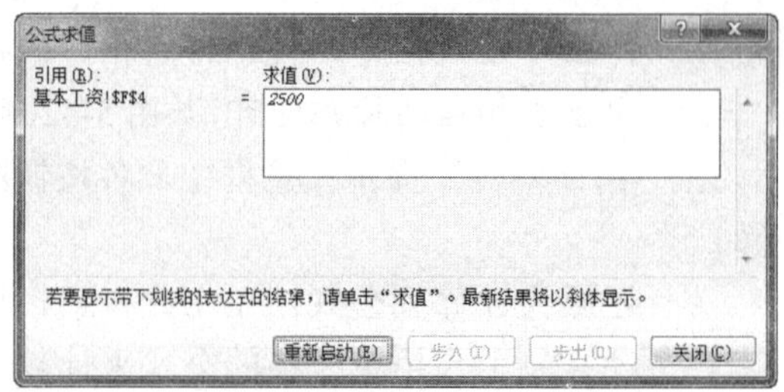

图 5-46　查看最终结果

四、追踪引用单元格

使用公式计算数据后，单元格中一般不显示公式。使用追踪单元格功能能够很直观地查找引用数据，具体操作方法如下：

Step 01 选择要查看数据源的单元格，单击“公式”选项卡下“公式审核”组中的“追踪引用单元格”按钮，如图 5-47 所示。

Step 02 此时，Excel 会用追踪箭头标示出公式所引用的单元格，如图 5-48 所示。

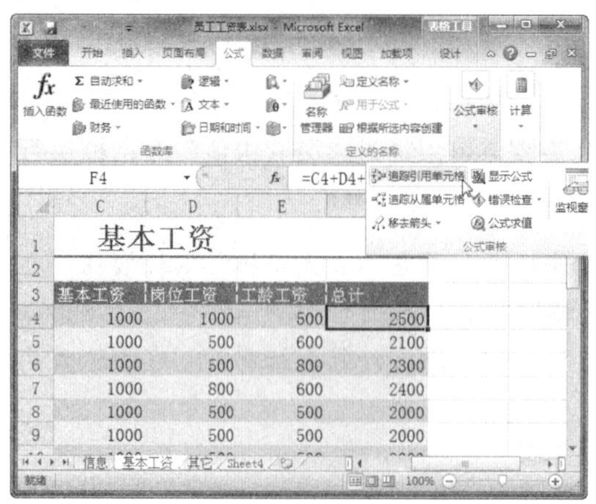

图 5-47　单击“追踪引用单元格”按钮

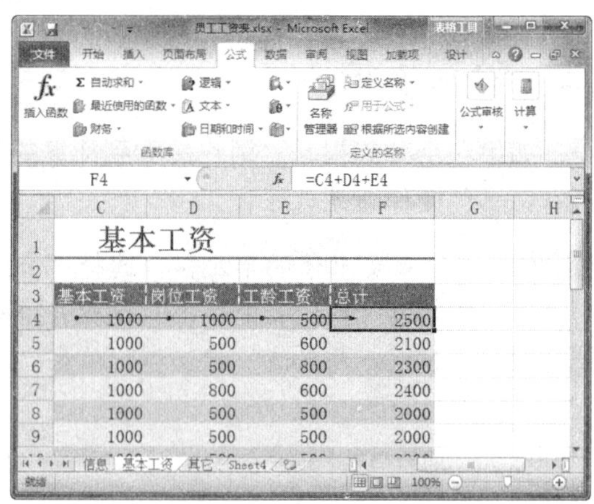

图 5-48　查看追踪效果

选择“公式”选项卡，单击“公式审核”下拉按钮，在弹出下拉列表中单击“移去箭头”按钮，可以取消追踪。

五、追踪从属单元格

追踪引用单元格是查看公式引用了哪些单元格中的数据，如果是查看公式被哪些函数所引用，即从属于哪些单元格，可以使用追踪从属单元格功能。

追踪从属单元格的具体操作方法如下：

Step 01 选择要查看数据源的单元格，选择“公式”选项卡，单击“公式审核”下拉按钮，在弹出的下拉列表中单击“追踪从属单元格”按钮，如图 5-49 所示。

Step 02 此时，箭头指向的单元格就是从属单元格，如图 5-50 所示。

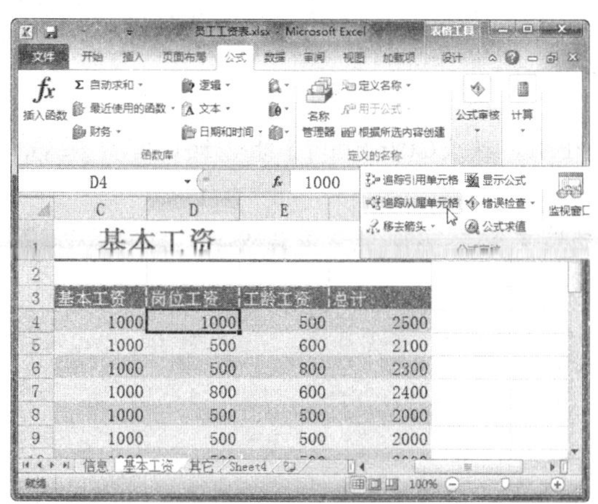

图 5-49　单击“追踪从属单元格”按钮

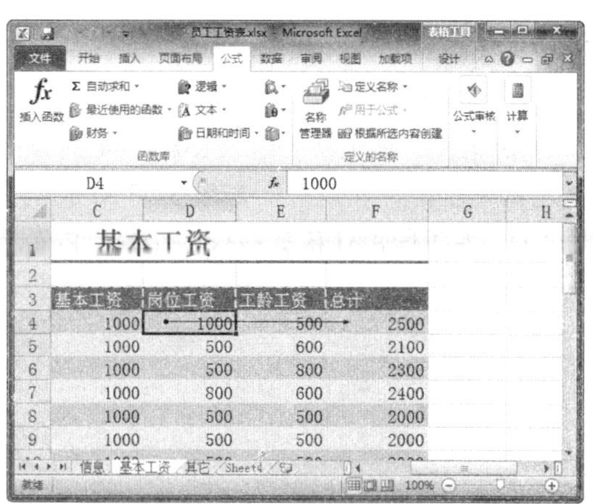

图 5-50　查看追踪效果

项目小结

本项目主要介绍了公式使用的相关知识，包括公式的基本操作，引用单元格，使用复杂公式，使用数组公式，以及审核公式等。通过对本项目的学习，读者应重点掌握以下知识：

（1）了解公式的结构，运算符的种类。

（2）掌握公式的基本操作。

（3）在工作表中引用单元格。

（4）在工作表中使用复杂公式。

（5）审核公式，检查公式中的错误。

项目习题

在素材文件“学生成绩表.xlsx”（如图 5-51 所示）中输入、复制、修改和审核公式，检查公式中的错误，以及追踪引用单元格，效果如图 5-52 所示。

第一学期学生成绩表

学号	姓名	语文	数学	英语	理综	总分
001	王磊	95	138	112	241	
002	马勇	101	125	107	258	
003	赵玲	87	103	128	237	
004	刘浩	91	143	87	227	
005	刘彦雨	103	136	127	239	
006	张欣然	82	97	121	230	

图 5-51　素材文件

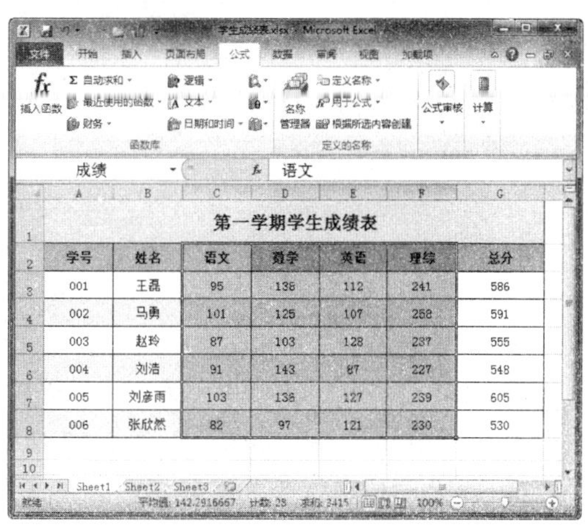

第一学期学生成绩表

学号	姓名	语文	数学	英语	理综	总分
001	王磊	95	138	112	241	586
002	马勇	101	125	107	258	591
003	赵玲	87	103	128	237	555
004	刘浩	91	143	87	227	548
005	刘彦雨	103	136	127	239	605
006	张欣然	82	97	121	230	530

图 5-52　效果文件

操作提示：

（1）输入并复制公式

① 在 G3 单元格中输入公式“=C3+D3+E3+F3”，按【Ctrl+Enter】组合键，即可在 G3 单元格中显示计算结果，如图 5-53 所示。

② 将鼠标指针移至 G3 单元格右下角，拖动填充柄来实现批量复制公式，即可显示复制公式后的结果，如图 5-54 所示。

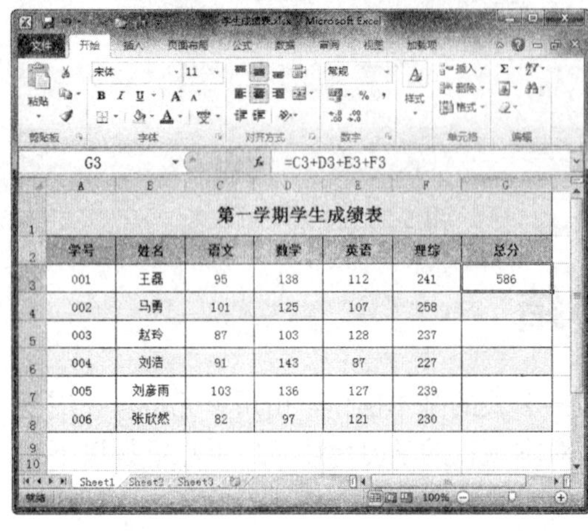

图 5-53　输入公式

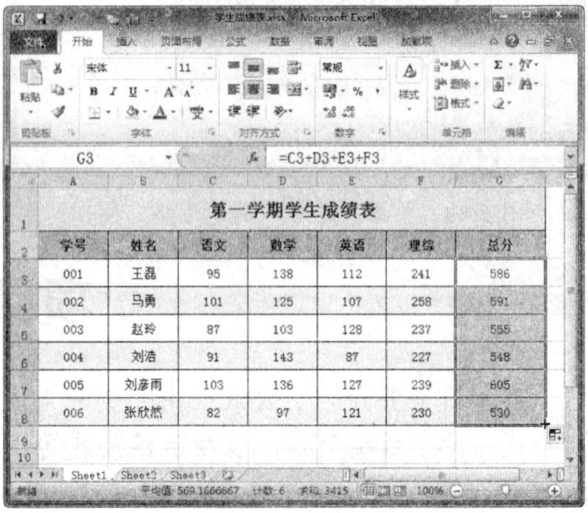

图 5-54　复制公式

（2）修改公式

① 双击 G4 单元格，并在单元格中选中 E4，输入要修改的内容 E3，如图 5-55 所示。

② 按【Ctrl+Enter】组合键，即可显示相应的计算结果，如图 5-56 所示。

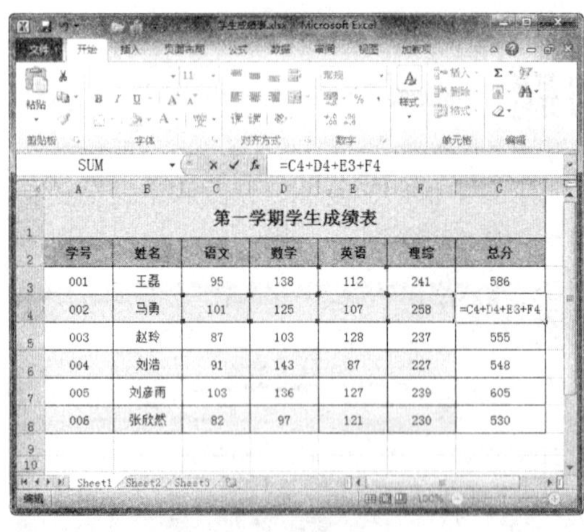

图 5-55　修改公式

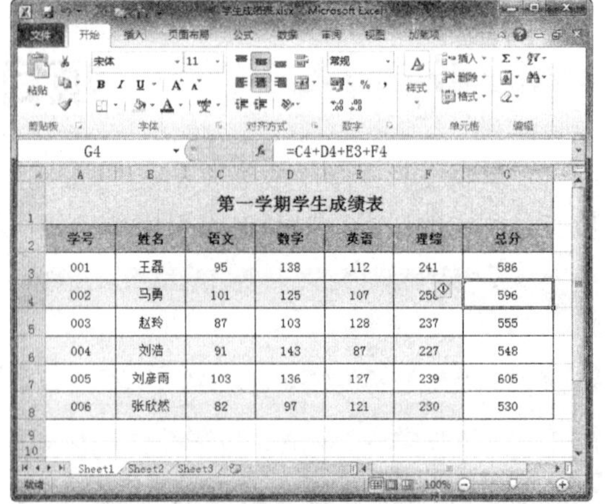

图 5-56　查看计算效果

（3）审核公式

① 选择“公式”选项卡，单击“公式审核”下拉按钮，在弹出的下拉列表中选择“错误检查”|“错误检查”选项，如图 5-57 所示。

② 弹出“错误检查”对话框，显示工作表中计算所出的错误，单击“从上部复制公式”按钮，如图 5-58 所示。

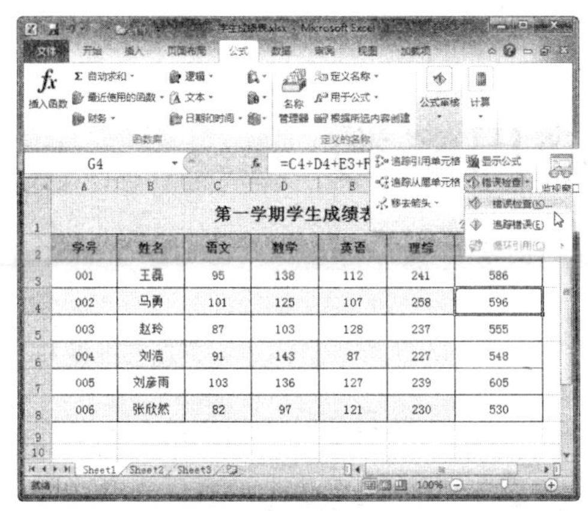

第一学期学生成绩表

学号	姓名	语文	数学	英语	理综	
001	王磊	95	138	112	241	586
002	马勇	101	125	107	258	596
003	赵玲	87	103	128	237	555
004	刘浩	91	143	87	227	548
005	刘彦雨	103	136	127	239	605
006	张欣然	82	97	121	230	530

图 5-57　选择“错误检查”选项

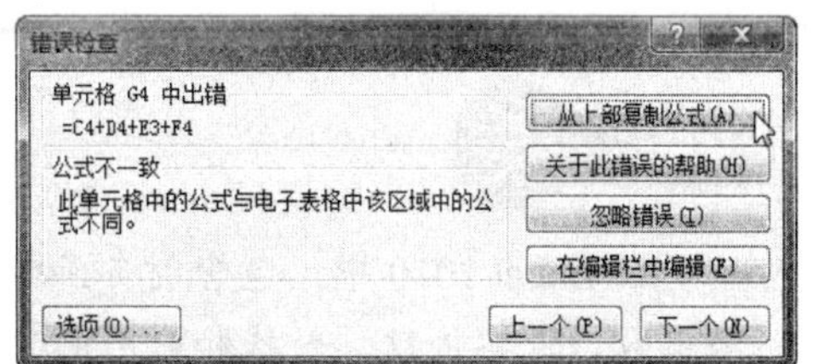

图 5-58　“错误检查”对话框

③ 弹出 Microsoft Excel 提示信息框，提示已完成对整个工作表的错误检查，单击“确定”按钮，如图 5-59 所示。

④ 此时，即可看到修改错误后的结果，如图 5-60 所示。

图 5-59　完成错误检查

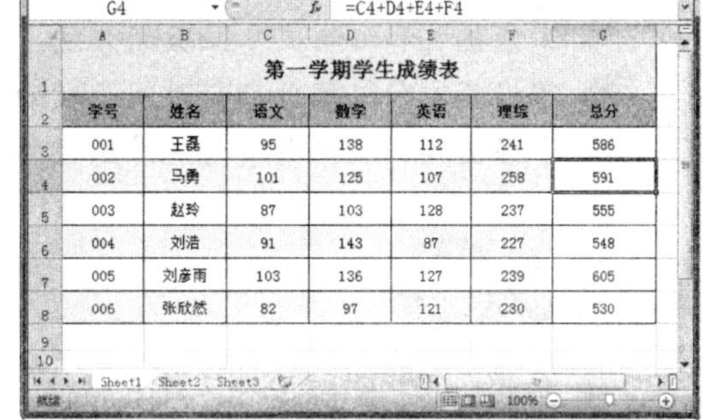

第一学期学生成绩表

学号	姓名	语文	数学	英语	理综	总分
001	王磊	95	138	112	241	586
002	马勇	101	125	107	258	591
003	赵玲	87	103	128	237	555
004	刘浩	91	143	87	227	548
005	刘彦雨	103	136	127	239	605
006	张欣然	82	97	121	230	530

图 5-60　查看修改错误效果

（4）追踪引用单元格

①单击“公式审核”下拉按钮，在弹出的下拉列表中单击“追踪引用单元格”按钮，如图 5-61 所示。

② 此时，即可在工作表中显示出追踪引用单元格的结果，如图 5-62 所示。

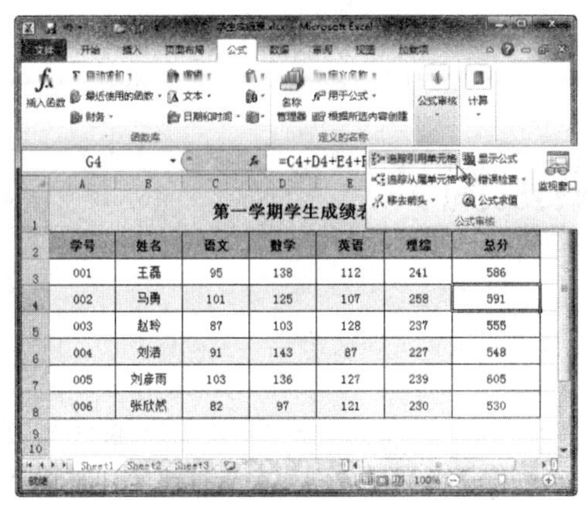

第一学期学生成绩表

学号	姓名	语文	数学	英语	理综	总分
001	王磊	95	138	112	241	586
002	马勇	101	125	107	258	591
003	赵玲	87	103	128	237	555
004	刘浩	91	143	87	227	548
005	刘彦雨	103	136	127	239	605
006	张欣然	82	97	121	230	530

图 5-61　单击“追踪引用单元格”按钮

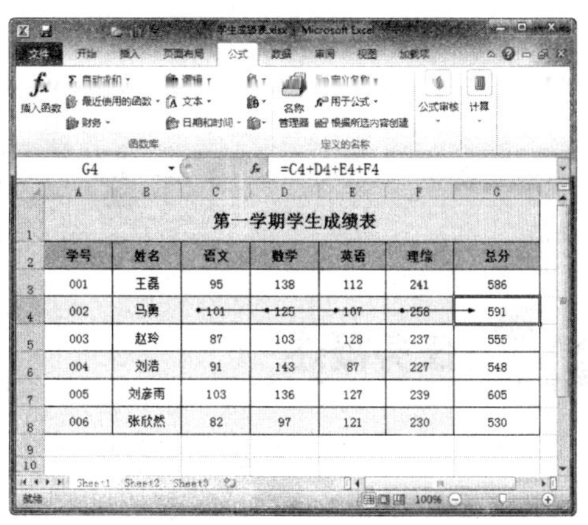

第一学期学生成绩表

学号	姓名	语文	数学	英语	理综	总分
001	王磊	95	138	112	241	586
002	马勇	101	125	107	258	591
003	赵玲	87	103	128	237	555
004	刘浩	91	143	87	227	548
005	刘彦雨	103	136	127	239	605
006	张欣然	82	97	121	230	530

图 5-62　查看追踪引用单元格结果

项目六　使用函数

项目概述

在 Excel 2010 中，包含财务函数、文本函数、日期和时间函数、统计函数、工程函数、逻辑函数、查找和引用函数以及数学和三角函数等。本章将对文本函数、日期与时间函数、数学与统计函数等常用函数的使用进行详细介绍。

项目重点

- 了解函数的语法，掌握插入函数的方法。
- 掌握插入和编辑文本函数的方法。
- 掌握插入和编辑日期与时间函数的方法。
- 掌握插入和编辑数学与统计函数的方法。

项目目标

- 能够采用两种方法在工作表中插入函数。
- 能够在工作表中插入字符转换函数、格式转换函数和文本函数。
- 能够在工作表中插入返回指定日期函数、时间函数，并掌握对时间函数的应用。
- 能够在工作表中插入 SUM、MAX、ABS、INT、RAND、SUNIF 及 MOD 等函数。

任务一　函数简介

任务概述

在 Excel 中，函数是系统预先建立在工作表中，用于执行数学、正文或逻辑运算以及查找数据区有关信息的公式。它使用参数的特定数值，按照语法的特定顺序进行计算。

任务重点与实施

一、函数概述

函数是一种预定义的计算关系，它可以对指定的参数按特定的顺序或结构进行计算，并返回计算结果。函数的参数是函数中用来执行计算的数值，是函数进行计算所必需的初始值。参数的类型由函数自身决定，因此使用内置函数时必须清楚函数的格式。函数的参数类型包括数字、单元格引用、单元格名称、文本等，也可以是常量、公式或其他函数。

Excel 2010 中包含财务、文本、日期和时间、统计、工程、逻辑、查找和引用、数学和三角等不同领域的函数，基本上能满足不同工作的要求。

Excel 2010 的函数集中在“公式”选项卡下“函数库”组中，如图 6-1 所示。

图 6-1　函数库

二、函数语法

在 Excel 中使用函数之前，必须对函数的语法有基本的了解，才能为后面的学习打好基础。

函数的语法：函数和公式一样，其结构也是以等号“=”开始，后面是函数名称和左括号，然后以逗号分隔输入参数，最后输入右括号。

- **函数名称：** 如果要查看可用函数的列表，可以选中一个单元格并按【Shift+F3】组合键，在弹出的“插入函数”对话框中即可查看函数，如图 6-2 所示。
- **参数：** 参数可以是文本、数字、逻辑值、数组、错误值或单元格引用，也可以是常量、公式等，但指定的参数都必须为有效参数。

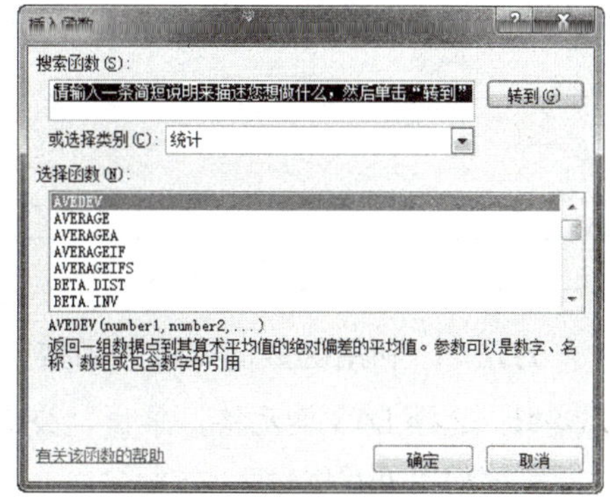

图 6-2　“插入函数”对话框

- **参数工具栏**：在输入函数时会出现带有语法和参数的工具提示，例如，输入函数“=SUM(”时，参数工具栏就会出现，如图 6-3 所示。
- **输入公式**：如果要创建含有函数的公式，“插入函数”对话框将有助于用户输入工作表函数。在公式中输入函数时，“插入函数”对话框不仅可以显示出函数的名称、各个参数，还会显示出函数的功能和参数说明、函数的当前结果和整个公式的当前结果。

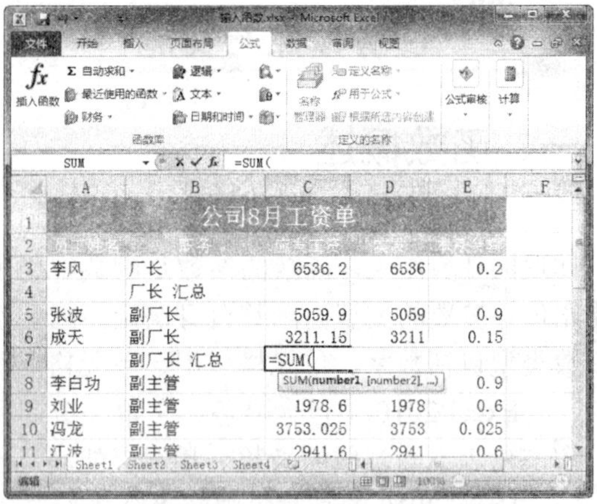

图 6-3　参数工具栏

三、插入函数

如果要在工作表中使用函数，首先要输入函数。输入函数与输入公式的过程类似，函数的输入可以采用手工和函数向导两种方法来实现。如果能记住函数的名称、参数和作用，直接在单元格中手工输入函数是最快捷的方法。如果不能确定函数的拼写或参数，可以使用函数向导进行输入。

方法 1：手工输入函数

Step 01 打开“素材文件/第 6 章/输入函数.xlsx”，选择需要输入函数的单元格，并在该单元格中输入函数“=SUM(C8:C12)”，如图 6-4 所示。

Step 02 函数输入完毕后，按【Enter】键确认，即可查看计算结果，如图 6-5 所示。

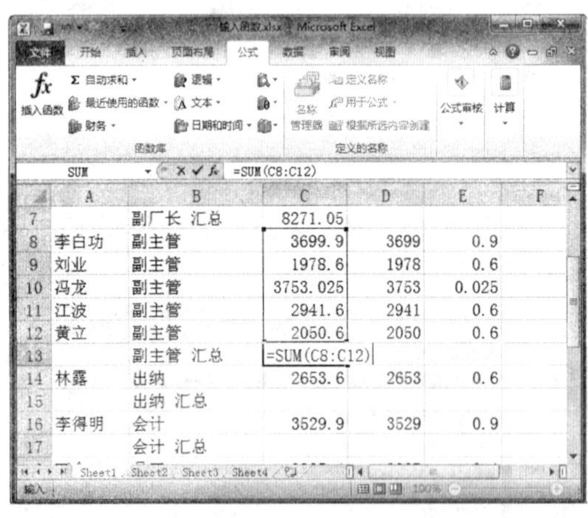

图 6-4　输入函数

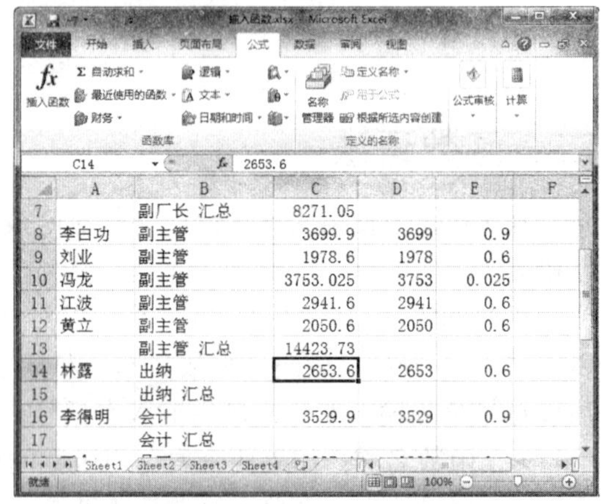

图 6-5　查看计算结果

方法 2：利用函数向导输入函数

Step 01 选择 D13 单元格，单击“公式”选项卡下“函数库”组中的“插入函数”按钮，如图 6-6 所示。

Step 02 弹出“插入函数”对话框，在“或选择类别”下拉列表框中选择函数类别，在“选择函数”列表框中选择具体的函数，如 SUM，单击“确定”按钮，如图 6-7 所示。

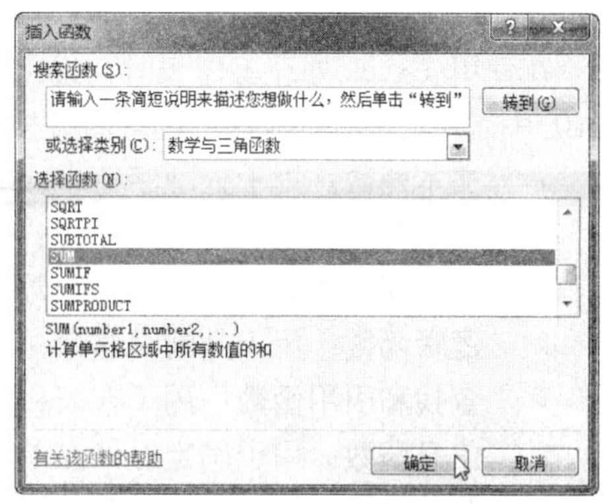

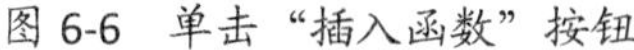
图 6-6　单击“插入函数”按钮　　图 6-7　“插入函数”对话框

Step 03 弹出“函数参数”对话框，在 Number1 文本框中设置参数，或单击折叠按钮，如图 6-8 所示。

Step 04 返回工作表，选择要作为参数的单元格区域，再单击折叠按钮，如图 6-9 所示。

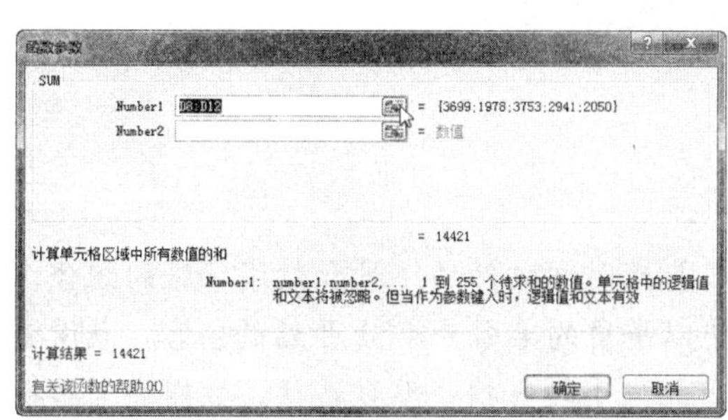

图 6-8　“函数参数”对话框　　图 6-9　选择单元格区域

Step 05 返回“函数参数”对话框，设置其他参数，设置完成后单击“确定”按钮，如图 6-10 所示。

Step 06 此时，即可查看利用函数向导插入函数后的计算结果，如图 6-11 所示。

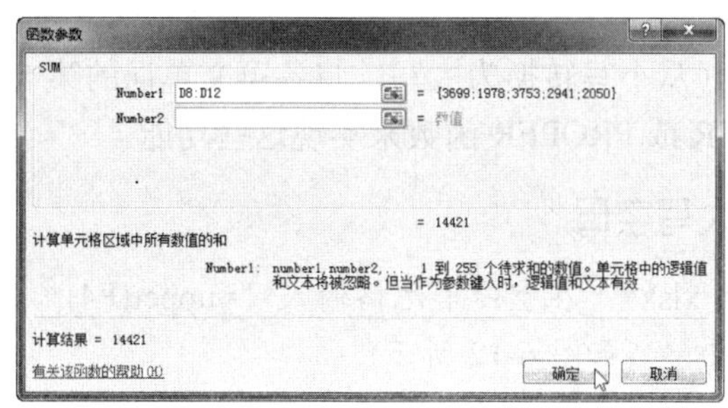

图 6-10　设置其他函数　　图 6-11　查看计算结果

四、函数分类

在使用 Excel 处理工作表时，经常要用函数和公式来自动处理大量的数据。在 Excel 2010 中提供了大量的函数，这些函数按功能可以分为以下几种类型：

- **文本函数**：用于处理字符串。
- **日期与时间函数**：用于在公式中分析处理日期和时间值。
- **数字和三角函数**：用于进行数学上的计算。
- **逻辑函数**：用于判断真假值，或进行符号的检验。
- **查找和引用函数**：用于在表格中查找特定的数据，或查找一个单元格中的引用。
- **信息函数**：用于确定存储在单元格中的数据类型。
- **统计函数**：用于对选定的单元格区域进行统计。
- **财务函数**：用于进行简单的财务计算。
- **工程函数**：用于进行工程分析。
- **数据库函数**：用于分析数据清单中的数值是否符合特定条件。
- **外部函数**：这些函数使用加载项程序加载，用于连接一个外部数据源并从工作表中运行查询，然后将查询的结果以数值的形式返回，无须进行宏编辑。

任务二　文本函数

任务概述

在 Excel 中，文本是指除了公式、数值、日期或时间之外的字母和数字字符的组合。英文单词、中文字符都是文本类型，在单元格中以半角的单引号（'）开始的内容，或设置为文本格式的内容也都是文本。文本转换函数包括大小写转换、参数转换、数据类型转换和半角/全角转换等几个方面。

任务重点与实施

一、字符转换函数

在 Excel 中可以将文字从大写转换为小写、从小写转换为大写，将各英文单词的第一个字母转换为大写。可以使用 UPPER、LOWER 或 PROPER 函数来实现这些功能。

1. UPPER 函数：将小写字母转换为大写字母

Step 01 打开“素材文件/第 6 章/字符转换函数.xlsx”，在空白单元格输入“=upper(F4)”，按【Enter】键确认或单击“输入”按钮☑，如图 6-12 所示。

Step 02 拖动填充柄，向下填充函数，如图 6-13 所示。

图 6-12　输入函数

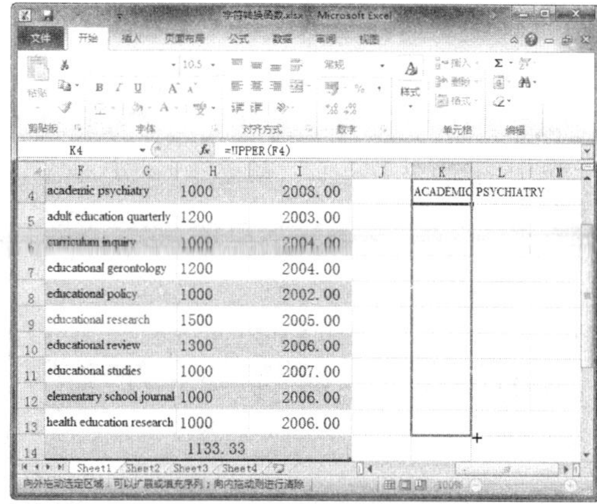

图 6-13　填充函数

Step 03 复制转换后的数据，右击要粘贴位置的单元格，在弹出的快捷菜单中单击“值”粘贴按钮，如图 6-14 所示。

Step 04 此时，即可查看使用函数转换文本后的效果，如图 6-15 所示。

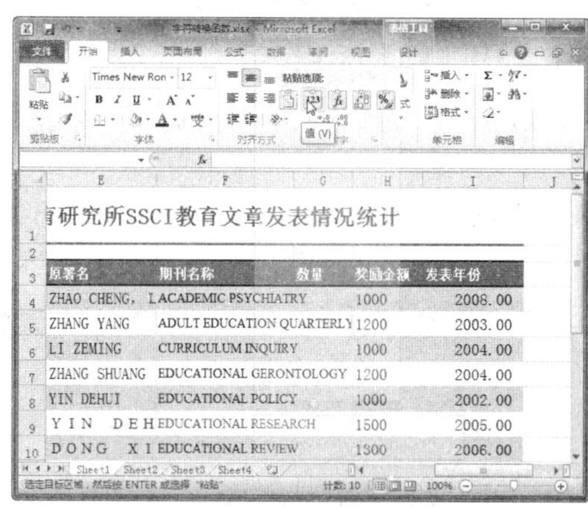

图 6-14　粘贴数据

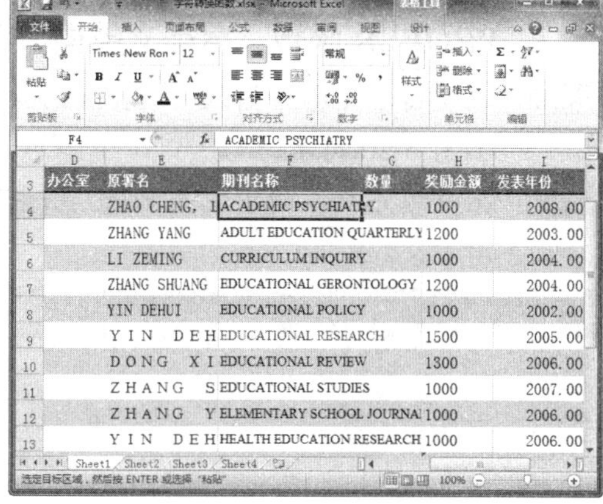

图 6-15　查看转换结果

2. LOWER 函数：将大写字母转换为小写字母

Step 01 在空白单元格中输入“=lower(E4)”，按【Enter】键确认或单击“输入”按钮，如图 6-16 所示。

Step 02 拖动填充柄，向下填充函数，如图 6-17 所示。

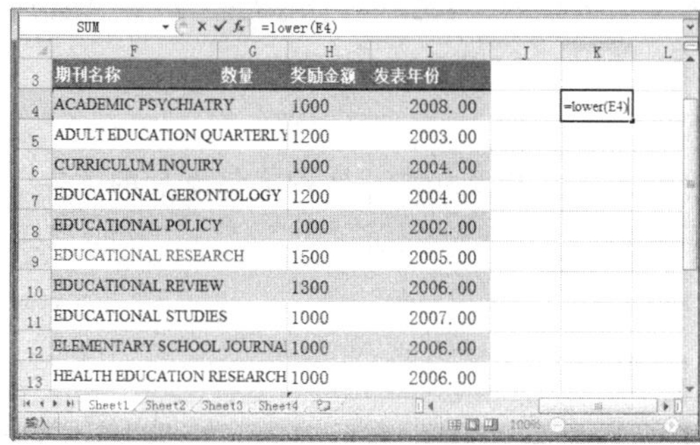

图 6-16　输入函数

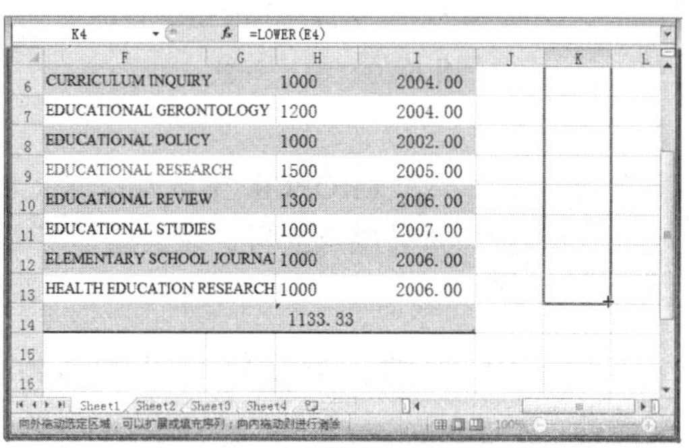

图 6-17　填充函数

Step 03 复制转换后的数据，右击要粘贴位置的单元格，在弹出的快捷菜单中单击“值”粘贴按钮，如图 6-18 所示。

Step 04 此时，即可查看将大写字母转换成小写字母后的效果，如图 6-19 所示。

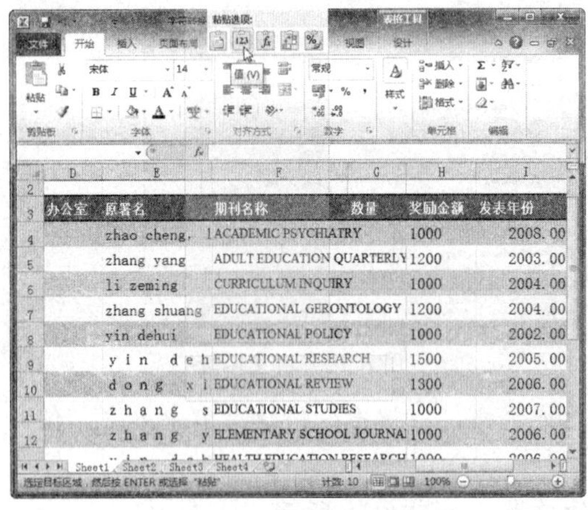

图 6-18 粘贴数据

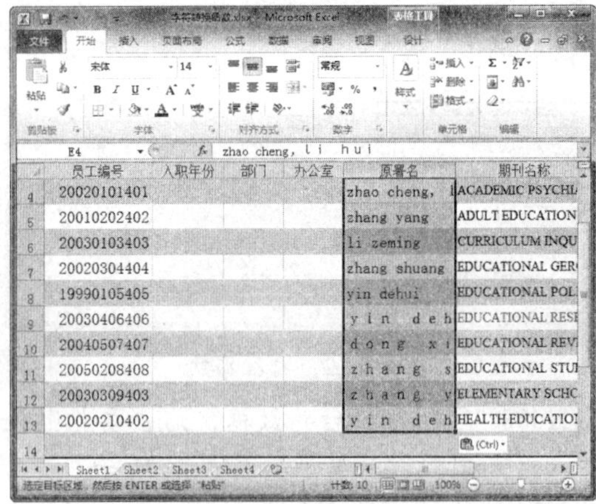

图 6-19 查看转换结果

3. PROPER 函数：将英文单词中第一个字母转换为大写

Step 01 在空白单元格中输入“=proper(E4)”，按【Enter】键确认或单击“输入”按钮，如图 6-20 所示。

Step 02 拖动填充柄，向下填充函数，并将转换后的数据复制到目标位置即可，如图 6-21 所示。

图 6-20 输入函数

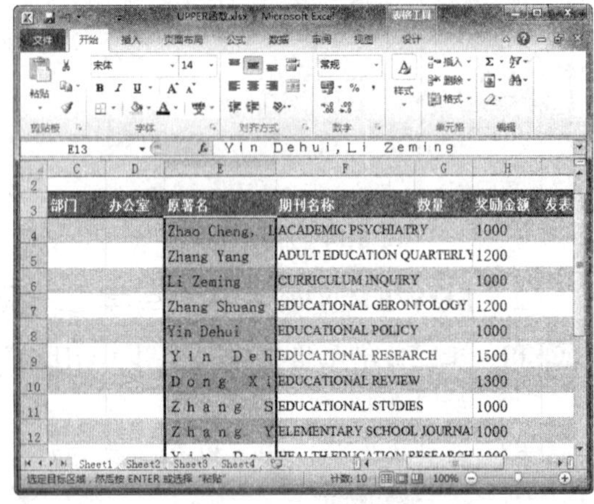

图 6-21 粘贴数据

PROPER 函数可以将文本字符串的首字母及任何非字母字符之后的首字母转换成大写，将其余的字母转换成小写。

4. ASC 函数：将全角字符转换为半角字符

Step 01 在空白单元格中输入“=asc(E4)”，按【Enter】键确认或单击“输入”按钮，如图 6-22 所示。

Step 02 此时，即可将全角字符变为半角字符，符合了对人名的格式要求。拖动填充柄，向下填充函数，并将转换后的数据复制到目标位置即可，如图 6-23 所示。

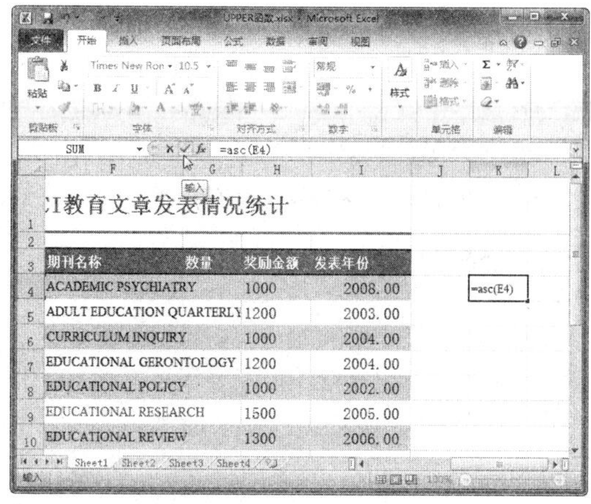

图 6-22　输入函数

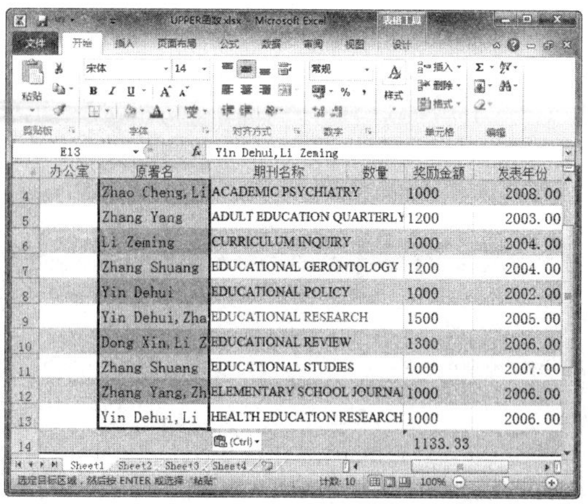

图 6-23　粘贴数据

二、格式转换函数

格式转换函数是将文本格式转换为数值格式，或将数值转换为文本的一种函数。使用格式转换函数对文本进行处理，可以使文本看起来更加直观。

1. TEXT 函数：将数值格式转换为文本格式

TEXT(value,format_text)

- **参数 value：**用户将要设置的数据源数据。
- **参数 format_text：**用户自己选择的文本数字格式。

Step 01 选择空白单元格，单击“公式”选项卡下“函数库”组中的“插入函数”按钮，如图 6-24 所示。

Step 02 弹出“插入函数”对话框，在“或选择类别”下拉列表框中选择“文本”选项，在“选择函数”列表框中选择 TEXT 函数，单击“确定”按钮，如图 6-25 所示。

图 6-24　单击“插入函数”按钮

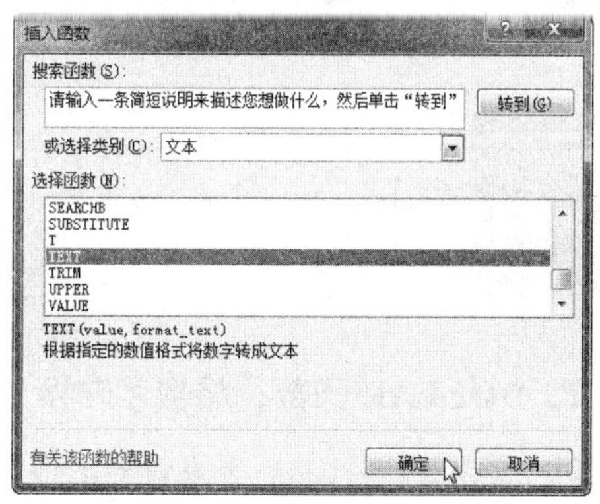

图 6-25　“插入函数”对话框

Step 03 弹出“函数参数”对话框，单击 Text 文本框右侧的折叠按钮，如图 6-26 所示。

Step 04 返回工作表，单击要转换的单元格，再次单击折叠按钮，如图 6-27 所示。

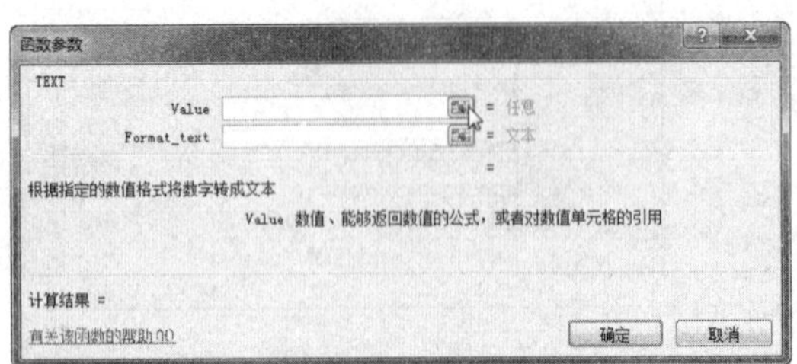

图 6-26 “函数参数”对话框

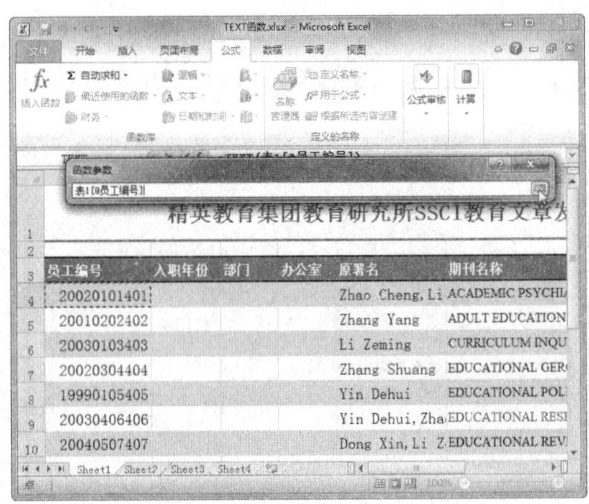

图 6-27 选择转换单元格

Step 05 返回“函数参数”对话框，在 Format_text 文本框中输入 00000000000，单击“确定”按钮，如图 6-28 所示。

Step 06 使用填充柄向下填充函数，参照上面的方法，用转换后的数据替换原有的数据即可，如图 6-29 所示。

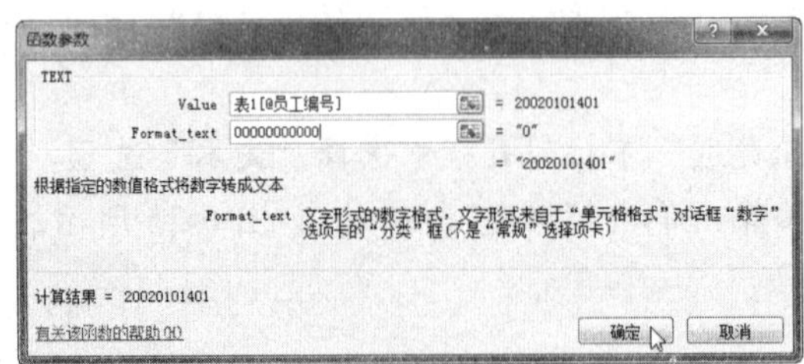

图 6-28 “函数参数”对话框

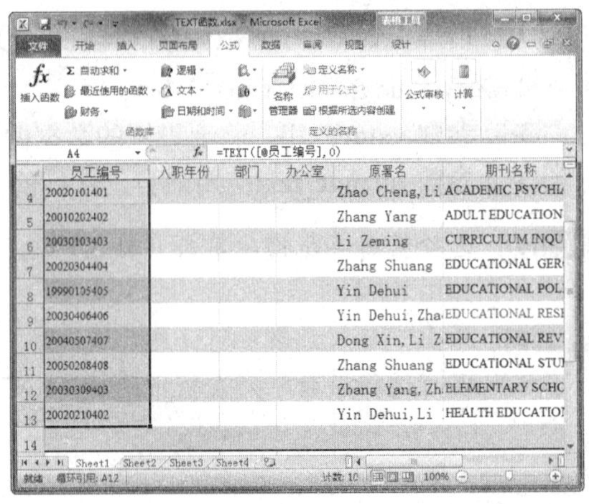

图 6-29 替换原有数据

专家指导 Expert guidance

用同样的方法转换 I 列的数据，不同之处是在 Format text 文本框中输入 0000，即代表字符的个数，如果位数不够则补充 0。

2．DOLLAR 函数：将数字转换为文本

Step 01 选择 K4 单元格，并在该单元格中输入函数 “=dollar(H4)”，如图 6-30 所示。

Step 02 按【Enter】键确认后，向下填充函数，如图 6-31 所示。

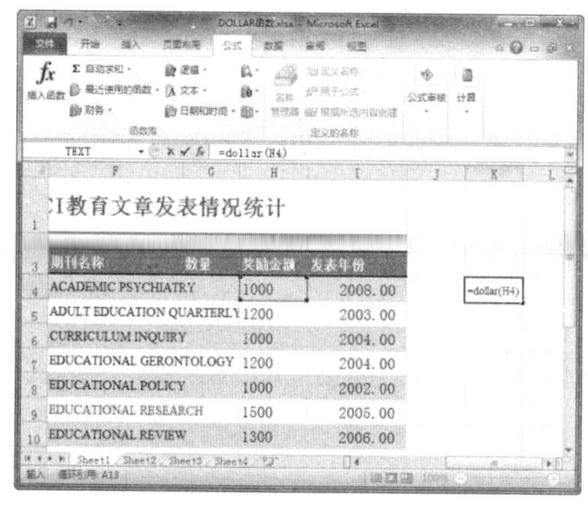

图 6-30 输入函数

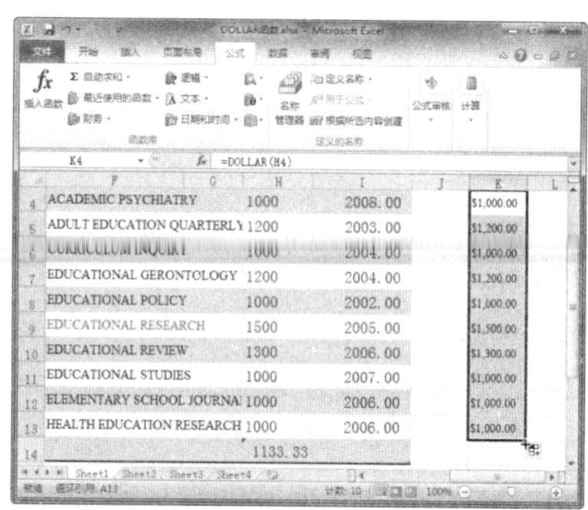

图 6-31 填充函数

Step03 将转换后的内容替换原来的内容即可，如图 6-32 所示。

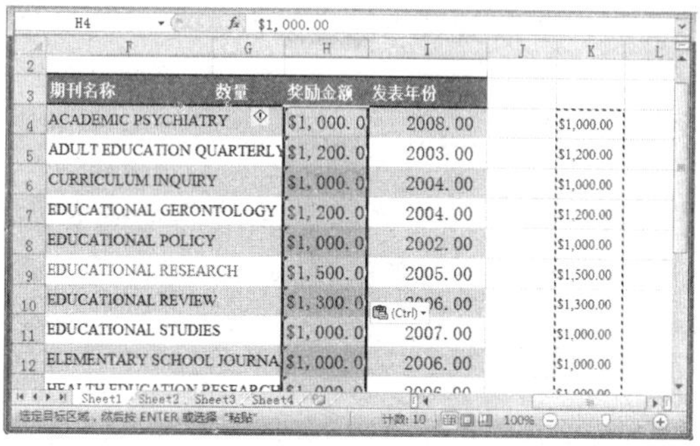

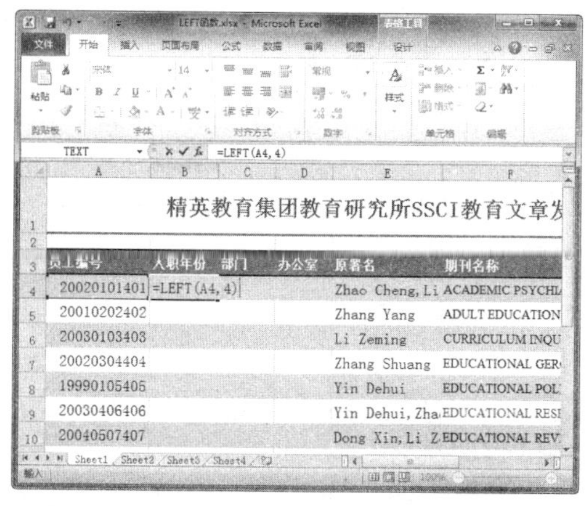

图 6-32 替换原有数据

三、文本函数

文本函数是处理文本数据使用的函数，和数学函数一样，它也是使用比较普遍的函数类型，其中截取字符又是文本函数中最为常用的。

1. LEFT 函数：从左边截取指定个数的字符

Step01 选择 B4 单元格，在该单元格中输入函数 "=LEFT(A4,4)"，如图 6-33 所示。

Step02 按【Enter】键确认，即可查看截取后的结果，如图 6-34 所示。

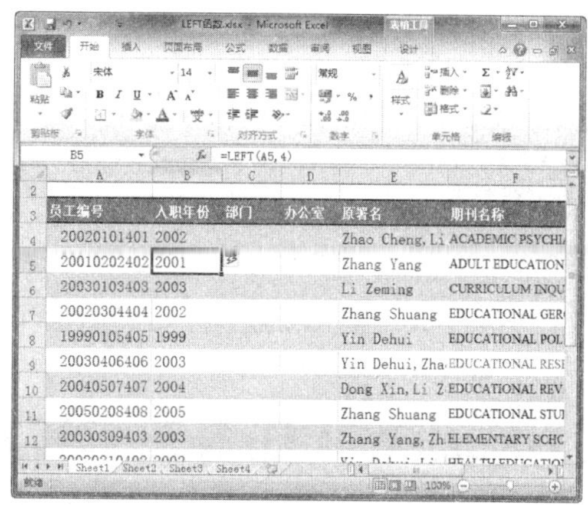

图 6-33 输入函数

图 6-34 查看截取结果

2. RIGHT 函数：从右边截取指定个数的字符

Step01 选择 D4 单元格，在该单元格中输入函数 "=right(A4,3)"，如图 6-35 所示。

Step02 按【Enter】键确认，即可查看截取后的结果，如图 6-36 所示。

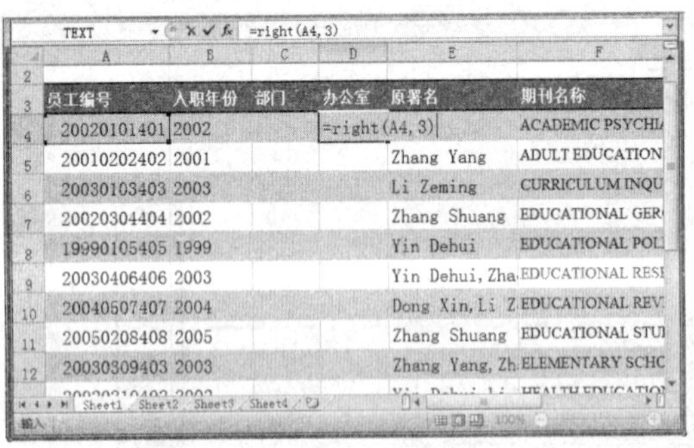

图 6-35　输入函数

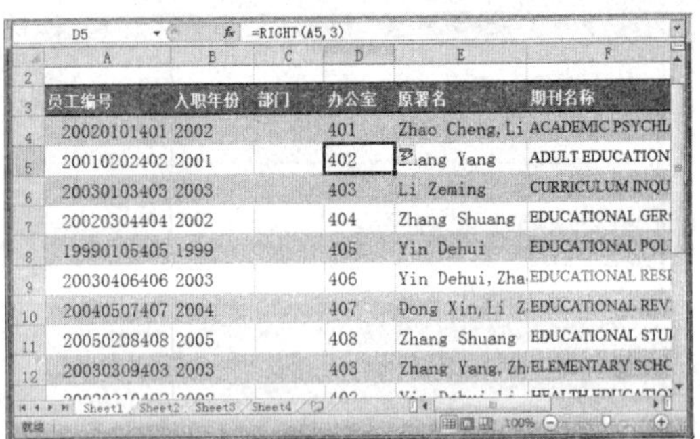

图 6-36　查看截取结果

3．MID 函数：返回指定长度的字符

Mid(text,start_num,num_chars)

- 参数 **text**：包含截取字符串的文本。
- 参数 **start_num**：提取字符的起始位置。
- 参数 **num_chars**：提取字符串的长度。

Step 01　选择 C4 单元格，在该单元格中输入函数“=MID(A4,2,5)”，如图 6-37 所示。

Step 02　按【Enter】键确认，即可查看截取后的结果，如图 6-38 所示。

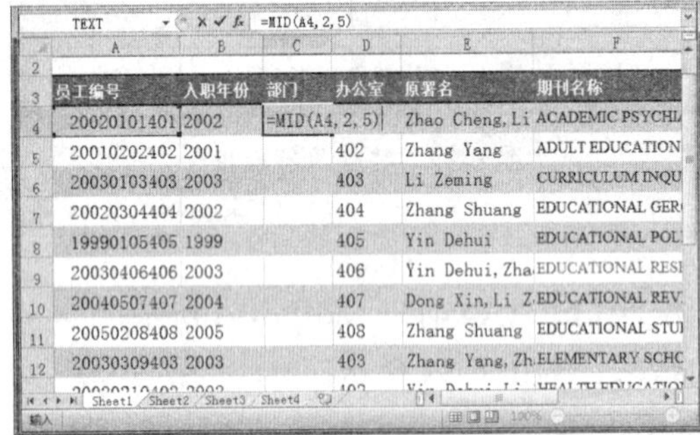

图 6-37　输入函数

图 6-38　查看截取结果

MID 函数用于返回文本字符串中从指定位置开始的特定数目的字符，该数目由用户指定。

任务三　日期与时间函数

任务概述

日期与时间函数包含对日期或时间数据的处理函数，此类函数在各类办公中都可能应用，是一个应用比较普遍的函数库。

任务重点与实施

一、NOW 函数：返回指定日期

NOW 函数：返回当前日期和时间，此函数没有参数，返回当前系统的时间。

Step 01 打开“素材文件/第 6 章/时间函数.xlsx”，选择 D5 单元格，在该单元格中输入函数“=now()”，如图 6-39 所示。

Step 02 按【Enter】键确认，查看结果，如图 6-40 所示。

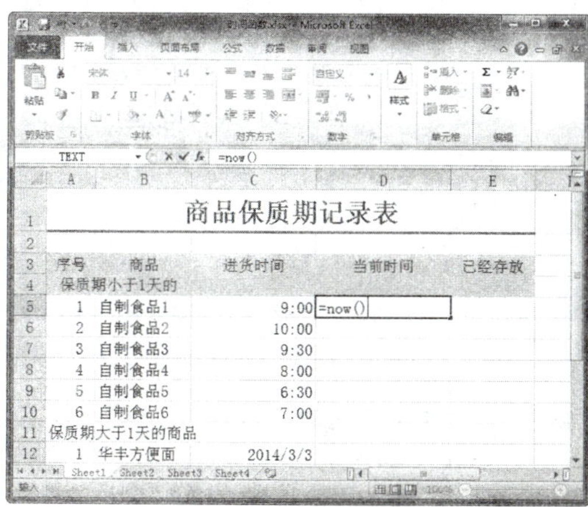

图 6-39　输入函数

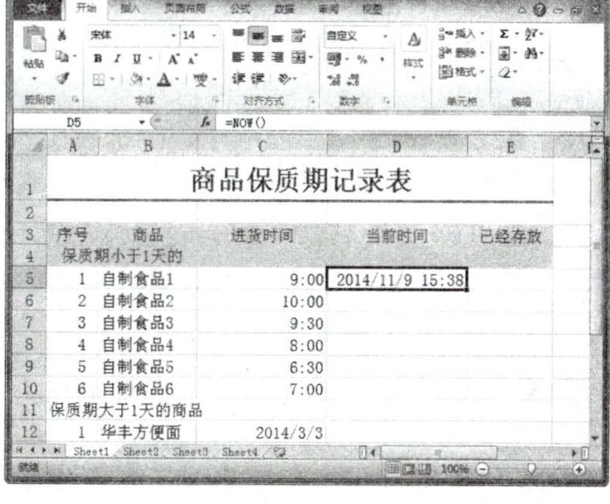

图 6-40　查看结果

二、HOUR 函数：返回小时数

HOUR 函数用于返回指定时间值的小时数，小时数为介于 0~23 之间的整数。其语法格式如下：

HOUR(serial_number)。

参数 **serial_number**：表示一个时间值，其中包含要查找的小时。

Step 01 在 E5 单元格中输入函数“=HOUR(D5)”，如图 6-41 所示。

Step 02 按【Enter】键确认，查看结果，如图 6-42 所示。

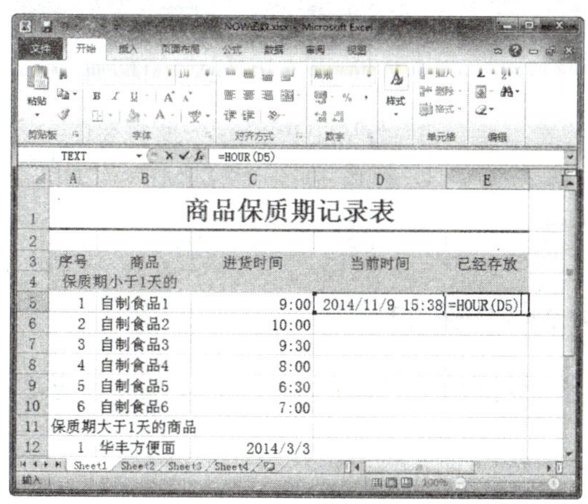

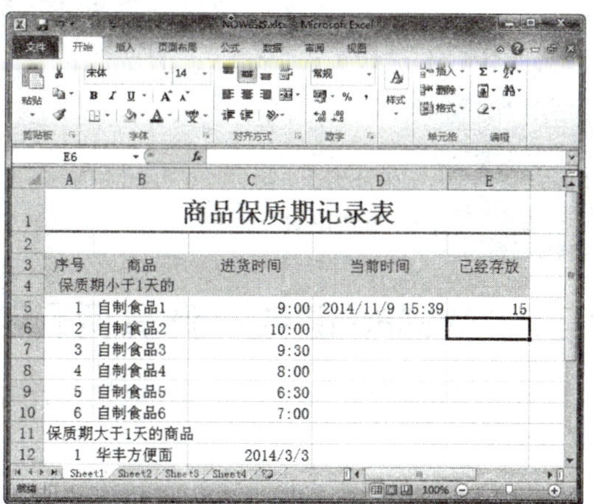

图 6-41 输入函数　　图 6-42 查看结果

Step 03 修改 E5 单元格的公式为“=HOUR(D5)-HOUR(C5)”，单击“输入”按钮✓，如图 6-43 所示。

Step 04 单击“开始”选项卡下“数字”组中的扩展按钮，如图 6-44 所示。

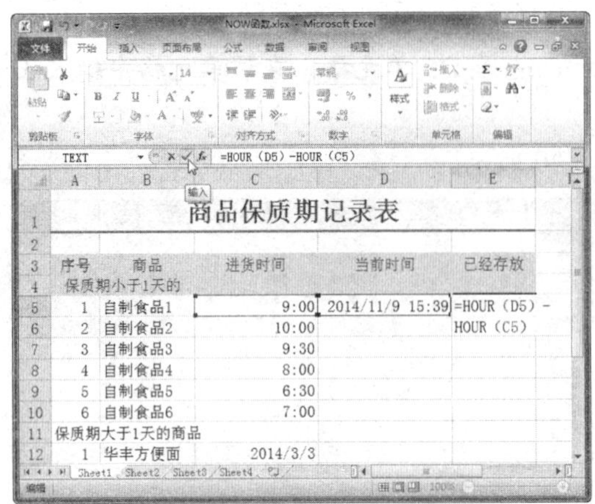

图 6-43 输入公式

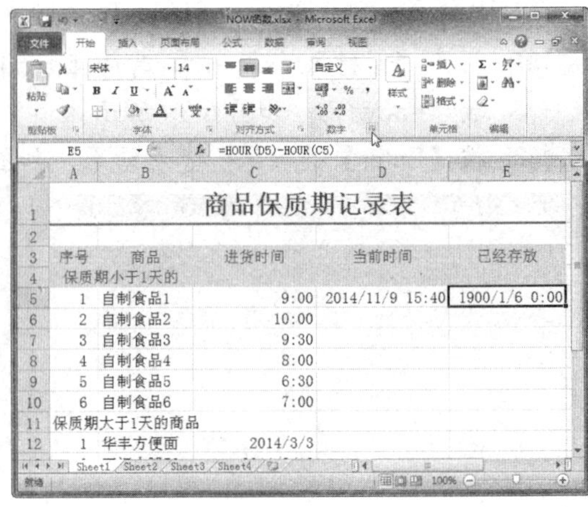

图 6-44 单击扩展按钮

Step 05 弹出“设置单元格格式”对话框，在“数字”选项卡中选择“数值”分类，设置“小数位数”和“负数”，然后单击“确定”按钮，如图 6-45 所示。

Step 06 使用填充柄向下填充函数，查看结果，如图 6-46 所示。

图 6-45 “设置单元格格式”对话框

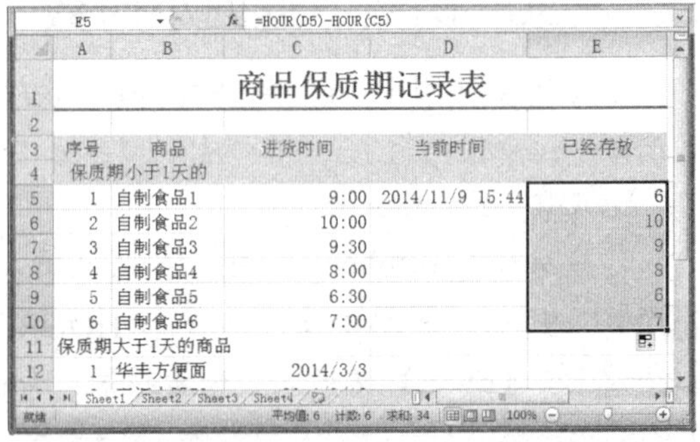

图 6-46 填充函数

专家指导 Expert guidance

时间有多种输入方式：带引号的文本字符串（如"6:45PM"）、十进制数（如 0.78125 表示 6:45PM）或其他公式或函数的结果（如 TIMEVALUE ("6:45PM")）。

三、DAYS360 函数：计算两日期之间的天数

DAYS360 函数按照一年 365 天进行计算，用于返回两个日期之间相差的天数。其语法格式如下：

DAYS360(start_date,end_date,method)

- **参数 start_date：** 表示计算相差天数的起始日期。
- **参数 end_date：** 表示计算相差天数的终止日期。
- **参数 method：** 用于指定采用的是欧洲方法还是美式方法，是一个逻辑值，为 TRUE 或 FALSE。

Step 01 打开“素材文件/第 6 章/日期函数应用.xlsx”，在 E12 单元格中输入“=DAYS360（”，单击 C12 单元格，如图 6-47 所示。

Step 02 在公式后输入“,”，然后单击 D12 单元格，如图 6-48 所示。

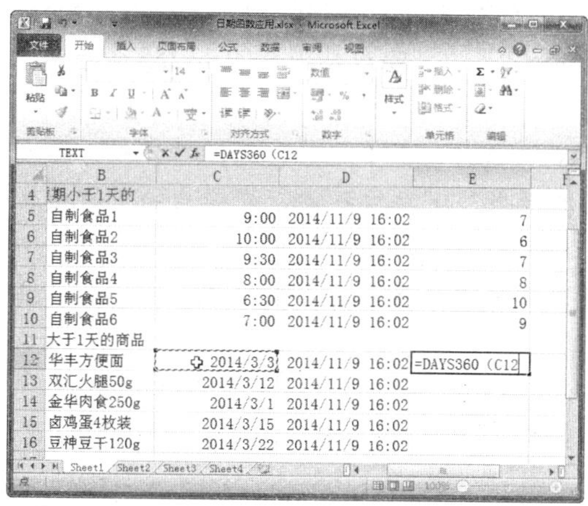

图 6-47　输入函数

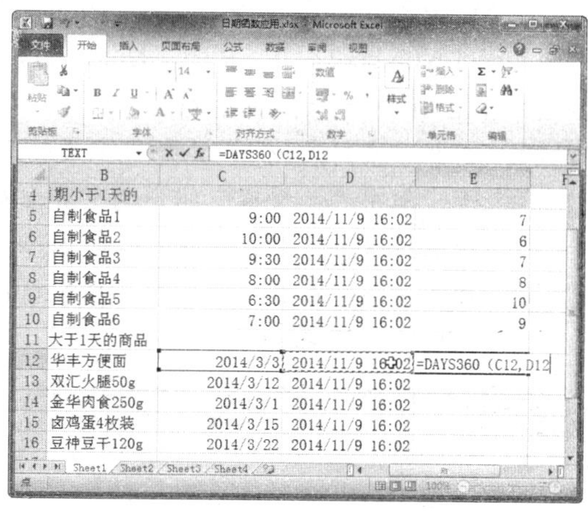

图 6-48　选择单元格

Step 03 在单元格中继续输入右括号，单击“输入”按钮✓，如图 6-49 所示。

Step 04 使用填充柄向下填充函数，即可查看最终结果，如图 6-50 所示。

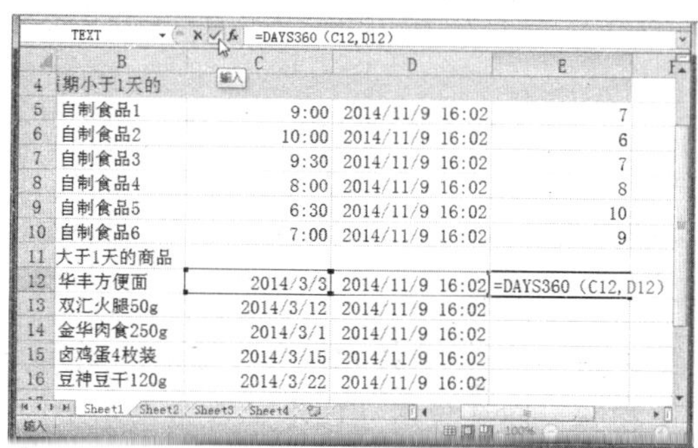

图 6-49　设置单元格格式

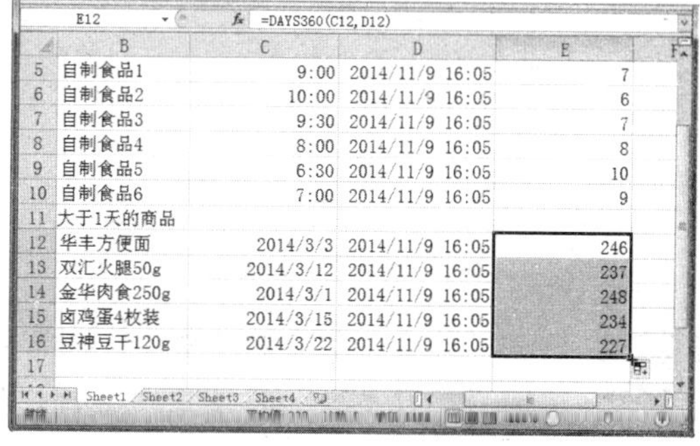

图 6-50　填充函数

任务四　数学与统计函数

任务概述

数学函数包括大量的数学计算公式，包括一些平常较少用的或专业的公式，其功能强大，可以完成多数数学计算。统计函数是用于对数据区域进行统计分析的函数，如计数、最大值、最小值和平均值等日常生活与工作中常见的统计操作，都需要使用统计函数来完成计算。

任务重点与实施

一、SUM 函数：对数据进行求和

SUM 函数用于计算某一单元格区域内的所有数据之和，其语法结构为：SUM（Number1,Number2,…）。其中，Number1，Number2，…是要对其求和的 1~255 个参数，下面将介绍 SUM 函数的使用方法。

Step 01 打开“素材文件/第 6 章/期末成绩表.xlsx”，选择 G3 单元格，选择“公式”选项卡，单击“函数库”组中的“数学与三角函数”下拉按钮，在弹出的下拉列表中选择 SUM 函数，如图 6-51 所示。

Step 02 弹出“函数参数”对话框，在 Number1 文本框中输入参数，或单击右侧的折叠按钮，如图 6-52 所示。

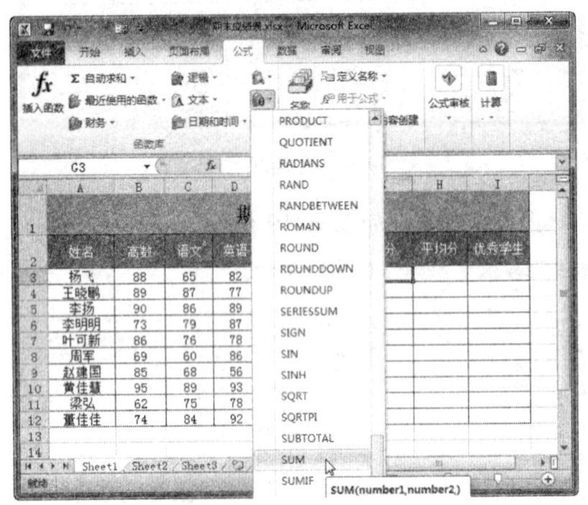

图 6-51　选择 SUM 函数

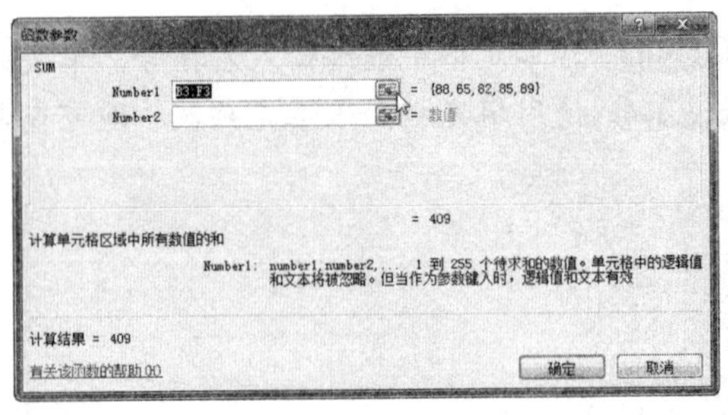

图 6-52 “函数参数”对话框

Step 03 返回工作表，选择要作为参数的单元格区域，再单击折叠按钮，如图 6-53 所示。

Step 04 返回“函数参数”对话框，单击“确定”按钮，即可使用 SUM 函数自动求和，效果如图 6-54 所示。

期末成绩表

姓名	高数	语文	英语	德育	计算机	总分	平均分	优秀学生
杨飞	88	65	82	85	89	B3:F3)		
王晓鹏	89	87	77	85	92			
李扬	90	86	89	89	70			
李明明	73	79	87	87	88			
叶可新	86	76	78	86	80			
周军	69	60	86	84	99			
赵建国	85	68	56	74	81			
黄佳慧	95	89	93	87	86			
梁弘	62	75	78	88	68			
董佳佳	74	84	92	89	94			

图 6-53　选择单元格区域

=SUM(B3:F3)

期末成绩表

姓名	高数	语文	英语	德育	计算机	总分	平均分	优秀学生
杨飞	88	65	82	85	89	409		
王晓鹏	89	87	77	85	92			
李扬	90	86	89	89	70			
李明明	73	79	87	87	88			
叶可新	86	76	78	86	80			
周军	69	60	86	84	99			
赵建国	85	68	56	74	81			
黄佳慧	95	89	93	87	86			
梁弘	62	75	78	88	68			
董佳佳	74	84	92	89	94			

图 6-54　查看求和结果

二、AVERAGE 函数：计算数据平均值

AVERAGE 函数用于计算一组数据的平均值，其语法为：AVERAGE（Number1，Number2，...）。其中“Number 1，Number 2...”是指计算平均值的单元格或单元格区域参数。平均值函数的使用方法如下：

Step 01　选择 H3 单元格，选择“公式”选项卡，单击“函数库”组中的“插入函数”按钮，如图 6-55 所示。

Step 02　弹出“插入函数”对话框，在“或选择类别”下拉列表框中选择“常用函数”选项。在“选择函数”列表框中选择 AVERAGE 函数，然后单击“确定”按钮，如图 6-56 所示。

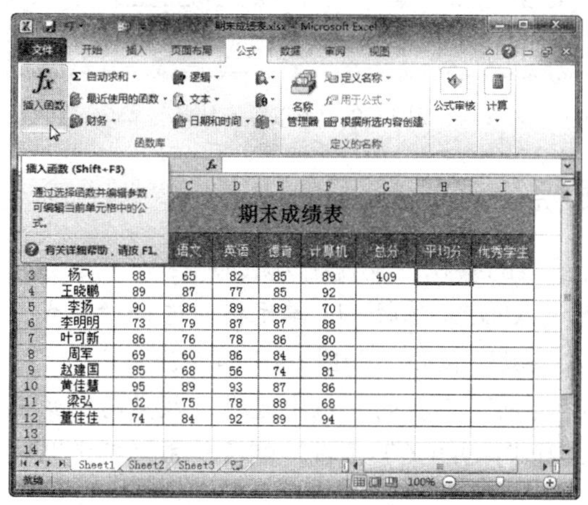

图 6-55　单击“插入函数”按钮

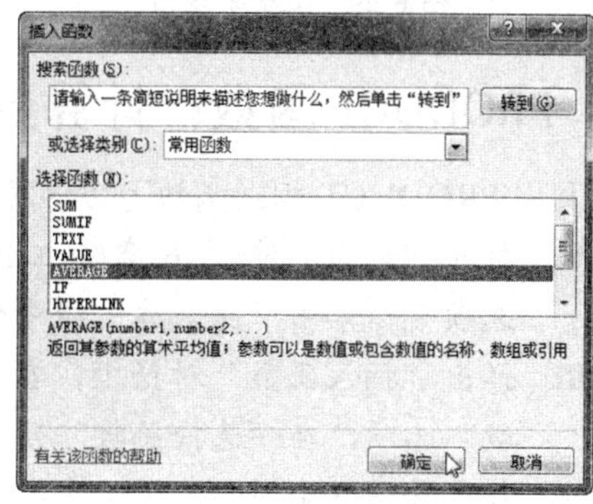

图 6-56　“插入函数”对话框

Step 03　弹出“函数参数”对话框，在 Number1 文本框中输入参数，或单击右侧的折叠按钮，如图 6-57 所示。

Step 04　返回工作表窗口，选择要计算的单元格区域，再单击折叠按钮，如图 6-58 所示。

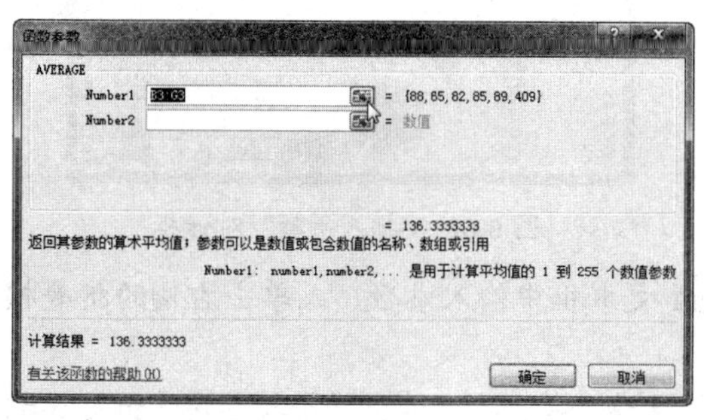

图 6-57　“函数参数”对话框

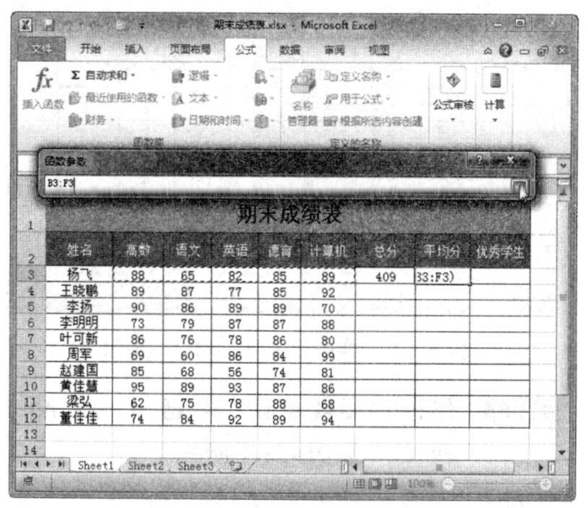

图 6-58　选择单元格区域

Step 05　返回“函数参数”对话框，单击“确定”按钮，即可得出求平均值的结果，如图 6-59 所示。

Step 06 选中计算结果所在的单元格，利用自动填充功能计算出其他结果，如图 6-60 所示。

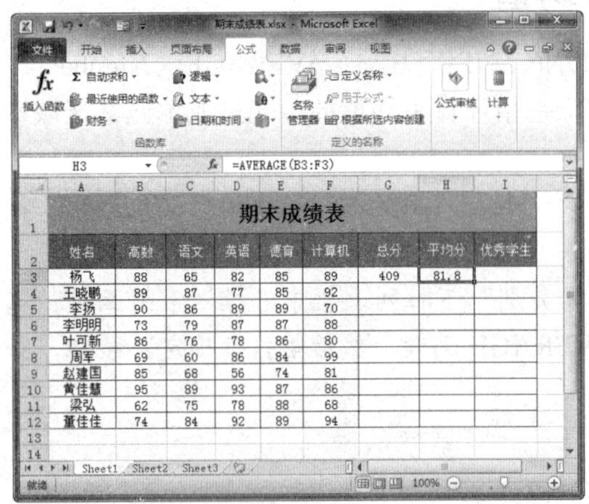

图 6-59 求出平均值

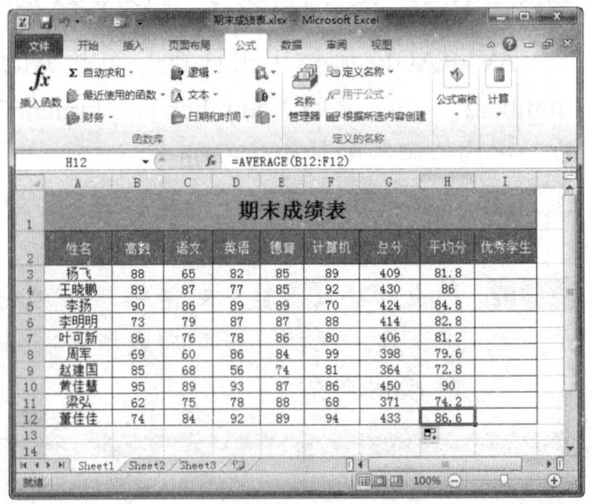

图 6-60 计算其他结果

三、PRODUCT 函数：计算数据乘积

利用 PRODUCT 相乘函数可以计算出所有参数的乘积，其使用方法如下：

Step 01 打开“素材文件/第 6 章/员工销售业绩表.xlsx”，选择 H3 单元格，选择“公式”选项卡，单击“函数库”组中的“插入函数”按钮，如图 6-61 所示。

Step 02 弹出“插入函数”对话框，在“或选择类别”下拉列表框中选择“数学与三角函数”选项，在“选择函数”列表框中选择 PRODUCT 函数，然后单击“确定”按钮，如图 6-62 所示。

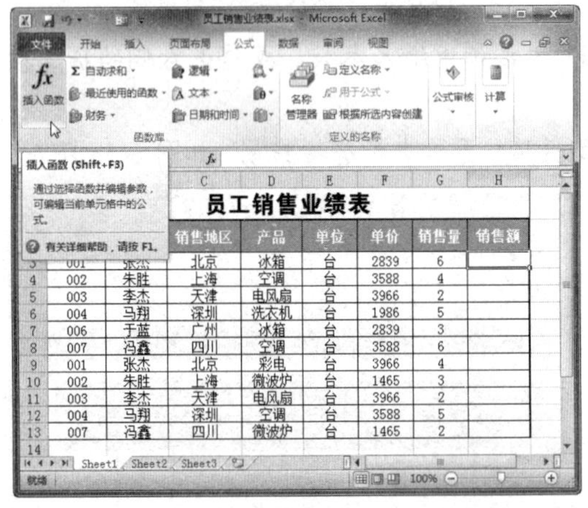

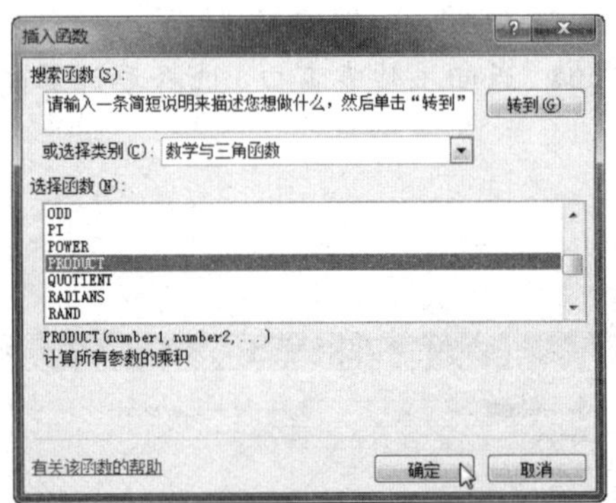

图 6-61 单击“插入函数”按钮

图 6-62 “插入函数”对话框

Step 03 弹出“函数参数”对话框，在 Number1 文本框中输入参数，或单击右侧的折叠按钮，如图 6-63 所示。

Step 04 返回工作表窗口，选择要计算的单元格区域，然后再次单击折叠按钮，如图 6-64 所示。

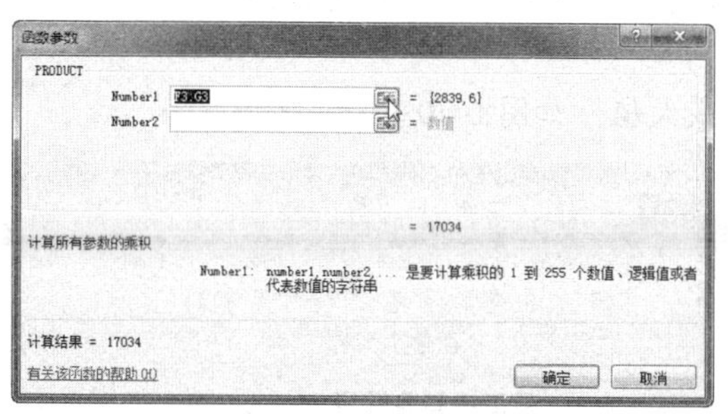

图 6-63 “函数参数”对话框

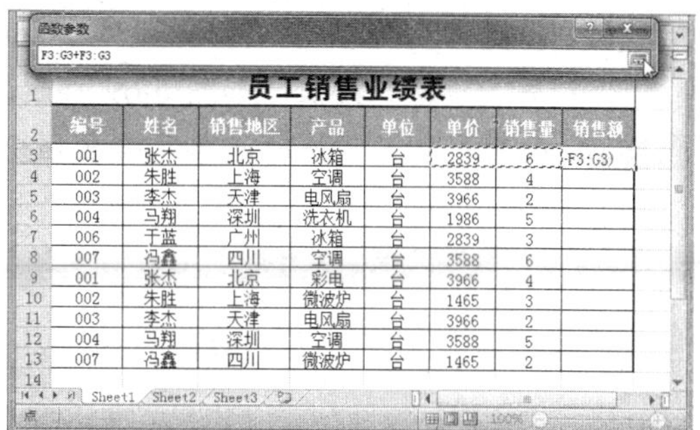

图 6-64 选择单元格区域

Step 05 返回“函数参数”对话框，单击“确定”按钮，即可得出参数相乘后的结果，如图 6-65 所示。

Step 06 选中计算结果所在的单元格，利用自动填充功能计算出其他结果，如图 6-66 所示。

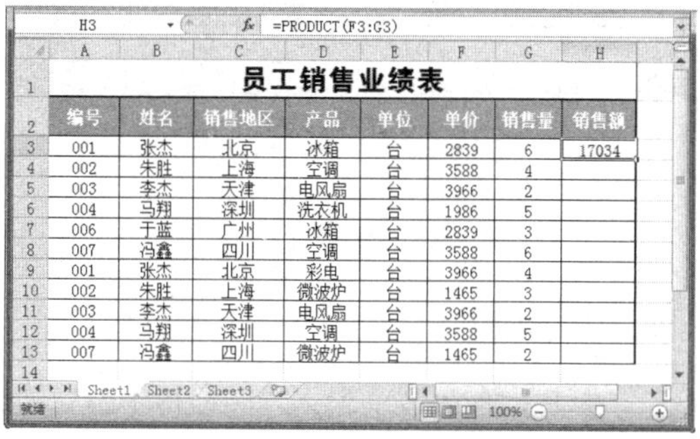

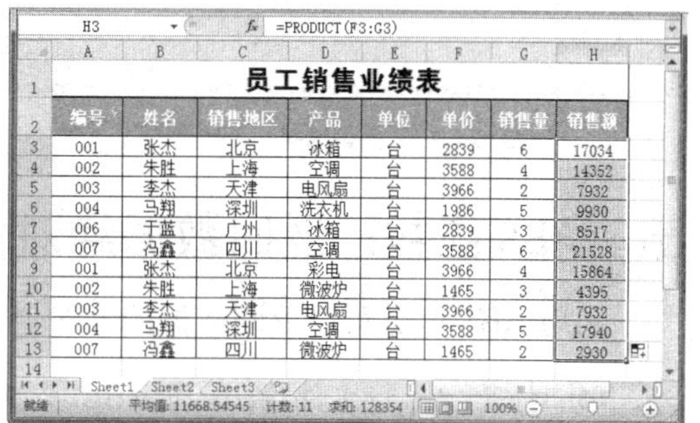

图 6-65 查看相乘结果

图 6-66 计算其他结果

四、MAX 函数：返回数据最大值

利用 MAX 最大值函数可以返回一组数据中的最大值，其使用方法如下：

Step 01 选择 I3 单元格，选择“公式”选项卡，单击“函数库”组中的“插入函数”按钮，如图 6-67 所示。

Step 02 弹出“插入函数”对话框，在“或选择类别”下拉列表框中选择“常用函数”选项，在“选择函数”列表框中选择 MAX 函数，然后单击“确定”按钮，如图 6-68 所示。

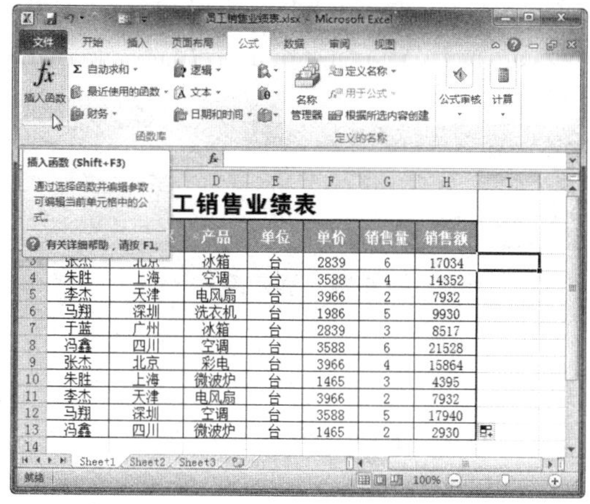

图 6-67 单击“插入函数”按钮

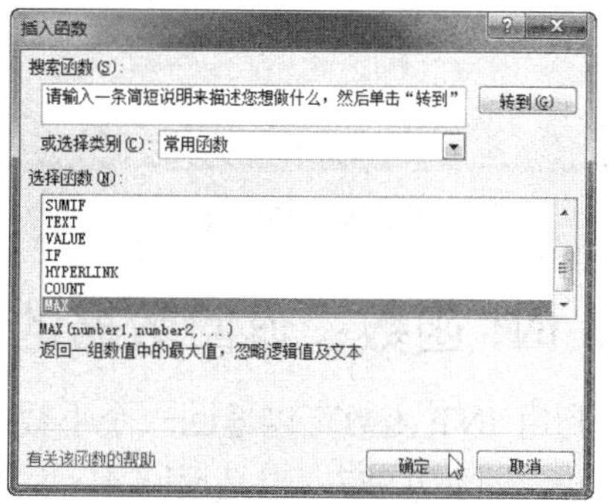

图 6-68 “插入函数”对话框

Step 03 弹出“函数参数”对话框，在 Number1 文本框中输入参数范围 H3:H13，然后单击“确定”按钮，如图 6-69 所示。

Step 04 此时，即可获得所选单元格区域中的最大值，如图 6-70 所示。

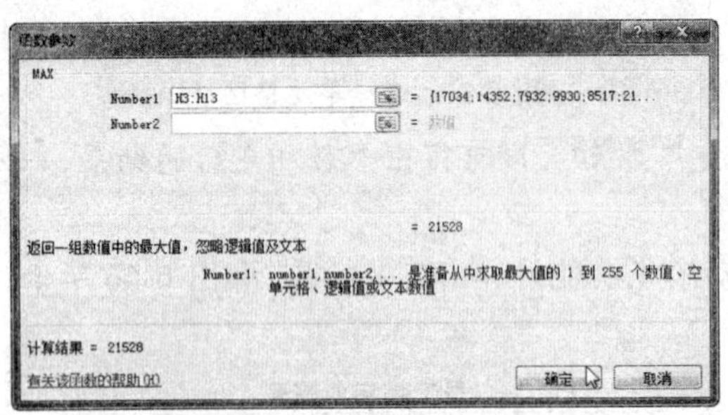

图 6-69 “函数参数”对话框

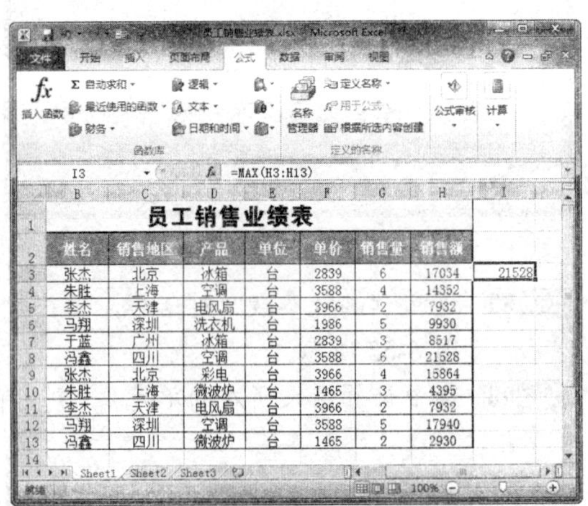

图 6-70 获得最大值

五、ABS 函数：返回数据绝对值

利用 ABS 函数可以返回数据的绝对值，其使用方法如下：

Step 01 打开“素材文件/第 6 章/ABS 函数.xlsx”，在 B3 单元格中输入“=ABS(B2)”，按【Enter】键确认，如图 6-71 所示。

Step 02 将鼠标指针移至 B3 单元格右下角，当其变成十字填充柄时，按住鼠标左键并向右拖动填充至 N3 单元格，可以自动计算出相应的绝对值，如图 6-72 所示。

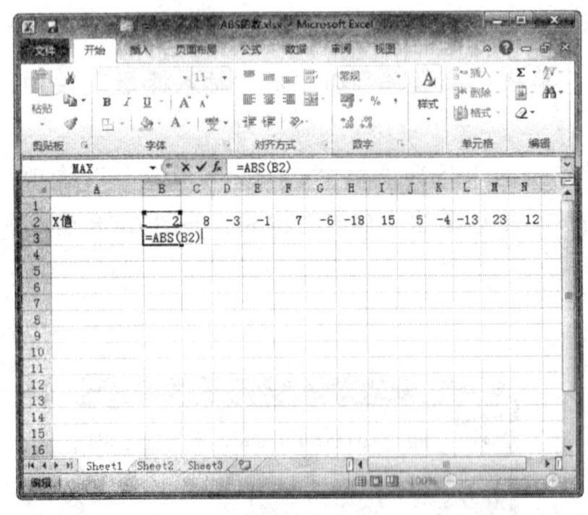

图 6-71 输入函数

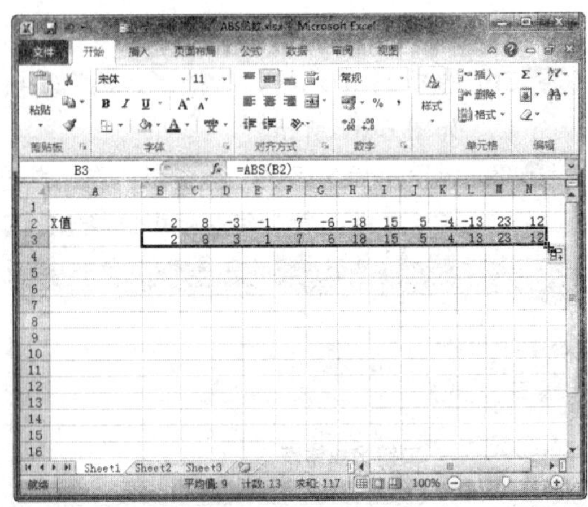

图 6-72 填充函数

六、INT 函数：返回数据的整数

利用 INT 函数可以返回一个小数的整数，如 4.323，返回 4，它不是四舍五入，而是舍尾法，即使 4.987，也是返回 4，而不是 5。

Step01 打开“素材文件/第 6 章/INT 函数.xlsx”，在 C3 单元格中输入“=INT(B3)”，然后单击“输入”按钮☑，如图 6-73 所示。

Step02 使用填充柄向下填充函数，结果如图 6-74 所示。

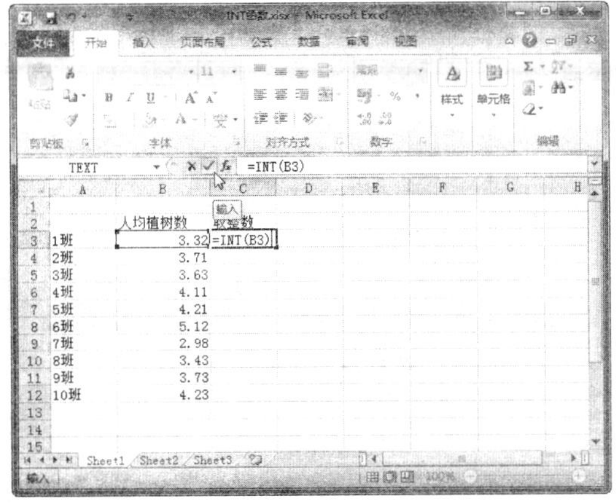

图 6-73　输入函数

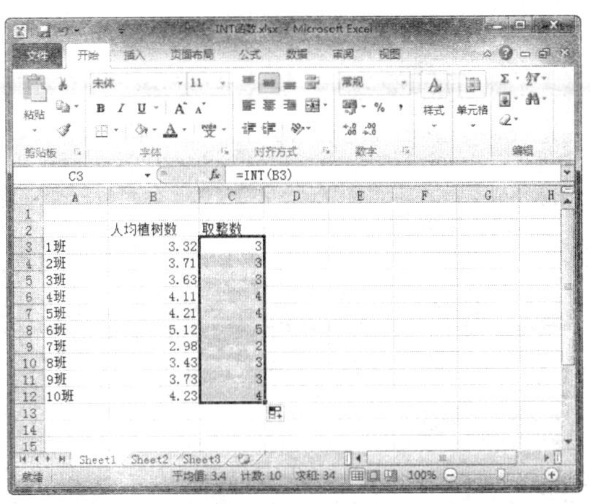

图 6-74　填充函数

七、RAND 函数：返回随机数

使用 RAND 函数可以返回 0~1 之间的随机数，一般需要的不是 0~1 之间的随机数，而是特定范围内的随机数，但也要使用 RAND 函数来实现。下面使用 RAND 函数来实现生成特定范围内的随机数，具体操作方法如下：

Step01 打开“素材文件/第 6 章/RAND 函数.xlsx”，“RAND()*(B-A)+A”是生成 A 与 B 之间的随机数公式，如 1~100 之间，则在 B3 单元格中输入“=RAND()*(100-1)+1”，如图 6-75 所示。

Step02 按【Enter】键确认，并使用填充柄向下填充公式，效果如图 6-76 所示。

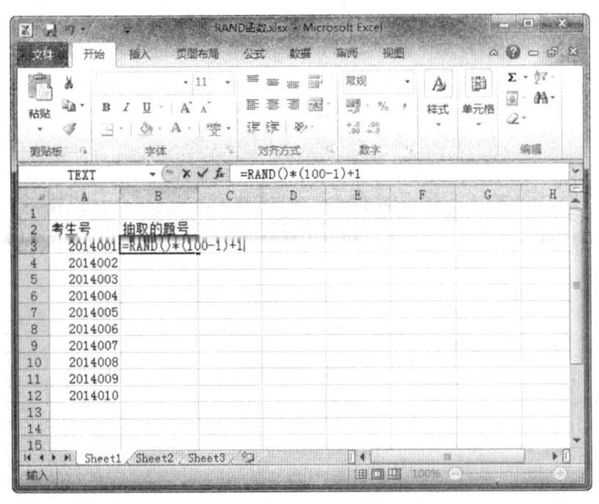

图 6-75　输入函数

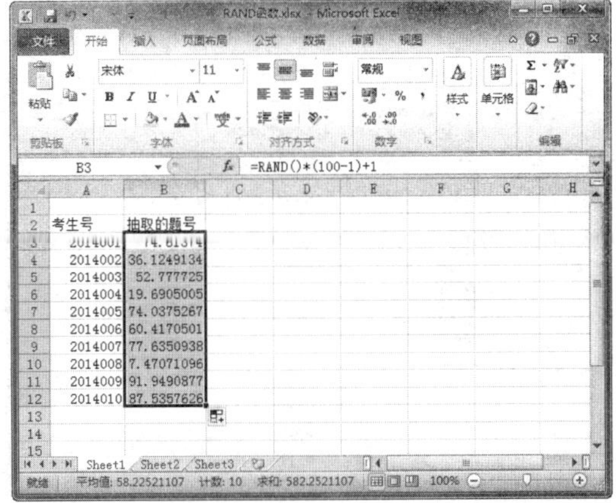

图 6-76　填充函数

Step03 结合 INT 函数，将随机数改成整数，公式为“=INT(RAND()*(100-1)+1)”，如图 6-77 所示。

Step04 按【Enter】键确认，使用填充柄向下填充公式，结果如图 6-78 所示。

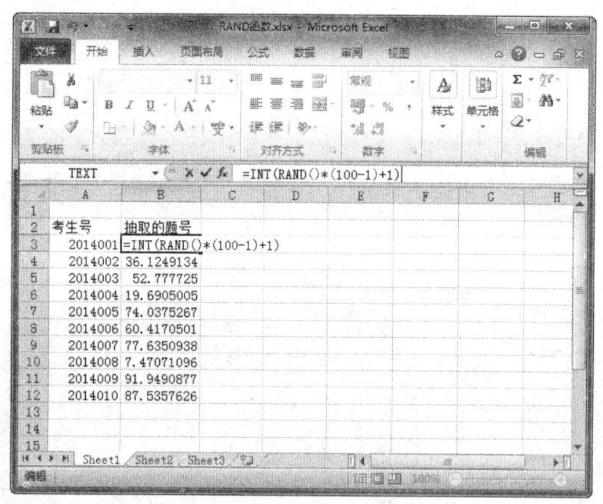
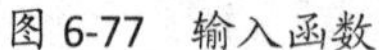
图 6-77 输入函数

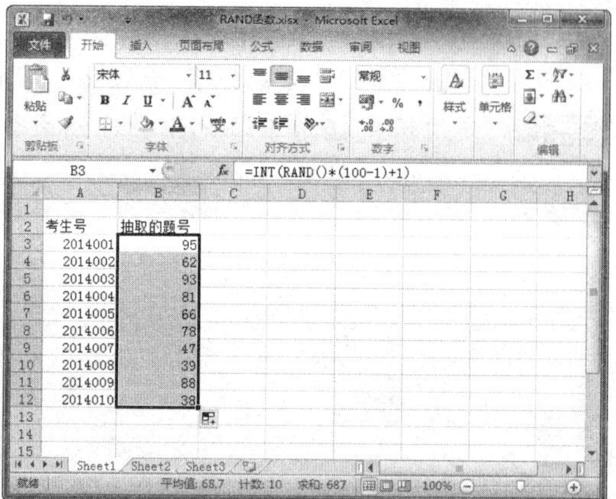
图 6-78 填充函数

RAND 函数产生的随机数每次编辑公式后都会发生变化，如果想固定随机数，可在激活编辑栏时按【F9】键。

八、SUMIF 函数：对符合条件的数据求和

使用 SUMIF 函数可以对满足某一条件的数据进行求和，如求“一班”所有男生的总成绩，方法如下：

Step 01 打开“素材文件/第 6 章/SUMIF 函数.xlsx”，选择 B20 单元格，选择“公式”选项卡，单击“函数库”组中“数学与三角函数”下拉按钮，在弹出的下拉列表中选择 SUMIF 函数，如图 6-79 所示。

Step 02 弹出“函数参数”对话框，单击 Range 文本框右侧的折叠按钮，如图 6-80 所示。

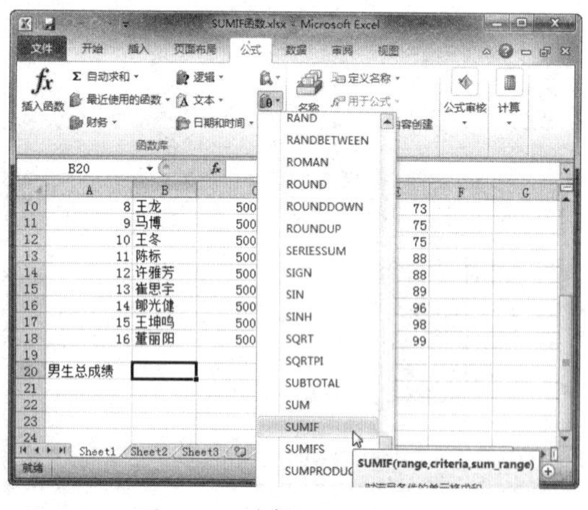
图 6-79 选择 SUMIF 函数

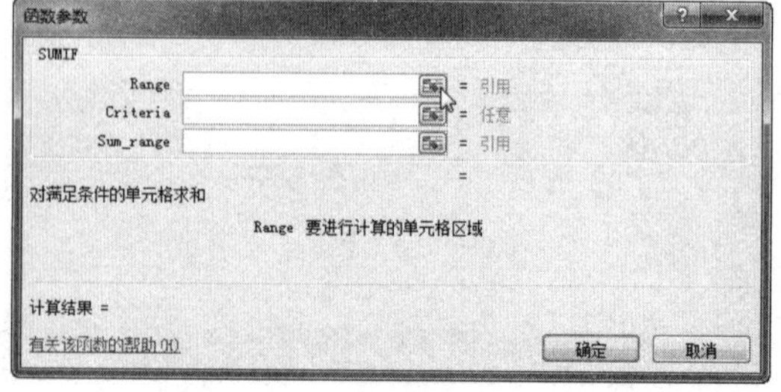
图 6-80 “函数参数”对话框

Step 03 返回工作表，选择 D3:D18 单元格区域，再次单击折叠按钮，如图 6-81 所示。

Step 04 在 Criteria 文本框中输入“男”，然后单击折叠按钮，如图 6-82 所示。

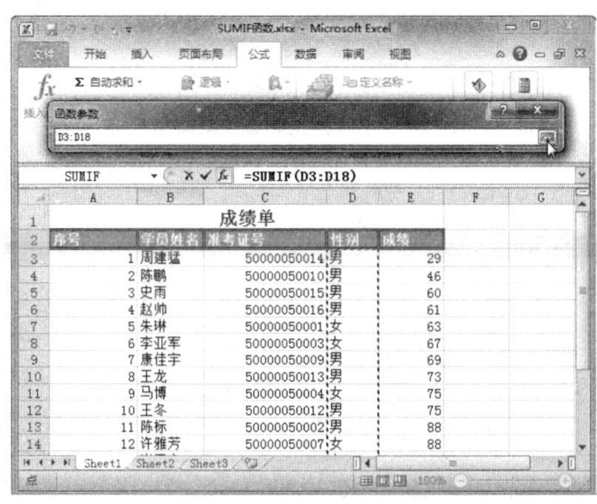

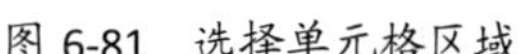

图 6-81　选择单元格区域

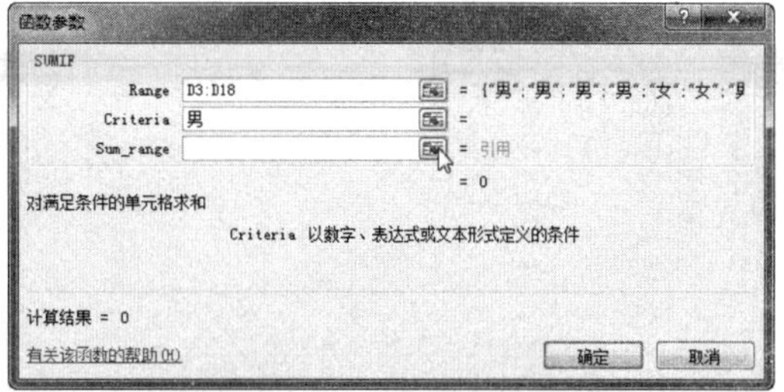

图 6-82　“函数参数”对话框

Step 05　选择成绩区域 E3:E18，单击折叠按钮，如图 6-83 所示。

Step 06　返回“函数参数”对话框，单击“确定”按钮，即可看到男生的总成绩，如图 6-84 所示。

图 6-83　选择单元格区域

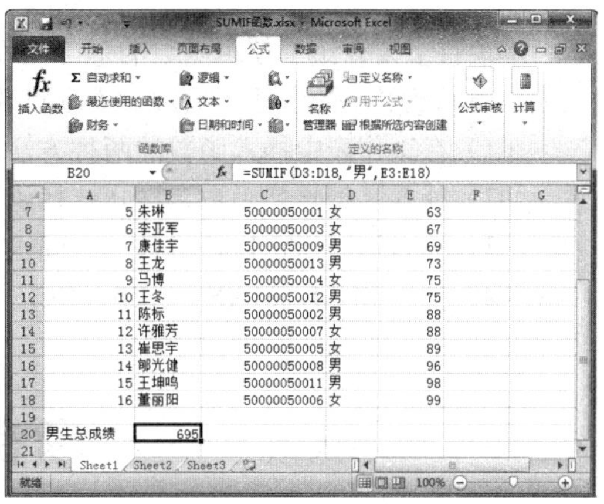

图 6-84　查看男生总成绩

SUMIF 函数的参数：Range 为条件区域，用于条件判断的单元格区域；Criteria 是求和条件，由数字、逻辑表达式等组成的判定条件；Sum_range 为实际求和区域，需要求和的单元格、区域或引用。

九、MOD 函数：判断奇偶数

利用 MOD 函数可以返回一个数被另一个数除的余数，通常用来判断一个数是奇数还是偶数。例如，上一节中如果考生抽到是奇数题则上午面试，偶数则下午面试，则需要使用 MOD 函数，方法如下：

Step 01　打开“第 6 章/素材文件/MOD 函数.xlsx”，在 C3 单元格中输入“=MOD(B3,2)”，即 B3 单元格除以 2 所得的余数，按【Enter】键确认，如图 6-85 所示。

Step 02　使用填充柄向下填充公式，其中 0 为偶数，1 为奇数，如图 6-86 所示。

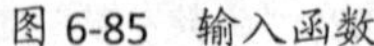
图 6-85　输入函数

图 6-86　填充函数

项目小结

本项目主要介绍了使用函数的基础操作，文本函数、日期时间函数、数学与统计函数三大常用函数类型的方法。通过对本项目的学习，读者应重点掌握以下知识：

（1）在工作表中插入函数的两种方法。

（2）插入字符转换函数、格式转换函数和文本函数。

（3）插入返回指定日期函数、时间函数，以及时间函数的应用。

（4）插入 SUM、MAX、ABS、INT 等函数。

项目习题

在素材文件“获奖名单.xlsx”（如图 6-87 所示）中输入 MID 函数，提取在身份证号码中的出生年月日的信息，效果如图 6-88 所示。

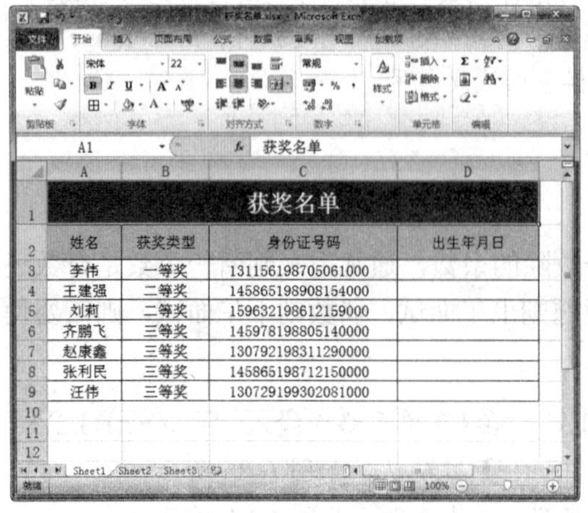

图 6-87　素材文件

图 6-88　效果文件

操作提示：

在身份证号码中包含了出生年月日的信息，使用 MID 函数可以轻松地提取出来。然而身份证有 15 位和 18 位之分，此时需要使用 IF 函数进行判断。

① 选择 D3 单元格，输入函数 “=IF(LEN(C3)=18,MID(C3,7,8),MID(C3,7,6))”，如图 6-89 所示。

② 按【Enter】键确认，即可提取出生年月日。使用自动填充功能将公式复制到该列其他单元格中，如图 6-90 所示。

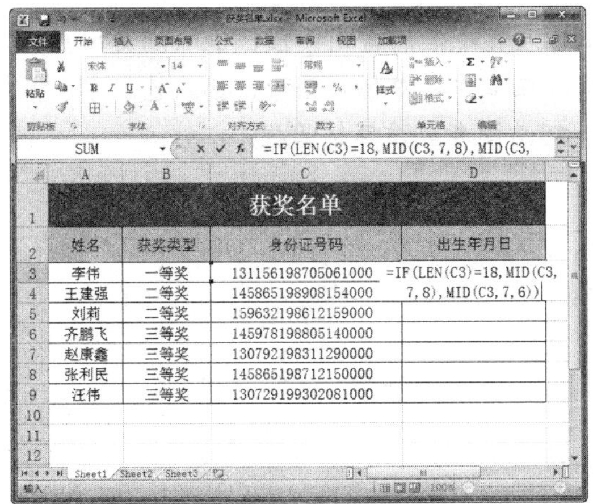

图 6-89 输入函数

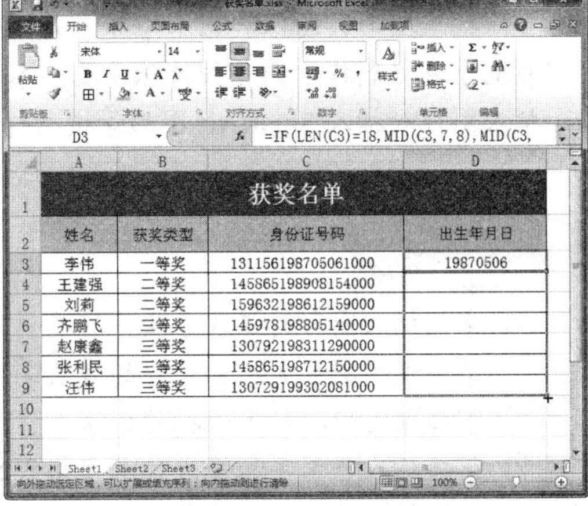

图 6-90 填充函数

IF 函数属于逻辑函数，可以根据对指定条件的结果的计算（为 TURE 或 FLASE）来返回不同的结果。

项目七　设计艺术化工作表

项目概述

插入图形、图像和艺术字等都是增强工作表直观性的常用手段，能够满足用户在电子表格制作中的各种特殊需要。本章将对在工作表中插入图形、插入艺术字、插入图片和插入 SmartArt 图形等进行详细介绍，读者应该熟练掌握。

项目重点

- 掌握插入图形的操作方法。
- 掌握调整图形大小和位置的方法。
- 掌握设置形状效果的操作方法。
- 掌握插入艺术字和修改艺术字格式的方法。
- 掌握插入剪贴画和图片文件的方法。
- 掌握插入 SmartArt 图形，以及设置 SmartArt 图形格式的方法。

项目目标

- 能够绘制、复制和删除图形。
- 能够调整图形的大小和位置，并且设置图形形状。
- 能够为图形设置各种形状效果。
- 能够在工作表中插入并修改艺术字。
- 能够在工作表中插入剪贴画和图片文件。
- 能够在工作表中插入 SmartArt 图形制作流程图。

任务一　插入图形

任务概述

图形是由线条构成的形状，在 Excel 中使用图形可以绘制各种结构图、辅助线，以及用作装饰和美化等。下面将学习使用图形的各种操作方法和技巧。

任务重点与实施

一、绘制图形形状

为表格添加图形，可以制作各种结构图，以达到修饰和美化表格的作用。绘制图形形状的具体操作方法如下：

Step 01 新建一个空白工作簿，命名并保存工作簿。选择 A1 单元格，单击“插入”选项卡下“插图”组中的“形状”下拉按钮，在弹出的下拉列表中选择“圆角矩形”选项，如图 7-1 所示。

Step 02 在工作表中按住鼠标左键并拖动鼠标，绘制一个圆角矩形，如图 7-2 所示。

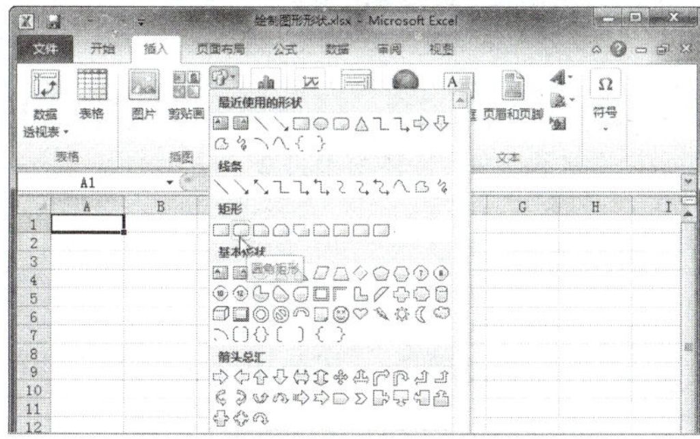

图 7-1 选择“圆角矩形”选项

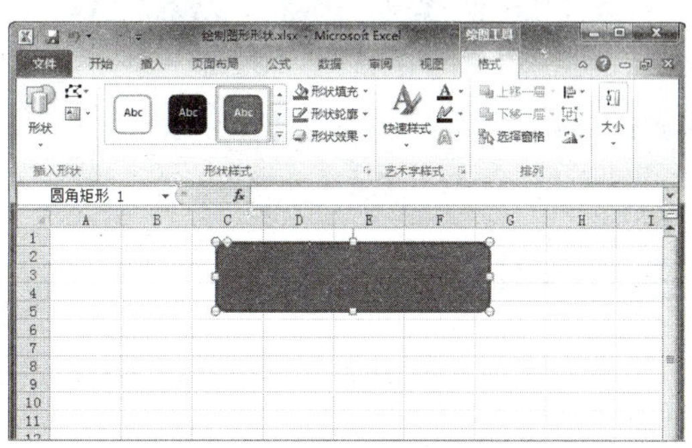

图 7-2 绘制圆角矩形

二、复制与删除图形对象

工作表中的图形对象与单元格中的内容一样，也可以进行复制和删除操作，具体操作方法如下：

Step 01 插入一个新图形，选中图形对象，单击“开始”选项卡下“剪贴板”组中的“复制”按钮，如图 7-3 所示。

Step 02 选中工作表中任意一个单元格，单击“开始”选项卡下“剪贴板”组中的“粘贴”按钮，如图 7-4 所示。

图 7-3 单击“复制”按钮

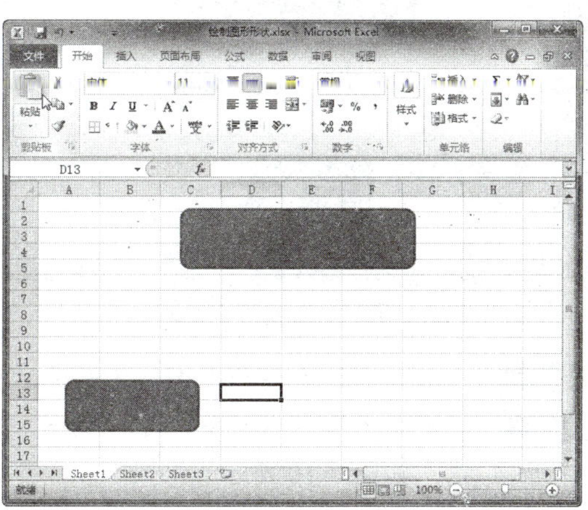

图 7-4 单击“粘贴”按钮

Step 03 用同样的操作方法再次复制图形，可查看复制图形对象后的效果，如图 7-5 所示。

Step 04 选中需要删除的图形对象，按【Delete】键即可将其删除，如图 7-6 所示。

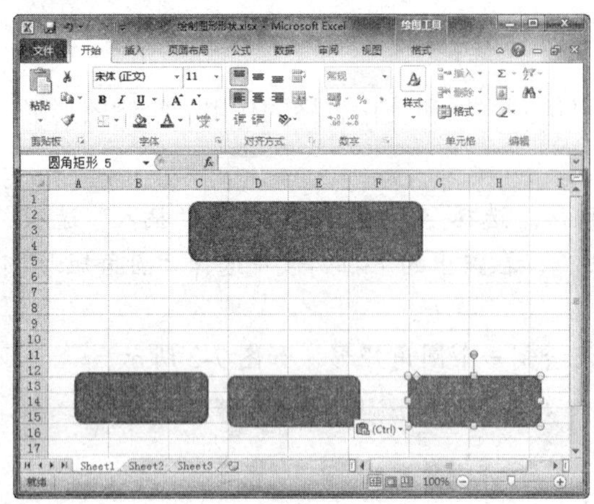

图 7-5 查看复制效果

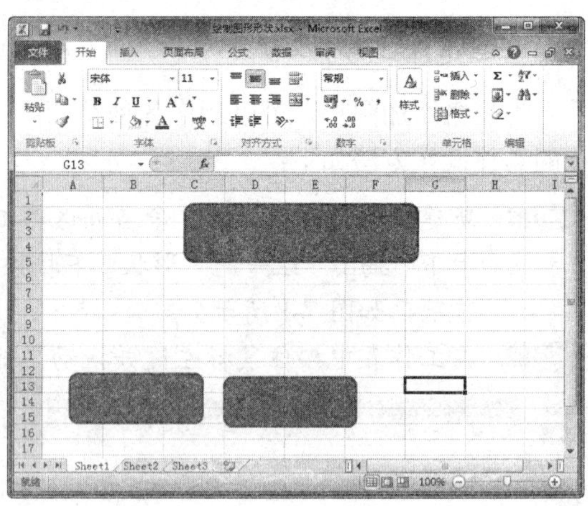

图 7-6 删除图形对象

三、为形状添加文字

在创建的各类图形形状中，除了直线、曲线以及任意多边形外，其他所有的形状都可以向其中添加文字。

为形状添加文字的具体操作方法如下：

Step 01 选中图形并在该图形上右击，在弹出的快捷菜单中选择“编辑文字”命令，如图 7-7 所示。

Step 02 此时，在图形中间出现一个文字插入点，即可输入文字，如图 7-8 所示。

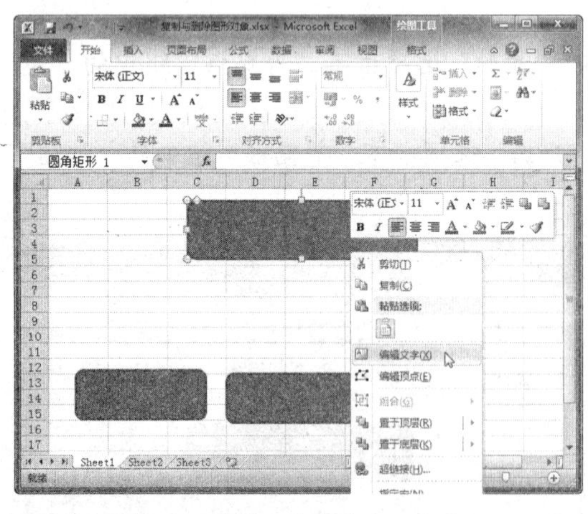

图 7-7 选择“编辑文字”命令

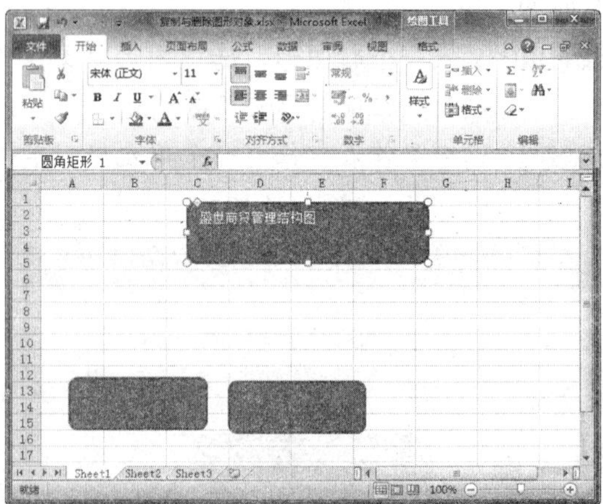

图 7-8 输入文字

Step 03 选中输入的文字并右击，在弹出的快捷菜单中选择“字体”命令，如图 7-9 所示。

Step 04 弹出“字体”对话框，在“字体”选项卡中设置字体格式，然后单击“确定”按钮，如图 7-10 所示。

图 7-9 选择“字体”选项

图 7-10 “字体”对话框

Step 05 此时，即可查看设置字体格式后的效果，如图 7-11 所示。

Step 06 参照前面的操作方法，继续添加图形和文字，效果如图 7-12 所示。

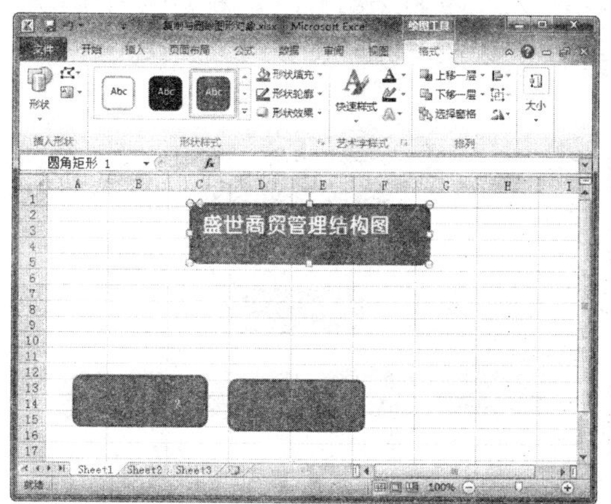

图 7-11 查看设置效果

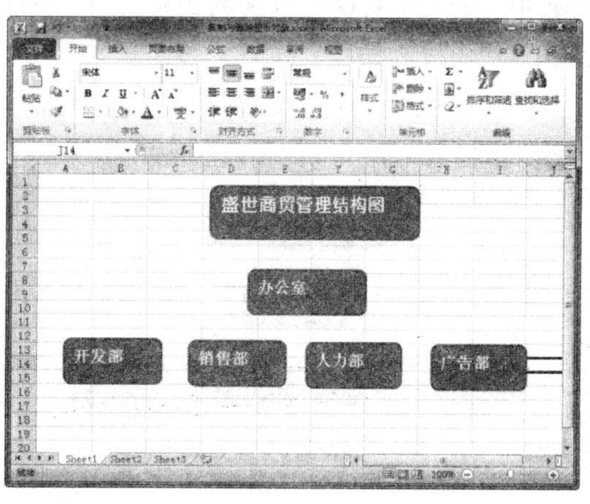

图 7-12 添加其他图形和文字

四、调整图形大小

插入后的图形往往不能完全符合用户的需要，可以根据文本内容调整图形的大小，具体操作方法如下：

Step 01 选中图形，拖动图形的边框上尺寸控制点，调整图形的大小，如图 7-13 所示。

Step 02 也可以调整“格式”选项卡下“大小”组中的高度和宽度数值，如图 7-14 所示。

Step 03 调整各个图形的大小，得到的效果如图 7-15 所示。

图 7-13 调整图形大小

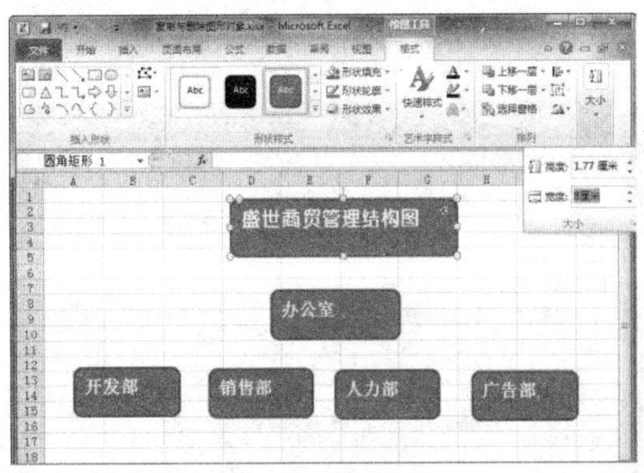

图 7-14　设置图形大小

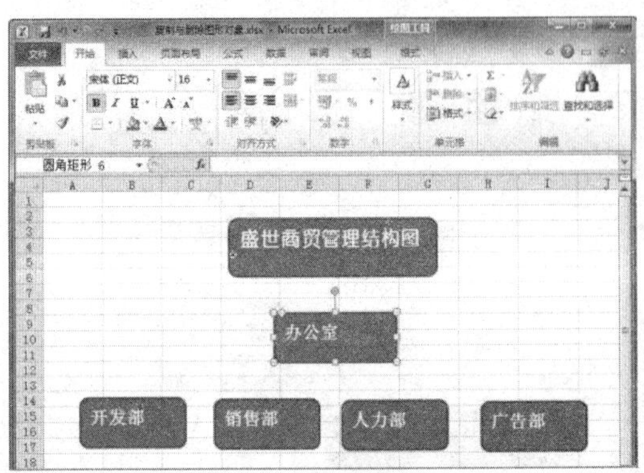

图 7-15　查看调整效果

五、调整图形位置

用户可以对插入的图形进行位置上的调整，具体操作方法如下：

Step 01 选定需要改变位置的图形，这时图形被八个尺寸控制点包围，如图 7-16 所示。

Step 02 移动鼠标，当指针变为十字箭头时，按住鼠标左键并拖动图形到适合位置，然后释放鼠标左键，如图 7-17 所示。

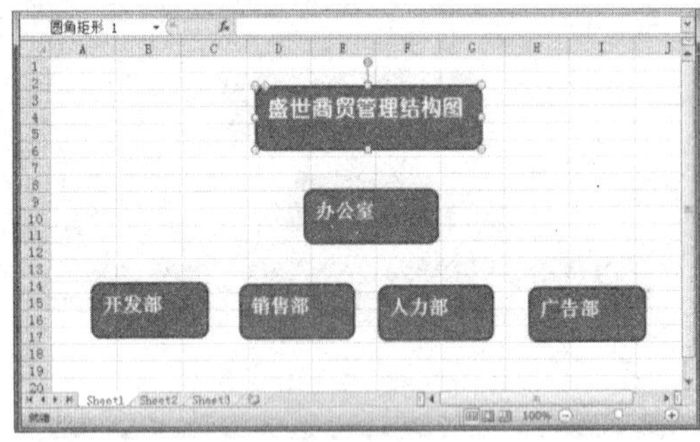

图 7-16　选择图形

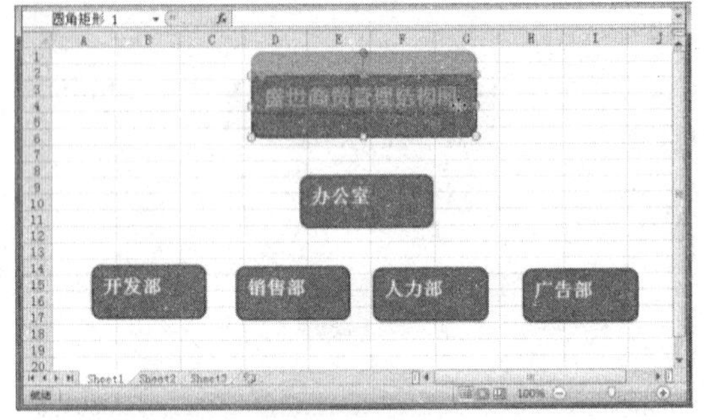

图 7-17　调整图形位置

Step 03 按【Shift】键不放，分别单击下面的四个图形，即可选择多个图形，如图 7-18 所示。

Step 04 单击“格式”选项卡下“排列”组中的“对齐”下拉按钮，在弹出的下拉列表中选择“顶端对齐”选项，如图 7-19 所示。

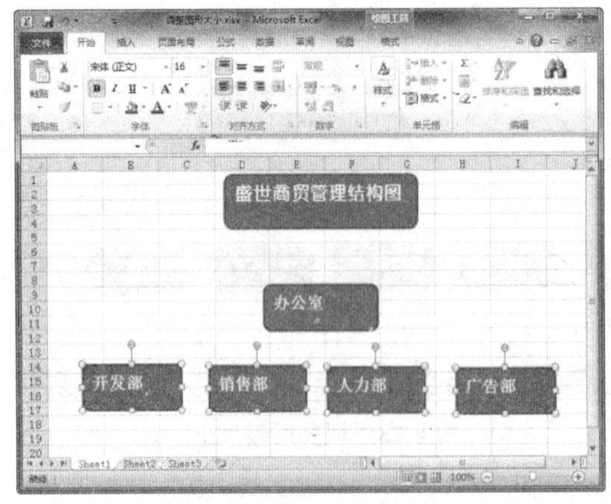

图 7-18　选择多个图形

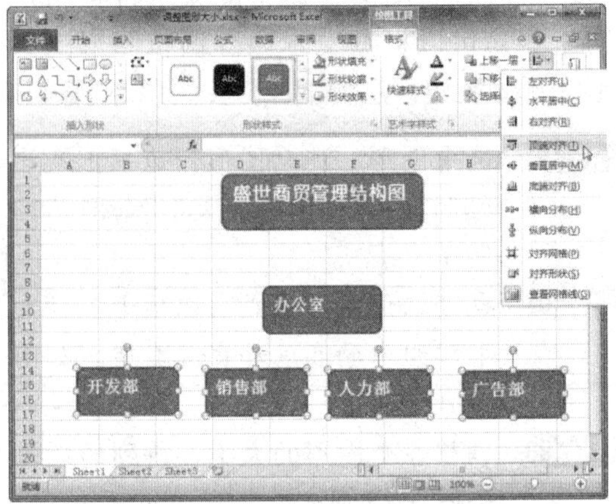

图 7-19　设置顶端对齐

Step 05 采用同样的方法，再设置其为“横向分布”，如图 7-20 所示。

Step 06 选中上方两个图形，设置对齐方式为“水平居中”，如图 7-21 所示。

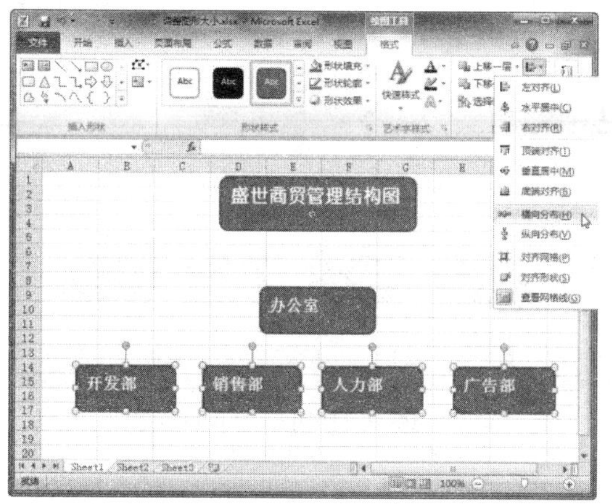

图 7-20　设置横向分布

图 7-21　设置水平居中

六、旋转形状

除了调整图形的大小和位置外，还可以对图形进行旋转，具体操作方法如下：

Step 01 单击“插入”选项卡下“插图”组中的“形状”下拉按钮，在弹出的下拉列表中选择“右箭头”选项，在文档中插入一个箭头图形，如图 7-22 所示。

Step 02 选中插入的箭头图形，将鼠标指针移至绿色的旋转控制点上，这时指针变成旋转箭头形状，按住鼠标左键并拖动鼠标即可旋转图形，如图 7-23 所示。

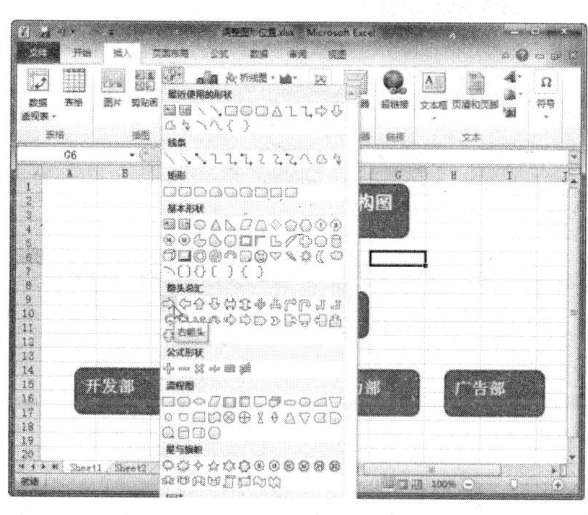

图 7-22　插入箭头图形

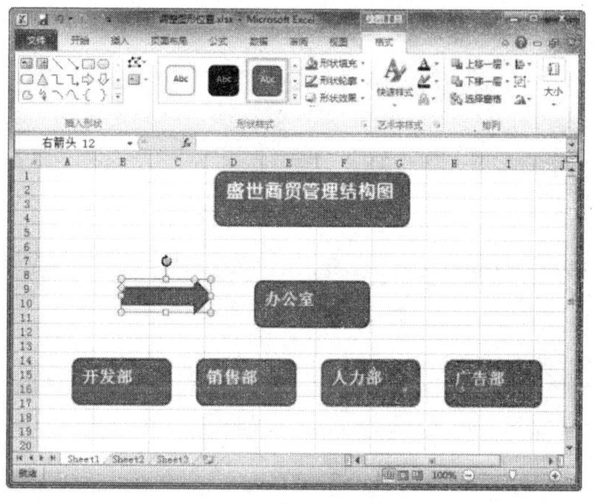

图 7-23　旋转图形

如果想让图形向左或向右旋转 90 度，可以使用功能区中相应的按钮来完成操作。

Step 03 选中插入的图形，单击“格式”选项卡下“排列”组中的“旋转”下拉按钮，在弹出的下拉列表中选择“向右旋转 90° ”选项，如图 7-24 所示。

Step 04 调整图形的大小和位置，并移至合适的位置，如图 7-25 所示。

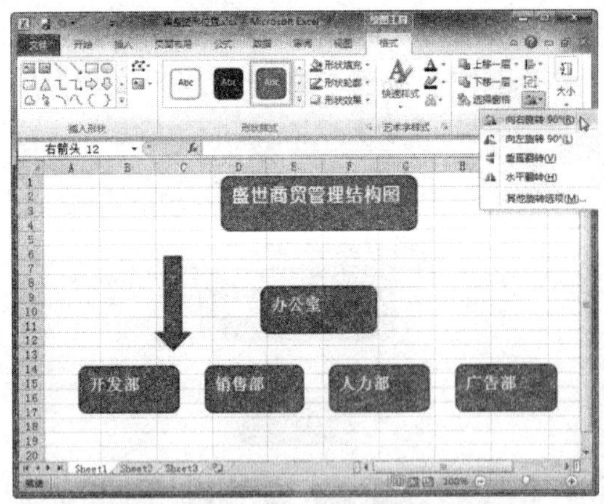

图 7-24　选择旋转选项

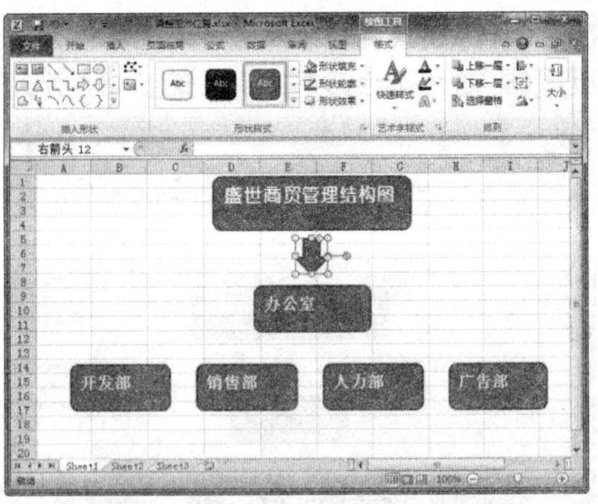

图 7-25　调整图形大小和位置

七、设置图形内部形状

对于某些图形形状，除了 8 个尺寸控制点和 1 个旋转控制点外，还会有一个黄色的控制点，用来调整图形内部的形状。

设置图形内部形状的具体操作方法如下：

Step 01　绘制一个箭头图形，用鼠标拖动左上角的黄色控制点，如图 7-26 所示。

Step 02　拖到适当的程度后释放鼠标，如图 7-27 所示。

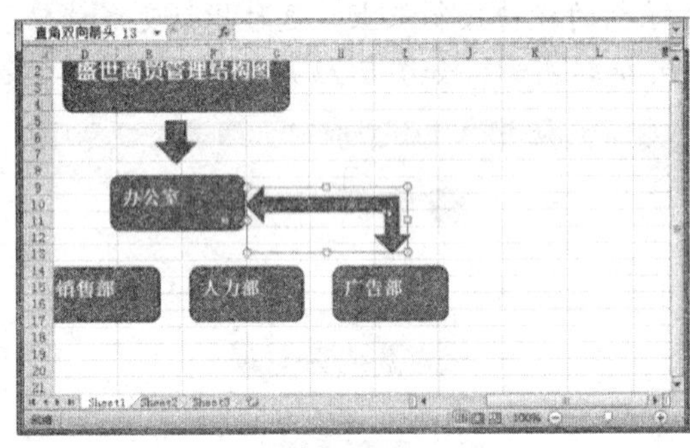

图 7-26　选择图形

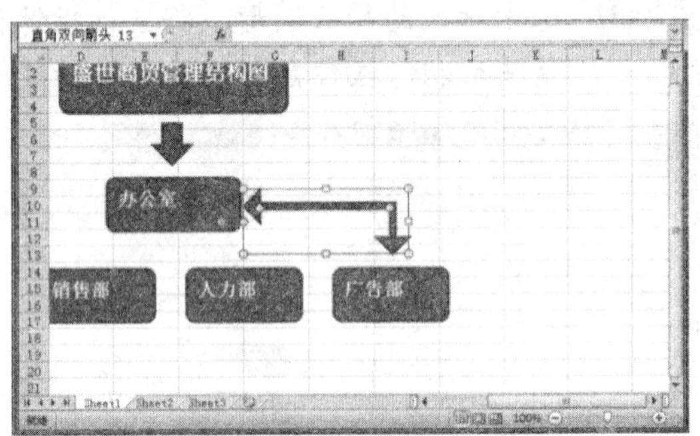

图 7-27　调整边线

Step 03　拖动右面的控制点，调整箭头的高度，如图 7-28 所示。

Step 04　拖到适当的程度后释放鼠标，如图 7-29 所示。

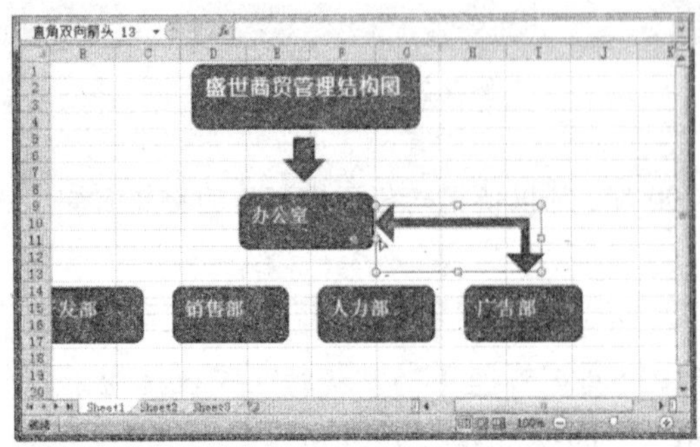

图 7-28　调整箭头高度

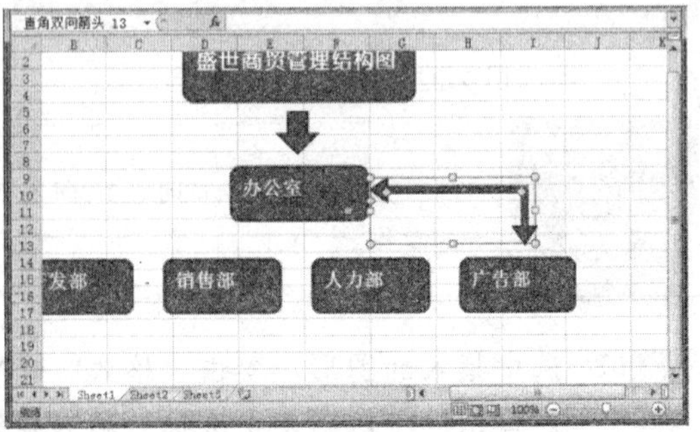

图 7-29　查看调整效果

八、设置形状的外观样式

默认情况下插入的形状都为蓝色，用户可以快速改变图形的外观样式，具体操作方法如下：

Step 01 选择要改变外观样式的图形形状，单击“格式”选项卡下“形状样式”组“形状样式”列表框中的下拉按钮，在弹出的外观样式列表中选择需要的样式，如图7-30 所示。

Step 02 此时，即可为形状应用此样式，并为其他图形设置不同样式，效果如图 7-31 所示。

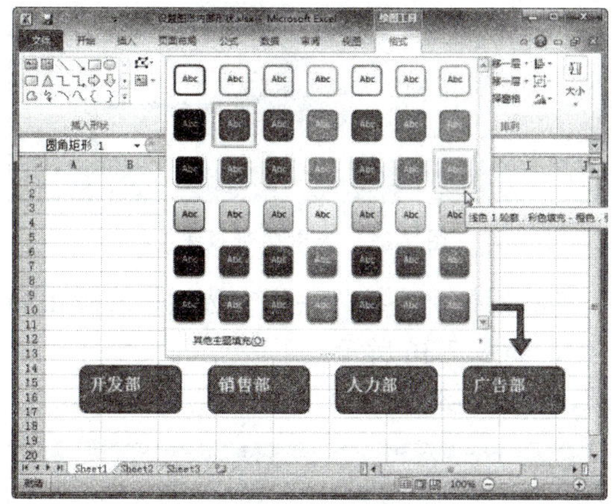

图 7-30　选择外观样式

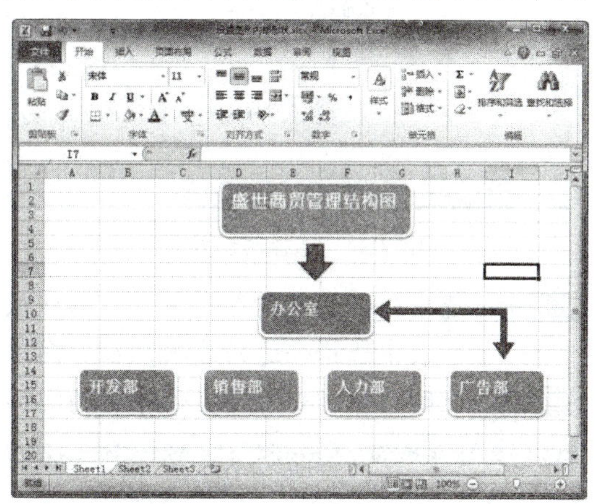

图 7-31　查看设置效果

九、设置形状效果

设置形状效果就是为图形设置三维效果、阴影、映像、发光、柔化边缘、棱台心及三维旋转效果等。下面将详细介绍如何为图形设置这些形状效果，具体操作方法如下：

Step 01 选中形状图形，单击“格式”选项卡下“形状样式”组中的“形状效果”下拉按钮，在弹出的下拉列表中选择“预设”选项，在其级联菜单中选择合适的效果选项，如图 7-32 所示。

Step 02 此时即可使用预设快速设置图形，得到的效果如图 7-33 所示。

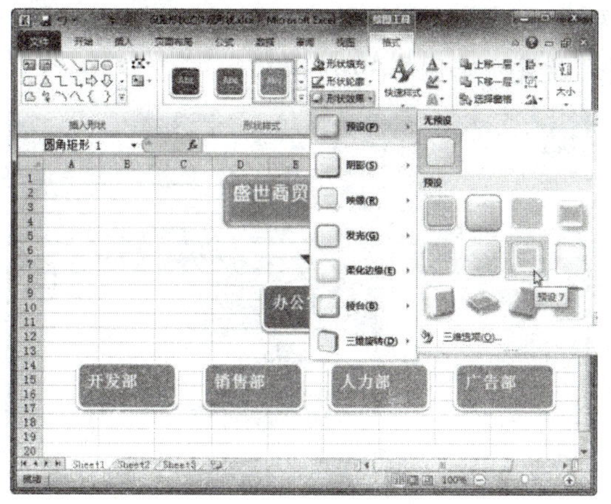

图 7-32　选择预设效果

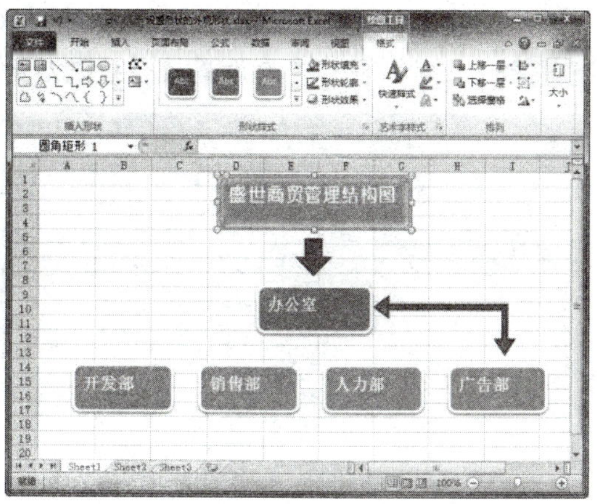

图 7-33　查看预设效果

Step 03 选中图形，单击“格式”选项卡下“形状样式”组中的“形状效果”下拉按钮，在弹出的下拉列表中选择“阴影”选项，在其级联菜单中选择一种阴影效果，如图 7-34 所示。

Step 04 此时，即可查看设置阴影后的图形效果，如图 7-35 所示。

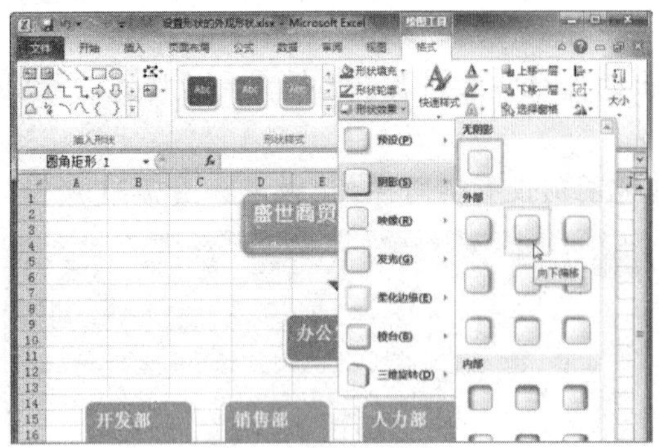

图 7-34 选择阴影效果

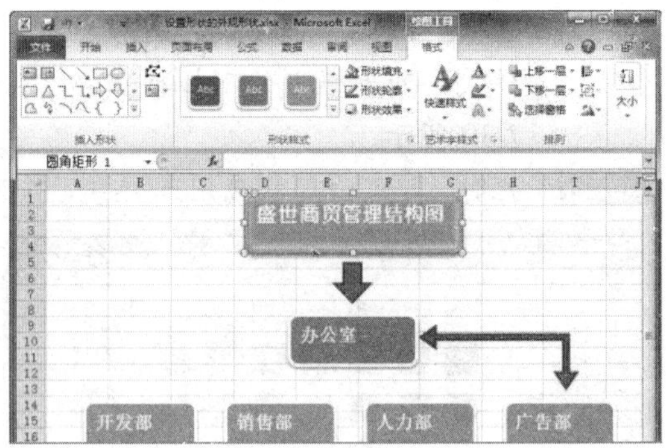

图 7-35 查看阴影效果

Step 05 选中四个子类图形，单击“形状效果”下拉按钮，选择“映像”选项，在弹出的列表中选择合适的选项，如“向下偏移”，如图 7-36 所示。

Step 06 此时，即可查看设置映像后的图形效果，如图 7-37 所示。

图 7-36 选择映像选项

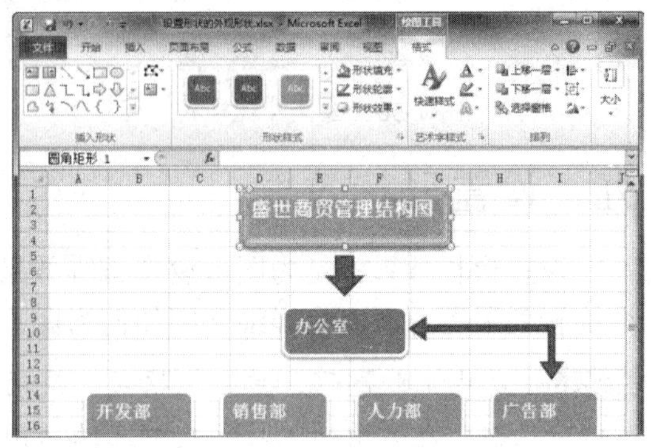

图 7-37 查看映像效果

Step 07 选中中间的图形，在“形状效果”下拉列表中选择“棱台”选项，在弹出的列表中选择合适的选项，如“柔圆”，如图 7-38 所示。

Step 08 此时，即可查看设置棱台效果后的图形效果，如图 7-39 所示。

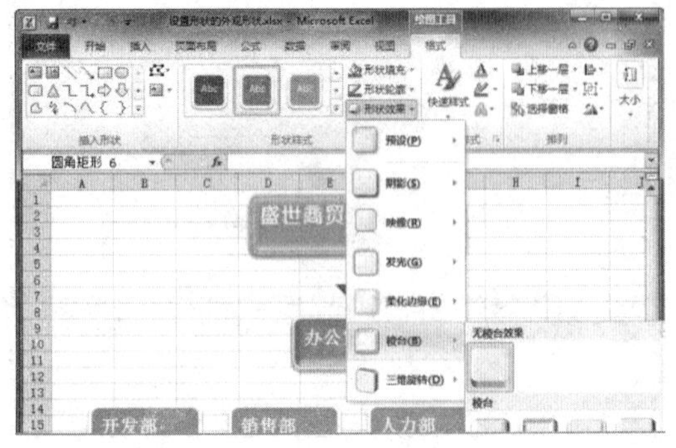

图 7-38 选择棱台选项

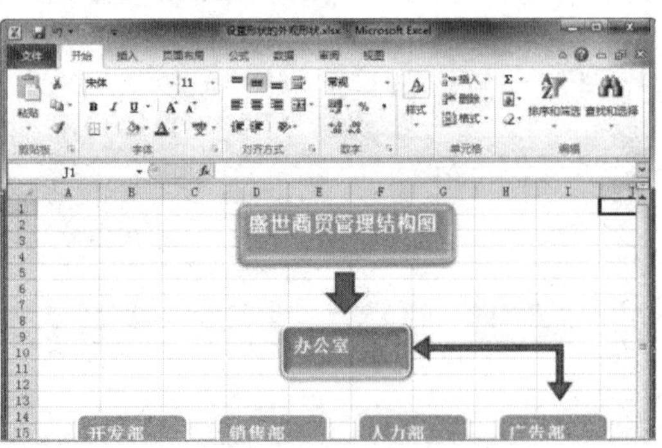

图 7-39 查看棱台效果

Step09 单击“形状效果”按钮，选择“三维旋转”选项，在弹出的列表中选择合适的选项，如“上透视”，如图 7-40 所示。

Step10 经过设置三维旋转形状效果后，图形就具有了立体的效果，如图 7-41 所示。

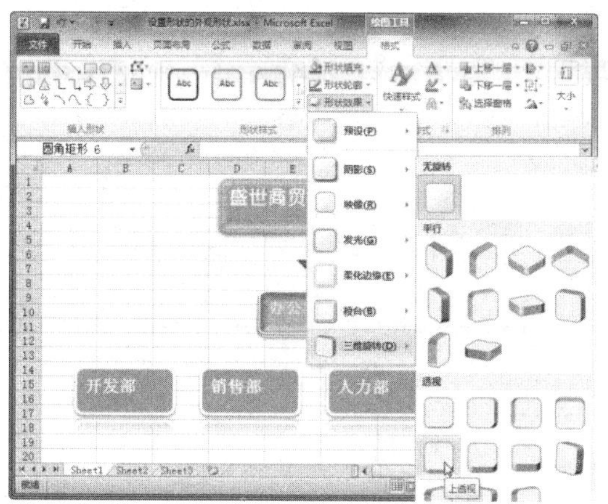

图 7-40　选择三维透视

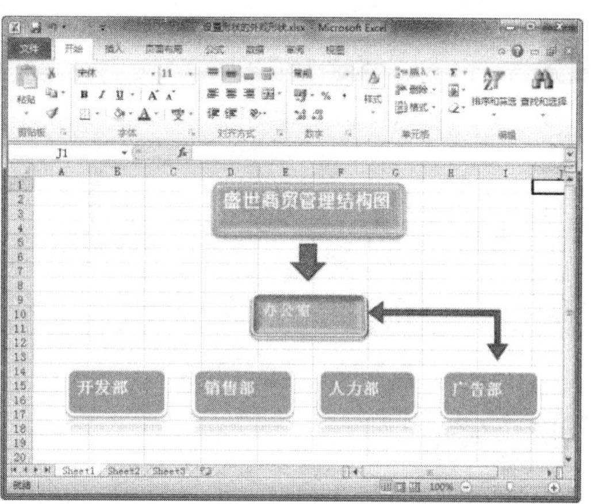

图 7-41　查看三维效果

十、图形对象的组合与取消组合

用户可以对多个图形进行组合操作，组合后的一组图形将成为一个整体，对这组图形的操作就和对一个图形进行操作一样，这会给工作带来了极大的方便。

组合图形对象的具体操作方法如下：

Step01 按住【Ctrl】键的同时单击需要组合的各个图形，此时多个图形都被选中。单击“格式”选项卡下“排列”组中的“组合”下拉按钮，选择“组合”选项，如图 7-42 所示。或者右击选中的图形，在弹出的快捷菜单中选择“组合”|“组合”命令，如图 7-43 所示。

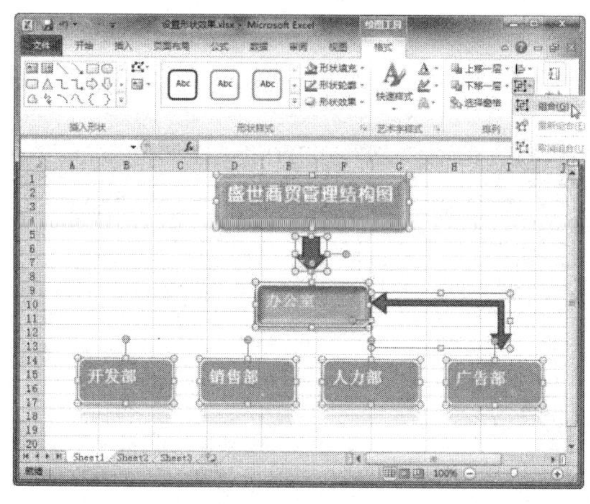

图 7-42　选择“组合”选项

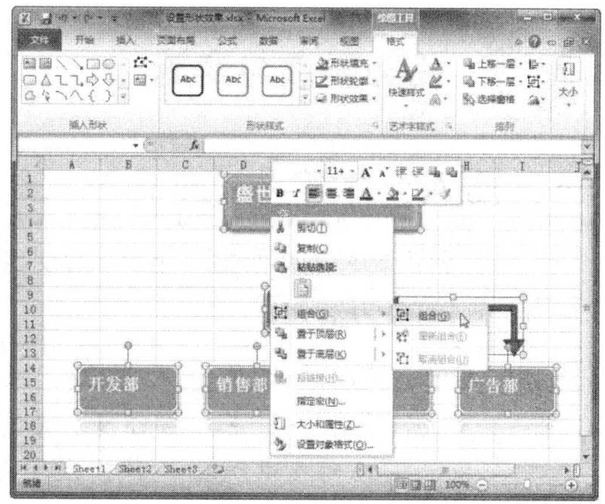

图 7-43　使用快捷菜单组合图形

Step02 组合后的图形可以作为一个整体被放大或缩小等，如图 7-44 所示。

Step03 单击“格式”选项卡下“排列”组中的“组合”下拉按钮，在弹出的下拉列表中选择“取消组合”选项，即可取消组合操作，如图 7-45 所示。

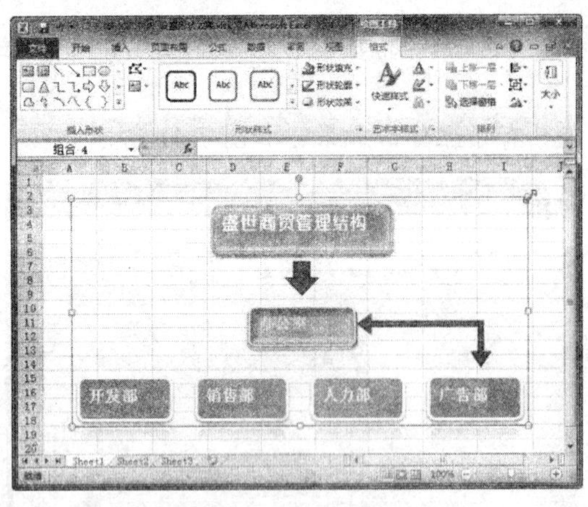

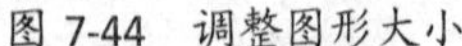

图 7-44 调整图形大小

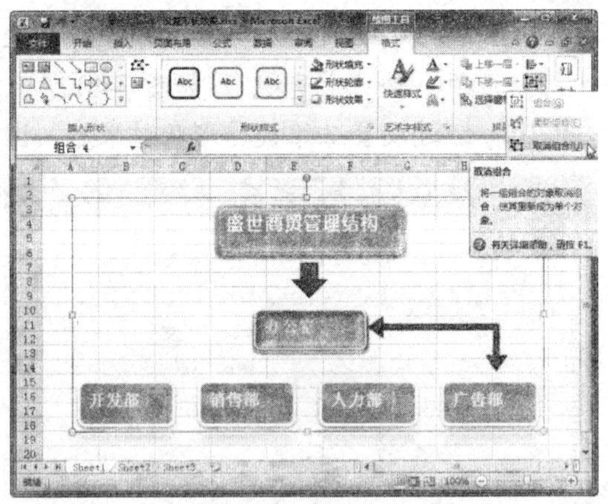

图 7-45 取消图形组合

选中多个图形也可以同时复制和移动，但它们依然是独立的，可以分别进行编辑。而组合后的多个图形，只有取消组合后才可以进行编辑。

任务二 插入艺术字

任务概述

艺术字不同于普通文字，它具有很多特殊效果，如阴影、斜体和旋转等。在工作表中插入艺术字可以提高工作表的可视性。

任务重点与实施

一、插入艺术字

下面将详细介绍如何在工作表中插入艺术字，具体操作方法如下：

Step 01 单击“插入”选项卡下“文本”组中的“艺术字”下拉按钮，在弹出的下拉列表中选择一种艺术字效果，如图 7-46 所示。

Step 02 此时，工作表中就会出现艺术字图形，其中包含默认文本，如图 7-47 所示。

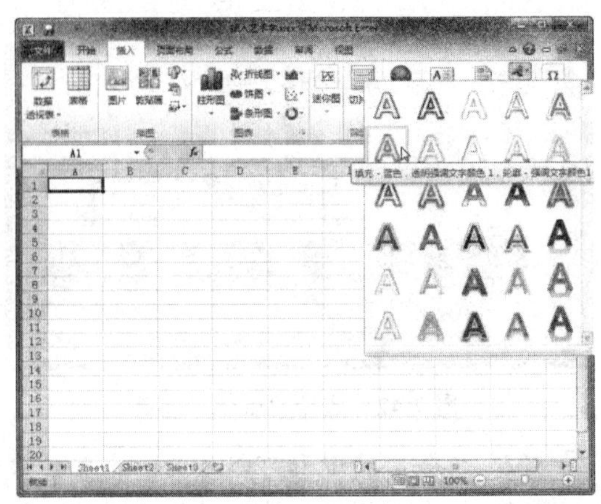

图 7-46 选择艺术字效果

Step 03　删除默认文本，输入自己需要的文本内容即可，如图 7-48 所示。

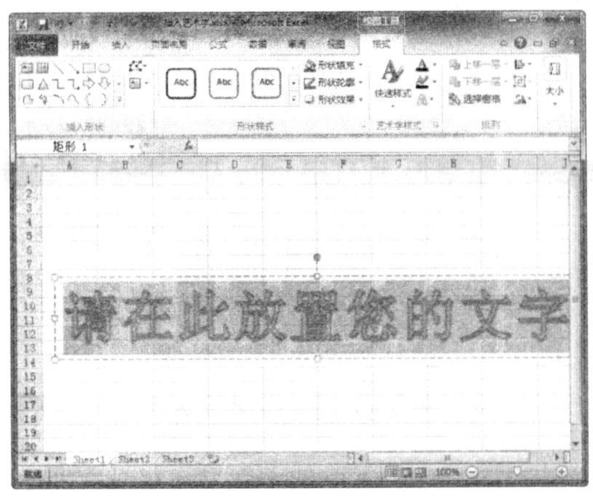

图 7-47　插入艺术字

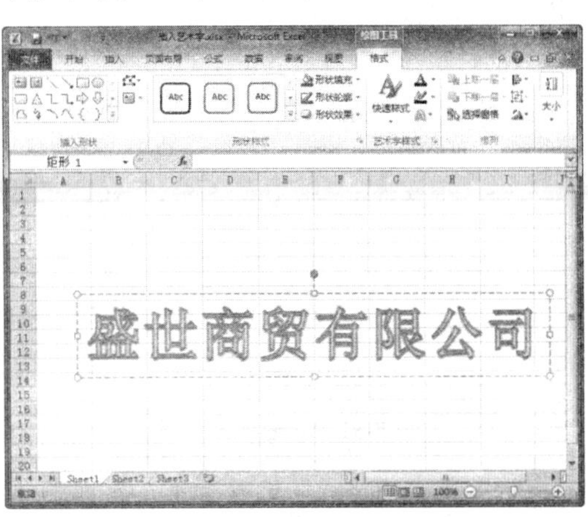

图 7-48　输入文本

二、修改艺术字格式

插入到工作表中的艺术字可以根据需要设置它的格式，如文本填充、文本轮廓和文本效果等。修改艺术字格式的具体操作方法如下：

Step 01　选中艺术字，单击“格式”选项卡下“艺术字样式”组中的“文本填充”下拉按钮，选择“其他填充颜色”选项，如图 7-49 所示。

Step 02　弹出“颜色”对话框，在“标准”选项卡中单击合适的色块，然后单击“确定”按钮，如图 7-50 所示。

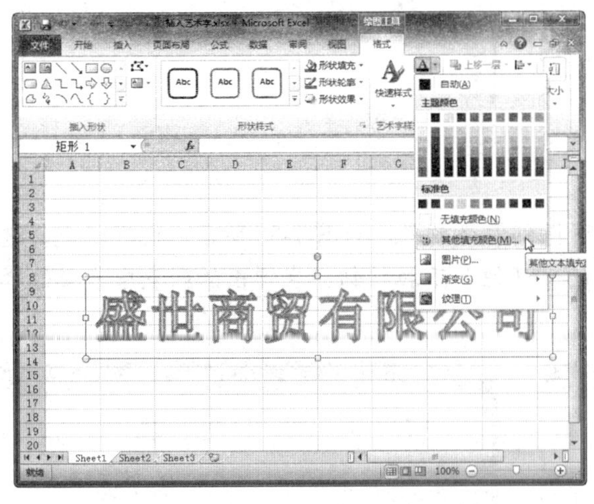

图 7-49　选择“其他填充颜色”选项

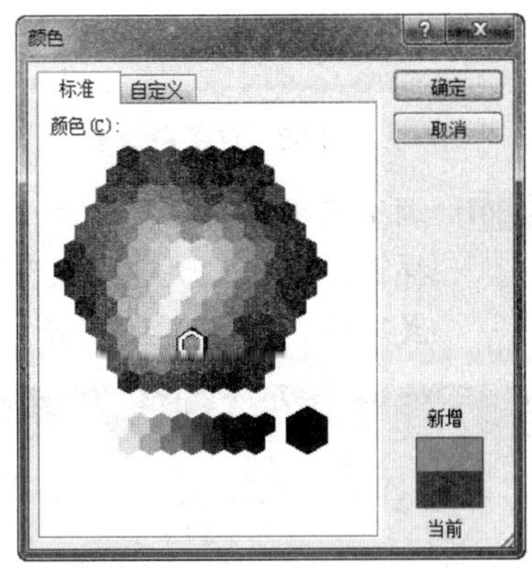

图 7-50　“颜色”对话框

Step 03　此时，艺术字内部已被填充颜色，得到的效果如图 7-51 所示。

Step 04　单击“格式”选项卡下“艺术字样式”组中的“文本轮廓”下拉按钮，选择一种轮廓颜色，如图 7-52 所示。

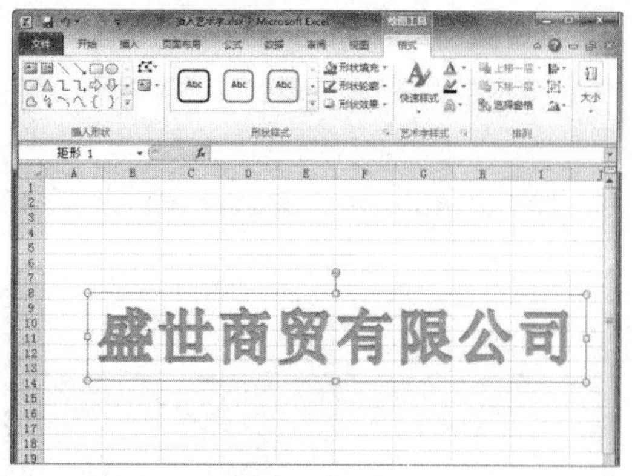

图 7-51　查看填充效果

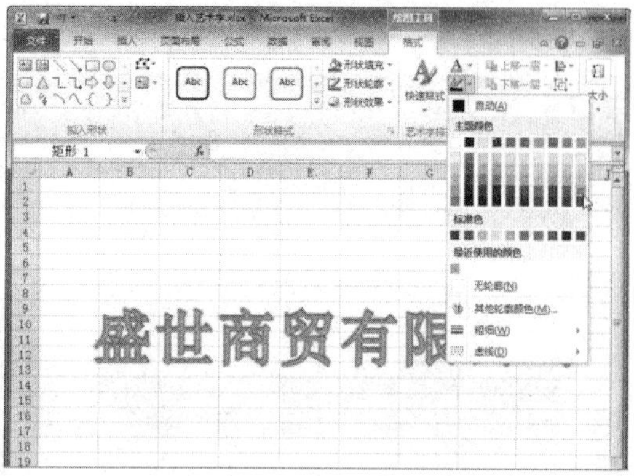

图 7-52　选择轮廓颜色

Step 05 单击“格式”选项卡下“艺术字样式”组中的“文本轮廓”下拉按钮，在弹出的下拉列表中选择“粗细”选项，在弹出的列表中选择合适的选项，如图 7-53 所示。

Step 06 选中艺术字，单击“格式”选项卡下“艺术字样式”组中的“文本效果”下拉按钮，选择“映像”选项，在级联菜单中选择一种样式，如图 7-54 所示。

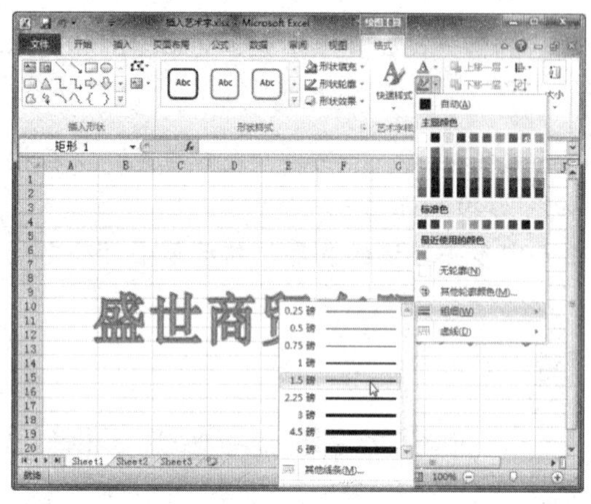

图 7-53　设置轮廓粗细

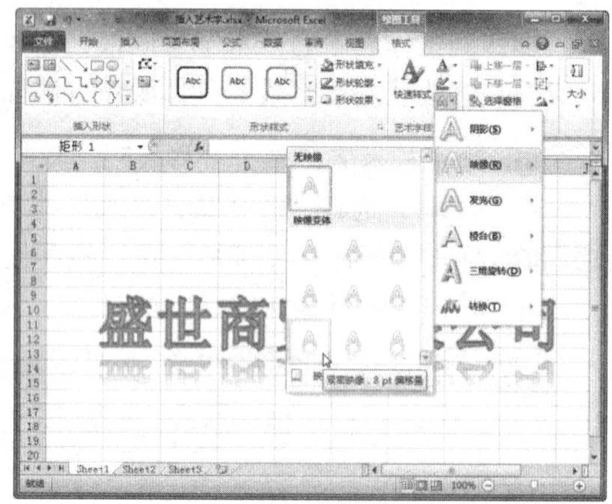

图 7-54　选择艺术字样式

Step 07 调整艺术字的位置和大小，即可得到最终效果，如图 7-55 所示。也可以重新选择样式，单击“快速样式”组中的“其他”下拉按钮，在弹出的列表中直接选择样式即可，如图 7-56 所示。

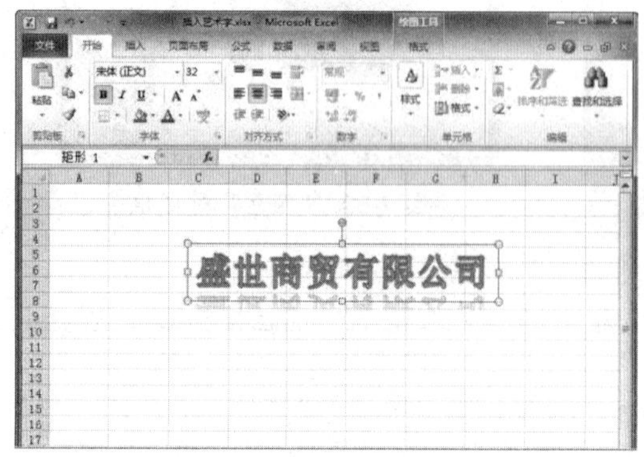

图 7-55　调整位置和大小

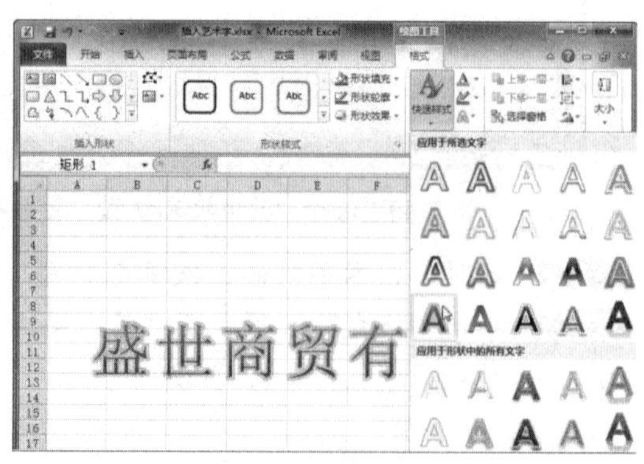

图 7-56　使用快速样式

任务三　插入图片

任务概述

在 Excel 中也可以像在 Word 中一样插入图片，使工作表可以显示更多、更丰富的内容，也可以使用图片来美化工作表。

任务重点与实施

一、插入剪贴画

Excel 提供了很多剪贴画类型，每个剪贴画类型中又有许多剪贴画，用户可以从丰富的剪辑库中选择剪贴画。

下面将详细介绍如何在工作表中插入剪贴画，具体操作方法如下：

Step 01 单击“插入”选项卡下“插图”组中的“剪贴画”按钮，如图 7-57 所示。

Step 02 弹出“剪贴画”任务窗格，在“结果类型”下拉列表框中选择“所有媒体文件类型”选项，然后单击“搜索”按钮，在下面的列表框中选择一种剪贴画，如图 7-58 所示。

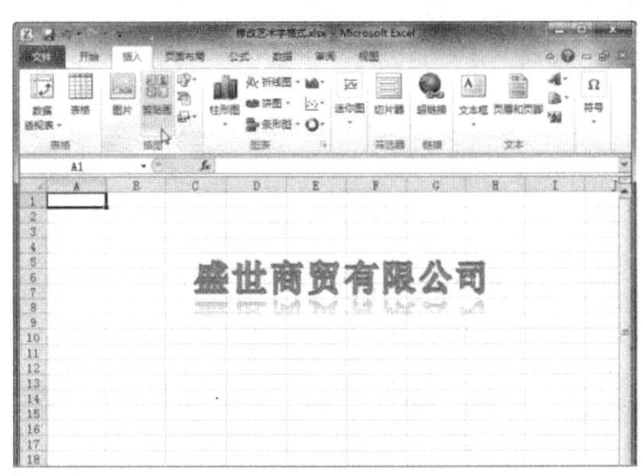

图 7-57　单击“剪贴画”按钮

图 7-58　选择剪贴画

Step 03 调整插入剪贴画的大小和位置，然后右击剪贴画，在弹出的快捷菜单中选择“置于底层”|“下移一层”命令，如图 7-59 所示。

Step 04 调整剪贴画的大小、位置和图层，效果如图 7-60 所示。

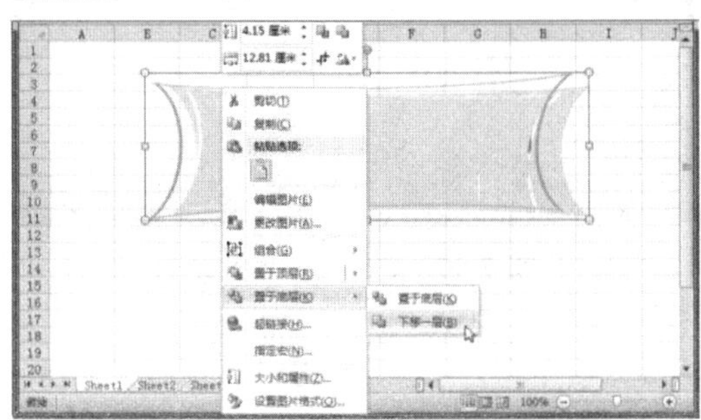

图 7-59　选择　“下移一层”命令

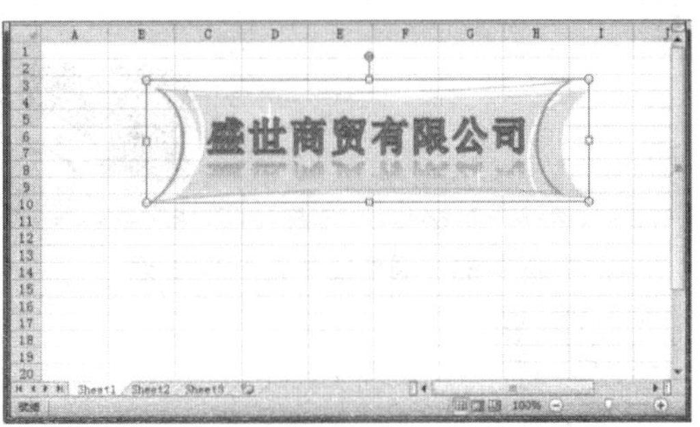

图 7-60　查看调整后剪贴画效果

专家指导 Expert guidance

选中剪贴画可以显示“图片工具”选项卡，利用该选项卡中的各工具按钮可以完成对剪贴画的各种操作，如设置剪贴画的颜色、亮度和大小等。

二、插入图片

在工作表中可以插入图形和 Excel 提供的剪贴画，但这些图形数目有限。Excel 具有插入图片的功能，可以在工作表中插入十分精美的图片，具体操作方法如下：

Step 01 单击“插入”选项卡下“插图”组中的“图片”按钮，如图 7-61 所示。

Step 02 弹出“插入图片”对话框，选择要插入图片所在的文件夹目录，在右窗格选择一个图片，然后单击“插入”按钮，如图 7-62 所示。

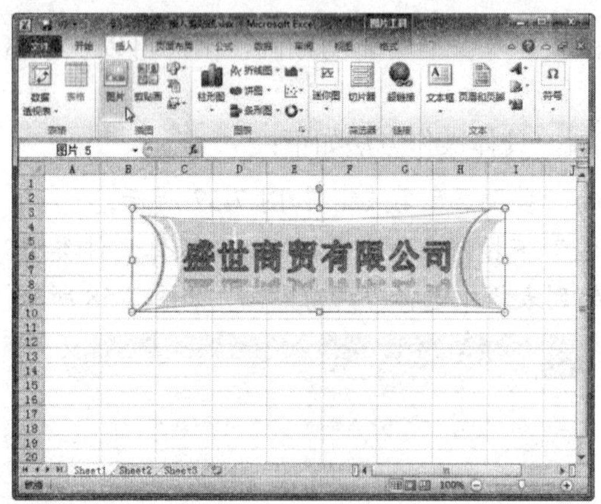

图 7-61　单击“图片”按钮

图 7-62　选择图片

Step 03 成功插入图片后，调整其大小和位置，效果如图 7-63 所示。

Step 04 此时，即可查看插入图片并设置其大小和位置后的效果，如图 7-64 所示。

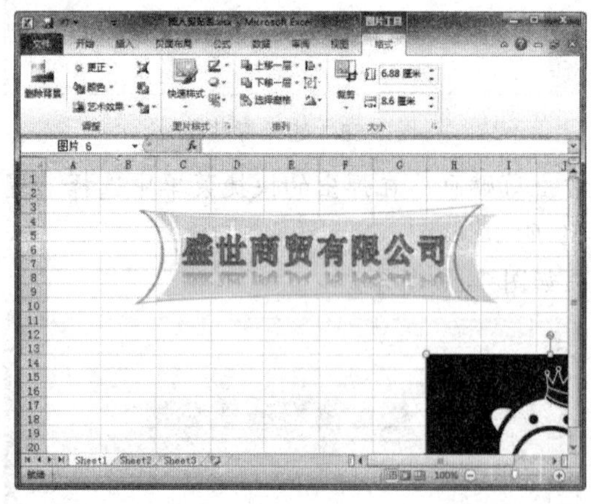

图 7-63　调整图片大小和位置

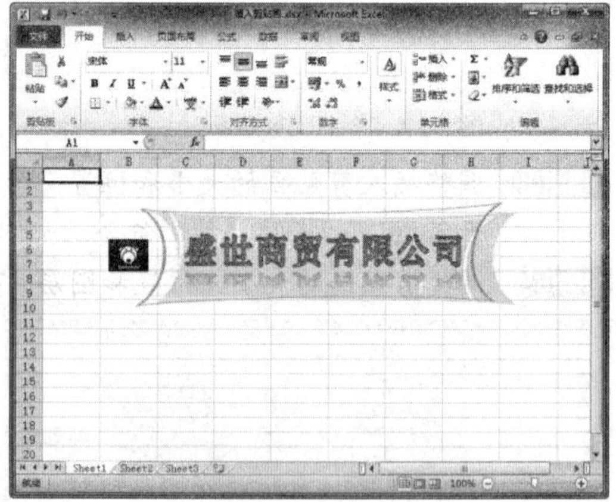

图 7-54　查看插入图片效果

专家指导 Expert guidance

在 Excel 2010 中，除了插入图形、图片和艺术字外，还可以根据需要插入一些符号和特殊符号来表示某种特定的意义。

任务四　插入 SmartArt 图形

任务概述

SmartArt 图形包括水平列表、垂直列表、组织结构图和射线图等。SmartArt 图形主要用于演示流程、层次结构、循环或关系等。下面介绍如何在工作表中插入 SmartArt 图形。

任务重点与实施

一、插入 SmartArt 图形

Excel 2010 提供的 SmartArt 图形功能极大地方便了制作各种流程图和关系图等，在工作表中插入 SmartArt 图形的具体操作方法如下：

Step 01　选择需要插入 SmartArt 图形的单元格，单击“插入”选项卡下“插图”组中的“插入 SmartArt 图形”按钮，如图 7-65 所示。

Step 02　弹出“选择 SmartArt 图形”对话框，选择需要的图形类型，然后单击“确定”按钮，如图 7-66 所示。

图 7-65　单击“插入 SmartArt 图形”按钮

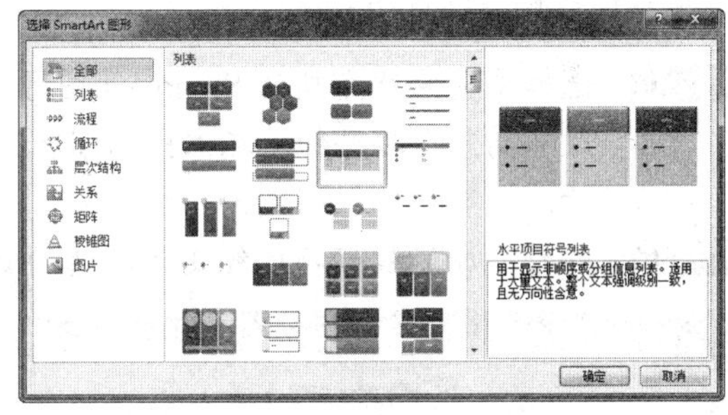

图 7-66　“选择 SmartArt 图形”对话框

Step 03　此时，即可查看插入 SmartArt 图形后的效果，如图 7-67 所示。

Step 04　在 SmartArt 图形中直接输入对应的文字，效果如图 7-68 所示。

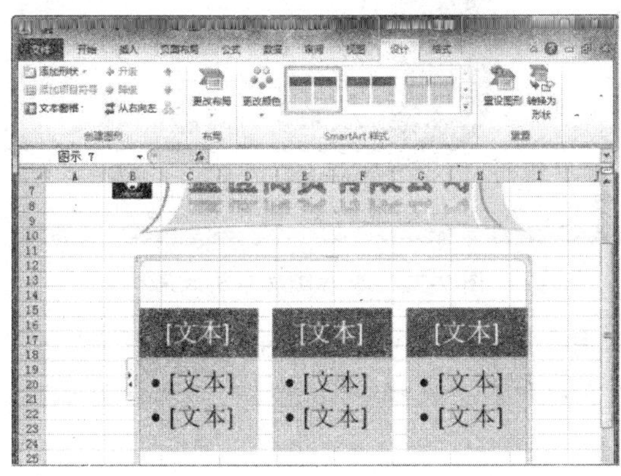

图 7-67　插入 SmartArt 图形

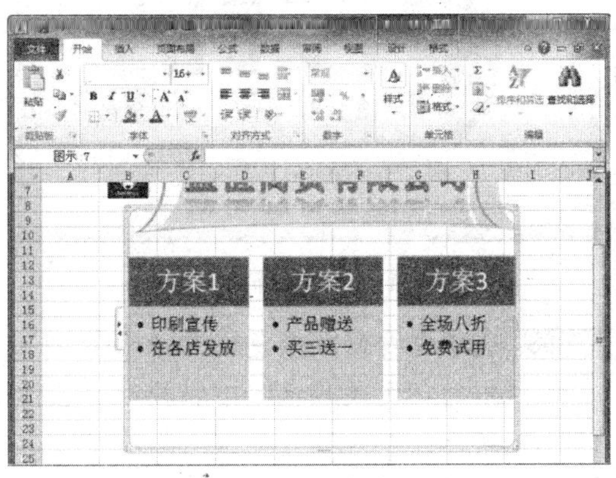

图 7-68　输入文字

Step 05 当默认插入的 SmartArt 图形数目不够时，可右击图形，在弹出的快捷菜单中选择“添加形状”|“在后面添加形状”命令，如图 7-69 所示。

Step 06 此时出现新形状，在其中输入文字内容即可，效果如图 7-70 所示。

图 7-69 选择“在后面添加形状”命令

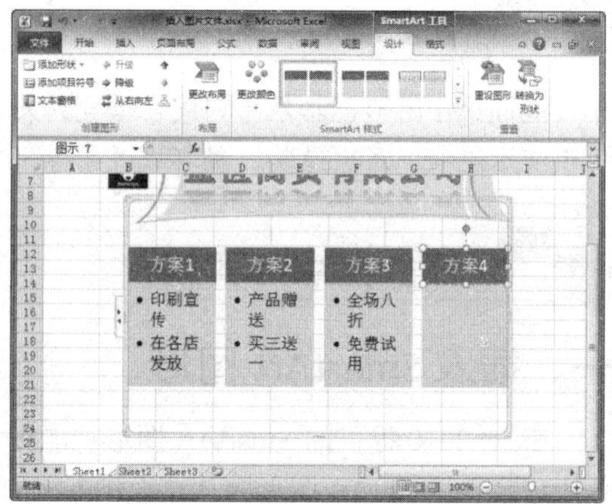

图 7-70 输入文字内容

二、修改 SmartArt 图形

SmartArt 图形的格式包括 SmartArt 图形的布局、颜色以及快速样式等，修改 SmartArt 图形具体操作方法如下：

Step 01 选择需要修改布局的 SmartArt 图形，单击“设计”选项卡下“布局”组中的“更改布局”下拉按钮，在弹出的下拉列表中选择“目标图列表”选项，如图 7-71 所示。

Step 02 此时，原流程布局已经变为所选的新流程布局，效果如图 7-72 所示。

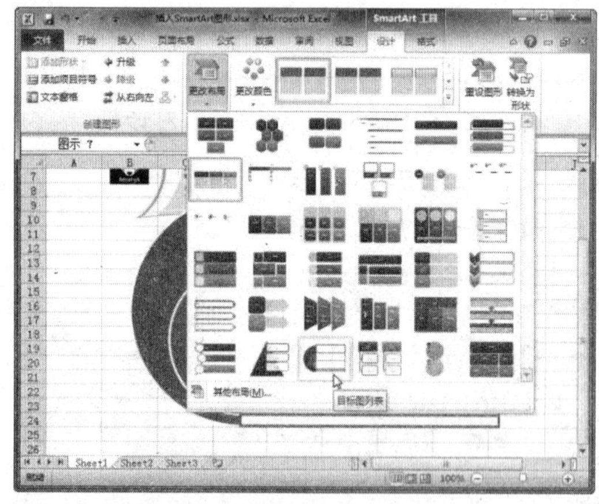

图 7-71 选择新布局选项

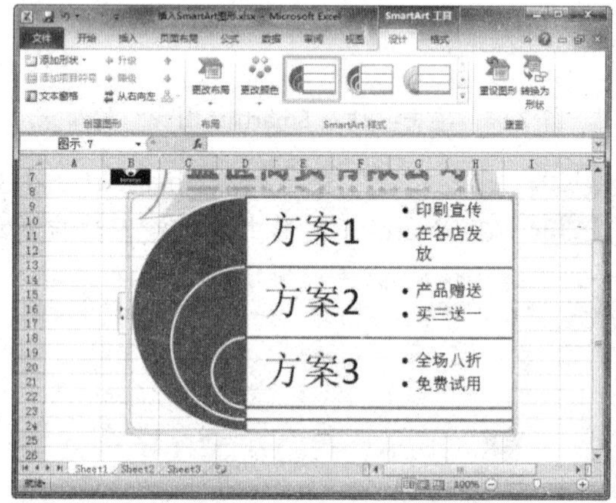

图 7-72 查看修改布局效果

Step 03 选中需要修改颜色的 SmartArt 图形，单击“设计”选项卡下“SmartArt 样式”组中的“更改颜色”下拉按钮，在弹出的下拉列表中选择一种流程彩色，如图 7-73 所示。

Step 04 此时，原流程颜色已被修改为另一种流程颜色，效果如图 7-74 所示。

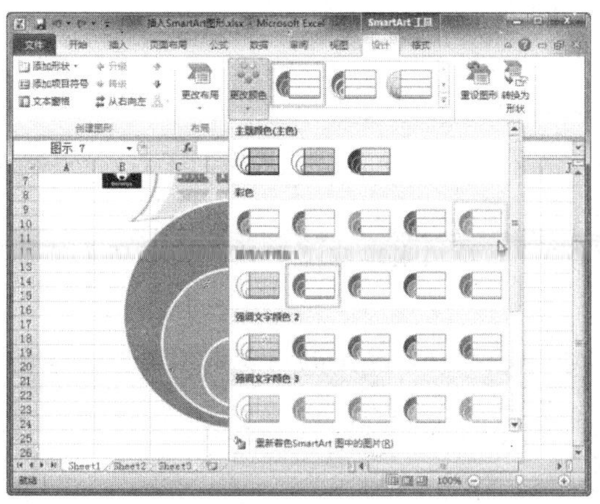

图 7-73　选择流程颜色

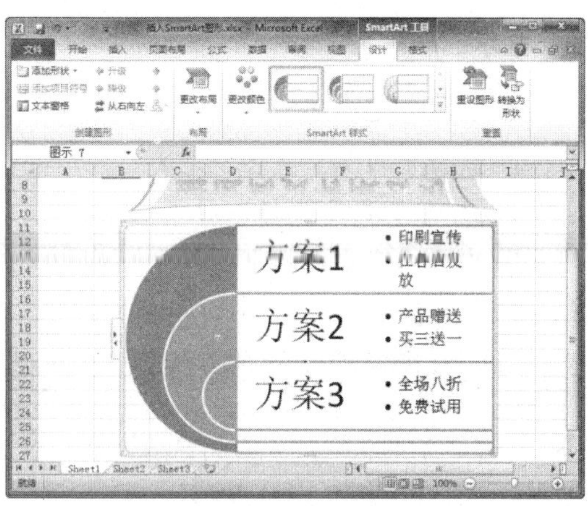

图 7-74　查看修改颜色效果

项目小结

本项目主要介绍了在工作表中插入图形、插入艺术字、插入图片和插入 SmartArt 图形等方法。通过对本项目的学习，读者应重点掌握以下知识：

（1）绘制、复制和删除图形形状。

（2）调整图形的大小和位置，设置图形形状。

（3）为图形设置各种形状效果。

（4）在工作表中插入并修改艺术字。

（5）在工作表中插入剪贴画和图片。

（6）插入 SmartArt 图形，制作流程图。

项目习题

新建一个工作簿（如图 7-75 所示），为其插入艺术字和 SmartArt 图形，制作一个公司招聘流程表，最终效果如图 7-76 所示。

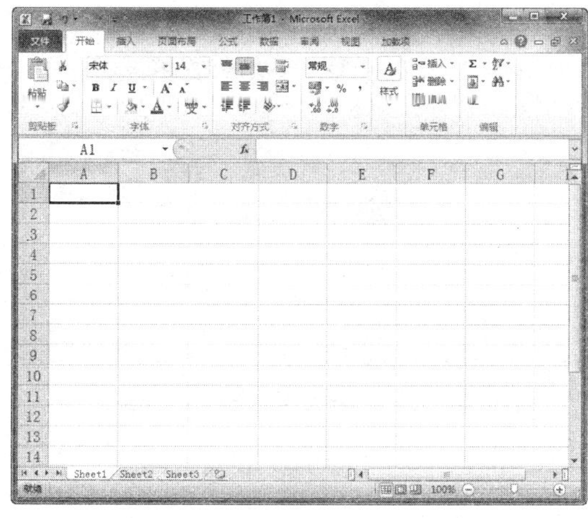

图 7-75　新建工作簿

图 7-76　效果文件

操作提示：

（1）插入艺术字

① 新建工作簿，选择“插入”选项卡，在“文本”组中单击“艺术字”下拉按钮，在弹出的下拉列表中选择一种艺术字效果，如图 7-77 所示。

② 在艺术字文本框中输入“公司招聘流程表”，并将艺术字移至工作表顶部的合适位置，如图 7-78 所示。

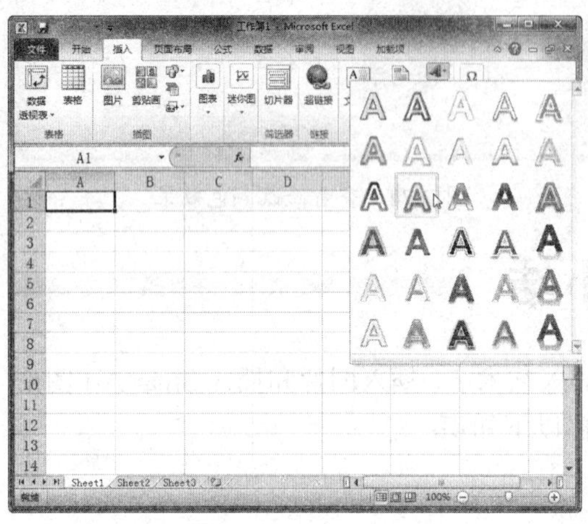

图 7-77　选择艺术字效果

图 7-78　输入文本

（2）插入 SmartArt 图形

① 选择“插入”选项卡，在“插图”组中单击“插入 SmartArt 图形”按钮，如图 7-79 所示。

② 弹出“选择 SmartArt 图形”对话框，在左侧选择“层次结构”选项，在右侧选择“水平层次结构”选项，然后单击“确定”按钮，如图 7-80 所示。

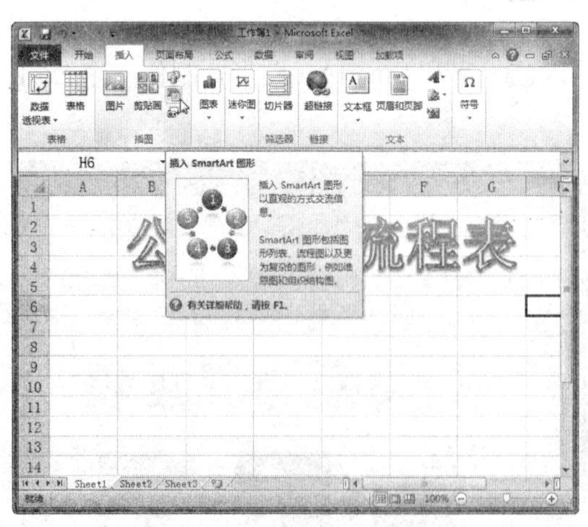

图 7-79　单击“插入 SmartArt 图形”按钮

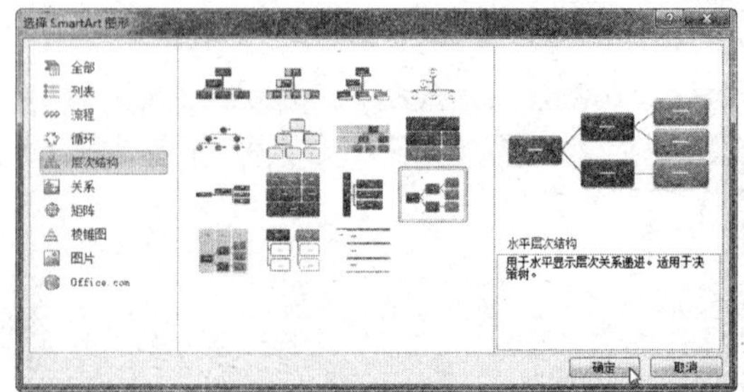

图 7-80　“选择 SmartArt 图形”对话框

③ 此时，即可在工作表中显示插入的 SmartArt 图形。在 SmartArt 图形中编辑文本，如图 7-81 所示。

④ 选中 SmartArt 图形中不需要编辑的文本框，按【Delete】键将其删除，如图 7-82 所示。

图 7-81　编辑文本

图 7-82　删除文本框

⑤ 选择“设计”选项卡，在“SmartArt 样式”组中单击“更改颜色”下拉按钮，在弹出的面板中选择“彩色 - 强调文字颜色”选项，如图 7-83 所示。

⑥ 此时，即可在工作表中显示最终的设置效果，如图 7-84 所示。

图 7-83　更改颜色

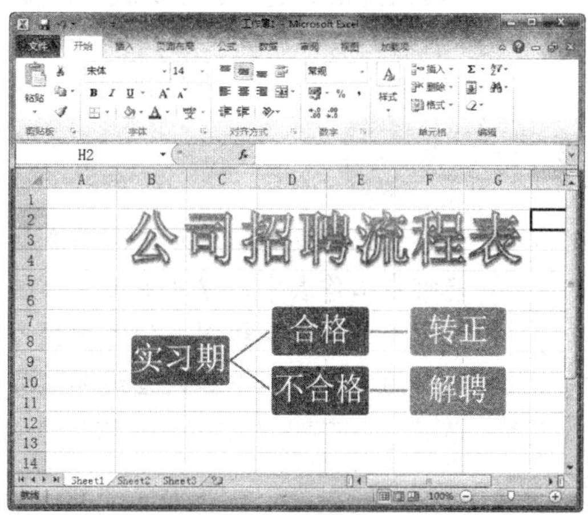

图 7-84　查看设置效果

项目八　创建和编辑图表

项目概述

在 Excel 2010 中，为了更直观地表现工作簿中抽象的数据，可以在表格中创建 Excel 图表来清楚地表示各个数据的大小及变化情况，方便对数据进行对比和分析。本项目将详细介绍 Excel 中的柱形图、折线图等各类图表，图表的插入和编辑，以及使用误差线和趋势线等知识。

项目重点

- 熟悉 Excel 中折线图、饼图、条形图等各类图表。
- 掌握创建基本图表和组合图表的方法。
- 掌握改变图表类型、添加或删除数据系列、设置图表选项等编辑图表的方法。
- 掌握在图表中添加误差线和趋势线的方法。

项目目标

- 能够认识图表的组成元素和图表的各种类型。
- 能够在工作表中创建基本图表和组合图表。
- 能够熟练掌握编辑图表的各种操作。
- 能够为数据系列添加误差线和趋势线。

任务一　图表的组成与类型

图表包含标题、系列、各类坐标轴、图例等不同的组成部分，了解图表的组成是学习图表的基础，下面将进行详细介绍。

任务重点与实施

图表是由工作表中的数据生成的，它能形象地反映出数据的对比关系及趋势，可以将抽象的数据形象化。当工作表中的数据源发生变化时，图表中对应的数据也将自动更新。

在 Excel 2010 中，只需选择图表类型、图表布局和图表样式，即可创建专业效果的图表，还可以将喜欢的图表作为图表模板进行保存，以便日后使用。

一、图表的组成

一般的图表主要包括图表区、绘图区、图例项、背景、图表标题、分类轴、分类轴标题、数轴区、数轴标题区、图例标志等基本元素，如图 8-1 所示。

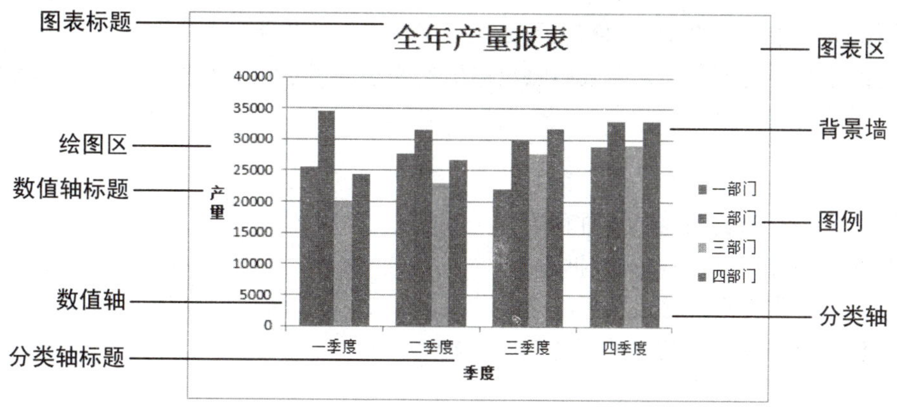

图 8-1　图表组成元素

- **图表区：**在 Excel 2010 中，图表区包含绘制的整张图表及图表中的元素区域。如果要复制或移动图表，就必须先选定图表区。
- **绘图区：**图表中的整个区域就是绘图区。二维图表和三维图表的绘图区有一些不同。二维图表的绘图区是以坐标轴为界，并包括全部数据系列的区域；三维图表的绘图区是以坐标轴为界，并包含数据系列、分类名称、刻度线和坐标轴标题的区域。
- **图表标题：**图表标题在图表中起到说明的作用，是图表性质的大致概括和内容总结，相当于一篇文章的标题，用它来定义图表的名称。它可以自动与坐标轴对齐或居中排列于图表的最顶端。
- **数值轴标题和分类轴标题：**数值轴标题位于图表的左边，标记数值轴的名称；分类轴标题位于图表的下边，标记分类轴的名称。
- **数值轴：**数值轴是位于图表左边的坐标轴。
- **背景墙和基底：**背景墙和基底是三维图表的组成部分，它以 X 轴、Y 轴和 Z 轴所构成的平面为背景墙，以 X 轴和 Y 轴所构成的平面为基底。
- **图例：**图例是包围“图例项标示”和“图例项”的方框，每个图例项标示和图表中相应数据系列的颜色及图案一致。

二、图表的类型

Excel 2010 提供了多种类型的图表，如柱形图、折线图、饼图、条形图、面积图、XY

散点图、股价图、曲面图、圆环图和气泡图等。基于不同的目的，选择不同的最为合适的图表。下面将详细介绍各种图表类型。

1．柱形图

柱形图是 Excel 2010 默认的图表类型，也是用户使用较多的一类图表。它以垂直的柱状图形来表示数据点，柱形的高度则代表数值的大小，如图 8-2 所示。柱形图通常用于不同时期或不同类别数据之间的比较，也可用来反映不同时期和不同类别数据的差异。

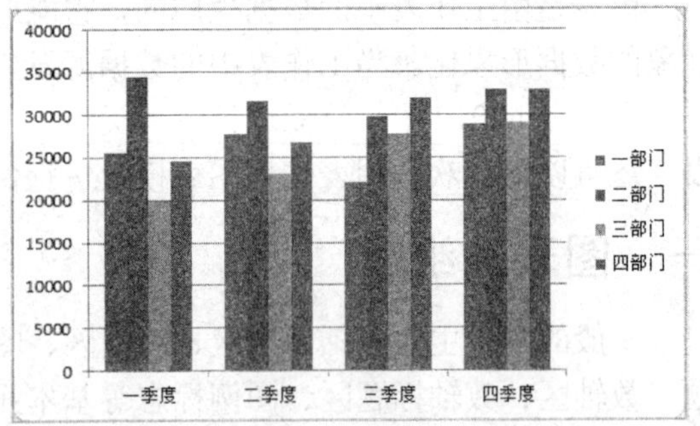

图 8-2　柱形图

柱形图的分类轴（水平轴）用来表示时间或类别；数值轴（垂直轴）用来参照数据值的大小。对于相同时期或类别上的不同系列，则可以用图例和颜色来区分。

2．折线图

折线图是用来表示数据随时间推移而变化的一类图表，其以点状图形为数据点，并由左向右用直线将各点连接成为折线形状，折线的起伏可以反映出数据的变化趋势，如图 8-3 所示。

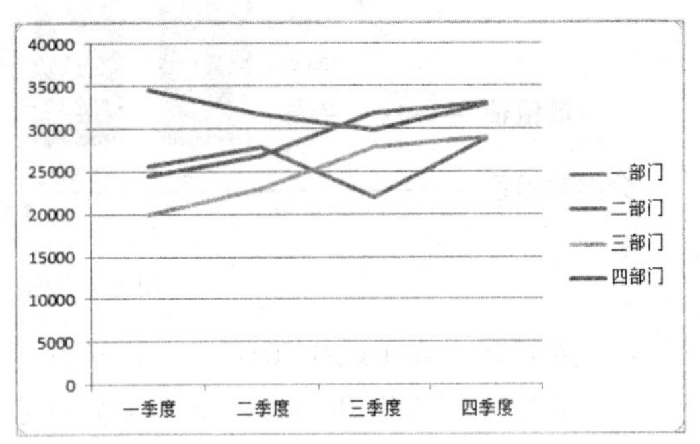

图 8-3　折线图

折线图用一条或多条折线来绘制一组或多组数据。通过观察可以判断每一组数据的峰值与谷值，以及折线变化的方向、速率和周期等。对于多条折线，还可以观察各折线的变化趋势是否相近或相异，并据此说明问题。

在折线图中，分类轴（水平轴）表示时间的推移，数据轴（垂直轴）则用于参照在折线上与某个时刻对应特定点的数值大小。

3．饼图

饼图通常只有一个数据系列，它将一个圆划分为若干个扇形，每个扇形代表数据系列中的一项数据值，扇形的大小表示相应数据项占该数据系列总和的比例值，如图 8-4 所示。饼图通常用来描述构成比例方面的信息。

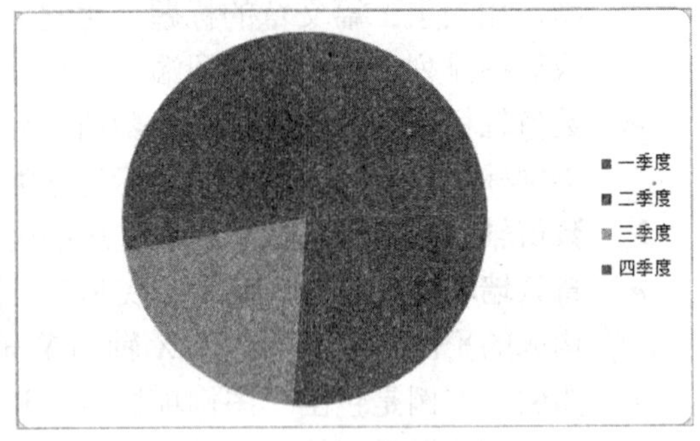

图 8-4　饼图

4．条形图

条形图可以看作是水平放置的柱形图，它以水平的条状图形表示数据点，条形的长度代表数值的大小，如图 8-5 所示。条形图主要用于比较不同类别数据之间的差异。

与柱形图相反，条形图以垂直方向的坐标轴为分类轴、水平方向的坐标轴为数值轴。如果分类刻度标签较长，使用此类图表可以避免刻度标签的文字拥在一起。

5．面积图

面积图实际上是折线图的另一种表现形式，它利用各系列的折线与坐标轴间围成的图形来表达各系列数据随时间推移的变化趋势，用于强调各系列同其总体之间存在的部分与整体的关系，如图 8-6 所示。

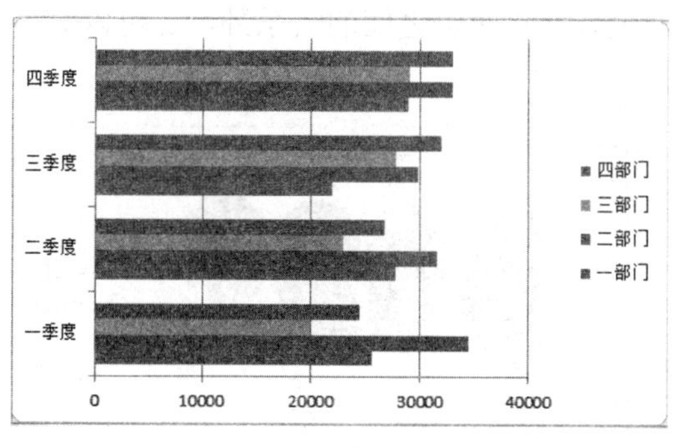

图 8-5　条形图

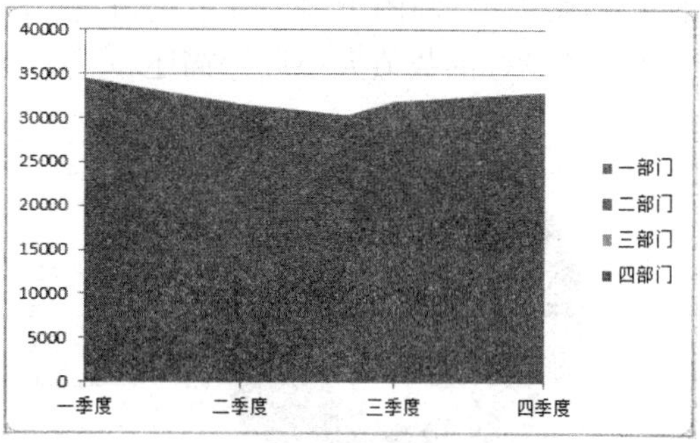

图 8-6　面积图

6．XY 散点图

XY 散点图可用来说明一组或多组变量间的相互关系，其每一个数据点都由两个分别对应于 XY 坐标轴的变量构成，每一组数据构成一个数据系列。XY 散点图的数据点一般呈簇状不规则颁布，可用线段将数据点连接在一起，也可仅用数据点来说明数据的变化趋势、离散程度以及不同系列数据间的相关性，如图 8-7 所示。

7．曲面图

曲面图实际上是折线图和面积图的另一种形式，它有 3 个轴，分别代表分类、系列和数值。曲面图通过跨两维（分类和系列）的曲面图形来表示数据的变化趋势，曲面图形的颜色代表其取值范围，如图 8-8 所示。通过拖放曲面图的坐标轴，可以方便地变换观察图表的角度。

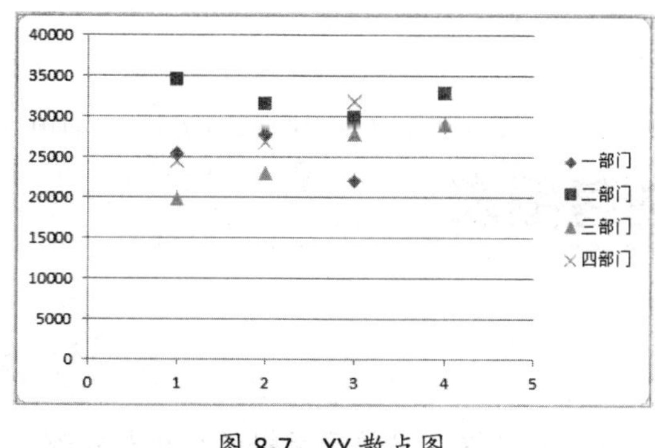

图 8-7　XY 散点图

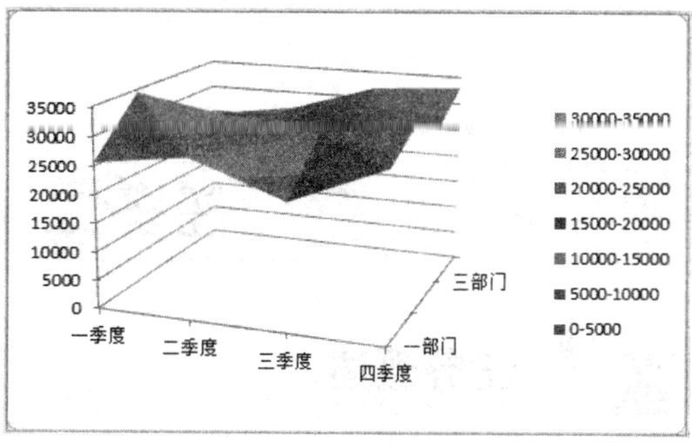

图 8-8　曲面图

8．圆环图

圆环图与饼图类似，也用来描述构成比例的信息，但它可以有多个数据系列。圆环图由一个或多个同心的圆环组成，每个圆环表示一个数据系列，并划分为若干个环形段，每个环形段的长度代表一个数据值在相应数据系列中所占的比例，如图 8-9 所示。环形图常用来比较不同性质但相关联的多组数据的构成比例关系。

9．气泡图

气泡图是 XY 散点图的扩展，它相当于在 XY 散点图的基础上增加第 3 个变量，即气泡的尺寸。气泡所处的坐标值代表对应于 x 轴（水平轴）和 y 轴（垂直轴）的两个变量值，气泡的大小则用来表示数据系列中第 3 个变量的值，数值越大，气泡就越大，如图 8-10 所示。因此，气泡图可用于分析更为复杂的数据关系，除两组之间的关系外，还可以对另一组相关指标的数值大小进行描述。

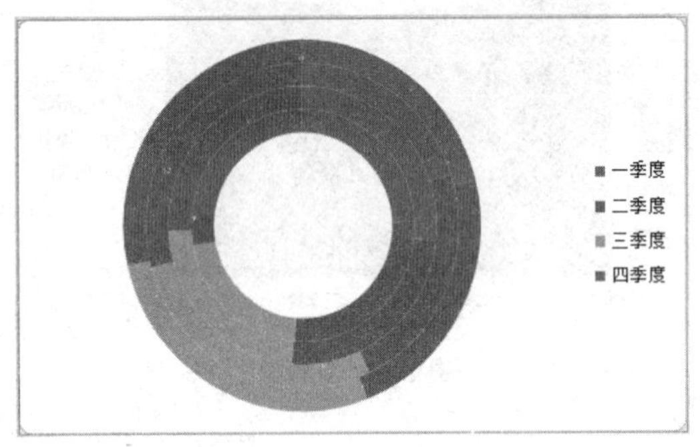

图 8-9　圆环图

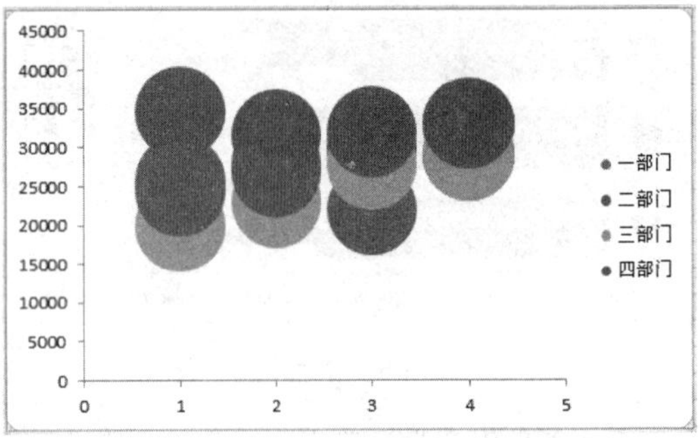

图 8-10　气泡图

10．雷达图

雷达图常用于多项指标的全面分析，具有完整、清晰和直观的优点。雷达图的每个分类都有一个独立的坐标轴，各轴由图表中心向外辐射，同一系列的数据点绘制在坐标轴上，以折线参考值绘制成图表的几个系列，并与用实际值绘制成的系列进行比较，使图表的阅读者能够对各项指标的变动情况及好坏趋向一目了然，如图 8-11 所示。

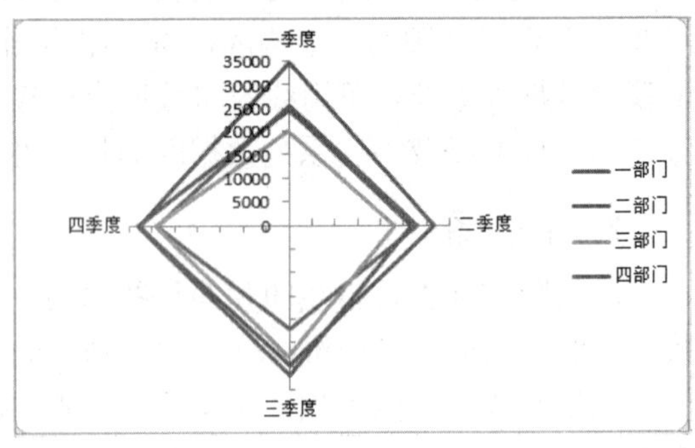

图 8-11　雷达图

任务二　创建图表

任务概述

通过为工作表创建图表可以直观显示出工作表中的数据，以便于数据的分析与处理。在 Excel 2010 中，可以方便、快捷地创建图表，并且可以选择多种类型的图表形状。对于多数图表来说，可以将工作表的行或列中排列的数据绘制在图表中，但某些图表类型则需要特定的数据排列方式。下面将详细介绍如何创建图表。

任务重点与实施

一、创建基本图表

使用 Excel 2010 创建基本图表时，只需选择图表的类型便可以完成操作。创建基本图表的方法如下：

方法 1：使用功能区按钮创建基本图表

Step 01 打开“素材文件/第 8 章/创建基本图表.xlsx”，选择 A2:E6 单元格区域，如图 8-12 所示。

Step 02 单击“插入”选项卡下“图表”组中的“柱形图”下拉按钮，在弹出的下拉列表中选择“簇状柱形图”选项，如图 8-13 所示。

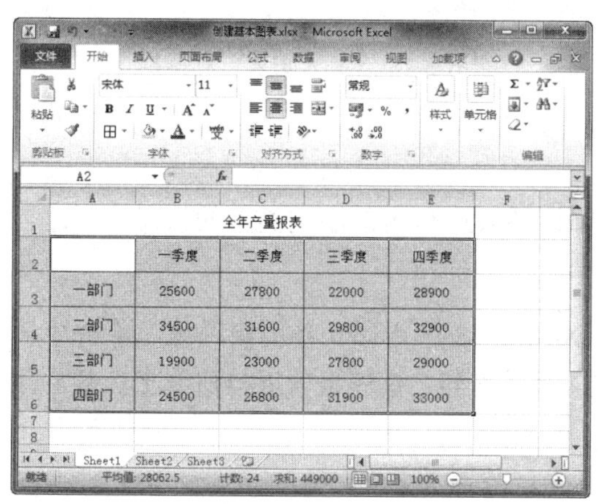

图 8-12　选择单元格区域

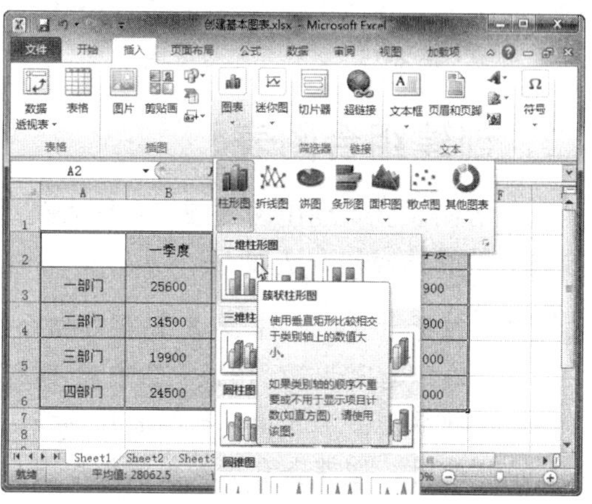

图 8-13　选择“簇状柱形图”选项

Step 03 此时，即可查看新创建的簇状柱形图表效果，如图 8-14 所示。

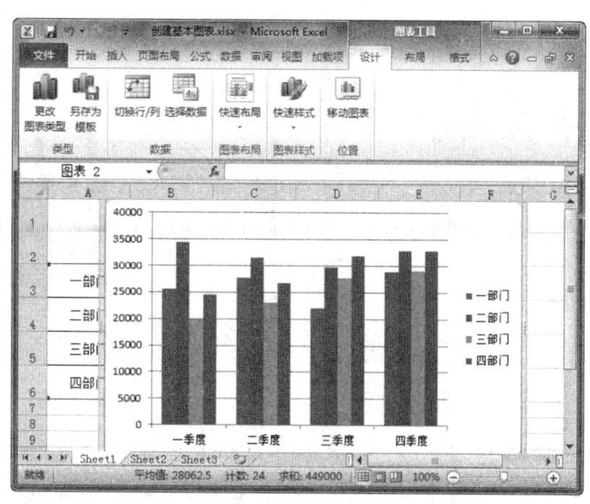

图 8-14　查看簇状柱形图表效果

方法 2：通过对话框创建基本图表

Step 01 打开“素材文件/第 8 章/创建基本图表.xlsx”，选择 A2:E6 单元格区域，单击“插入”选项卡下“图表”组中的扩展按钮，如图 8-15 所示。

Step 02 弹出“插入图表”对话框，在左窗格中选择“柱形图”选项，在右窗格中选择“簇状柱形图”选项，单击“确定”按钮，即可完成图表创建操作，如图 8-16 所示。

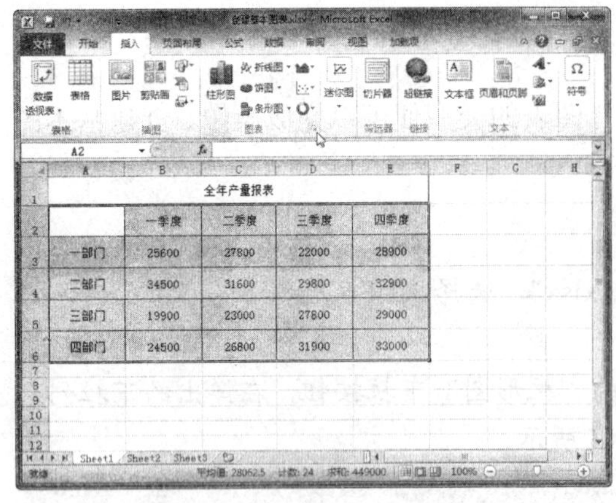

图 8-15 选择单元格区域

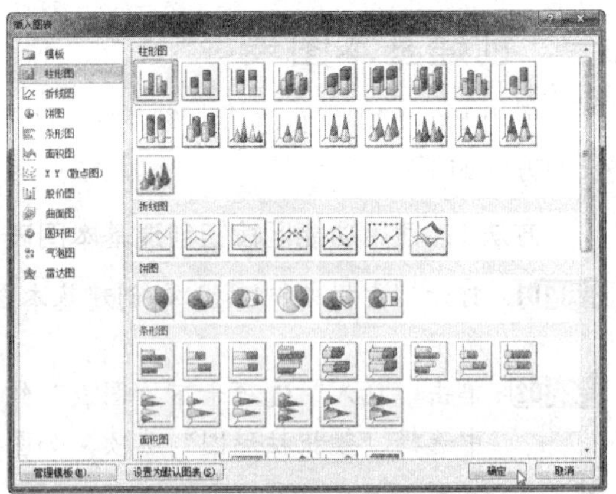

图 8-16 “插入图表”对话框

二、创建组合图表

组合图表就是使用两种或多种图表类型来强调图表中包含的不同类型的信息。创建组合图表的具体操作方法如下：

Step 01 打开“素材文件/第 8 章/创建组合图表.xlsx”，选择 A2:F6 单元格区域，单击“插入”选项卡下“图表”组中的“柱形图”下拉按钮，在弹出的下拉列表中选择“簇状柱形图”选项，如图 8-17 所示。

Step 02 此时，即可查看插入簇状柱形图后的效果，如图 8-18 所示。

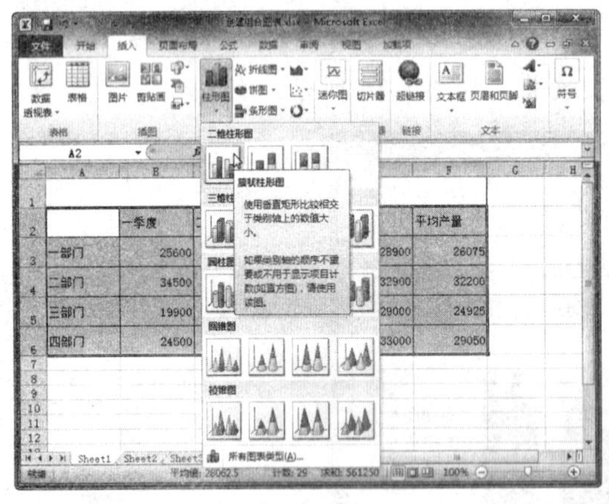

图 8-17 选择“簇状柱形图”选项

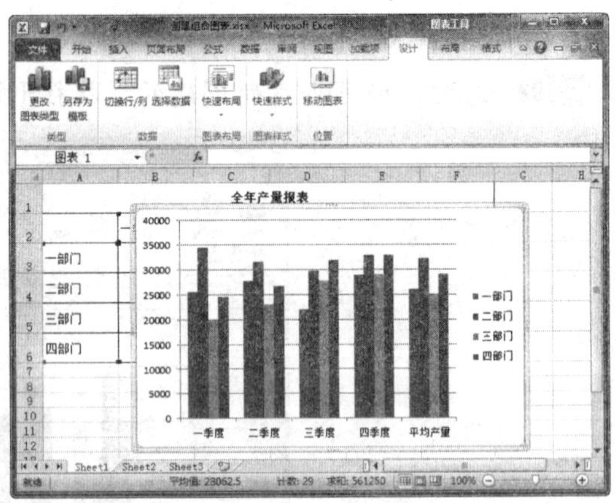

图 8-18 簇状柱形图

Step 03 在图表中选中“平均产量”数据系列，这时在数据系列周围出现选择控制点，单击“设计”选项卡下“类型”组中的“更改图表类型”按钮，如图 8-19 所示。

Step 04 弹出“更改图表类型”对话框，在左窗格中选择“折线图”选项，在右窗格中选择“带数据标记的折线图”选项，然后单击“确定”按钮，如图 8-20 所示。

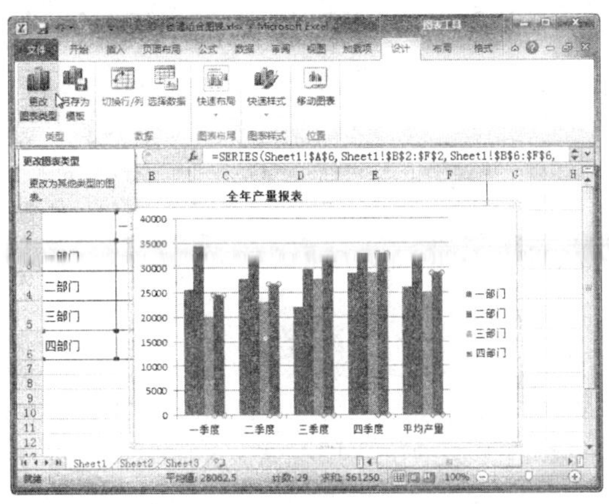

图 8-19　单击“更改图表类型”按钮

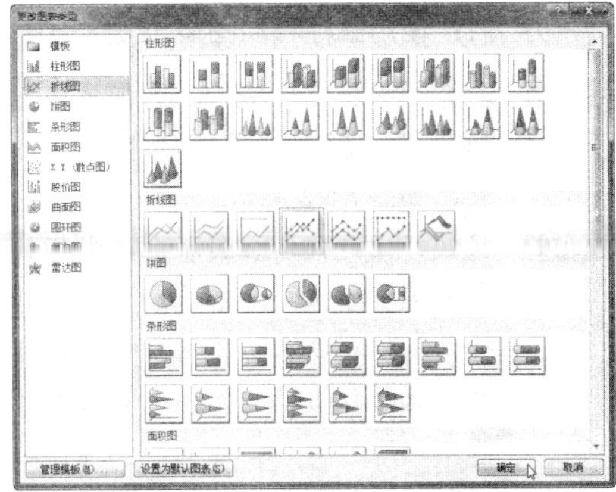

图 8-20　“更改图表类型”对话框

Step 05　此时，即可查看创建的组合图表效果，如图 8-21 所示。

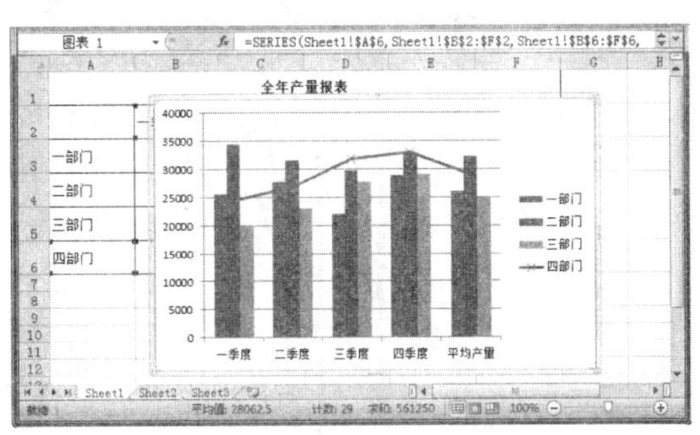

图 8-21　查看组合图表效果

在创建组合图表时，不能将二维图表与三维图表组合在一起，否则会弹出提示信息框，询问是否更改当前图表的类型，以便将两个图表组合在一起。

任务三　编辑图表

任务概述

在创建图表时，一般使用默认的图表类型、图标样式等设置即可，但用户的需求是多种多样的，还可以根据需要对创建的图表进行修改。下面将详细介绍如何编辑图表。

任务重点与实施

一、调整图表的位置

若要移动所创建图表的位置，方法如下：

方法 1：使用鼠标移动图表位置

Step01 打开“素材文件/第 8 章/调整图表的位置.xlsx”，选中需要移动的图表，如图 8-22 所示。

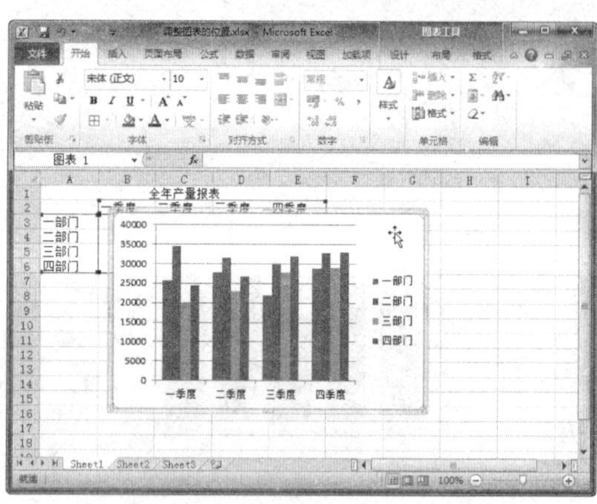

图 8-22 选择要移动的图表

Step02 将鼠标指针放到该图表上，当指针变为十字形状时，按住鼠标左键并拖动鼠标到合适的位置后释放，即可完成图表的移动操作，如图 8-23 所示。

Step03 此时，即可查看移动图表之后的效果，如图 8-24 所示。

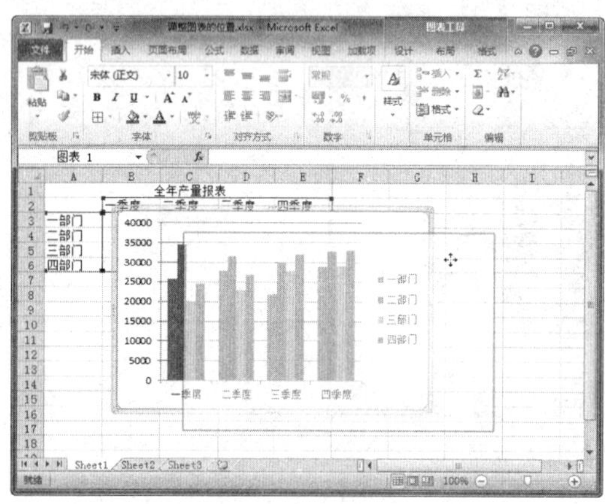

图 8-23 移动图表

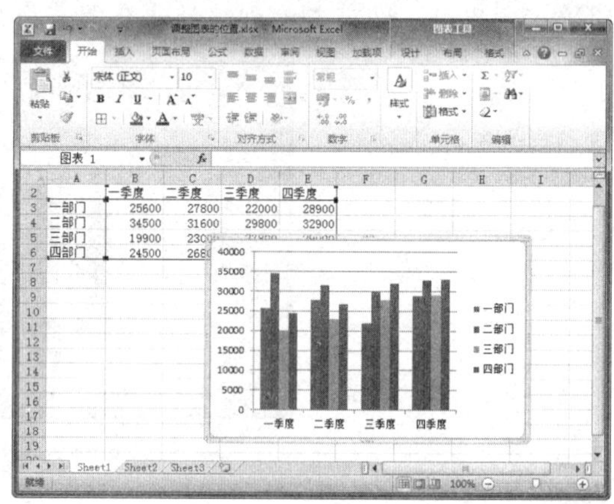

图 8-24 查看移动图表效果

方法 2：使用功能区按钮移动图表

如果想把图表移到其他工作表中，可以按下面的方法进行操作：

Step01 选中需要移动的图表，单击“设计”选项卡下“位置”组中的“移动图表”按钮，如图 8-25 所示。

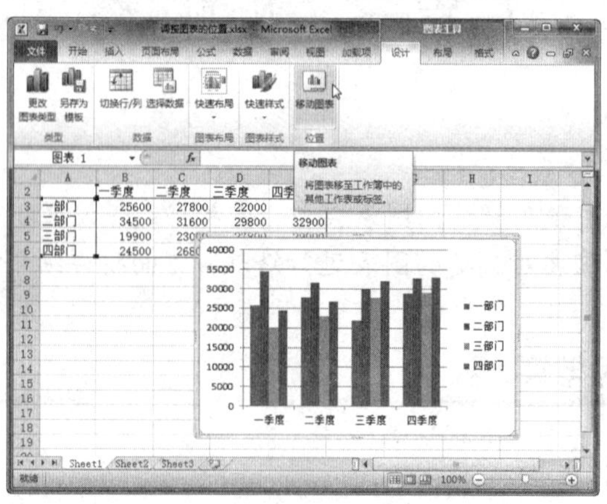

图 8-25 单击“移动图表”按钮

Step 02 弹出“移动图表”对话框，选中“新工作表”单选按钮，然后单击“确定”按钮，如图 8-26 所示。

Step 03 此时，图表将在新工作表中显示，效果如图 8-27 所示。

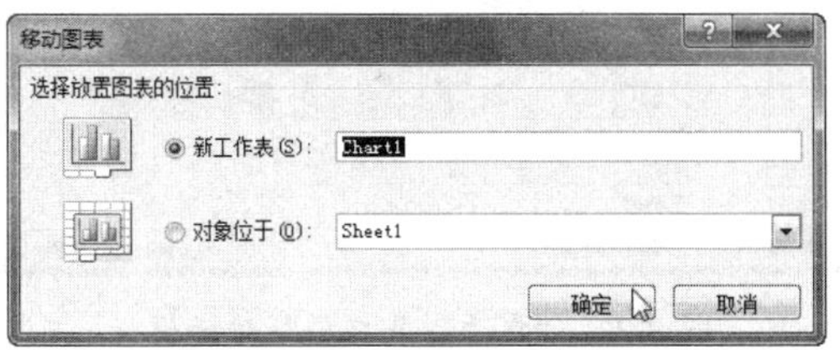

图 8-26　“移动图表”对话框

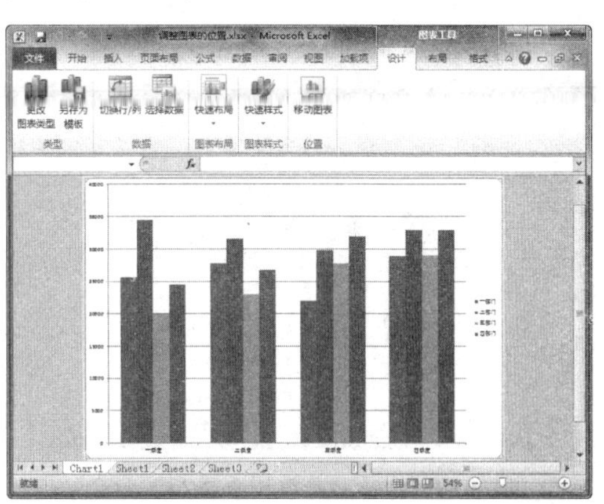

图 8-27　查看移动效果

二、调整图表的大小

若需要调整图表的大小，具体操作方法如下：

Step 01 打开“素材文件/第 8 章/调整图表的大小.xlsx”，选中需要调整大小的图表，将鼠标指针移到图表边框上，当指针变为双向箭头时，按住鼠标左键并拖动鼠标调整至合适的大小时释放鼠标左键，如图 8-28 所示。

Step 02 此时，即可查看调整大小后的图表效果，如图 8-29 所示。

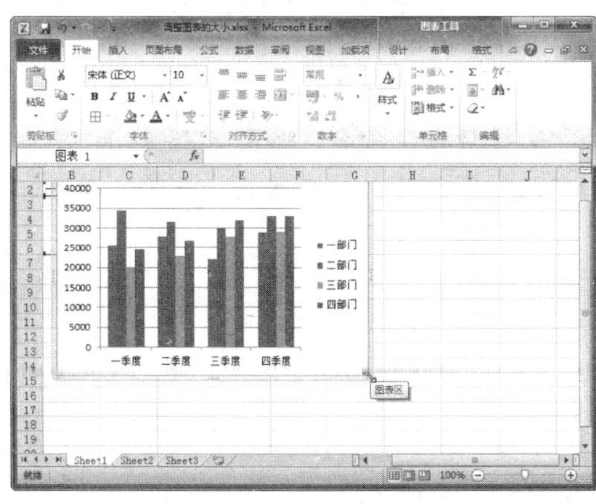

图 8-28　拖动鼠标改变图表大小

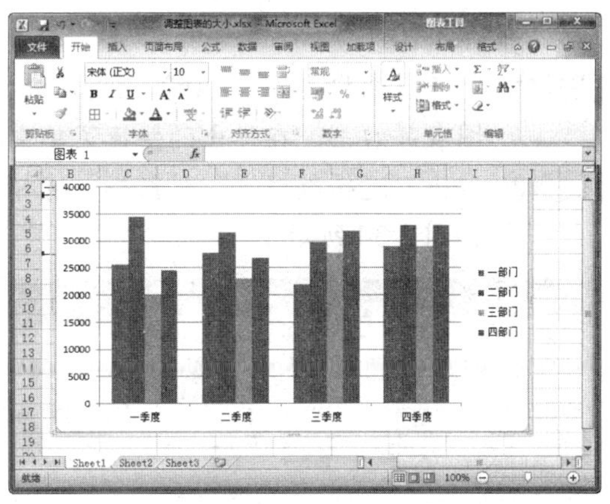

图 8-29　查看调整效果

三、改变图表类型

虽然在创建图表时已经选择了图表类型，但如果觉得创建后的图表不能直观地表达工作表中的数据信息，还可以改变图表类型，具体操作方法如下：

Step 01 打开“素材文件/第 8 章/改变图表类型.xlsx”，右击图表，在弹出的快捷菜单中选择“更改图表类型”命令，如图 8-30 所示。

Step 02 弹出“更改图表类型”对话框，在左窗格中选择“柱形图”选项，在右窗格中选择“三维圆锥图”选项，然后单击“确定”按钮，如图 8-31 所示。

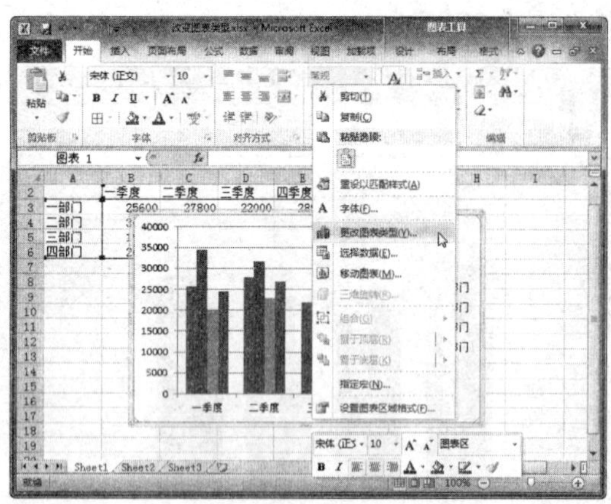

图 8-30 选择“更改图表类型”命令

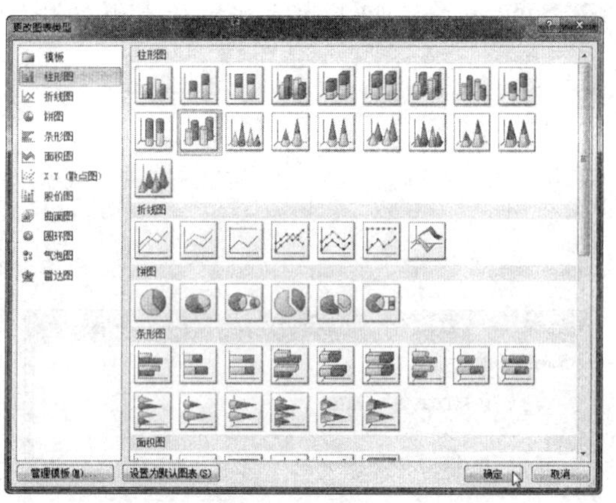

图 8-31 “更改图表类型”对话框

Step 03 此时，图表由原来的簇状柱形图变为三维圆锥图，效果如图 8-32 所示。

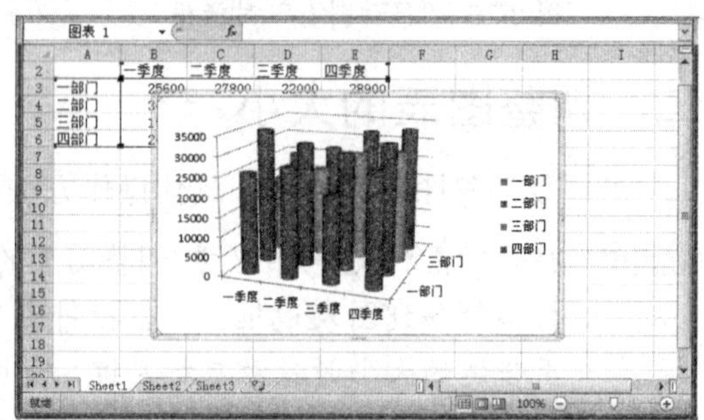

图 8-32 查看图表效果

四、改变图表数据区域

在创建图表之后，可以重新选择图表的数据区域。改变图表数据区域的具体操作方法如下：

Step 01 打开“素材文件/第 8 章/改变图表数据区域.xlsx”，选中需要改变图表数据区域的图表并右击，在弹出的快捷菜单中选择“选择数据”命令，如图 8-33 所示。

Step 02 弹出“选择数据源”对话框，选择“二部门”图例项，然后单击“删除”按钮，如图 8-34 所示。

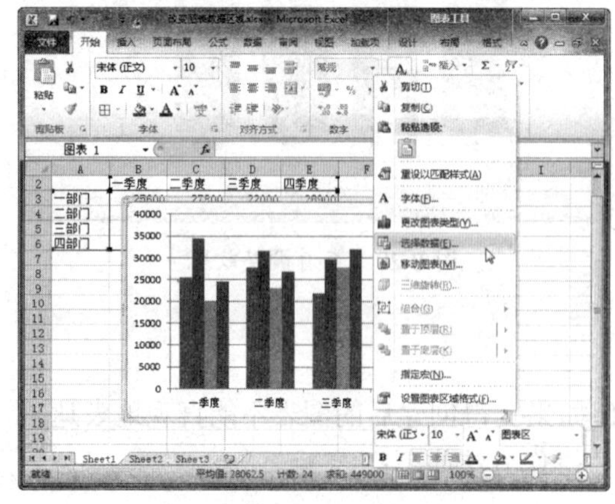

图 8-33 选择“选择数据”命令

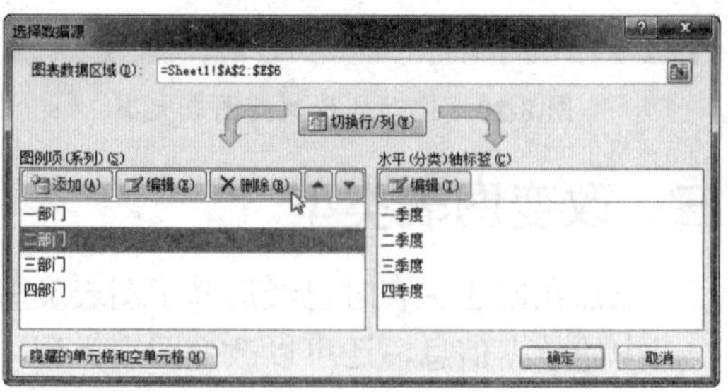

图 8-34 “选择数据源”对话框

Step 03 用同样的方法删除“四部门”图例项，然后单击“确定”按钮，如图 8-35 所示。

Step 04 此时，即可查看改变数据区域之后的图表效果，如图 8-36 所示。

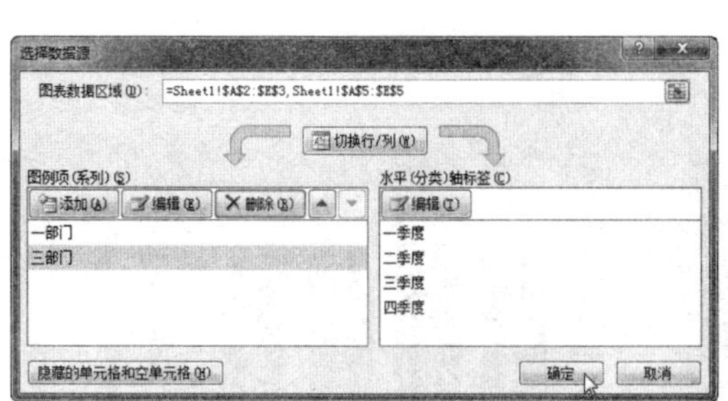

图 8-35　删除图例项

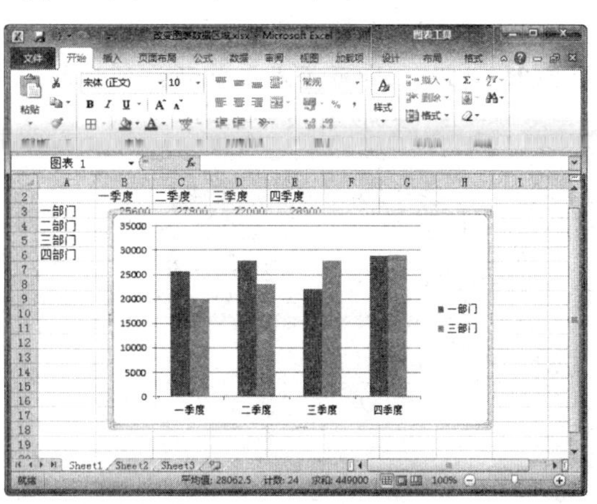

图 8-36　查看图表效果

五、添加与删除数据系列

当向已创建了图表的工作表中添加数据系列后，当然也希望图表能把添加的数据系列显示出来。下面将介绍如何在图表中添加或删除数据系列。

1. 添加数据系列

在图表中添加数据系列的方法如下：

方法 1：使用快捷菜单添加数据系列

Step 01 打开“素材文件/第 8 章/在图表中添加或删除数据系列.xlsx”，选中需要添加数据系列的图表并右击，在弹出的快捷菜单中选择“选择数据”命令，如图 8-37 所示。

Step 02 弹出“选择数据源”对话框，在“图例项”选项区中单击“添加”按钮，如图 8-38 所示。

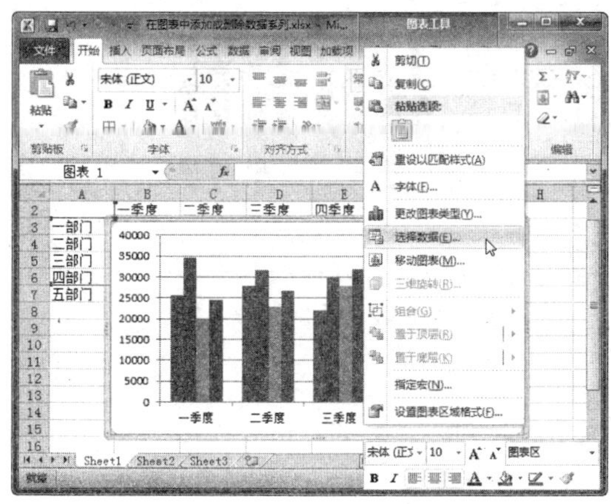

图 8-37　选择“选择数据”命令

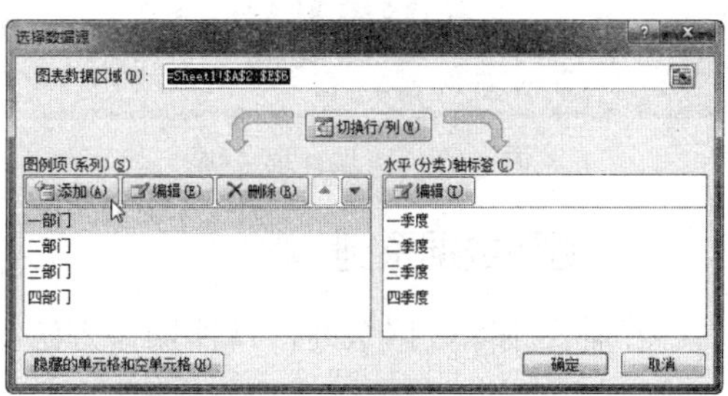

图 8-38　“选择数据源”对话框

Step 03 弹出“编辑数据系列”对话框，在“系列名称”文本框中输入“五部门”，在“系列值”文本框右侧单击折叠按钮，选择五部门的数据范围，然后单击“确定”按钮，如图 8-39 所示。

Step 04 此时，即可查看添加新系列后的图表效果，如图 8-40 所示。

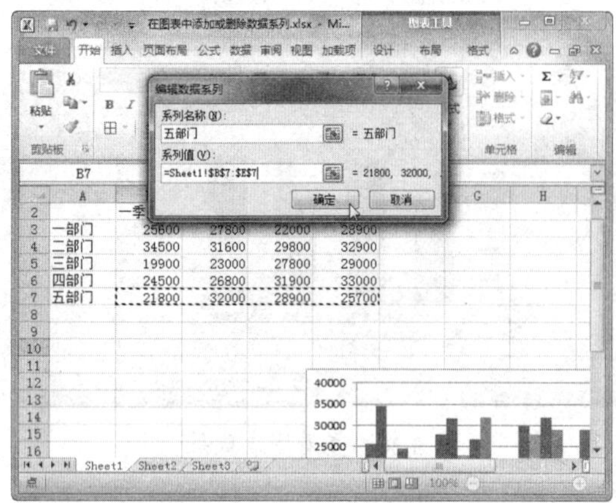

图 8-39 选择数据范围

图 8-40 查看图表效果

方法 2：复制数据系列

Step 01 打开“素材文件/第 8 章/在图表中添加或删除数据系列.xlsx”，选择需要添加的数据所在的 A7:E7 单元格区域，然后单击“开始”选项卡下“剪贴板”组中的“复制”按钮，如图 8-41 所示。

Step 02 选择需要添加数据的图表，然后单击“开始”选项卡下“剪贴板”组中的“粘贴”按钮，即可查看添加新系列后的图表效果，如图 8-42 所示。

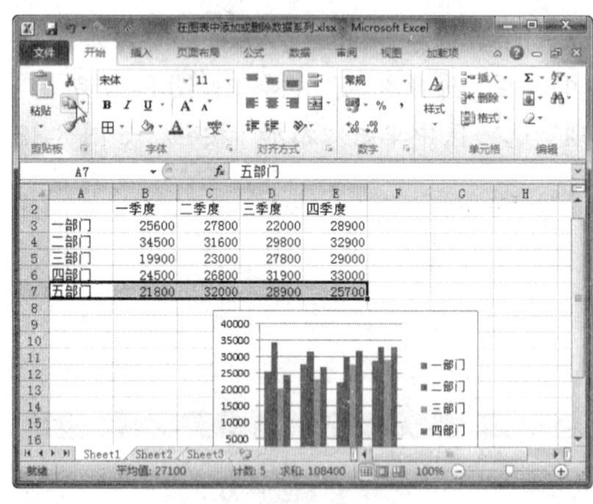

图 8-41 选择数据范围

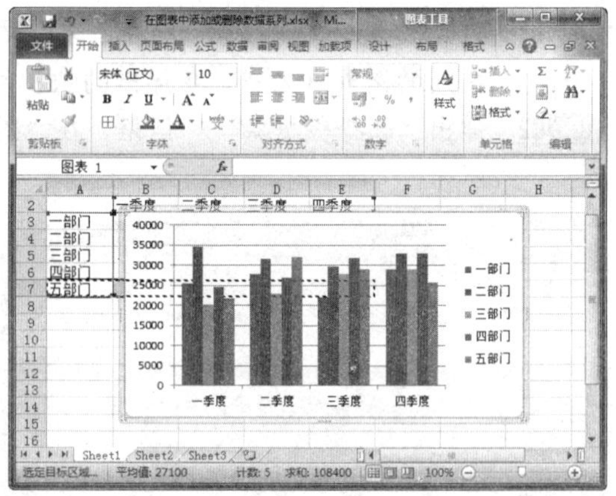

图 8-42 复制数据系列

2. 删除数据系列

若需要删除数据系列，具体操作方法如下：

Step 01 选择图表中要删除的数据系列，如图 8-43 所示。

Step 02 直接按【Delete】键，即可删除数据系列，效果如图 8-44 所示。

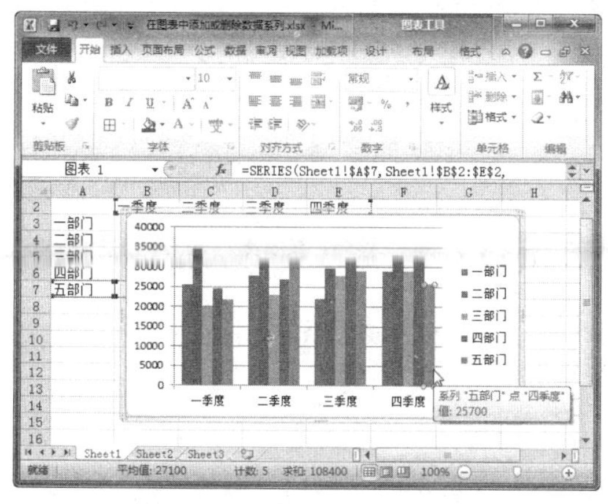

图 8-43　选择要删除的数据系列

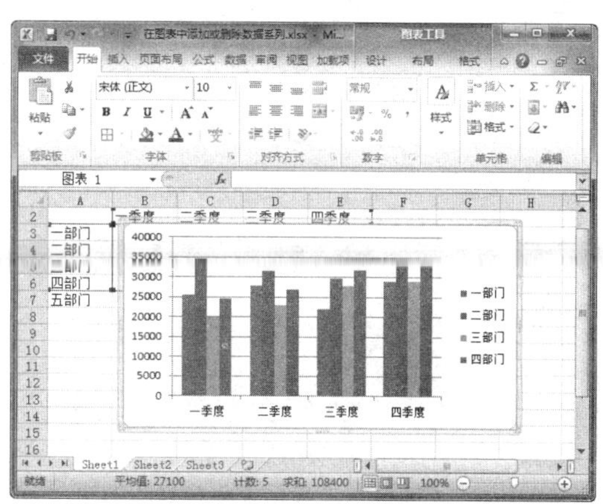

图 8-44　查看图表效果

若要把工作表中的某个数据系列与图表中的数据系列一起删除，可以选定工作表中数据系列所在的单元格区域，然后按【Delete】键，即可把工作表中的数据源和图表中的数据系列一起删除。

六、设置图表选项

如果需要设置或修改图表标题、坐标轴、图例和数据标志等选项，具体操作方法如下：

Step 01 打开“素材文件/第 8 章/设置图表选项.xlsx”，选择需要添加标题的图表，然后单击“布局”选项卡下“标签”组中的“图表标题”下拉按钮，在弹出的下拉列表中选择“图表上方”选项，如图 8-45 所示。

Step 02 此时，在图表的上方出现“图表标题”字样，在此输入“全年产量报表”替换“图表标题”字样，如图 8-46 所示。

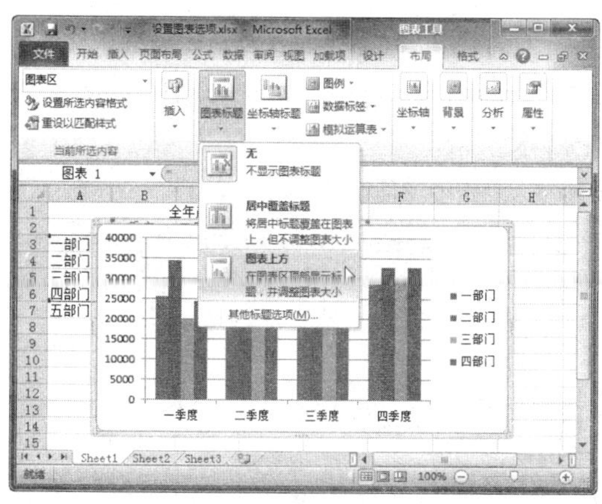

图 8-45　选择“图表上方”选项

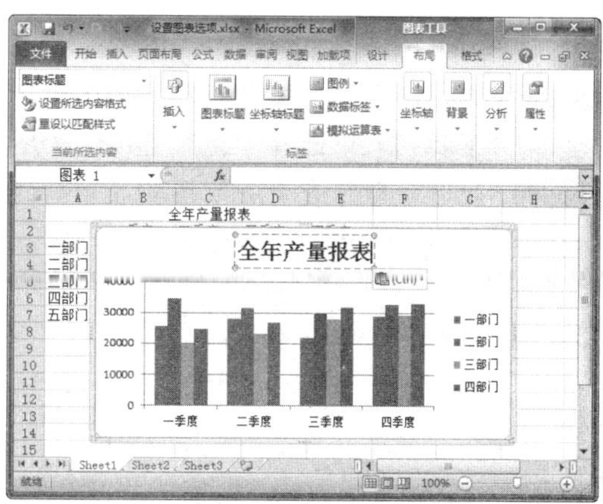

图 8-46　输入图表标题

Step 03 单击“布局”选项卡下“标签”组中的“坐标轴标题”下拉按钮，在弹出的下拉列表中选择“主要横坐标轴标题”|“坐标轴下方标题”选项，如图 8-47 所示。

Step 04 在坐标轴下方出现“坐标轴标题”字样，在此双击鼠标左键并输入“季度”替换“坐标轴标题”字样，如图 8-48 所示。

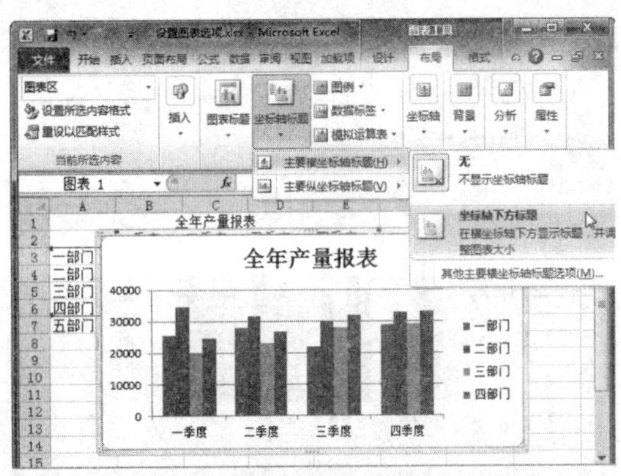

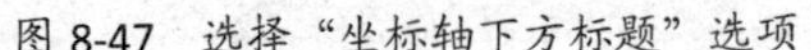

图 8-47　选择“坐标轴下方标题”选项

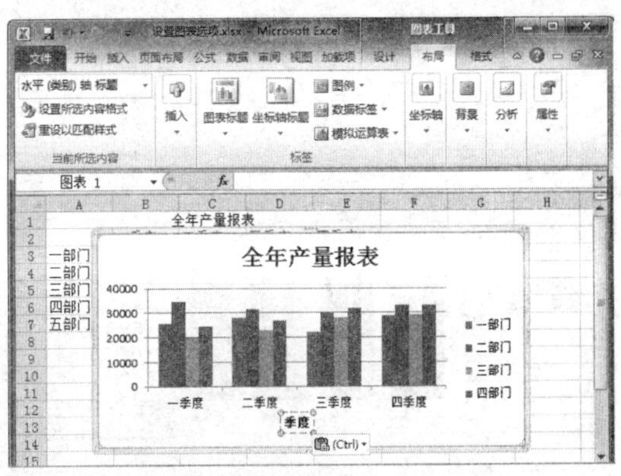

图 8-48　添加横坐标轴标题

Step 05 单击“布局”选项卡下“标签”组中的“坐标轴标题”下拉按钮，在弹出的下拉列表中选择“主要纵坐标轴标题”|“竖排标题”选项，如图 8-49 所示。

Step 06 在坐标轴的左侧出现“坐标轴标题”字样，在此双击鼠标左键并输入“产量”覆盖“坐标轴标题”字样，如图 8-50 所示。

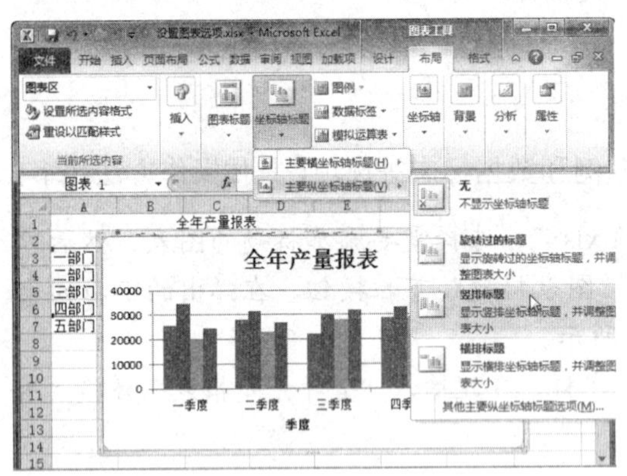

图 8-49　选择“竖排标题”选项

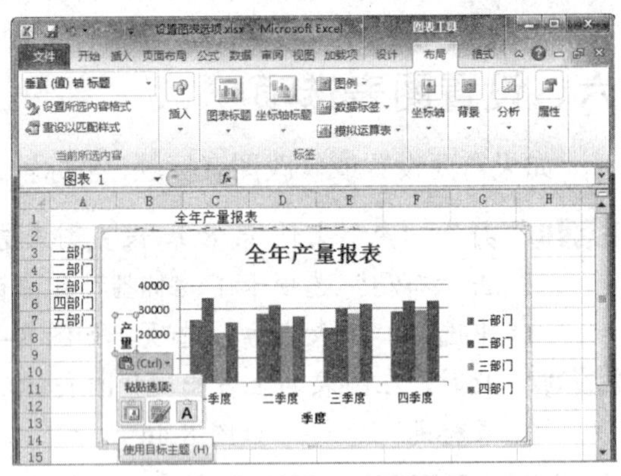

图 8-50　添加纵坐标轴标题

Step 07 选择图表，单击“布局”选项卡下“标签”组中的“图例”下拉按钮，在弹出的下拉列表中选择“无”选项，如图 8-51 所示。

Step 08 此时，即可查看关闭图例显示后的图表效果，如图 8-52 所示。

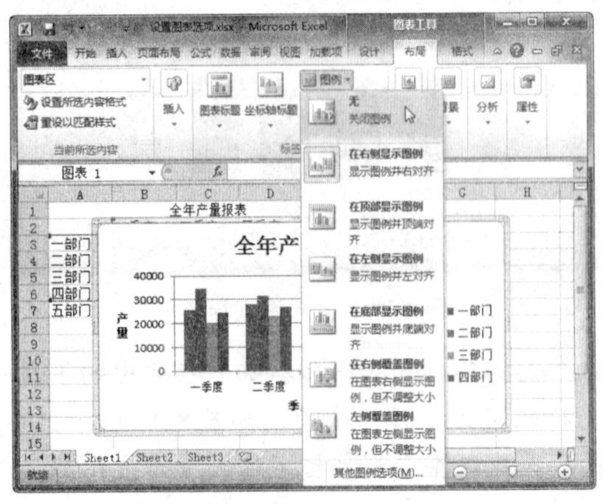

图 8-51　选择“无”选项

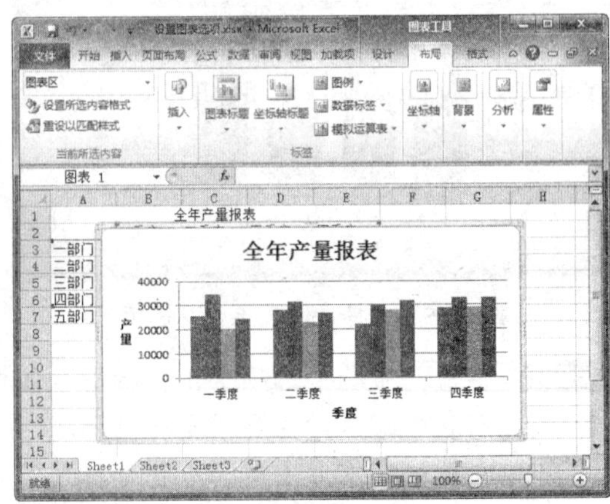

图 8-52　查看关闭图例显示后的图表效果

Step09 选择图表，单击“布局”选项卡下“标签”组中的“数据标签”下拉按钮，在弹出的下拉列表中选择“数据标签内”选项，如图 8-53 所示。

Step10 此时，即可将数据标签显示出来，效果如图 8-54 所示。

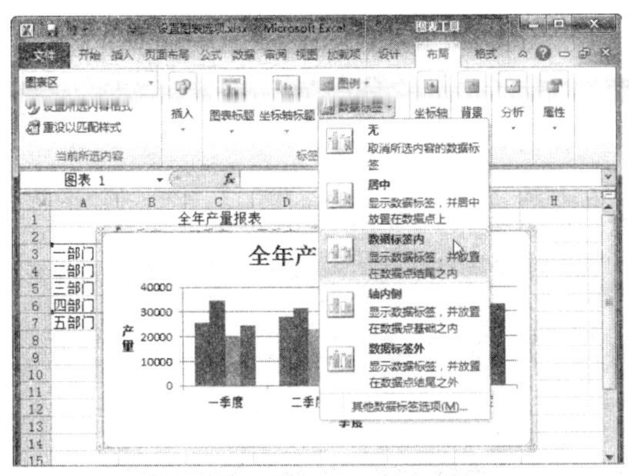

图 8-53　选择“数据标签内”选项

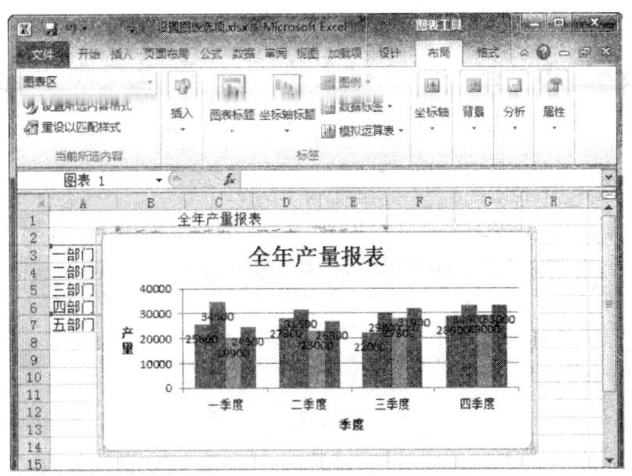

图 8-54　查看添加数据标签后的图表效果

七、改变图表布局

创建图表后，可以使用预定义布局快速改变图表的布局，具体操作方法如下：

Step01 打开“素材文件/第 8 章/改变图表布局.xlsx”，选择 A2:E6 单元格区域，单击“插入”选项卡下“图表”组中的“饼图”下拉按钮，在弹出的下拉列表中选择“饼图”选项，如图 8-55 所示。

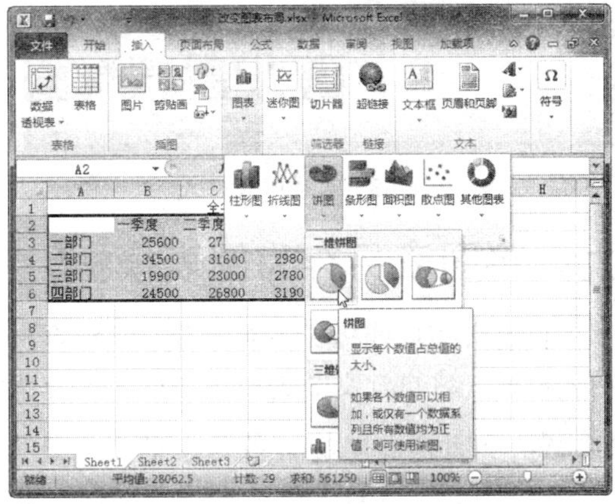

图 8-55　选择“饼图”选项

Step02 单击“设计”选项卡下“图表布局”组中的“快速布局”下拉按钮，在弹出的下拉列表中选择“布局 2”选项，如图 8-56 所示。

Step03 此时，即可查看使用快速预定义布局后的图表效果，如图 8-57 所示。

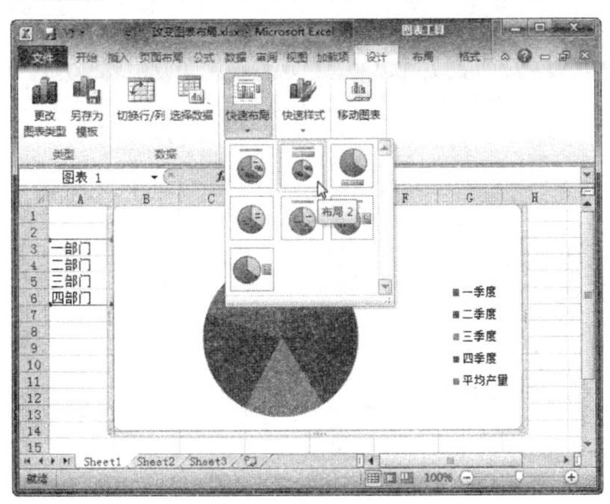

图 8-56　选择预定义图表布局

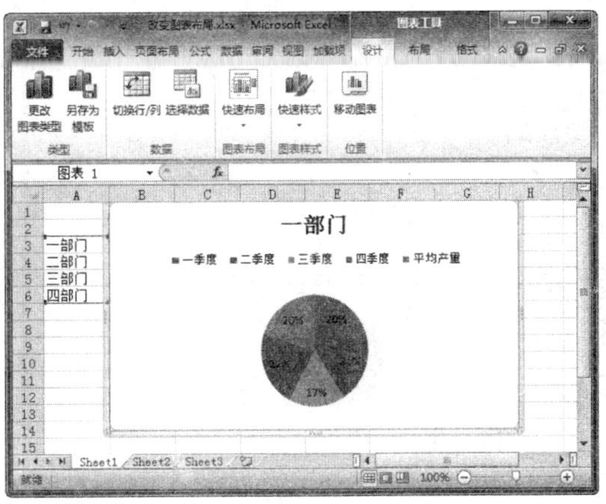

图 8-57　查看图表效果

八、改变图表样式

在 Excel 2010 中还提供了多种预定义样式，用户可以从中选择自己所需要的样式，具体操作方法如下：

Step 01 打开“素材文件/第 8 章/改变图表样式.xlsx”，单击“设计”选项卡下“图表样式”组中的“快速样式”下拉按钮，在弹出的下拉列表中选择“样式 42”选项，如图 8-58 所示。

Step 02 此时，即可查看应用快速预定义样式后的图表效果，如图 8-59 所示。

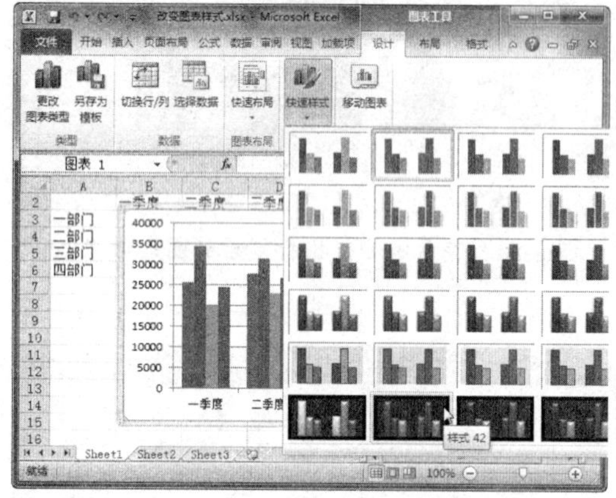

图 8-58 选择图表样式

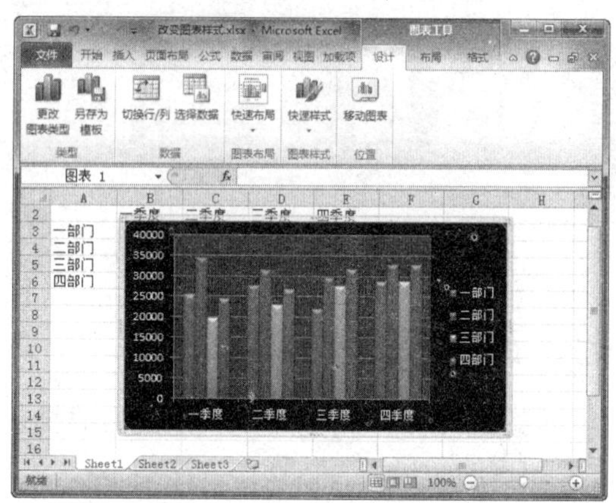

图 8-59 查看应用样式效果

九、将图表另存为图表模板

自定义布局或格式不能保存，但想再次使用相同的布局或格式时，可以把图表另存为图表模板。将自定义图表布局或格式另存为模板的具体操作方法如下：

Step 01 打开“素材文件/第 8 章/将图表另存为图表模板.xlsx”，选择要另存为模板的图表，单击“设计”选项卡下“类型”组中的“另存为模板”按钮，如图 8-60 所示。

Step 02 弹出“保存图表模板”对话框，在左窗格中选择要保存图表的路径，在“文件名”文本框中输入新图表模板名称，在“保存类型”下拉列表中选择“图表模板文件（*.crtx）”选项，单击“保存”按钮即可，如图 8-61 所示。

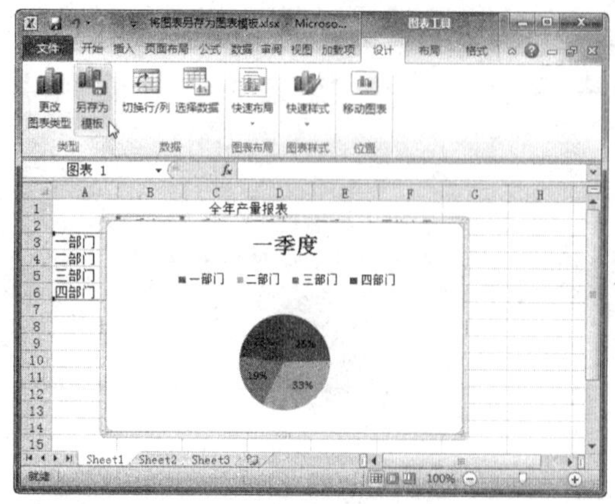

图 8-60 单击“另存为模板”按钮

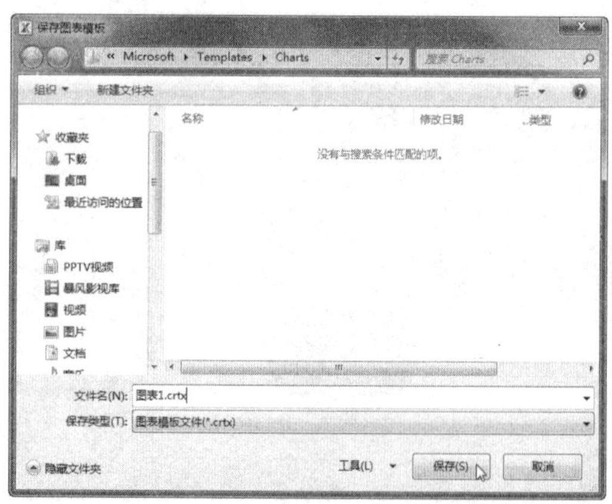

图 8-61 “保存图表模板”对话框

十、设置图表图案

在图表创建好之后，为了使其看起来更加美观，可以对图表的颜色、图案、线型、填充效果及边框等进行设置，具体操作方法如下：

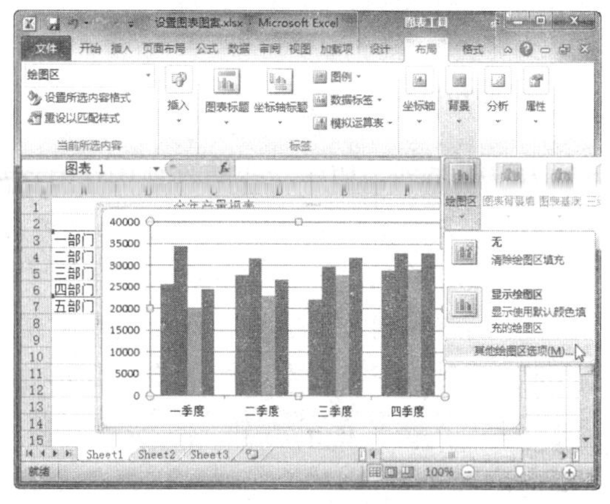

图 8-62　选择“其他绘图区选项”选项

Step 01 打开“素材文件/第 8 章/设置图表图案.xlsx”，选择图表，单击“布局”选项卡下“背景”组中的“绘图区”下拉按钮，在弹出的下拉列表中选择“其他绘图区选项”选项，如图 8-62 所示。

Step 02 弹出“设置绘图区格式”对话框，对边框颜色和图案填充进行设置，然后单击“关闭”按钮，如图 8-63 所示。

Step 03 此时，即可查看设置边框颜色和图案填充后的图表效果，如图 8-64 所示。

图 8-63　“设置绘图区格式”对话框

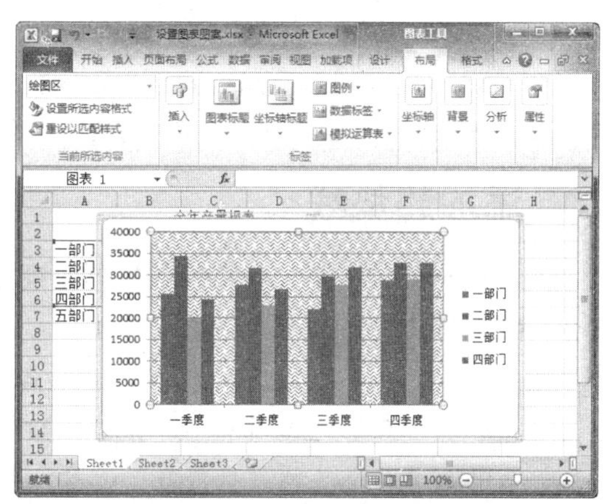

图 8-64　查看图表效果

任务四　应用误差线和趋势线

任务概述

误差线是代表数据系列中每一数据与实际值偏差的图形线条，常用的误差线是 Y 误差线。趋势线用图形的方式显示了数据的预测趋势，并可用于预测分析，也称回归分析。利用回归分析可以用图表中扩展趋势线根据实际数据预测分析未来数据。下面将详细介绍如何在图表中添加误差线和趋势线。

任务重点与实施

一、添加误差线

为数据系列添加误差线的具体操作方法如下：

Step 01 打开“素材文件/第 8 章/添加误差线.xlsx”，在数据图表中选择需要添加误差线的数据系列，单击“布局”选项卡下“分析”组中的“误差线”下拉按钮，在弹出的下拉列表中选择“标准误差误差线”选项，如图 8-65 所示。

Step 02 此时，即可查看添加误差线后的图表效果，如图 8-66 所示。

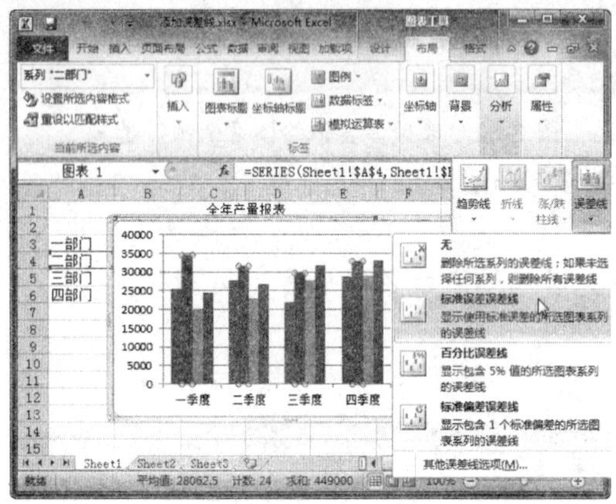

图 8-65　选择“标准误差误差线”选项

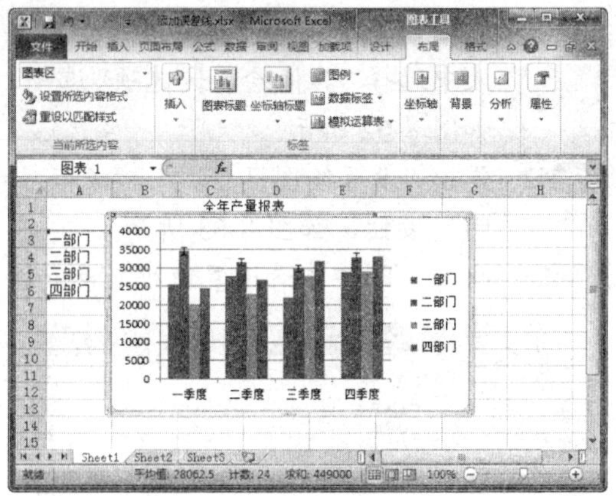

图 8-66　查看添加误差线效果

二、添加趋势线

趋势线只能预测某一个特殊的数据系列而不是整张图表，为数据系列添加趋势线的具体操作方法如下：

Step 01 打开“素材文件/第 8 章/添加趋势线.xlsx”，选中需要添加趋势线的图表数据系列，单击“布局”选项卡下“分析”组中的“趋势线”下拉按钮，在弹出的下拉列表中选择“线性预测趋势线”选项，如图 8-67 所示。

Step 02 此时，即可查看添加趋势线后的图表效果，如图 8-68 所示。

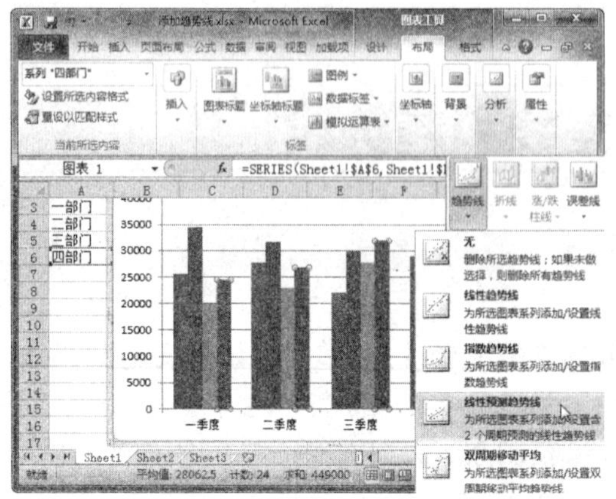

图 8-67　选择“线性预测趋势线”选项

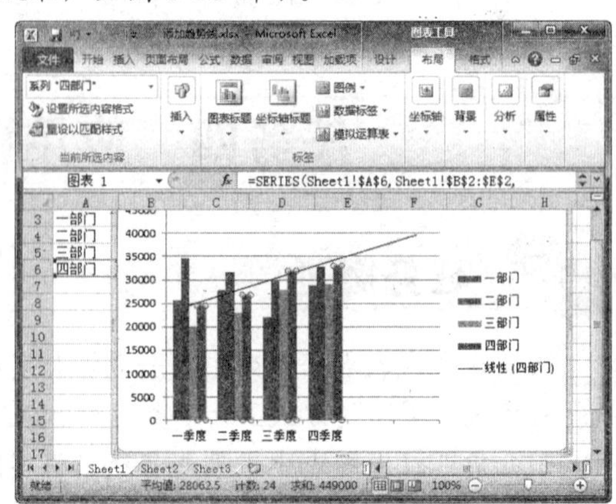

图 8-68　查看添加趋势线效果

在 Excel 2010 中，可以自动对数据进行拟合，然后绘制出趋势线。但是，并不是所有的图表都可以添加趋势线。柱形图、折线图、XY 散点图和条形图的数据系列可以添加趋势线，而三维图表、堆积型图表、雷达图、饼图或圆环图的数据系列中，则不能添加趋势线。

项目小结

本项目主要介绍了 Excel 中的柱形图、折线图等各类图表，图表的插入和编辑，以及使用误差线和趋势线等知识。通过对本项目的学习，读者应重点掌握以下知识：

（1）认识图表的组成元素和图表的各种类型。

（2）在工作表中创建基本图表和组合图表。

（3）改变图表类型、添加或删除数据系列、设置图表选项等。

（4）根据需要为图表中的数据系列添加误差线和趋势线。

项目习题

打开素材文件“上半年产量报表.xlsx”（如图 8-69 所示），为其创建图表并添加图表标题，最终效果如图 8-70 所示。

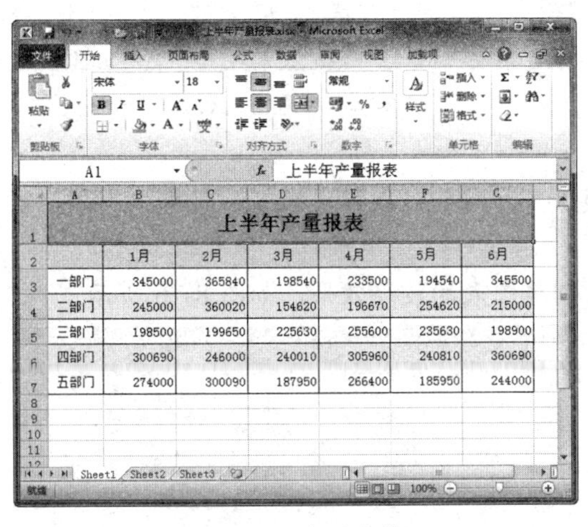

上半年产量报表						
	1月	2月	3月	4月	5月	6月
一部门	345000	365840	198540	233500	194540	345500
二部门	245000	360020	154620	196670	254620	215000
三部门	198500	199650	225630	255600	235630	198900
四部门	300690	246000	240010	305960	240810	360690
五部门	274000	300090	187950	266400	185950	244000

图 8-69　素材文件

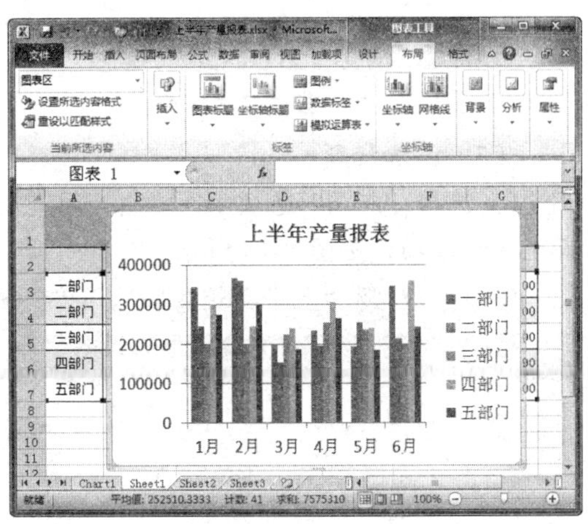

图 8-70　效果文件

操作提示：

（1）创建图表

① 选择 A2:G7 单元格区域，单击“插入”选项卡下“图表”组中的“柱形”下拉按钮，在弹出的下拉列表中选择“簇状柱形图”选项，如图 8-71 所示。

② 在图表区中右击，在弹出的快捷菜单中选择“字体”命令，如图 8-72 所示。

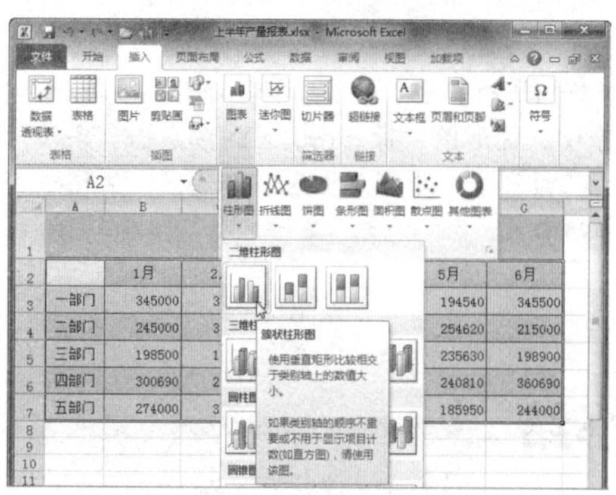

图 8-71　选择“簇状柱形图”选项

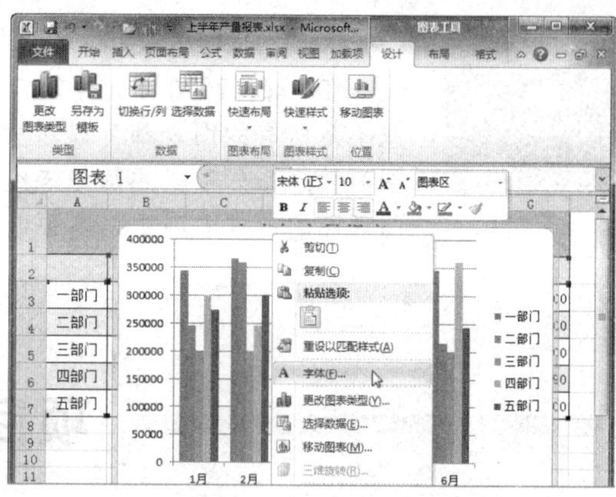

图 8-72　选择“字体”命令

（2）设置字体

① 在弹出的“字体”对话框中设置字体样式、大小和字体颜色，单击“确定”按钮，如图 8-73 所示。

② 此时，查看设置字体后的图表效果，如图 8-74 所示。

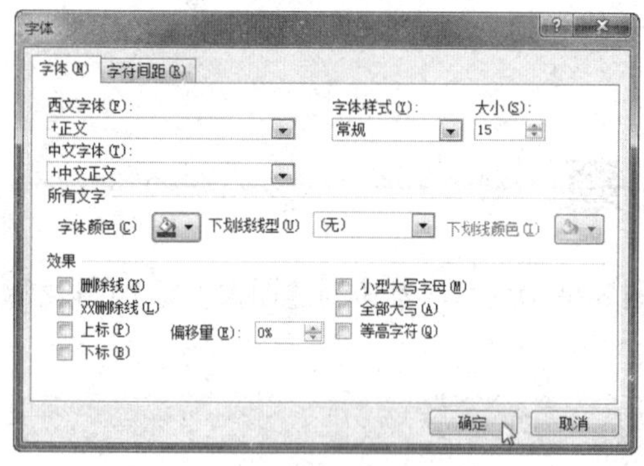

图 8-73　设置字体样式

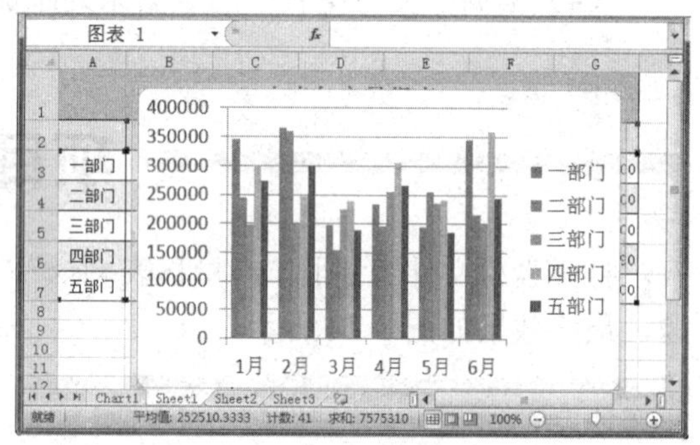

图 8-74　查看图表效果

（3）添加标题

① 选择“布局”选项卡，单击“图表标题”下拉按钮，在弹出的下拉列表中选择“图表上方”选项，如图 8-75 所示。

② 输入标题“上半年销售额”，即可查看创建图表的最终效果，如图 8-76 所示。

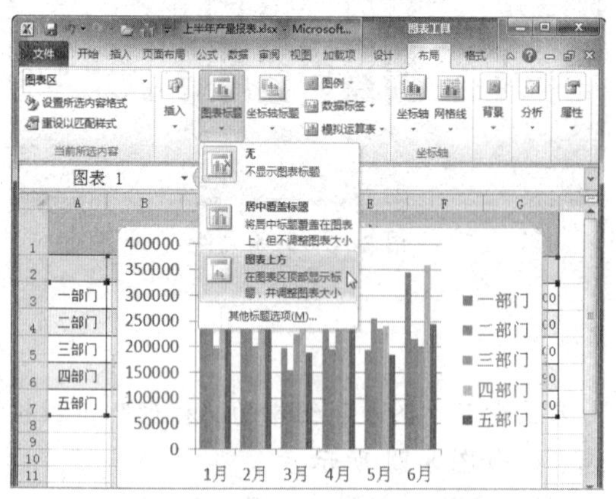

图 8-75　选择“图表上方”选项

图 8-76　输入标题

项目九　Excel 数据分析与管理

项目概述

在 Excel 实际应用中，经常需要对数据进行各种分析与管理，本项目将详细介绍数据分析与管理的相关知识，其中包括数据排序，数据筛选以及分类汇总，帮助读者轻松掌握对表格数据进行分析处理的方法和技巧。

项目重点

- 掌握快速排序和按多列排序的方法。
- 掌握按单元格颜色排序和自定义排序的方法。
- 掌握自动筛选、数字筛选、文本筛选、清除筛选、与关系高级筛选和或关系高级筛选的方法。
- 掌握分类汇总的方法。

项目目标

- 能够对数据进行快速排序和按多列排序。
- 能够对数据进行按单元格颜色排序和自定义排序。
- 能够熟练掌握数据筛选的基本操作。
- 能够对数据进行分类汇总。

任务一　数据排序

任务概述

对于 Excel 工作表或 Excel 表格中的数据，不同的用户因其关注的方面不同，可能需要对这些数据进行不同的排列，这时可以使用 Excel 的数据排序功能对数据进行分析。

任务重点与实施

一、快速排序

工作表中使用最多的排序方法就是按列排序。按列排序就是按某列中的数据的升序或降序对记录进行排序，方法如下：

方法 1：使用功能区按钮排序

Step 01 打开“素材文件/第 9 章/数据排序.xlsx”，选择要排序列的任意单元格，如 A2，单击“数据”选项卡下“排序和筛选”组中的“升序”按钮，如图 9-1 所示。

Step 02 此时，即可查看排序后的数据表，如图 9-2 所示。

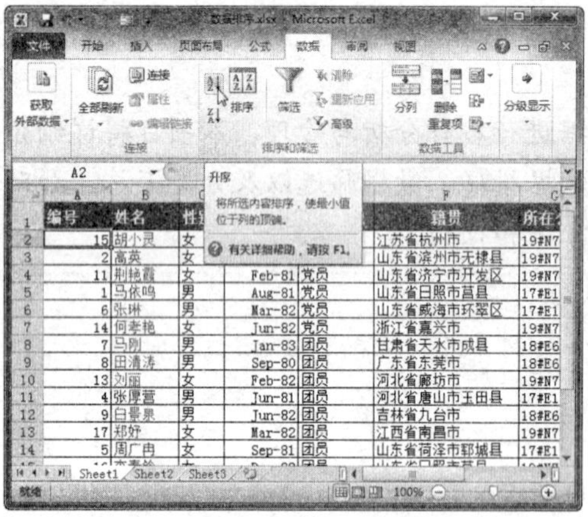

图 9-1 单击“升序”按钮

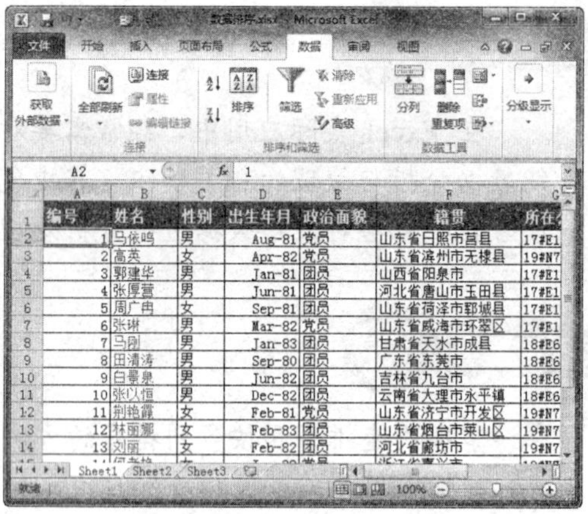

图 9-2 查看升序效果

方法 2：使用快捷菜单排序

Step 01 选择需要排序列的任意单元格（如 A6）并右击，在弹出的快捷菜单中选择“排序”|“降序”命令，如图 9-3 所示。

Step 02 此时，即可查看排序后的数据表，如图 9-4 所示。

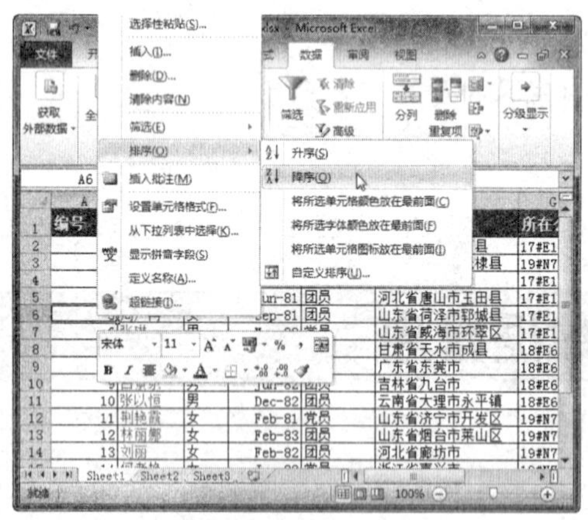

图 9-3 选择“降序”命令

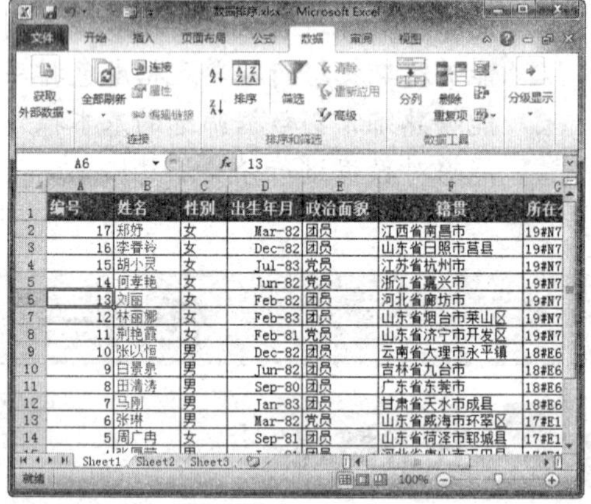

图 9-4 查看降序效果

二、按多列排序

按一列进行排序时，可能会遇到某列数据有相同部分的情况。如果想进一步进行排序，就需要使用多列排序，具体操作方法如下：

Step 01 打开“素材文件/第 9 章/数据排序.xlsx”，选中某一数据单元格，如 A4，然后单击“数据”选项卡下“排序和筛选”组中的“排序”按钮，如图 9-5 所示。

Step 02 弹出“排序”对话框，在“主要关键字”选项区中设置排序的条件，如设置“主要关键字”为“平均成绩”，“排序依据”为“数值”，“次序”为“降序”，如图 9-6 所示。

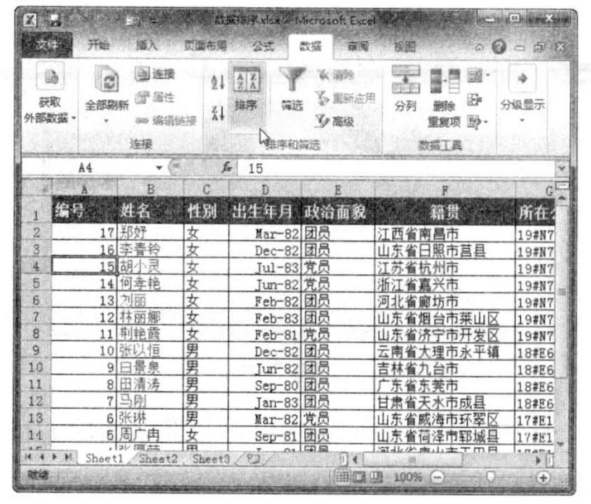

图 9-5　单击“排序”按钮

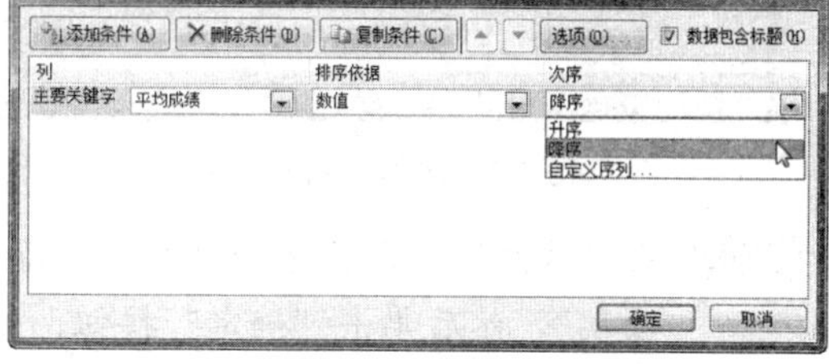

图 9-6　设置排序条件

Step 03 单击“添加条件”按钮，采用同样的方法设置次要排序，如设置“次要关键字”为“入学成绩”，“排序依据”为“数值”，“次序”为“降序”，单击“确定”按钮，如图 9-7 所示。

Step 04 此时，即可查看按多列排序后的数据表，如图 9-8 所示。

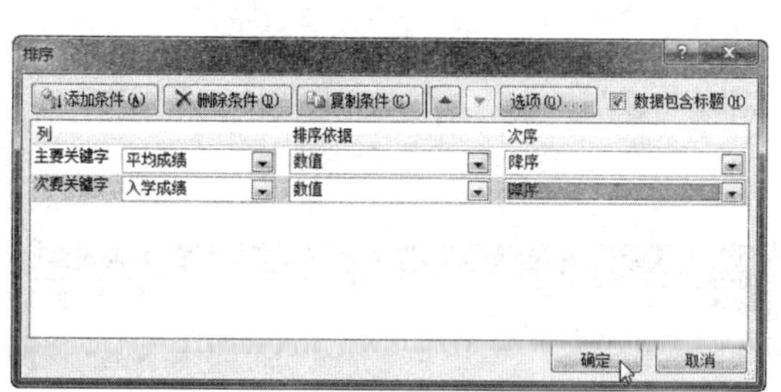

图 9-7　单击“添加条件”按钮

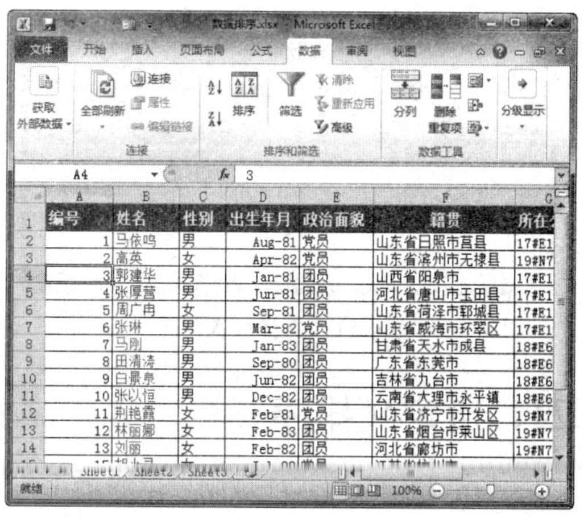

图 9-8　查看排序效果

三、按单元格颜色进行排序

用户甚至可以按照单元格的背景颜色，文字颜色等对数据进行排序，具体操作方法如下：

Step 01 打开“素材文件/第 9 章/数据排序.xlsx”，任意选择一个单元格，单击“数据”选项卡下“排序和筛选”组中的“排序”按钮，如图 9-9 所示。

Step 02 弹出“排序”对话框，设置“主要关键字”为“姓名”，“排序依据”为“字体颜色”，如图 9-10 所示。

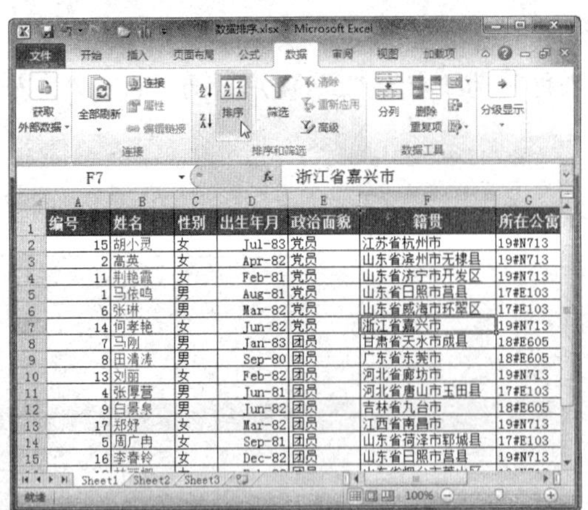

图 9-9 单击“排序”按钮

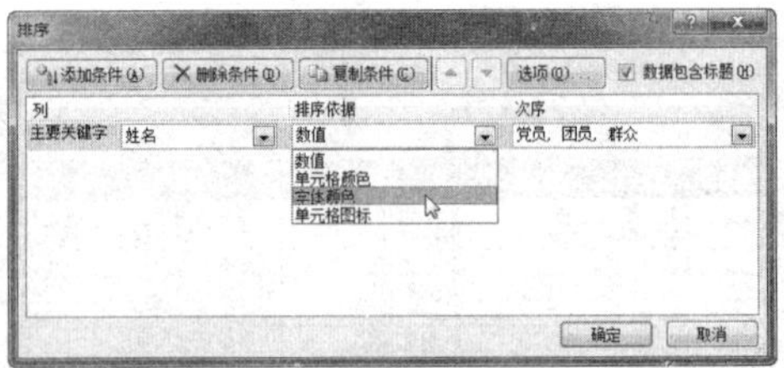

图 9-10 “排序”对话框

Step 03 在“次序”下拉列表中选择一种颜色，如红色，在后面的下拉列表框中选择“在顶端”，然后单击“确定”按钮，如图 9-11 所示。

Step 04 此时，即可查看按单元格颜色排序后的数据表，如图 9-12 所示。

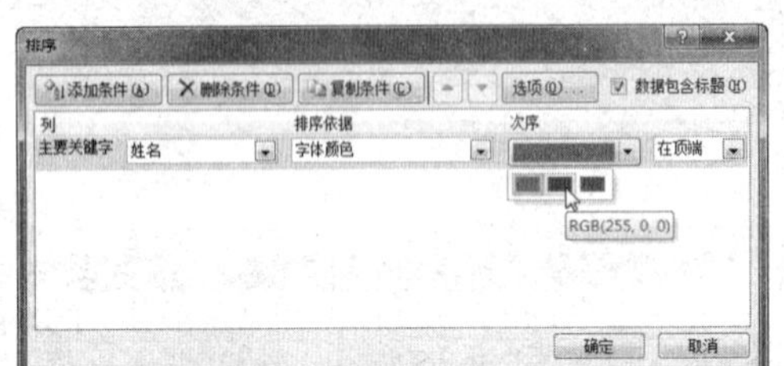

图 9-11 选择颜色

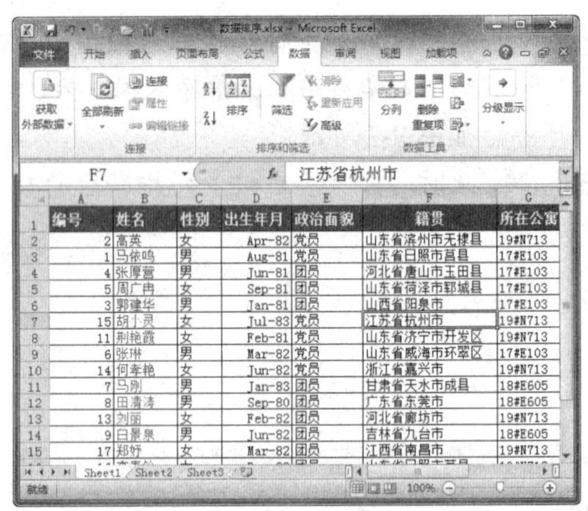

图 9-12 查看排序效果

四、自定义排序

使用 Excel 的排序规则可以满足工作中大部分排序工作的需要，但有时需要按照一些特殊的排序序列进行排序，这时就需要使用 Excel 的自定义排序功能。

自定义排序的具体操作方法如下：

Step 01 打开“素材文件/第 9 章/自定义排序.xlsx”，任意选择一个单元格，单击“数据”选项卡下“排序和筛选”组中的“排序”按钮，如图 9-13 所示。

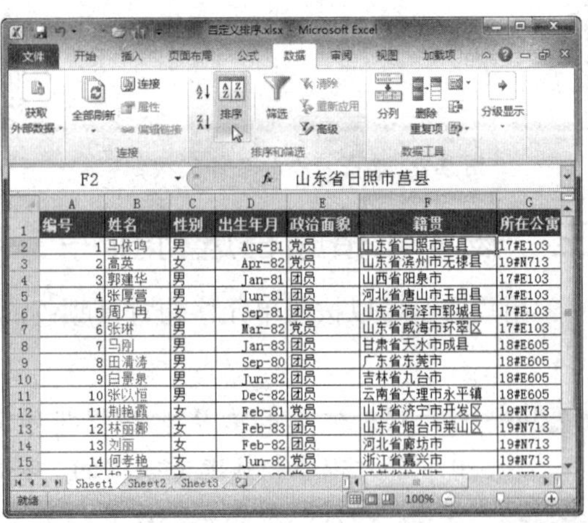

图 9-13 单击“排序”按钮

Step 02 弹出“排序”对话框，在“主要关键字”下拉列表框中选择“政治面貌”选项，在“次序”下拉列表框中选择“自定义序列”选项，如图 9-14 所示。

Step 03 弹出“自定义序列”对话框，在“输入序列”列表框中输入自定义的排序序列，按【Enter】键分隔列表条目，然后单击“确定”按钮，如图 9-15 所示。

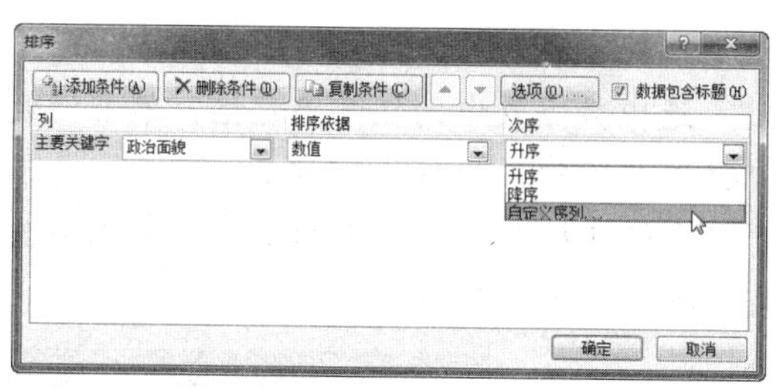

图 9-14 “排序”对话框

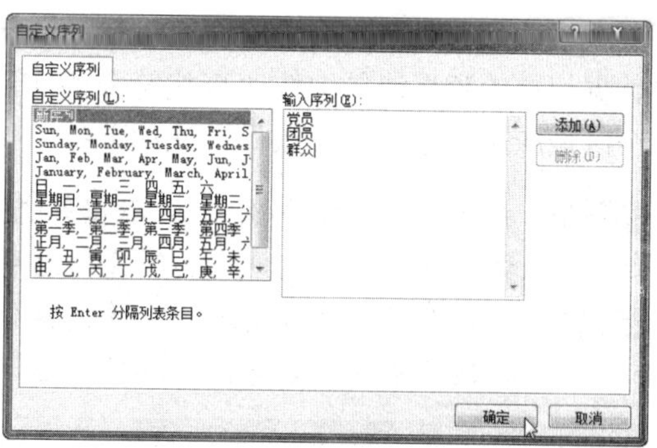

图 9-15 “自定义序列”对话框

Step 04 返回“排序”对话框，可以看到自定义的排序序列已经添加到“次序”下拉列表框中，单击“确定”按钮，如图 9-16 所示。

Step 05 此时，即可查看按照自定义的排序序列排序后的数据表，如图 9-17 所示。

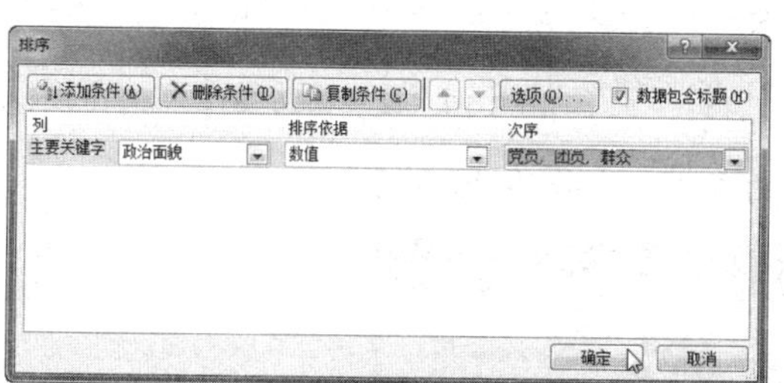

图 9-16 “排序”对话框

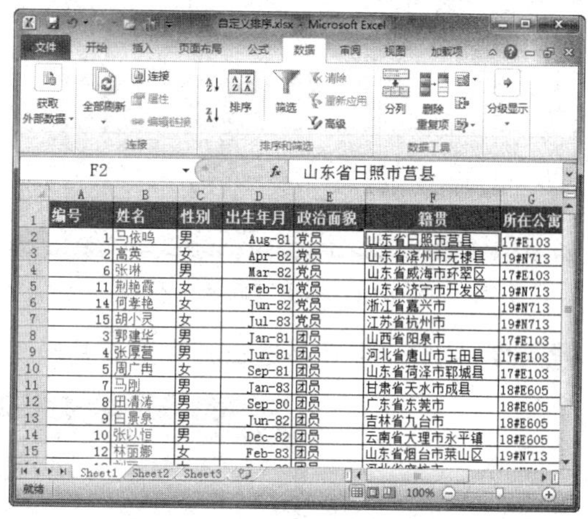

图 9-17 查看排序效果

任务二 数据筛选

任务概述

筛选数据可以显示满足指定条件的行，并隐藏不希望显示的行。筛选数据后，对于筛选过的数据子集不用重新排列或移动就可以进行复制、查找、编辑、设置格式、制作图表或打印等操作。默认情况下，Excel 包含两种筛选数据的方法，即自动筛选和高级筛选，下面将分别对其进行介绍。

任务重点与实施

一、自动筛选

自动筛选是按照选定的内容进行筛选，适用于简单的条件，它为用户提供在包含大量数据记录的数据清单中快速查找符合条件记录的功能。自动筛选一次只能对工作表中的一个区域应用筛选，具体操作方法如下：

Step01 打开“素材文件/第 9 章/数据筛选.xlsx”，选中数据表中的任意单元格，单击“数据”选项卡下“排序和筛选”组中的“筛选”按钮，如图 9-18 所示。

Step02 在每个字段右侧出现一个筛选按钮，单击筛选按钮，在弹出的下拉列表中勾选要显示项目的复选框，然后单击“确定”按钮，如图 9-19 所示。

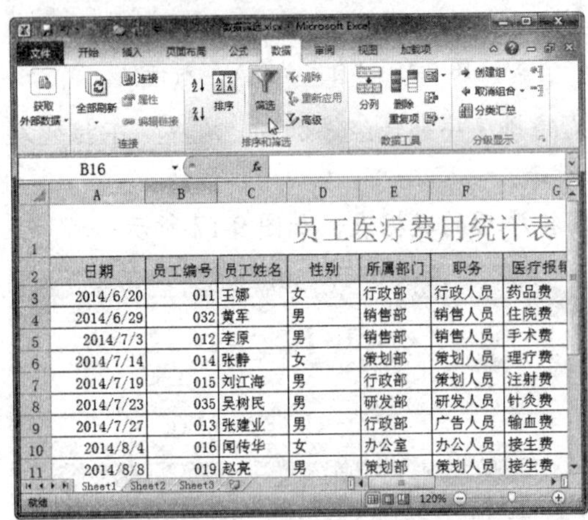

图 9-18 单击“筛选”按钮

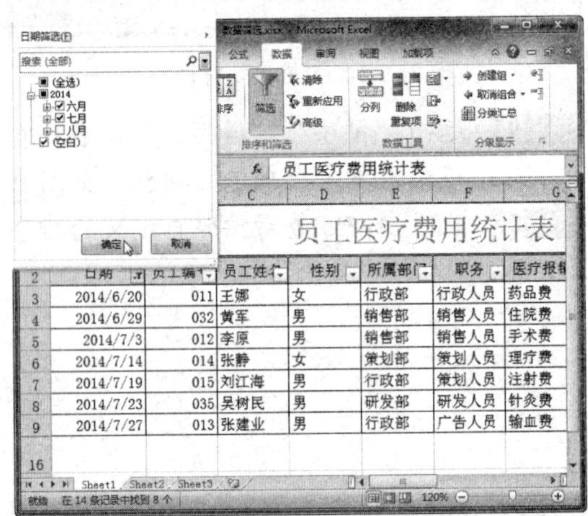

图 9-19 设置筛选条件

Step03 此时，即可筛选出日期是 6 月和 7 月的数据，如图 9-20 所示。

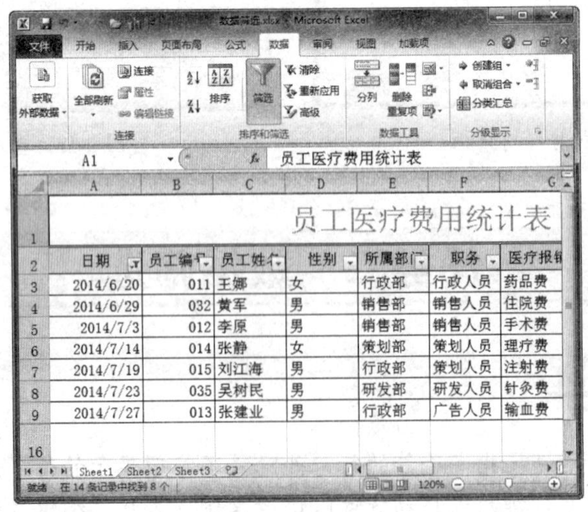

图 9-20 查看筛选结果

二、数字筛选

用户还可以对数据或文本按指定的条件进行筛选，具体操作方法如下：

Step01 打开“素材文件/第 9 章/数据筛选.xlsx”，选中数据表中的任意单元格，单击“数据”选项卡下“排序和筛选”组中的“筛选”按钮，如图 9-21 所示。

Step02 在每个字段的右侧出现一个筛选按钮，单击“医疗费用”右侧的筛选按钮，在弹出的下拉列表中选择“数字筛选”|“大于”选项，如图 9-22 所示。

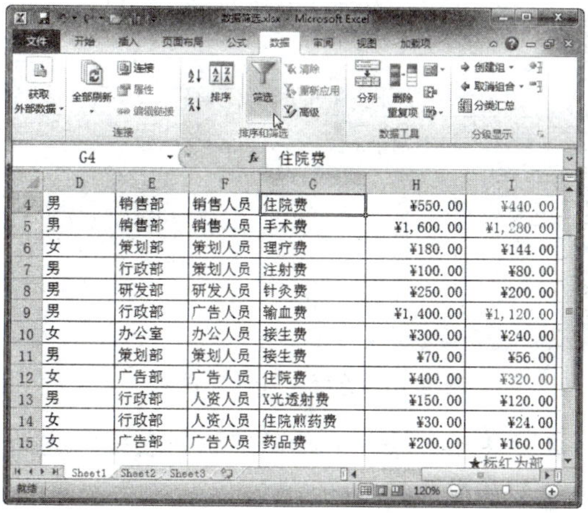

图 9-21　单击“筛选”按钮

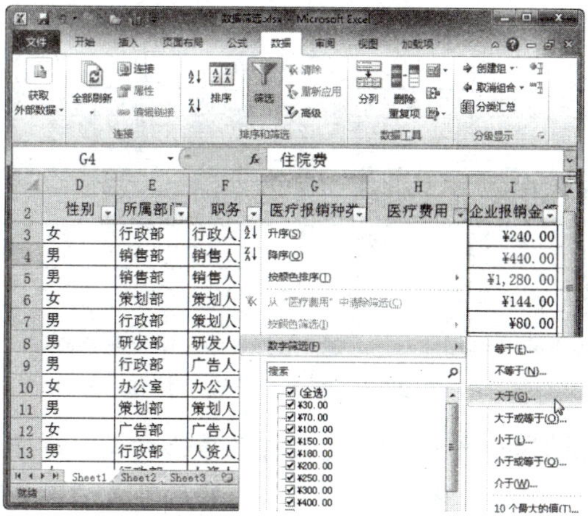

图 9-22　选择“大于”选项

Step03 弹出“自定义自动筛选方式”对话框，在“大于”条件右侧的下拉列表框中输入数值 499，单击“确定”按钮，如图 9-23 所示。

Step04 此时，即可筛选出医疗费用 500 及 500 以上的员工数据，如图 9-24 所示。

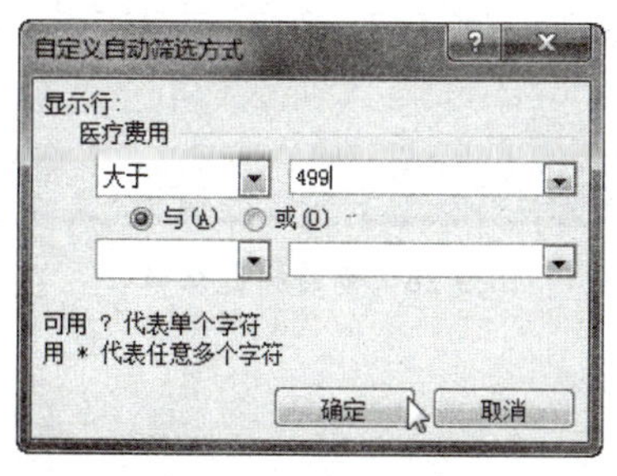

图 9-23　“自定义自动筛选方式”对话框

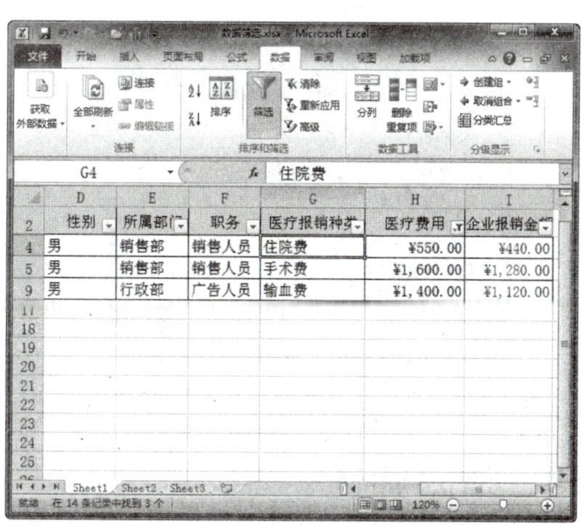

图 9-24　查看筛选结果

三、文本筛选

在对文本数据进行筛选时，可以利用文本筛选按一定条件对数据进行自定义筛选，具体操作方法如下：

Step 01 打开“素材文件/第 9 章/数据筛选.xlsx”，选中数据表中的任意单元格，单击“数据”选项卡下“排序和筛选”组中的“筛选”按钮，如图 9-25 所示。

Step 02 单击“所属部门”右侧的筛选按钮，在弹出的下拉列表中选择“文本筛选”|“等于”选项，如图 9-26 所示。

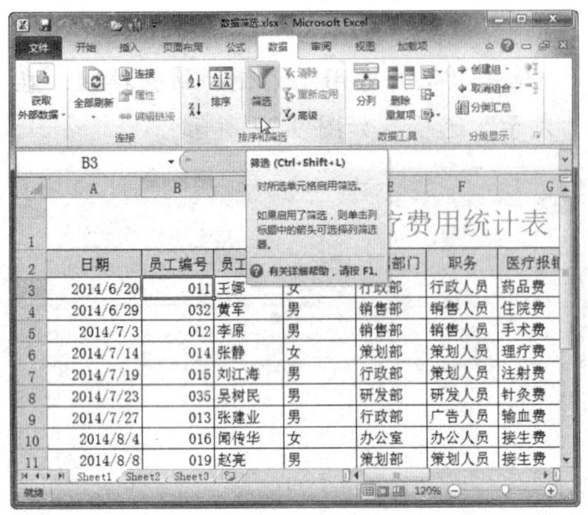

图 9-25 单击“筛选”按钮

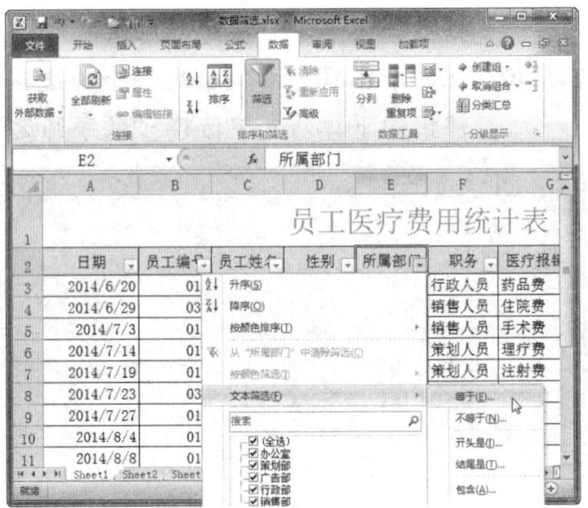

图 9-26 选择“等于”选项

Step 03 弹出“自定义自动筛选方式”对话框，在“等于”条件右侧的下拉列表框中选择“行政部”选项，然后单击“确定”按钮，如图 9-27 所示。

Step 04 此时，即可查看经过文本筛选后的数据筛选结果，如图 9-28 所示。

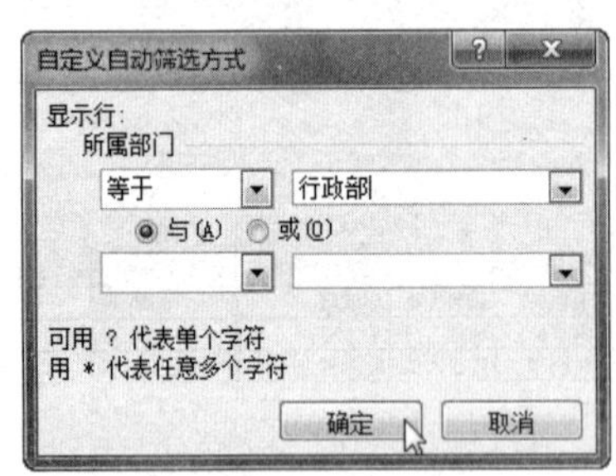

图 9-27 “自定义自动筛选方式”对话框

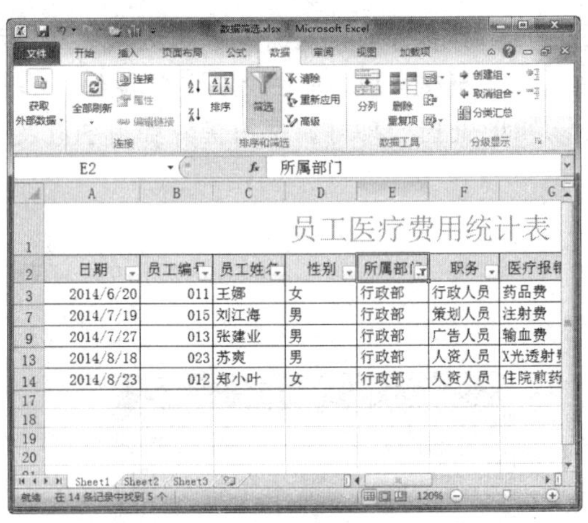

图 9-28 查看筛选结果

四、清除筛选

如果不想显示筛选的结果，可以清除筛选，使数据恢复到筛选前的状态。清除筛选的具体操作方法如下：

Step 01 单击“所属部门”右侧的筛选按钮，在弹出的下拉列表中选中“(全选)”复选框，然后单击“确定”按钮，如图 9-29 所示。

Step 02 此时，即可恢复为原来的数据表，效果如图 9-30 所示。

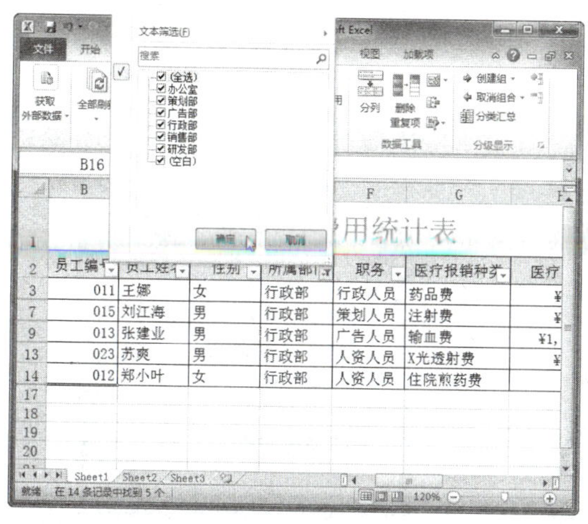

图 9-29　选中“（全选）”复选框

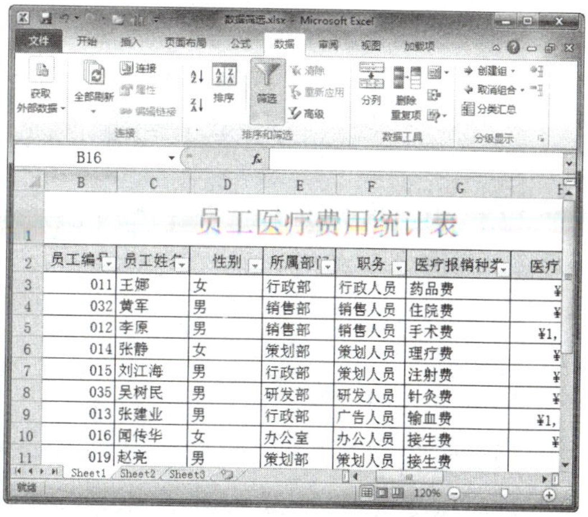

图 9-30　查看恢复效果

五、与关系高级筛选

使用“筛选”命令查找符合条件的记录既方便又快捷，但该命令的查找条件不能太复杂，而使用高级筛选可以允许使用多个条件。高级筛选的结果可以放在原数据处，也可以复制到工作表中的其他地方，具体操作方法如下：

Step 01 打开“素材文件/第 9 章/数据筛选.xlsx”，在空白单元格区域输入标题和筛选条件，即医疗费用大于 200 同时小于 1400 的记录，单击“数据”选项卡下“排序和筛选”组中的“高级”按钮，如图 9-31 所示。

Step 02 弹出“高级筛选”对话框，选中“在原有区域显示筛选结果”单选按钮，然后单击“列表区域”文本框右侧的折叠按钮，如图 9-32 所示。

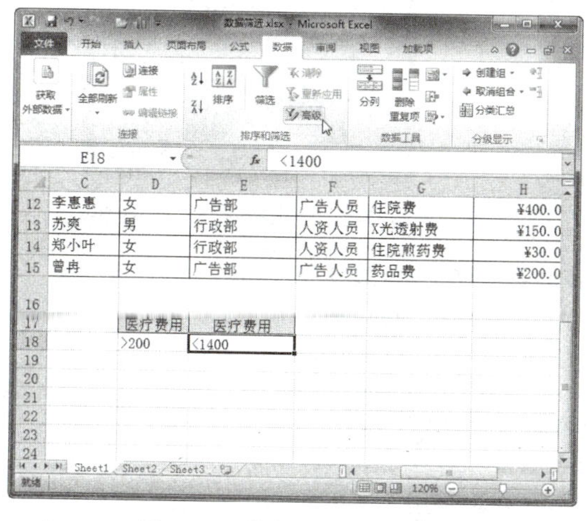

图 9-31　单击“高级”按钮

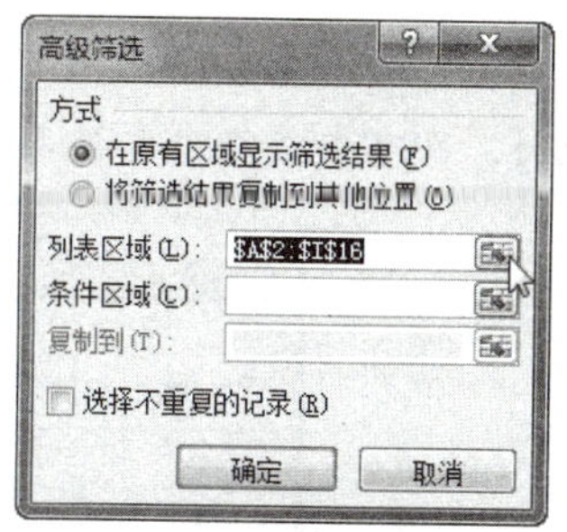

图 9-32　“高级筛选”对话框

Step 03 返回工作表，选择要筛选的原数据表，再次单击折叠按钮，如图 9-33 所示。

Step 04 返回对话框，单击“条件区域”文本框右侧的折叠按钮，或者直接在文本框中输入条件区域，如图 9-34 所示。

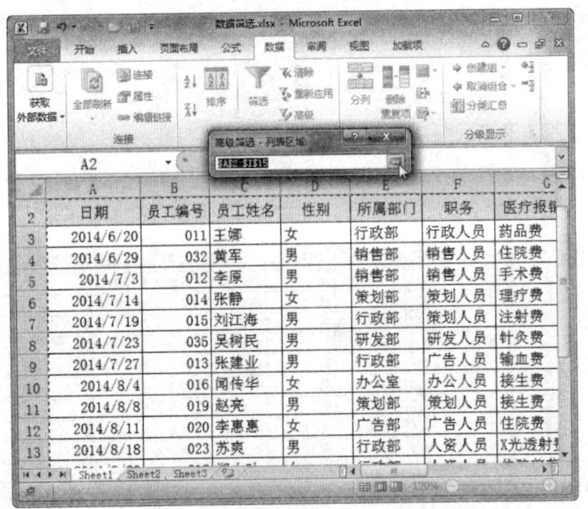

图 9-33　选择要筛选的原数据表

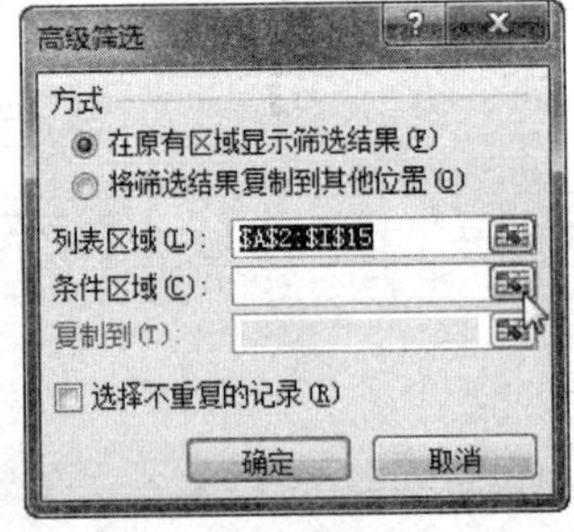

图 9-34　“高级筛选”对话框

Step 05　返回工作表，选中条件区域，再次单击折叠按钮，如图 9-35 所示。

Step 06　设置好列表区域和条件区域后，其他设置可保持默认设置，单击“确定”按钮，如图 9-36 所示。

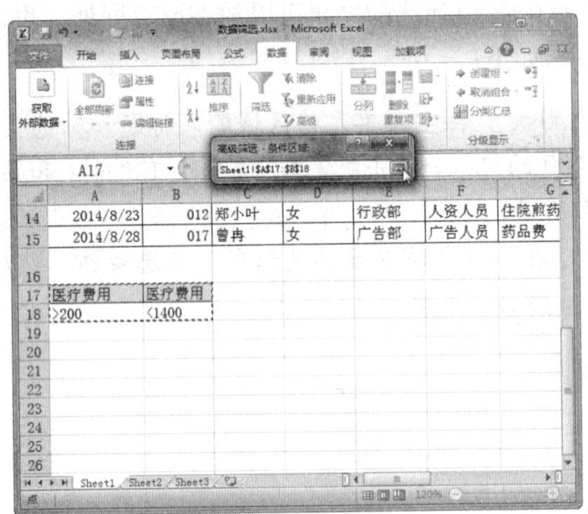

图 9-35　选中条件区域

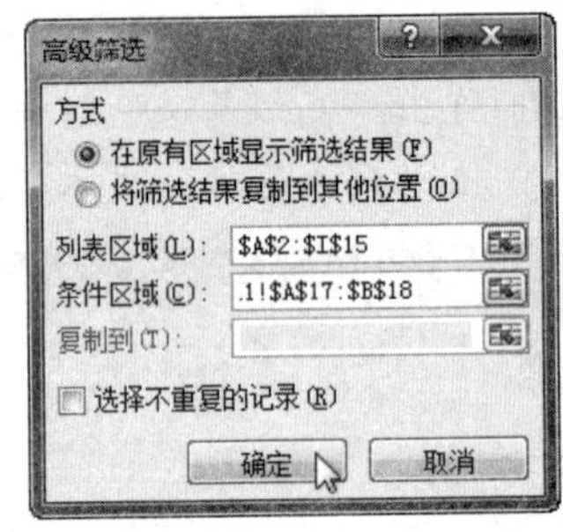

图 9-36　“高级筛选”对话框

Step 07　此时，即可查看经过与关系高级筛选后的数据表，如图 9-37 所示。

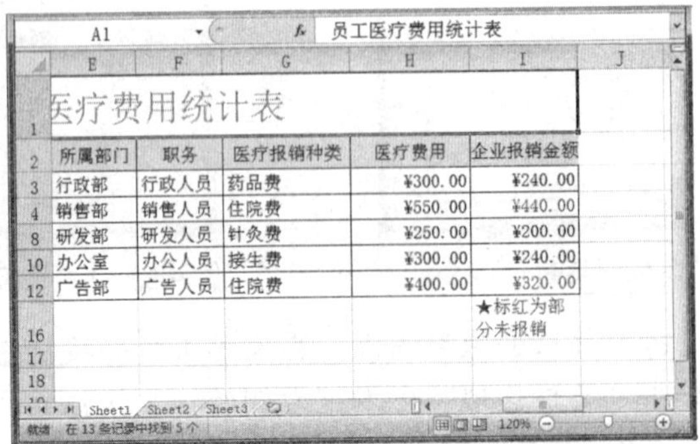

图 9-37　查看与关系高级筛选结果

六、或关系高级筛选

前面使用与关系进行高级筛选，同样也可以使用或关系进行高级筛选，具体操作方法如下：

Step 01 打开“素材文件/第 9 章/数据筛选.xlsx”，在空白单元格区域输入标题和筛选条件，注意各个条件是单独占一行的，然后单击“数据”选项卡下“排序和筛选”组中的“高级”按钮，如图 9-38 所示。

Step 02 弹出“高级筛选”对话框，单击“列表区域”文本框右侧的折叠按钮，如图 9-39 所示。

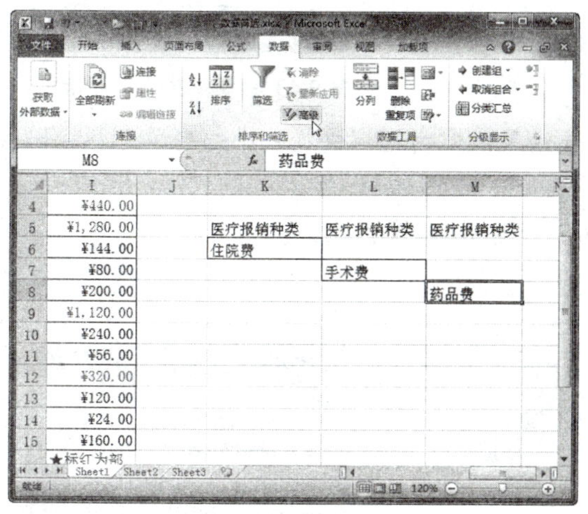

图 9-38　单击“高级”按钮

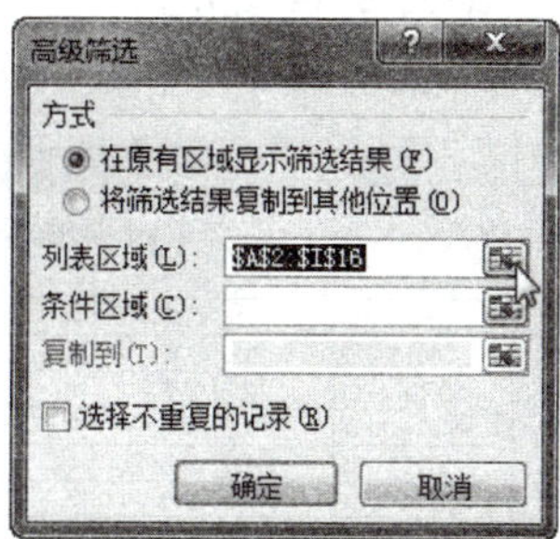

图 9-39　“高级筛选”对话框

Step 03 返回工作表，选择整个数据区域，再次单击折叠按钮，如图 9-40 所示。

Step 04 返回“高级筛选”对话框，单击“条件区域”文本框右侧的折叠按钮，如图 9-41 所示。

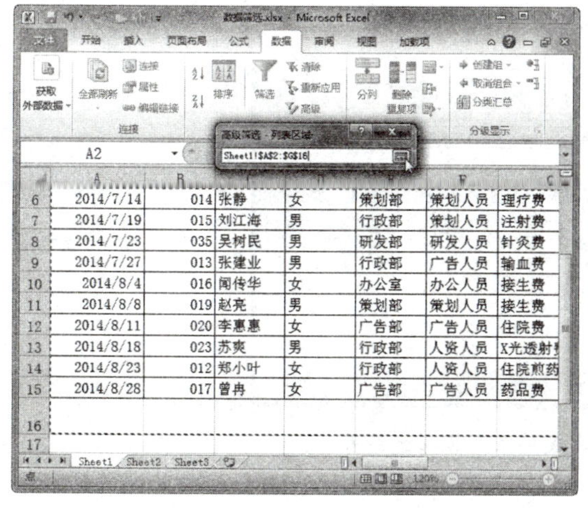

图 9-40　选择整个数据区域

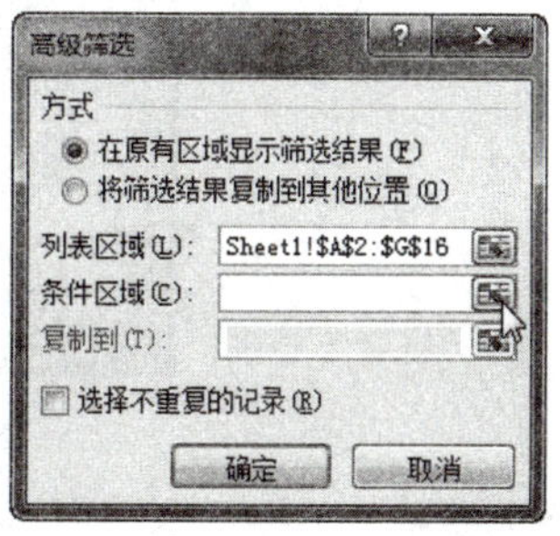

图 9-41　“高级筛选”对话框

Step 05 返回工作表，选中前面设置的条件区域，再次单击折叠按钮，如图 9-42 所示。

Step06 返回“高级筛选”对话框，选中“将筛选结果复制到其他位置”单选按钮，然后单击“复制到”文本框右侧的折叠按钮，如图 9-43 所示。

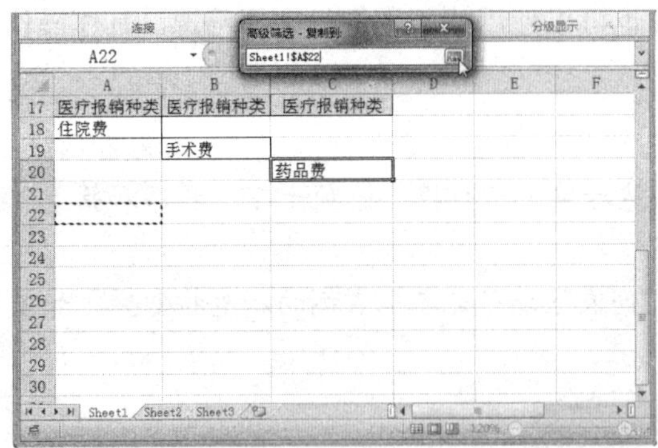

图 9-42 选中条件区域

图 9-43 “高级筛选”对话框

Step07 返回工作表，在一个能够容纳筛选结果的空白区域选择一个起始单元格，如 A17，如图 9-44 所示。

Step08 设置完成后，单击“确定”按钮，如图 9-45 所示。

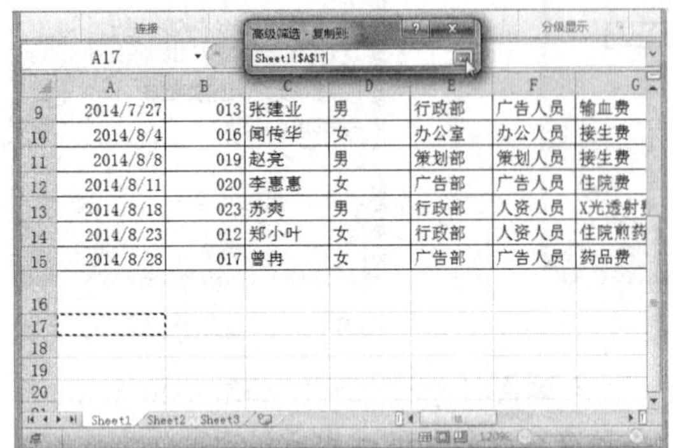

图 9-44 选择起始单元格

图 9-45 确认高级筛选设置

Step09 此时，即可查看经过或关系高级筛选后的数据表，如图 9-46 所示。

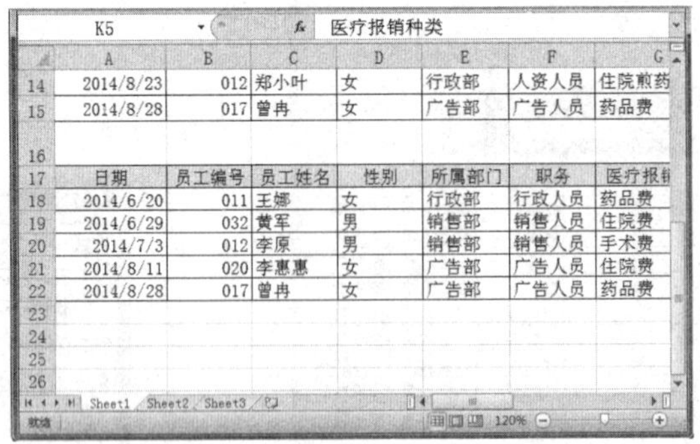

图 9-46 查看或关系高级筛选结果

专家指导 Expert guidance

对比“与”和“或”两种筛选条件可以发现，当条件值写在同一行时是“与”的关系，当条件不在同一行时，两个条件是“或”的关系。

任务三　分类汇总

任务概述

分类汇总就是利用汇总函数对同一类别中的数据进行计算，得到统计结果。经过分类汇总，可分级显示汇总结果。下面将详细介绍如何对工作表中的数据进行分类汇总。

任务重点与实施

一、分类汇总简介

如要自动在列表中创建分类汇总公式，只需选择任意单元格，单击“数据”选项卡下“分级显示”组中的“分类汇总”按钮即可，此时将弹出“分类汇总”对话框，如图 9-47 所示。

在“分类汇总”对话框中，各选项的含义如下：

- **分类字段**：该下拉列表框显示数据列表中的所有字段，必须运用选择的字段对数据列表进行排序。
- **汇总方式**：从 11 个函数中作出选择，通常使用“求和”函数。
- **选定汇总项**：这个列表框中显示了数据列表中的所有字段，选中想要进行分类汇总字段前面的复选框。
- **替换当前分类汇总**：若此复选框被选中，Excel 将移走已存在的分类汇总公式，用新的分类汇总进行替换。

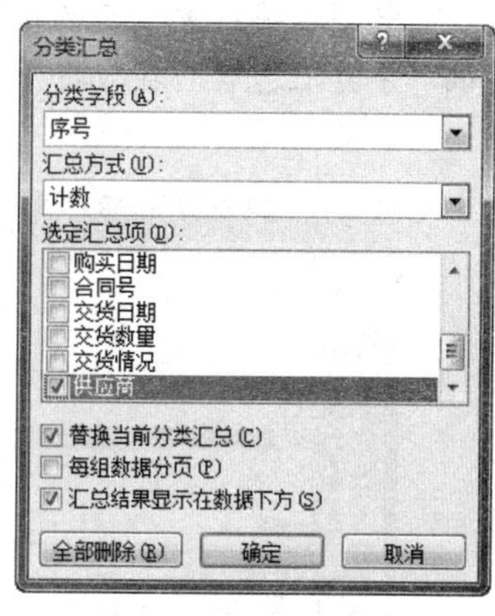

图 9-47　“分类汇总”对话框

- **每组数据分页**：选中此复选框，Excel 在每组数据分类汇总之后将自动插入分页符。
- **汇总结果显示在数据下方**：选中此复选框，Excel 将会把分类汇总放置在数据下方，否则分类汇总公式将出现在汇总上方。
- **全部删除**：单击此按钮，将删除数据列表中的所有分类汇总公式。

如果将工作簿设置为自动计算公式，则在编辑明细数据时，“分类汇总”命令将自动重新计算分类汇总和总计值。“分类汇总”命令还会分级显示列表，以便用户显示和隐藏每个分类汇总的明细行。

二、简单的分类汇总

在数据量较小的工作表中，通常需要对某些字段进行分类统计，具体操作方法如下：

Step 01 打开“素材文件/第 9 章/简单的分类汇总.xlsx”，按合同号进行排序，排序后的数据表如图 9-48 所示。

Step 02 单击“数据”选项卡下“数据工具”组中的“分级显示”按钮，如图 9-49 所示。

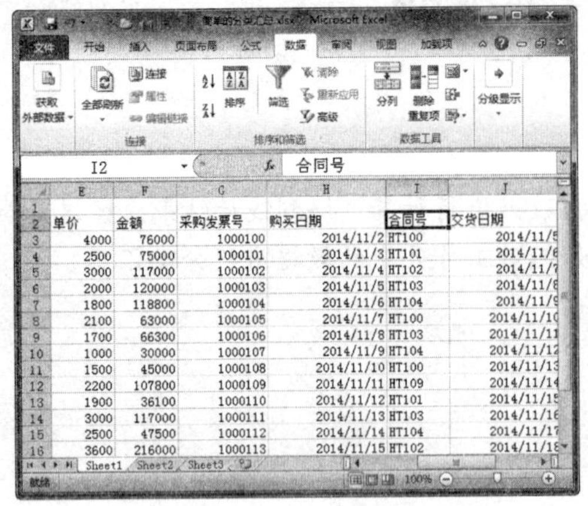

图 9-48 按合同号排序

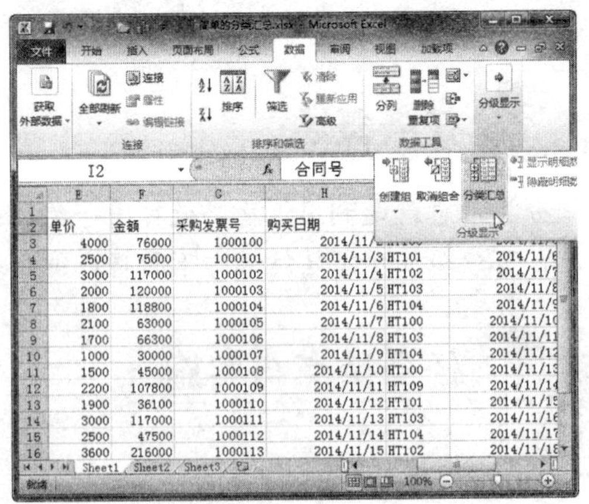

图 9-49 单击“分类汇总”按钮

Step 03 弹出“分类汇总”对话框，在“分类字段”下拉列表框中选择“合同号”选项，在“汇总方式”下拉列表框中选择“计数”选项，在“选定汇总项”列表框中选中“购买数量”复选框，然后单击“确定”按钮，如图 9-50 所示。

Step 04 分类汇总后，在数据清单的行号左侧将出现分级层次[+]和[-]按钮，效果如图 9-51 所示。

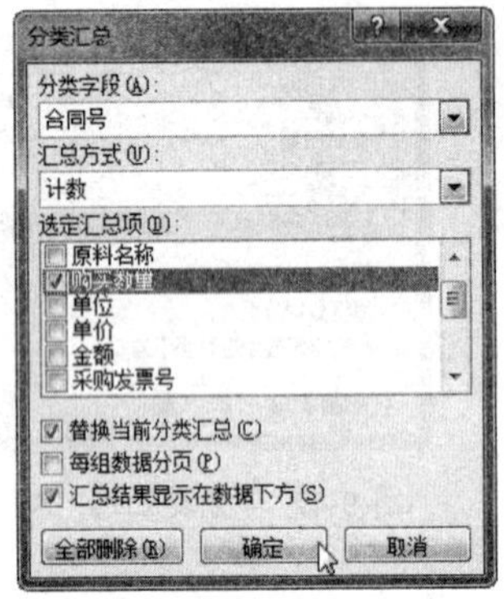

图 9-50 设置分类汇总

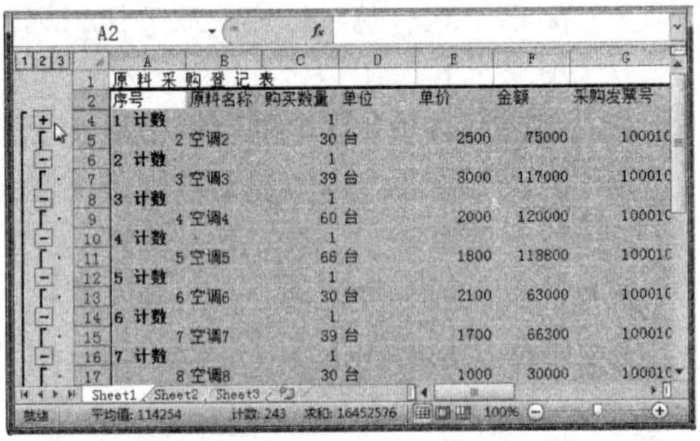

图 9-51 查看分类汇总效果

三、高级分类汇总

对于数据中包含多个分类项目和多个汇总方式的情况，需要进行高级分类汇总，具体操作方法如下：

Step 01 打开“素材文件/第 9 章/高级分类汇总.xlsx”，按供应商进行排序，排序后的数据表如图 9-52 所示。

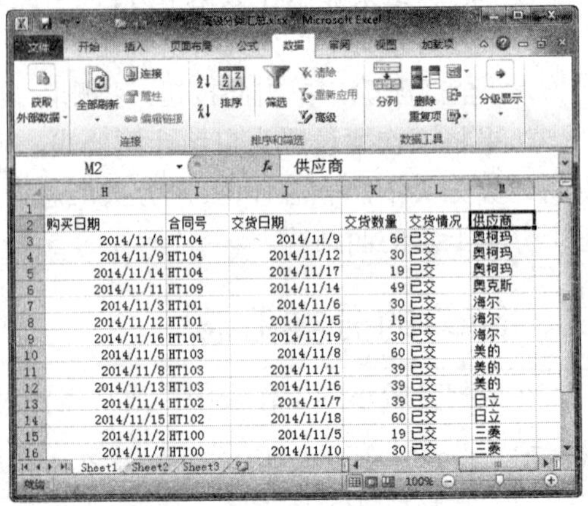

图 9-52 按供应商排序

Step 02　单击“数据”选项卡下“数据工具”组中的“分类汇总”按钮，如图 9-53 所示。

Step 03　弹出“分类汇总”对话框，在“分类字段”下拉列表框中选择“供应商”选项，在“汇总方式”下拉列表框中选择“求和”选项，在“选定汇总项”列表框中选中“购买数量”和“金额”复选框，然后单击“确定”按钮，如图 9-54 所示。

图 9-53　单击“分类汇总”按钮

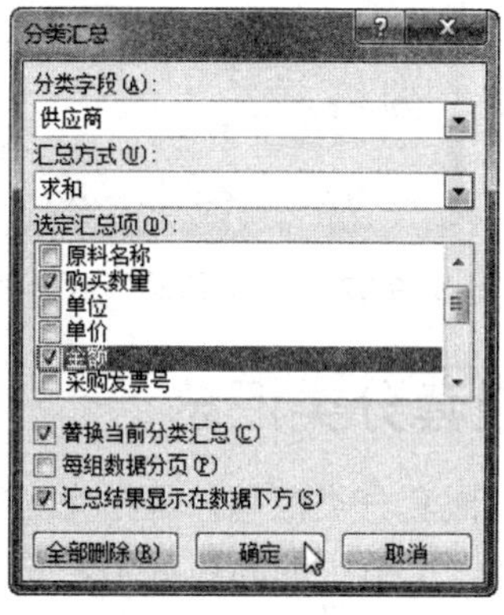

图 9-54　“分类汇总”对话框

Step 04　分类汇总后，在数据清单的行号左侧将出现分级层次+和-按钮，效果如图 9-55 所示。

Step 05　单击“数据”选项卡下“分级显示”组中的“分类汇总”按钮，如图 9-56 所示。

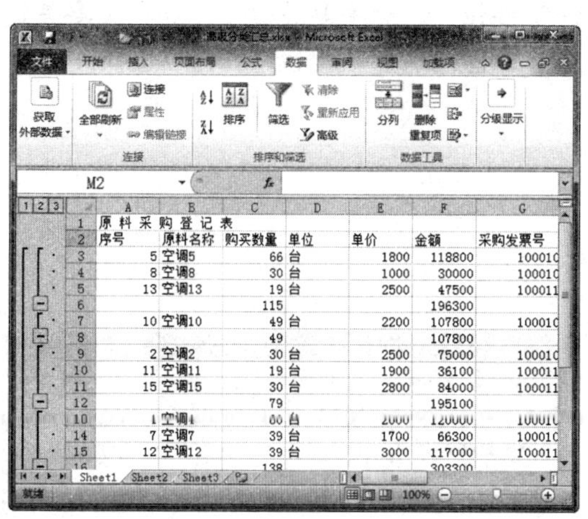

图 9-55　查看分类汇总效果

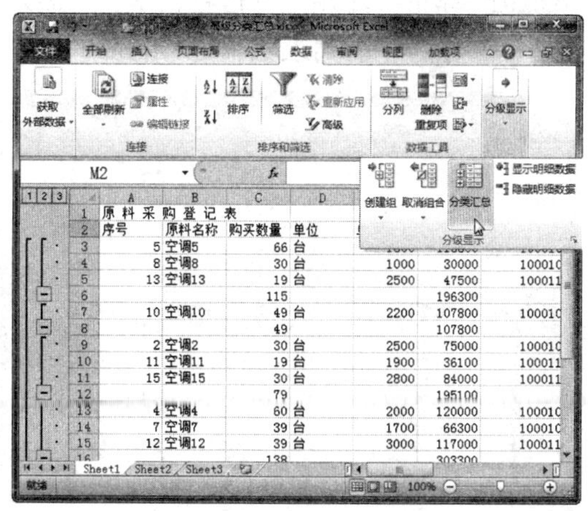

图 9-56　单击“分类汇总”按钮

Step 06　弹出“分类汇总”对话框，在“分类字段”下拉列表框中选择“供应商”选项，在“汇总方式”下拉列表框中选择“平均值”选项，在“选定汇总项”列表框中选中“购买数量”和“金额”复选框，取消选择“替换当前分类汇总”复选框，然后单击“确定”按钮，如图 9-57 所示。

Step 07　高级分类汇总后，不仅对购买数量、金额进行了求和，还进行了平均值的计算，效果如图 9-58 所示。

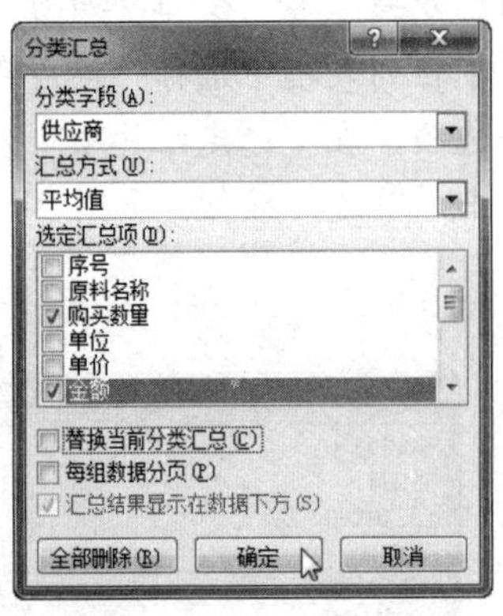
图 9-57 “分类汇总”对话框

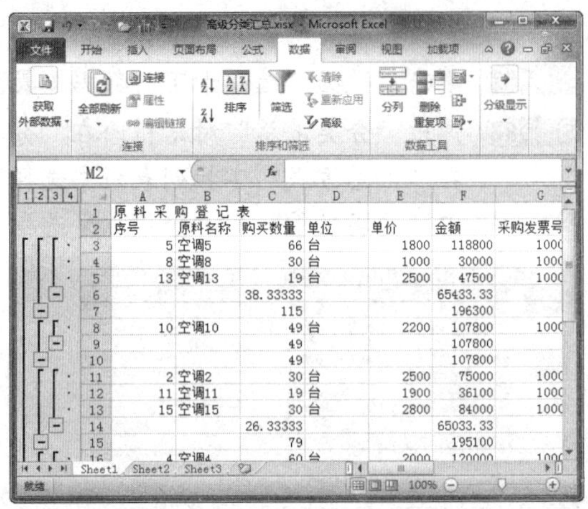
图 9-58 查看高级分类汇总结果

四、嵌套分类汇总

所谓嵌套分类汇总，是指先对某项指标进行汇总，然后对汇总后的数据做进一步的细化。例如，上节中的高级分类汇总虽然汇总了两次，但两次汇总的关键字都是相同的。而嵌套分类汇总则是在分类汇总的基础上再对其他关键字进行分类汇总。

嵌套分类汇总的具体操作方法如下：

Step 01 打开“素材文件/第 9 章/嵌套分类汇总.xlsx”，选中数据表中的任意单元格，单击“数据”选项卡下“排序和筛选”组中的“排序”按钮，如图 9-59 所示。

Step 02 弹出“排序”对话框，单击“添加条件”按钮，在“主要关键字”和“次要关键字”下拉列表框中进行相应的设置，然后单击“确定”按钮，如图 9-60 所示。

图 9-59 单击“排序”按钮

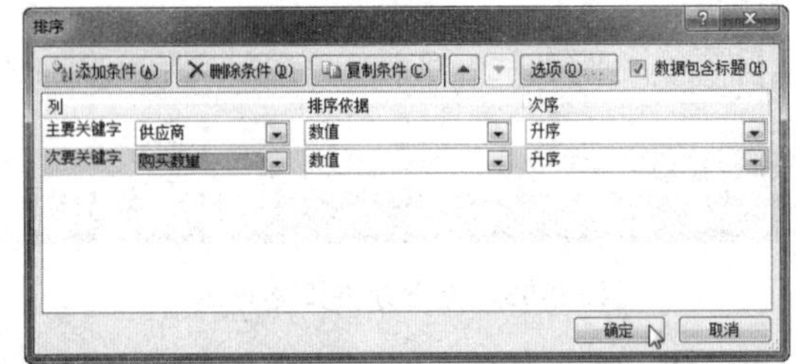
图 9-60 “排序”对话框

Step 03 单击“数据”选项卡下“分组显示”组中的“分类汇总”按钮，如图 9-61 所示。

Step 04 弹出“分类汇总”对话框，在“分类字段”下拉列表框中选择“合同号”选项，在“汇总方式”下拉列表框中选择“求和”选项，在“选定汇总项”列表框中选中“购买数量”复选框，然后单击“确定”按钮，如图 9-62 所示。

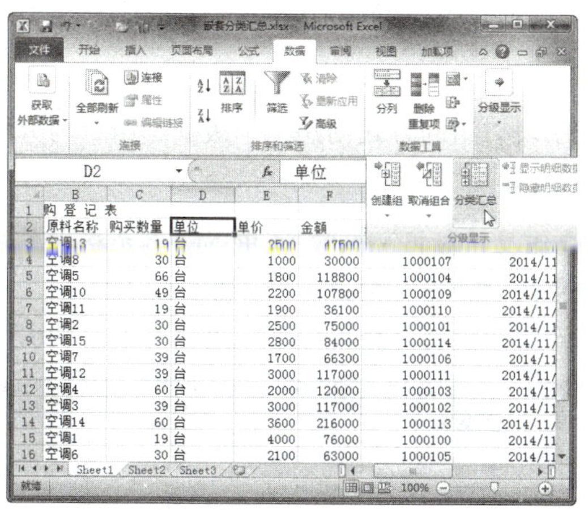
图 9-61　单击“分类汇总”按钮

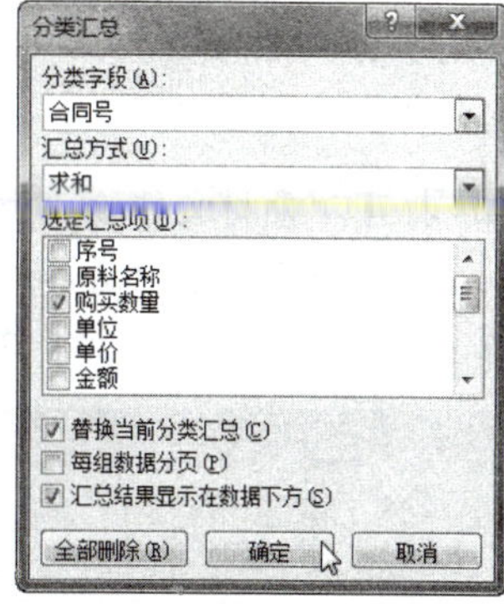

图 9-62　“分类汇总”对话框

Step05 再次单击“数据”选项卡下“分组显示”组中的“分类汇总”按钮，如图 9-63 所示。

Step06 弹出“分类汇总”对话框，在“分类字段”下拉列表框中选择“供应商”选项，在“汇总方式”下拉列表框中选择“求和”选项，在“选定汇总项”列表框中选中“金额”复选框，取消选择“替换当前分类汇总”复选框，然后单击“确定”按钮，如图 9-64 所示。

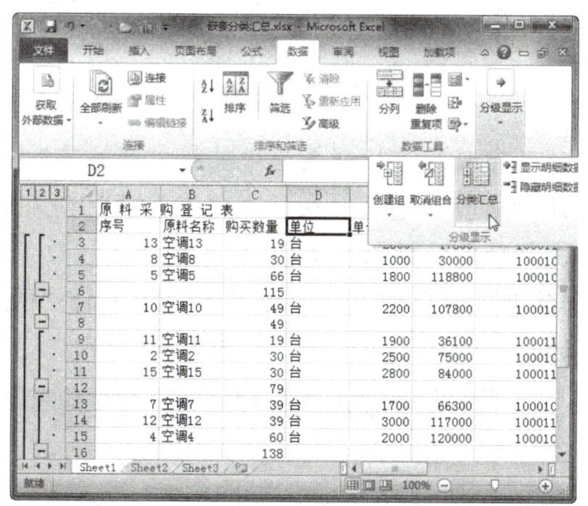
图 9-63　单击“分类汇总”按钮

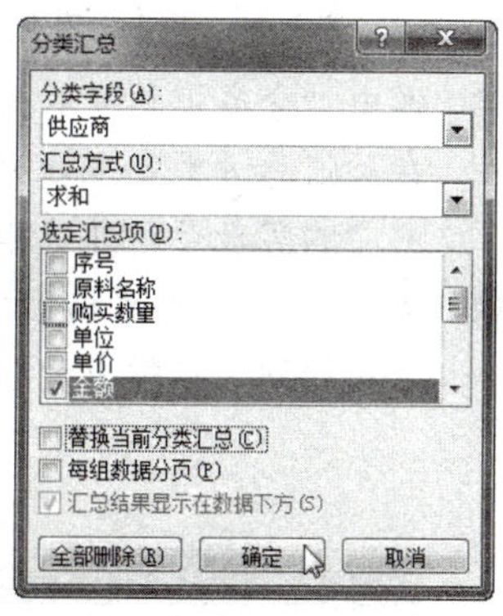

图 9-64　“分类汇总”对话框

Step07 此时，即可查看使用嵌套分类汇总后的效果，如图 9-65 所示。

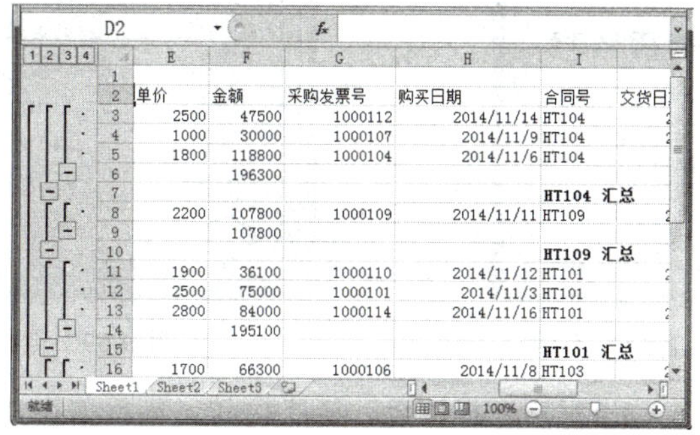
图 9-65　查看嵌套分类汇总结果

五、组合与分级显示数据

使用了分类汇总后，Excel 会对分类字段以组的方式创建一个级别。组合与分级显示数据的具体操作方法如下：

Step 01 打开“素材文件/第 9 章/组合与分组显示数据.xlsx”，选中 M2 单元格，单击“数据”选项卡下“排序和筛选”组中的“升序”按钮，如图 9-66 所示。

Step 02 单击“数据”选项卡下“分级显示”组中的“分类汇总”按钮，如图 9-67 所示。

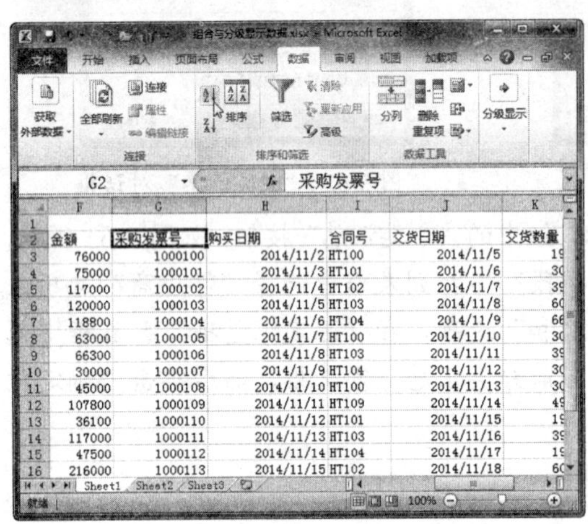

图 9-66 单击“升序”按钮

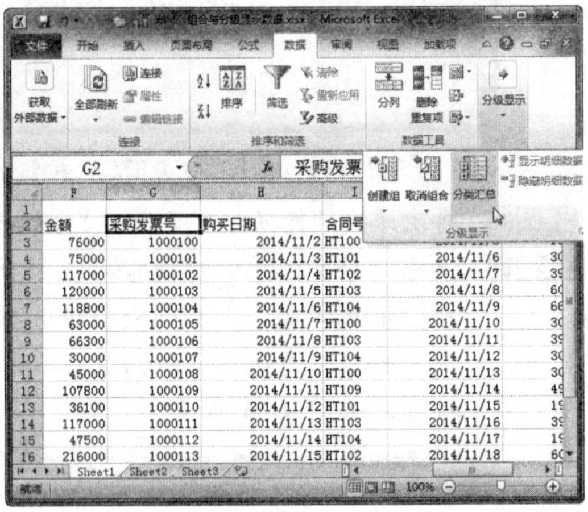

图 9-67 单击“分类汇总”按钮

Step 03 弹出“分类汇总”对话框，在“分类字段”下拉列表框中选择“供应商”选项，在“汇总方式”下拉列表框中选择“求和”选项，在“选定汇总项”列表框中选中“购买数量”复选框，然后单击“确定”按钮，如图 9-68 所示。

Step 04 选中 A3:M5 单元格区域，单击“数据”选项卡下“分组显示”组中的“创建组”下拉按钮，在弹出的下拉列表中选择“创建组”选项，如图 9-69 所示。

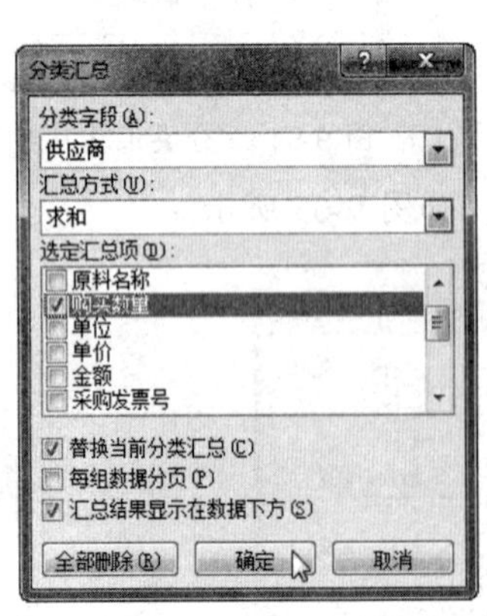

图 9-68 设置分类汇总

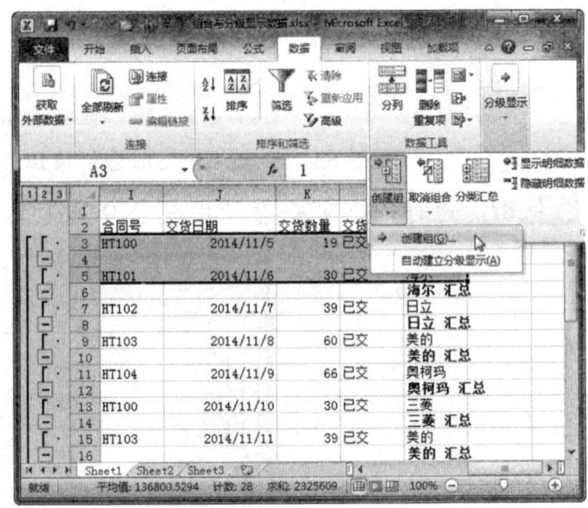

图 9-69 选择“创建组”选项

Step 05 弹出“创建组”对话框，选择“行”单选按钮，然后单击“确定”按钮，如图 9-70 所示。

Step 06　创建组后，在工作表的“级别 3”后面会出现一个级别 4，如图 9-71 所示。

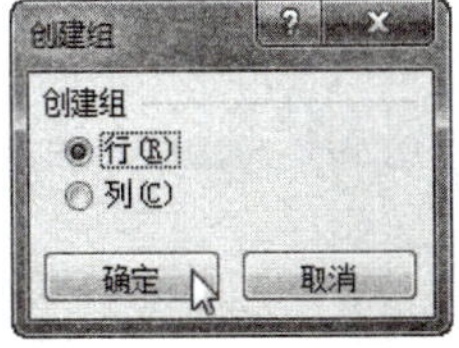

图 9-70　“创建组”对话框

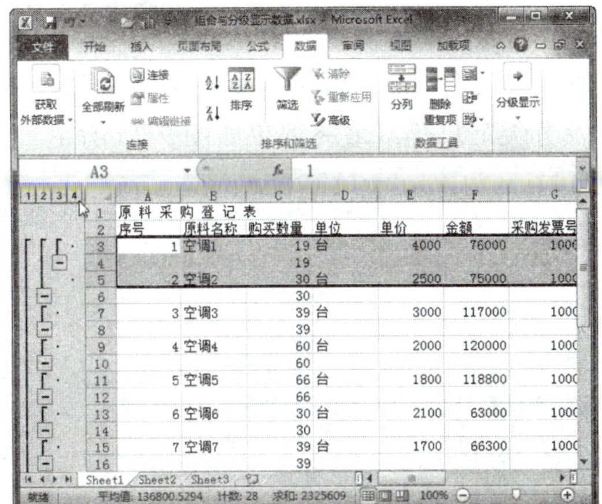

图 9-71　查看设置效果

Step 07　如果要取消组合，只需选中 A3:M5 单元格区域，然后单击“数据”选项卡下“分组显示”组中的“取消组合”下拉按钮，在弹出的下拉列表中选择“取消组合”选项即可，如图 9-72 所示。

Step 08　在弹出的“取消组合”对话框中单击“确定”按钮，即可查看恢复到原来分组显示的效果，如图 9-73 所示。

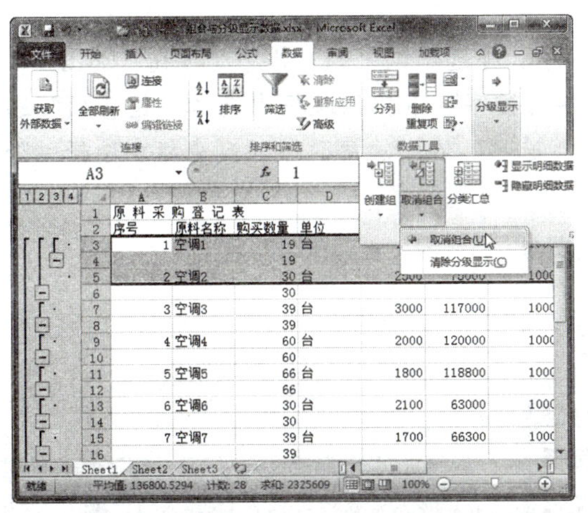

图 9-72　选择“取消组合”选项

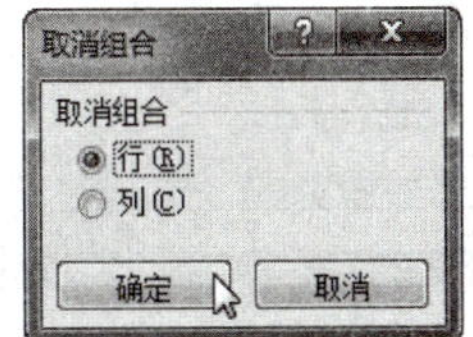

图 9-73　“取消组合”对话框

项目小结

本项目主要介绍了数据分析与管理的相关知识，其中包括数据排序，数据筛选以及分类汇总的方法。通过对本项目的学习，读者应重点掌握以下知识：

（1）对数据进行快速排序和按多列排序。

（2）对数据进行自定义排序。

（3）掌握数据筛选的各种操作。

（4）根据需要对数据进行分类汇总。

项目习题

打开素材文件“产品订单信息表.xlsx”（如图 9-74 所示），在表格中对其数据进行排序、筛选以及分类汇总等，最终效果如图 9-75 所示。

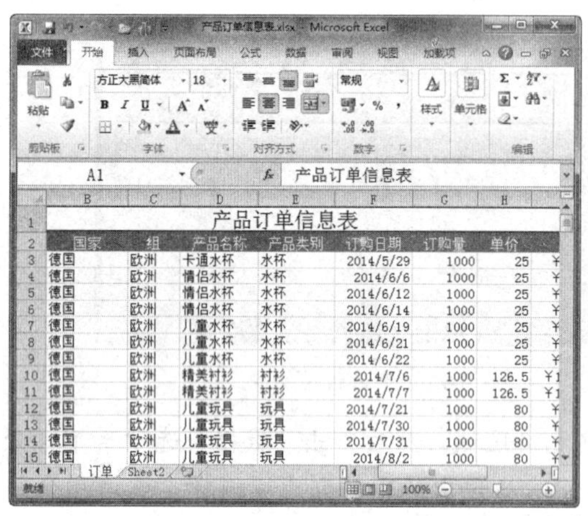

图 9-74　素材文件

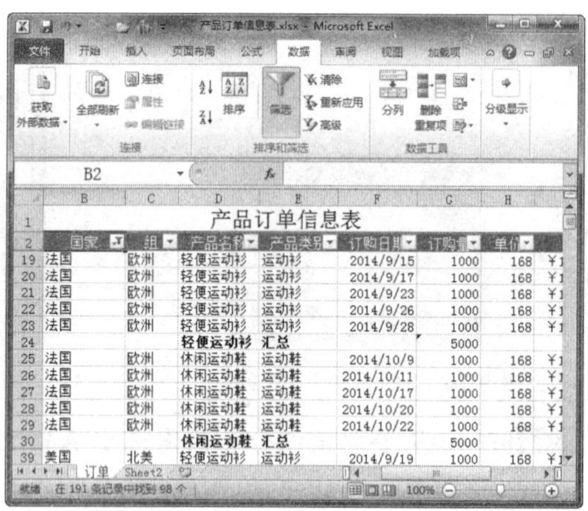

图 9-75　效果文件

操作提示：

（1）对数据进行排序

① 选择“数据”选项卡，单击“排序和筛选”组中的“排序”按钮，如图 9-76 所示。

② 弹出“排序”对话框，在“主要关键字”下拉列表框中选择“销售额”选项，在“排序依据”下拉列表框中选择“数值”选项，在“次序”下拉列表框中选择“降序”选项，如图 9-77 所示。

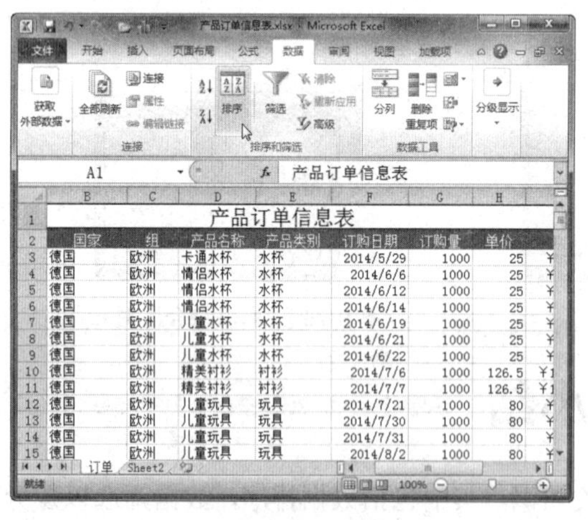

图 9-76　单击“排序”按钮

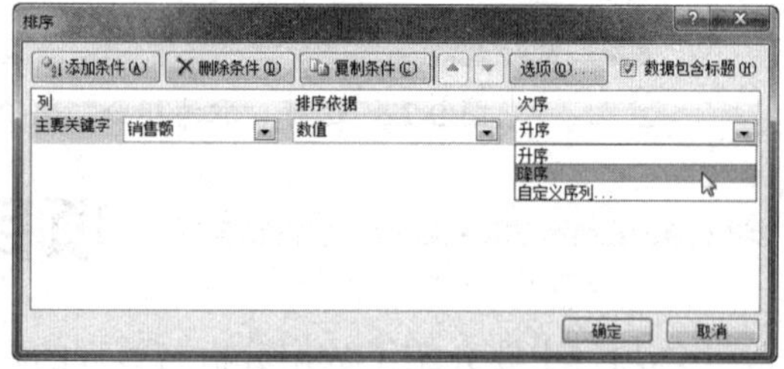

图 9-77　“排序”对话框

③ 单击“添加条件”按钮，并设置次要关键字为“订购量”，“次序”为“升序”，单击“确定”按钮，如图 9-78 所示。

④ 此时，即可在工作表中查看排序后的结果，如图 9-79 所示。

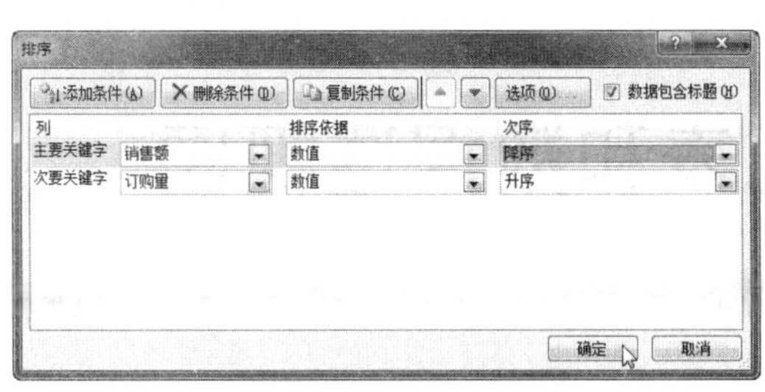

图 9-78　设置次要关键字

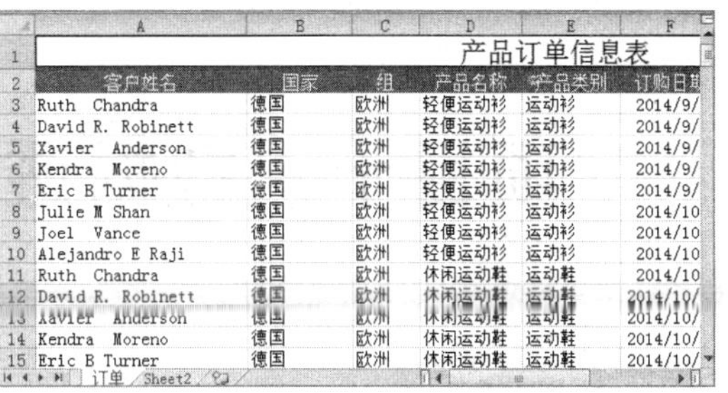

	A	B	C	D	E	F
1	产品订单信息表					
2	客户姓名	国家	组	产品名称	产品类别	订购日期
3	Ruth Chandra	德国	欧洲	轻便运动衫	运动衫	2014/9/
4	David R. Robinett	德国	欧洲	轻便运动衫	运动衫	2014/9/
5	Xavier Anderson	德国	欧洲	轻便运动衫	运动衫	2014/9/
6	Kendra Moreno	德国	欧洲	轻便运动衫	运动衫	2014/9/
7	Eric B Turner	德国	欧洲	轻便运动衫	运动衫	2014/9/
8	Julie M Shan	德国	欧洲	轻便运动衫	运动衫	2014/10
9	Joel Vance	德国	欧洲	轻便运动衫	运动衫	2014/10
10	Alejandro E Raji	德国	欧洲	轻便运动衫	运动衫	2014/10
11	Ruth Chandra	德国	欧洲	休闲运动鞋	运动鞋	2014/10
12	David R. Robinett	德国	欧洲	休闲运动鞋	运动鞋	2014/10/
13	Xavier Anderson	德国	欧洲	休闲运动鞋	运动鞋	2014/10/
14	Kendra Moreno	德国	欧洲	休闲运动鞋	运动鞋	2014/10/
15	Eric B Turner	德国	欧洲	休闲运动鞋	运动鞋	2014/10/

图 9-79　查看排序结果

（2）对数据进行筛选

① 在“排序和筛选”组中单击“筛选”按钮，如图 9-80 所示。

② 单击“国家”右侧的筛选按钮▾，在弹出的下拉列表中取消选择“德国”和“加拿大”复选框，然后单击“确定”按钮，如图 9-81 所示。

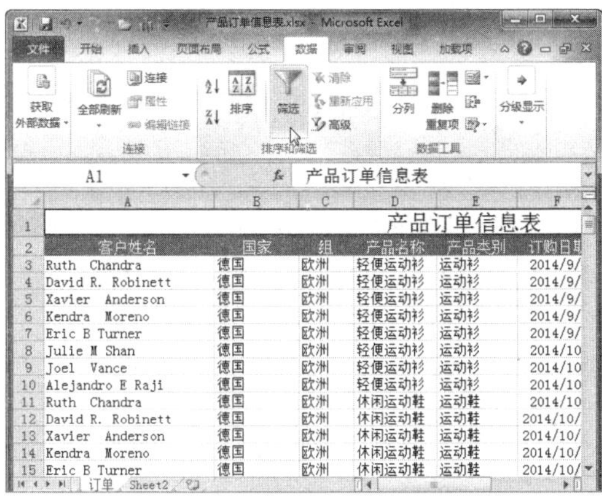

图 9-80　单击“筛选”按钮

图 9-81　筛选数据

（3）对数据进行分类汇总

① 在“分级显示”组中单击“分类汇总”按钮，如图 9-82 所示。

② 弹出“分类汇总”对话框，在“分类字段”下拉列表框中选择“产品名称”选项，在“汇总方式”下拉列表框中选择“求和”选项，在“选定汇总项”列表框中选择“订购量”选项，然后单击“确定”按钮，如图 9-83 所示。

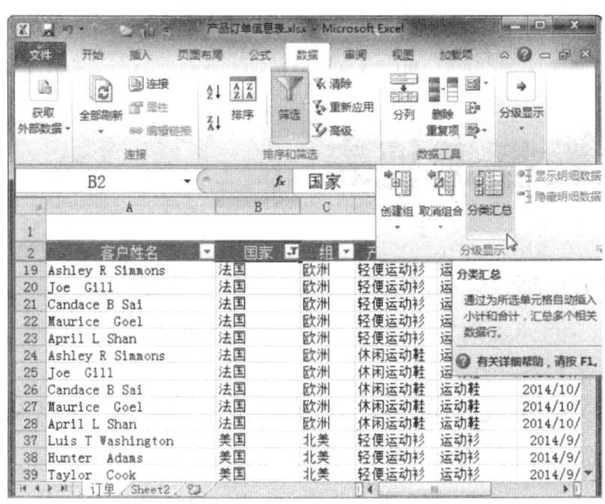

图 9-82　单击“分类汇总”按钮

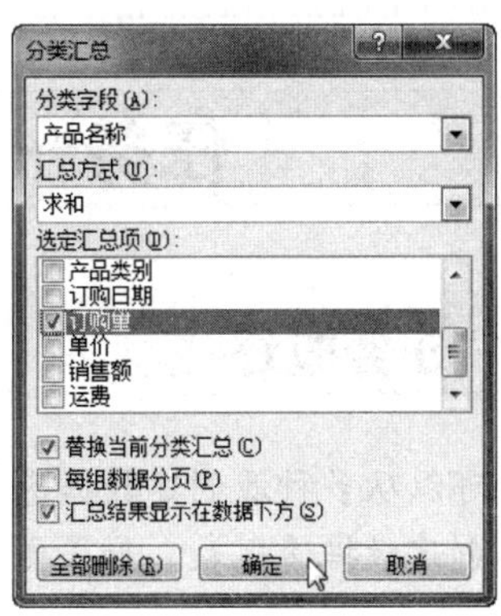

图 9-83　设置分类汇总

项目十　数据透视表和数据透视图

项目概述

如果数据排序、筛选和分类汇总等不能满足数据分析的需要，此时就需要使用数据透视表功能。数据透视表是对数据进行查询与分析，深入挖掘数据内部信息的重要工具；数据透视图则是数据透视表的图形展示。本项目将详细介绍数据透视表和数据透视图的应用知识。

项目重点

- 掌握创建数据透视表的方法。
- 掌握编辑数据透视表的方法。
- 掌握创建数据透视图的方法。
- 掌握编辑数据透视图的方法。

项目目标

- 能够创建数据透视表。
- 能够熟练编辑数据透视表。
- 能够创建数据透视图。
- 能够根据需要编辑数据透视图。

任务一　创建数据透视表

任务概述

用户可以从多种源创建数据透视表，既可以从Excel表格创建数据透视表，也可以从外部数据创建数据透视表。如果要从外部数据创建数据透视表，首先需要检索外部数据。

任务重点与实施

一、基于工作表数据创建数据透视表

数据透视表是一种对大量数据快速汇总和建立交叉列表的交互表格。在数据透视表中可以转换行和列，以查看源数据的不同汇总结果，可以显示不同的页面来筛选数据，还可以根据需要显示区域中的明细数据。

创建数据透视表的具体操作方法如下：

Step 01 打开“素材文件/第 10 章/基于工作表数据创建数据透视表.xlsx”，选择需要创建数据透视表的 A2:F55 单元格区域，单击“插入”选项卡下“表格”组中的“数据透视表”下拉按钮，在弹出的下拉列表中选择“数据透视表”选项，如图 10-1 所示。

Step 02 弹出“创建数据透视表”对话框，使用默认数据源，选中“新工作表”单选按钮，然后单击“确定”按钮，如图 10-2 所示。

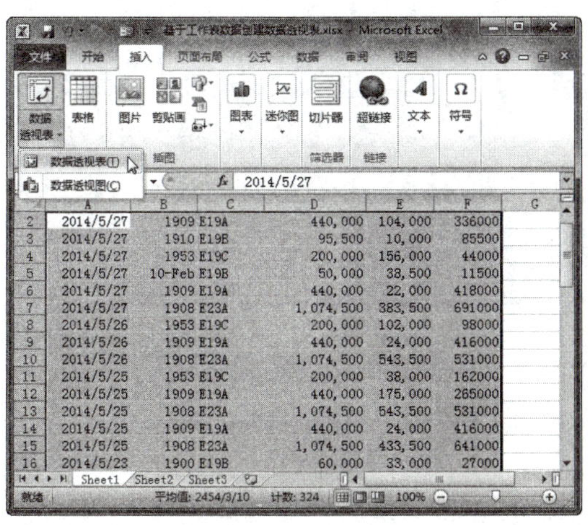

图 10-1　选择“数据透视表”选项

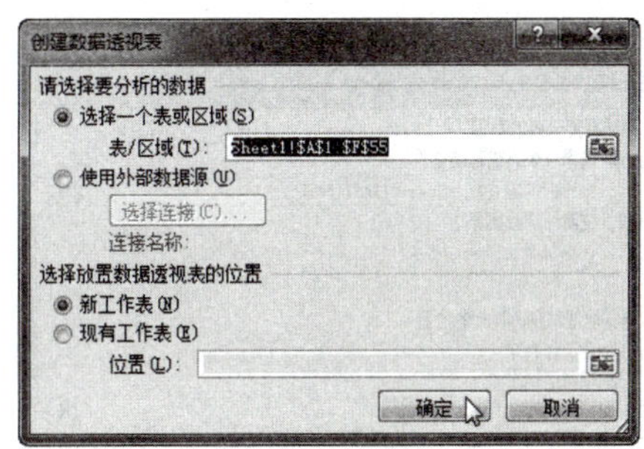

图 10-2　“创建数据透视表”对话框

Step 03 弹出“数据透视表字段列表”窗格，分别选中“产品名称”、“订购量”、“库存量”和“需求量”字段复选框，然后单击“关闭”按钮，如图 10-3 所示。

Step 04 此时，即可创建以“产品名称”为行标签，“订购量”、“库存量”和“需求量”为字段的求和数据透视表，如图 10-4 所示。

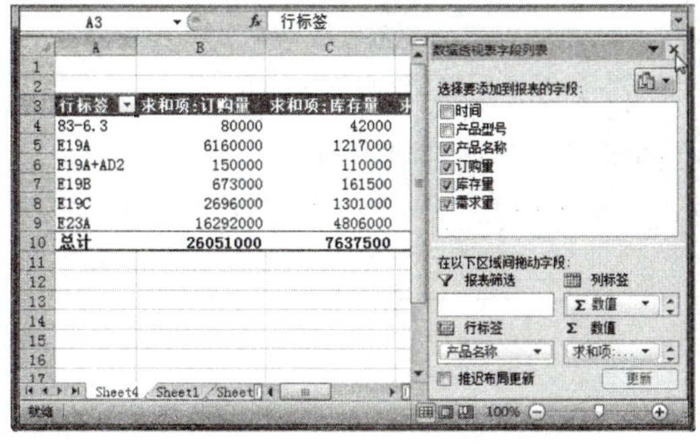

图 10-3　设置数据透视表字段

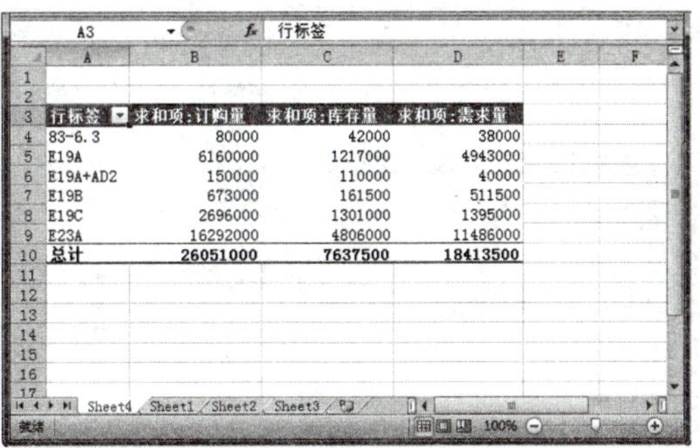

行标签	求和项:订购量	求和项:库存量	求和项:需求量
83-6.3	80000	42000	38000
E19A	6160000	1217000	4943000
E19A+AD2	150000	110000	40000
E19B	673000	161500	511500
E19C	2696000	1301000	1395000
E23A	16292000	4806000	11486000
总计	26051000	7637500	18413500

图 10-4　查看创建效果

如果想在原工作表中创建数据透视表，可以按照以下方法进行操作：

图 10-5 选择“数据透视表”选项

Step 01 选择需要创建数据透视表的 A2:F55 单元格区域，单击“插入”选项卡下“表格”组中的“数据透视表”下拉按钮，在弹出的下拉列表中选择“数据透视表”选项，如图 10-5 所示。

Step 02 弹出“创建数据透视表”对话框，使用默认数据源，选中“现有工作表”单选按钮，然后单击“位置”折叠按钮，如图 10-6 所示。

Step 03 弹出“创建数据透视表”对话框，选择数据源区域，再次单击折叠按钮，如图 10-7 所示。

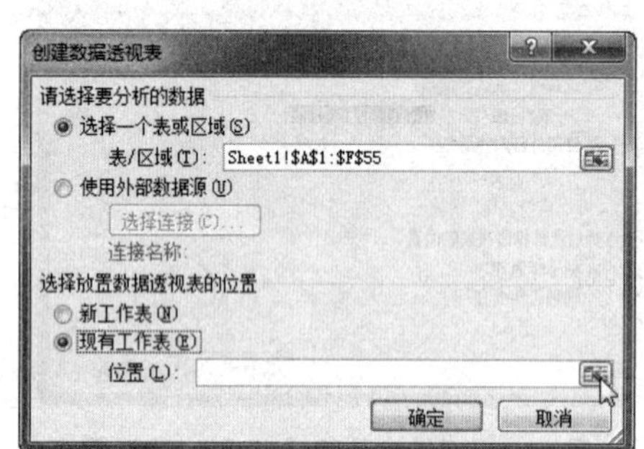
图 10-6 “创建数据透视表”对话框

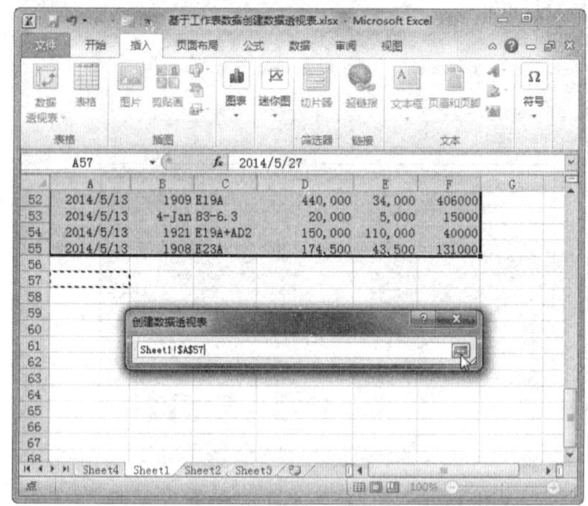
图 10-7 选择数据源区域

Step 04 弹出“数据透视表字段列表”窗格，分别选中“产品名称”、“订购量”、“库存量”字段复选框，然后单击“关闭”按钮，如图 10-8 所示。

Step 05 此时，即可查看在现有工作表中的创建数据透视表效果，如图 10-9 所示。

图 10-8 设置数据透视表字段

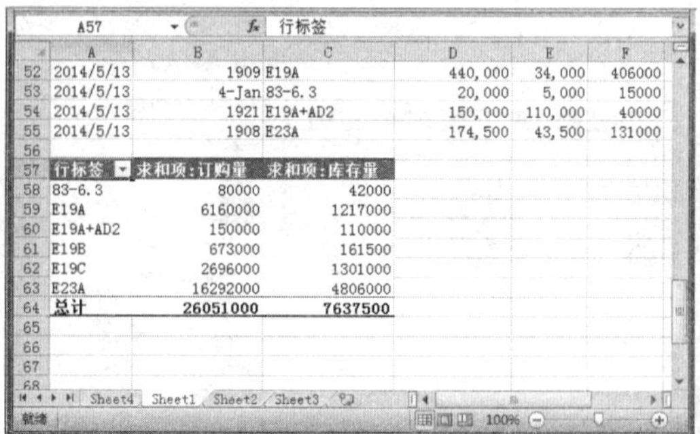
图 10-9 查看创建效果

二、外部数据源创建数据透视表

除了可以根据现有工作表的数据创建数据透视表之外，还可以在当前工作簿中连接相关的外部数据源创建数据透视表，具体操作方法如下：

Step 01 打开“素材文件/第 10 章/外部数据源创建数据透视表.xlsx”，单击“插入”选项卡下“表格”组中的“数据透视表”下拉按钮，在弹出的下拉列表中选择“数据透视表”选项，如图 10-10 所示。

Step 02 弹出“创建数据透视表”对话框，选中“使用外部数据源”单选按钮，然后单击“选择连接”按钮，如图 10-11 所示。

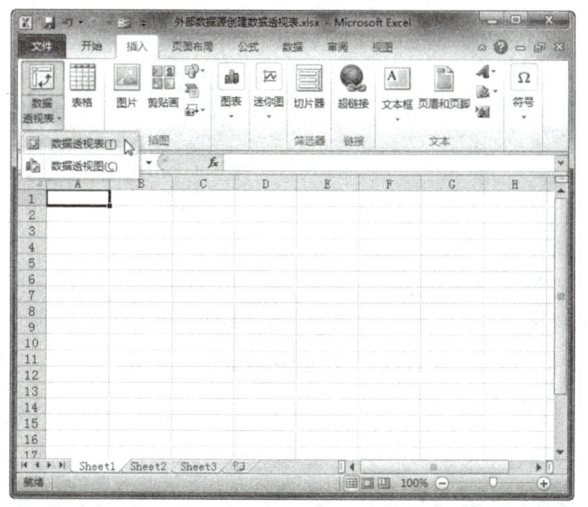

图 10-10　选择“数据透视表”选项

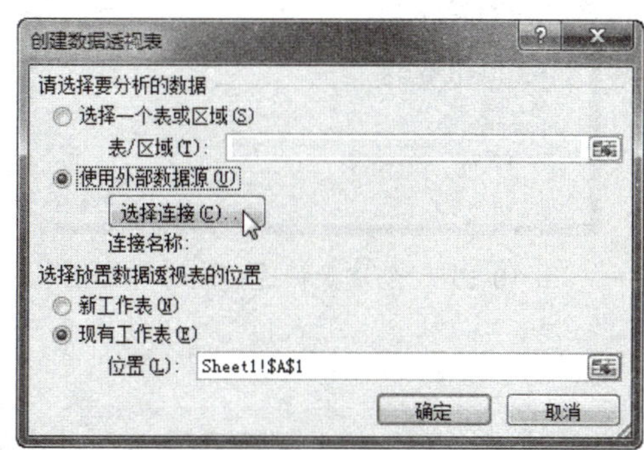

图 10-11　“创建数据透视表”对话框

Step 03 弹出“现有连接”对话框，单击“浏览更多”按钮，如图 10-12 所示。

Step 04 弹出“选择数据源”对话框，找到目标数据源工作簿，并单击“打开”按钮，如图 10-13 所示。

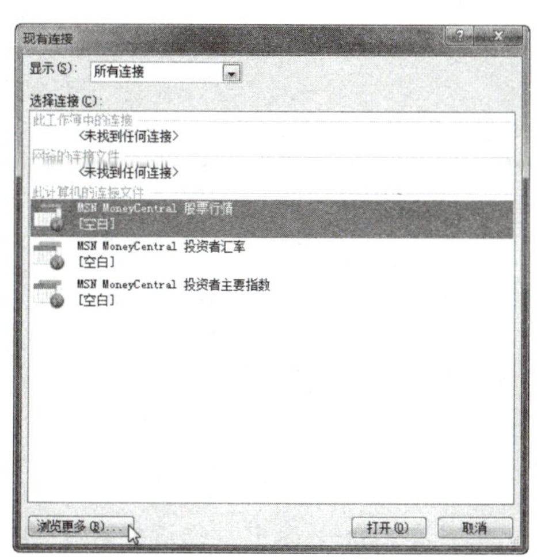

图 10-12　“现有连接”对话框

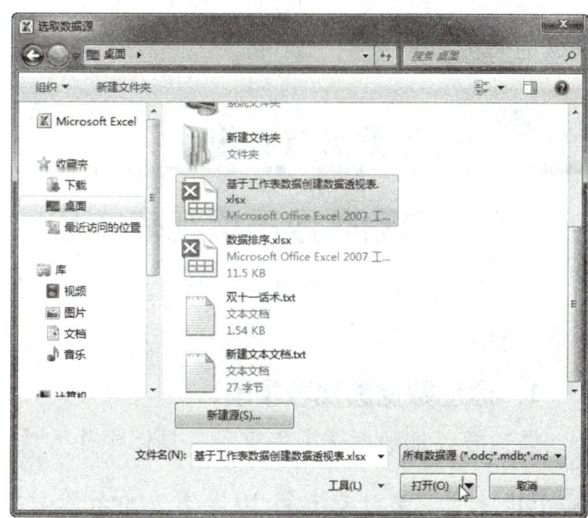

图 10-13　“选择数据源”对话框

Step 05 弹出“选择表格”对话框，选中Sheet1$工作表，然后单击“确定”按钮，如图 10-14 所示。

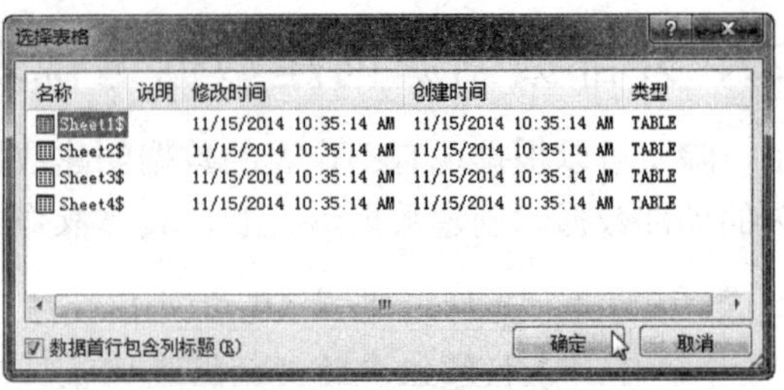

图 10-14 “选择表格”对话框

Step 06 返回“创建数据透视表”对话框，选中“现有工作表”单选按钮，然后单击“确定”按钮，如图 10-15 所示。

Step 07 弹出“数据透视表字段列表”窗格，可以根据自己的需要自行设置字段，如图 10-16 所示。

图 10-15 “创建数据透视表”对话框

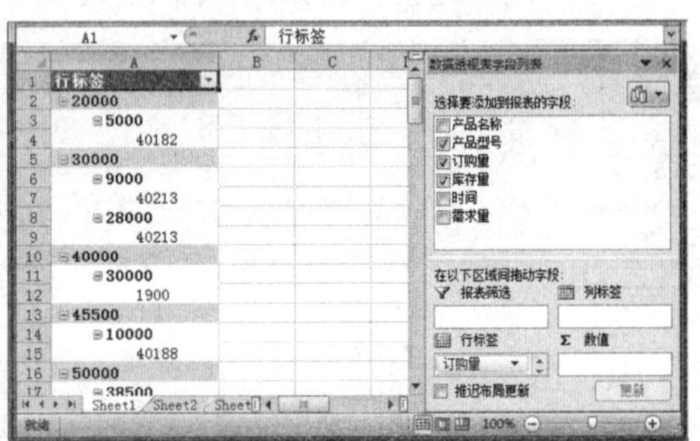

图 10-16 设置数据透视表字段

任务二 编辑数据透视表

任务概述

如果对已经创建好的数据透视表不满意，还可以对其进行修改。下面将介绍如何编辑数据透视表。

任务重点与实施

一、添加和删除数据透视表字段

使用数据透视表查看数据汇总时，可以根据需要随时添加和删除数据透视表的字段，以便重新组织数据。

1. 添加数据透视表字段

若需要添加数据透视表字段，具体操作方法如下：

Step 01 打开“素材文件/第 10 章/添加和删除数据透视表字段.xlsx”，选中数据透视表中的任意单元格，单击“选项”选项卡下“显示”组中的“字段列表”按钮，如图 10-17 所示。

Step 02 弹出“数据透视表字段列表”窗格，在列表框中选中“需求量”复选框，如图 10-18 所示。

图 10-17 单击“字段列表”按钮

图 10-18 选中“需求量”复选框

Step 03 此时，即可查看在数据透视表中添加新字段后的效果，如图 10-19 所示。

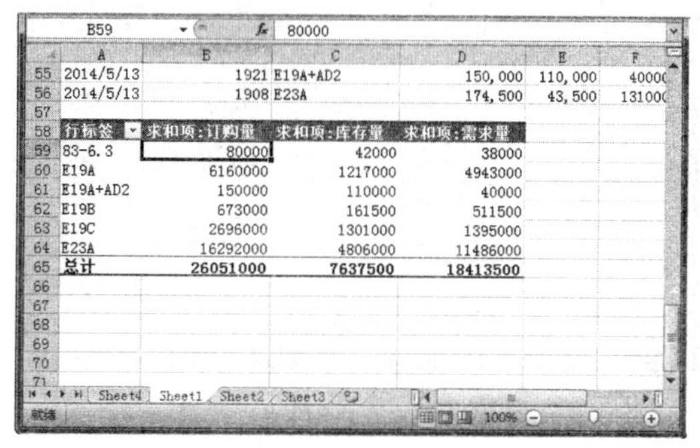

图 10-19 查看添加效果

2. 删除数据透视表字段

若需要删除数据透视表字段，具体操作方法如下：

Step 01 单击“选项”选项卡下“显示”组中的“字段列表”按钮，如图 10-20 所示。

Step 02 弹出“数据透视表字段列表”窗格，在列表框中取消选择“订购量”复选框，如图 10-21 所示。此时，即可查看删除“订购量”字段后的数据透视表效果。

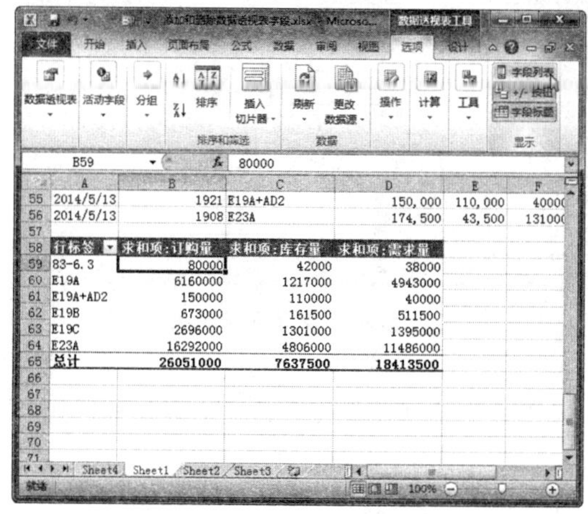

图 10-20 单击“字段列表”按钮

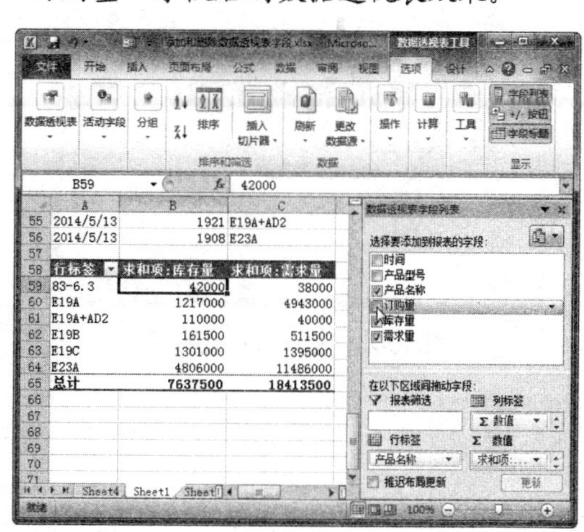

图 10-21 取消选择“订购量”复选框

二、改变数据透视表中的数据

数据透视表仅用于筛选和查看数据，但并不能用于修改工作表中的数据。如果数据源中的数据被修改，数据透视表中的数据也不会自动更新。若需要执行更新操作，具体操作方法如下：

Step 01 打开“素材文件/第 10 章/改变数据透视表中的数据.xlsx”，修改鼠标的订购量数据为 130000，如图 10-22 所示。

Step 02 选中数据透视表的任意单元格，单击“选项”选项卡下“数据”组中的“更改数据源”下拉按钮，然后在弹出的下拉列表中选择“更改数据源”选项，如图 10-23 所示。

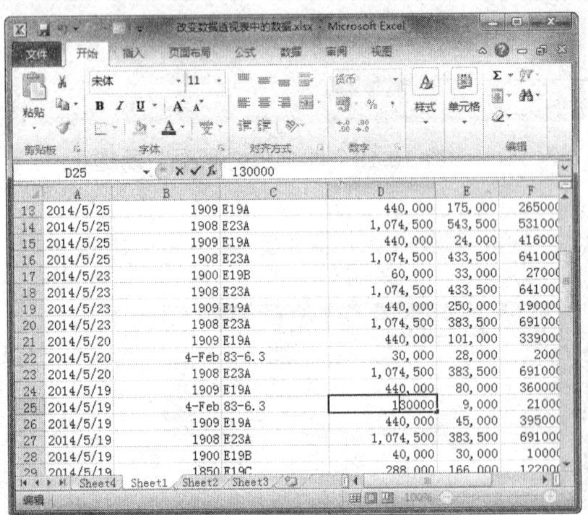

图 10-22 更新订购量数据

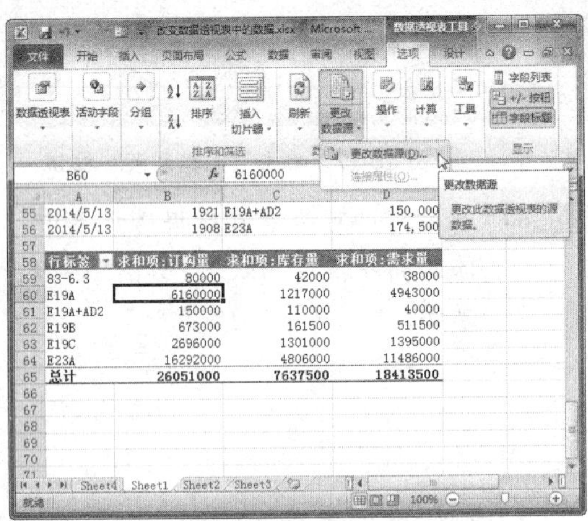

图 10-23 选择“更改数据源”选项

Step 03 弹出“更改数据透视表数据源”对话框，单击“表/区域”文本框右侧的折叠按钮，重新选择数据源，然后单击“确定”按钮，如图 10-24 所示。

Step 04 查看更新数据源后的数据透视表，订购量增加了 100000，如图 10-25 所示。

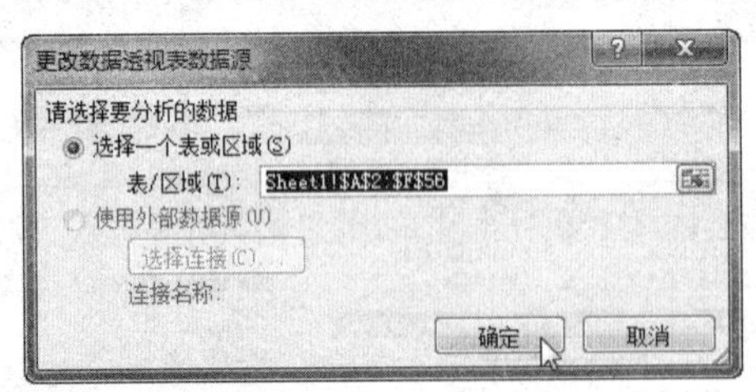

图 10-24 重新选择数据源

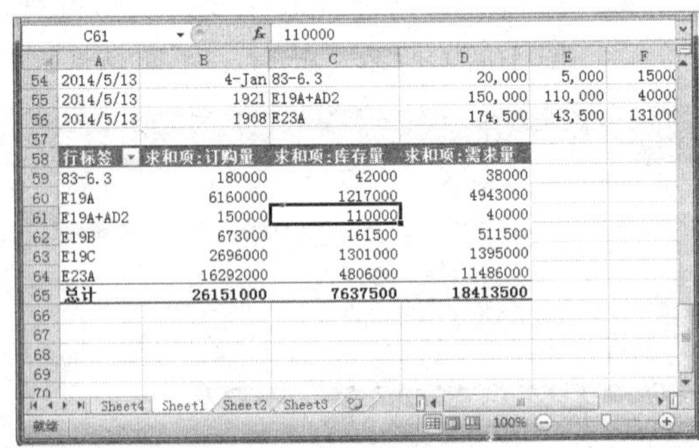

图 10-25 查看更新效果

如果想快速更新数据透视表，只需选中数据透视表中的任意单元格，然后单击“选项”选项卡下“数据”组中的“刷新”按钮，或右击数据透视表，在弹出的快捷菜单中选择“刷新”命令即可。

三、改变字段的汇总方式

在 Excel 2010 中，默认的汇总方式为求和方式，用户还可以对数据区域采取其他汇总方式。更改字段汇总方式的具体操作方法如下：

Step 01 打开"素材文件/第 10 章/改变字段的汇总方式.xlsx"，选中数据透视表"订购量"列中任意单元格并右击，在弹出快捷菜单中选择"值字段设置"命令，如图 10-26 所示。

Step 02 弹出"值字段设置"对话框，在"计算类型"列表框中选择"平均值"选项，然后单击"确定"按钮，如图 10-27 所示。

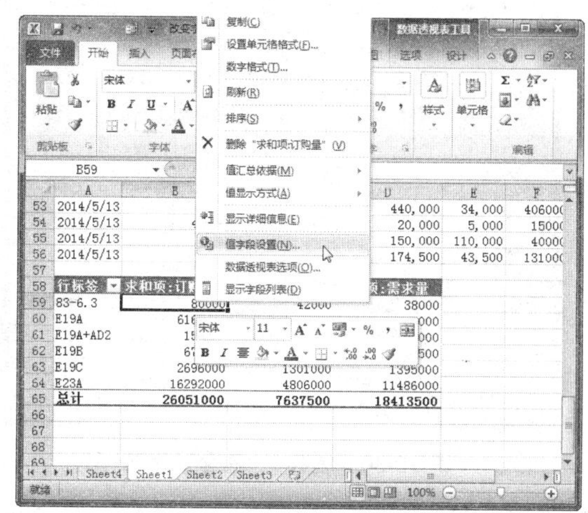

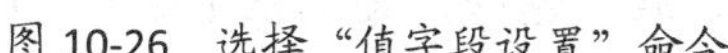

图 10-26 选择"值字段设置"命令

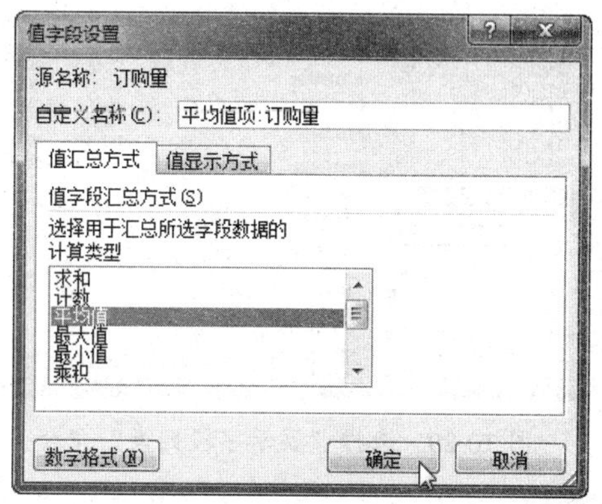

图 10-27 "值字段设置"对话框

Step 03 此时，即可查看"订购量"以平均值汇总方式汇总后的效果，如图 10-28 所示。

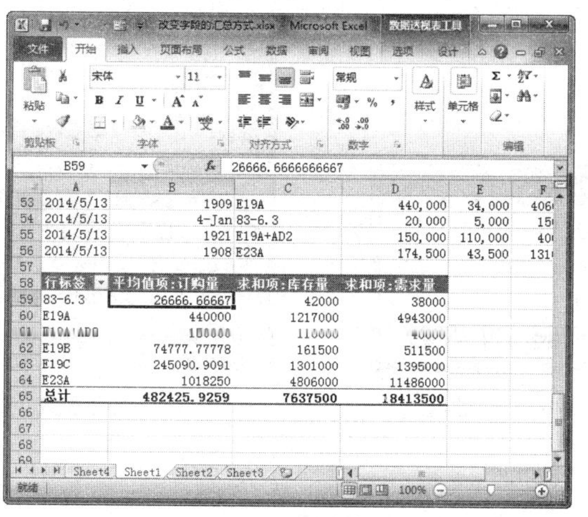

图 10-28 查看汇总效果

四、筛选数据

通过筛选数据可以快速地在数据透视表中查找和使用数据子集。用户可以筛选数据透视表中的标签或标签内的文本项，筛选区域数值中的数字，筛选日期以及按内容筛选等。下面将分别对其进行介绍：

1. 文本筛选

在数据透视表中进行文本筛选的具体操作方法如下：

Step01 打开"素材文件/第 10 章/筛选数据.xlsx"，选中数据透视表中的任意单元格并右击，在弹出的快捷菜单中选择"显示字段列表"命令，如图 10-29 所示。

Step02 弹出"数据透视表字段列表"窗格，单击"产品名称"下拉按钮，在弹出的下拉列表中选择"标签筛选"|"包含"选项，如图 10-30 所示。

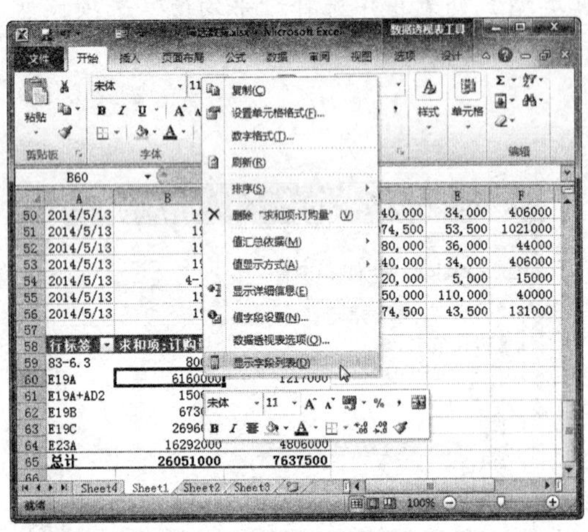

图 10-29 选择"显示字段列表"命令

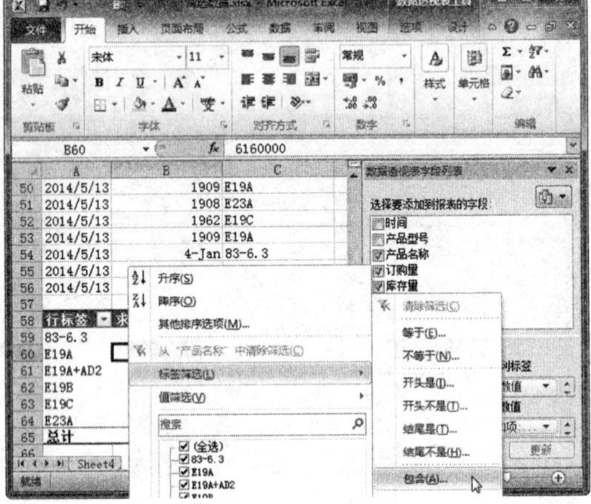

图 10-30 选择 "包含" 选项

Step03 弹出"标签筛选（产品名称）"对话框，在"包含"文本框中输入"E*"，然后单击"确定"按钮，如图 10-31 所示。

Step04 此时，即可显示按"产品名称"筛选后的数据透视表，结果如图 10-32 所示。

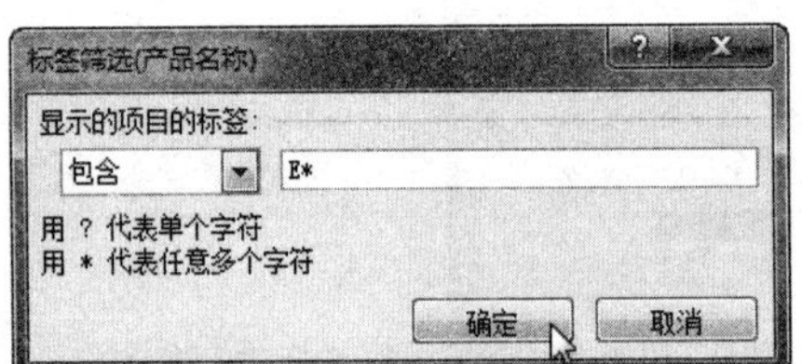

图 10-31 "标签筛选"对话框

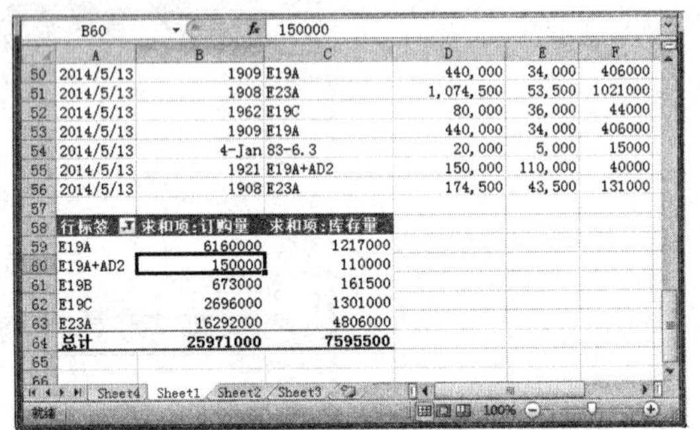

图 10-32 查看筛选结果

2. 日期筛选

在数据透视表中进行日期筛选的具体操作方法如下：

Step01 打开"素材文件/第 10 章/筛选数据.xlsx"，右击数据单元格，在弹出的快捷菜单中选择"显示字段列表"命令，如图 10-33 所示。

Step02 弹出"数据透视表字段列表"窗格，在"选择要添加到报表的字段"列表框中选中"时间"复选框，如图 10-34 所示。

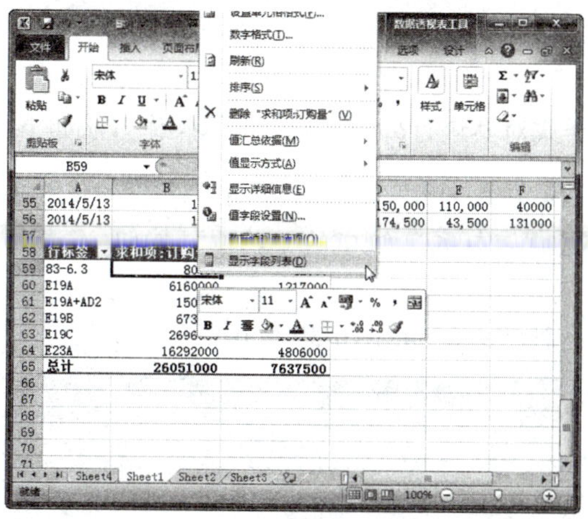

图 10-33　选择“显示字段列表”命令

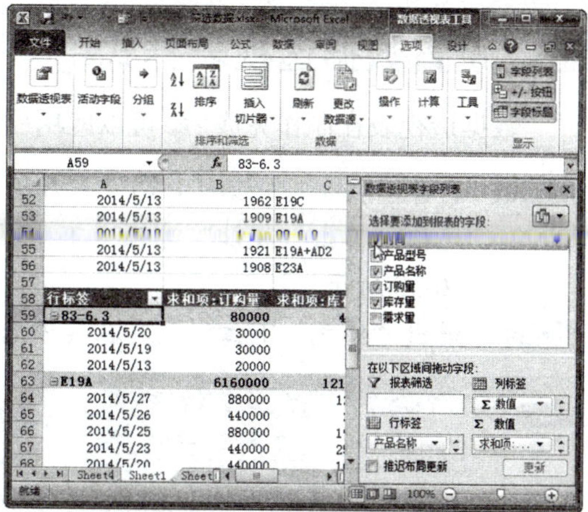

图 10-34　选中“时间”复选框

Step 03　单击“时间”下拉按钮，在弹出的下拉列表中选择“日期筛选”|“等于”选项，如图 10-35 所示。

Step 04　弹出“日期筛选（时间）”对话框，设置筛选条件，然后单击“确定”按钮，如图 10-36 所示。

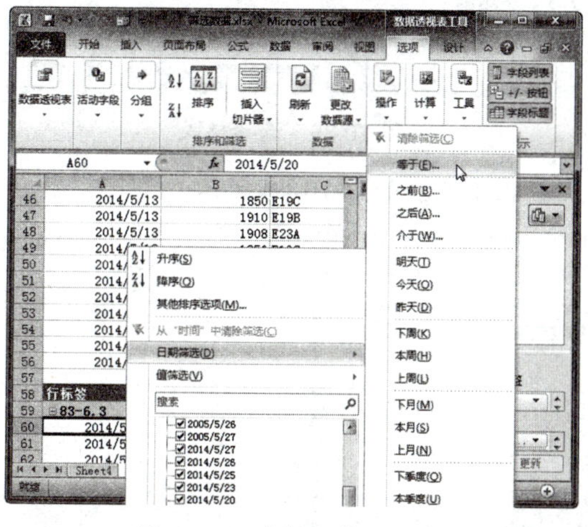

图 10-35　选择“等于”选项

图 10-36　“日期筛选”对话框

Step 05　此时，即可查看按日期筛选后的数据透视表，结果如图 10-37 所示。

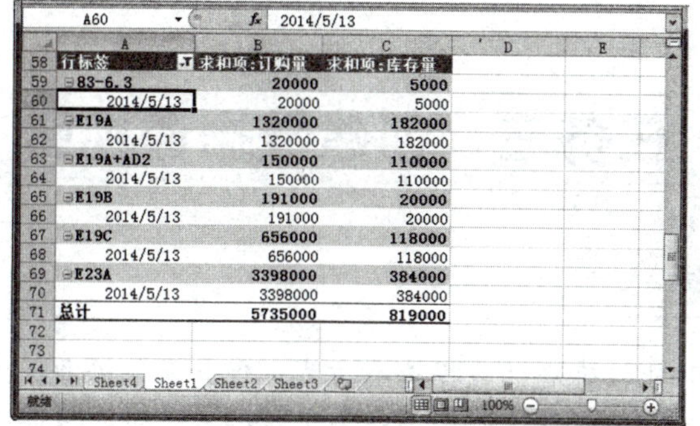

图 10-37　查看筛选结果

五、设置数据透视表样式

数据透视表在制作完成后，可以应用图表样式对其进行外观美化，具体操作方法如下：

Step 01 打开“素材文件/第 10 章/设置数据透视表样式.xlsx”，选中数据透视表中的任意单元格，单击“设计”选项卡下“数据透视表样式”组中的“其他”按钮，如图 10-38 所示。

Step 02 弹出“样式”下拉列表，在其中选择一种样式，如图 10-39 所示。

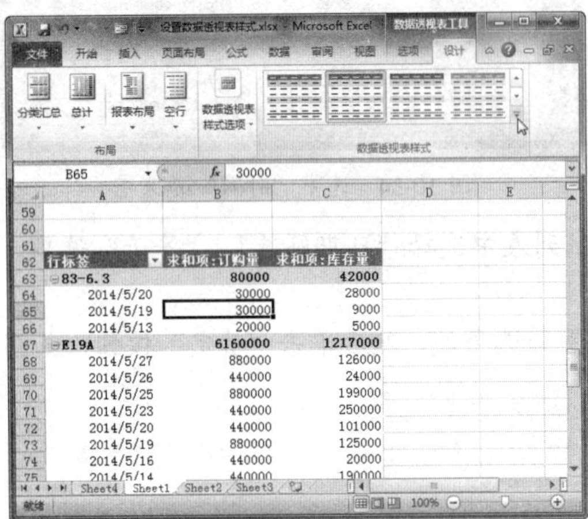

图 10-38　单击“其他”按钮

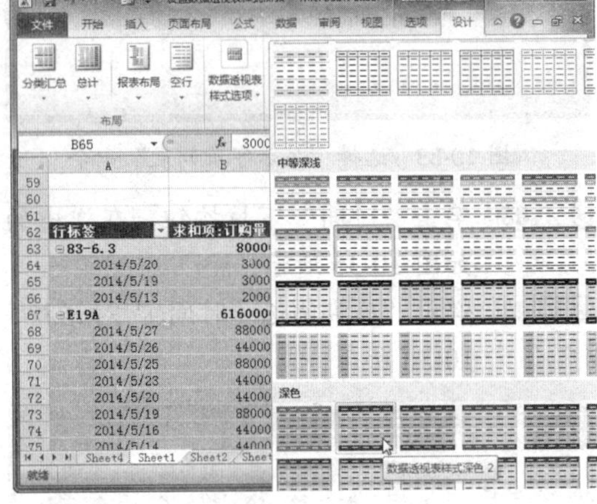

图 10-39　选择样式

Step 03 此时，即可查看数据透视表应用新样式后的效果，如图 10-40 所示。

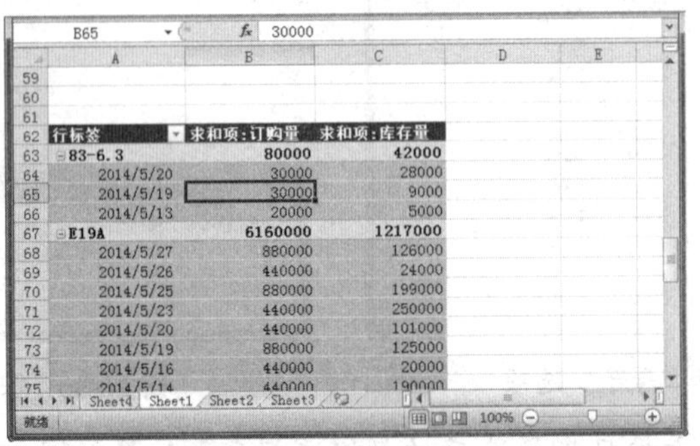

图 10-40　查看更改后数据透视图样式效果

任务三　创建数据透视图

任务概述

数据透视表是一种比较直观的数据查看方式，但如果数据源很大，数据透视表中的数据很多，数据的排列就会很复杂，仍然会让人眼花缭乱。借助数据透视图可以更直观地分析数据，下面将详细介绍如何创建数据透视图。

任务重点与实施

一、创建基于工作表数据的数据透视图

基于工作表中的数据创建数据透视图时，该数据会成为数据透视表的源数据，具体操作方法如下：

Step 01 打开“素材文件/第 10 章/创建基于工作表数据的数据透视图.xlsx”，选择 A2:F50 单元格区域，单击“插入”选项卡下“表格”组中的“数据透视表”下拉按钮，在弹出的下拉列表中选择“数据透视图”选项，如图 10-41 所示。

Step 02 弹出“创建数据透视表及数据透视图”对话框，使用默认数据源，选中“新工作表”单选按钮，然后单击“确定”按钮，如图 10-42 所示。

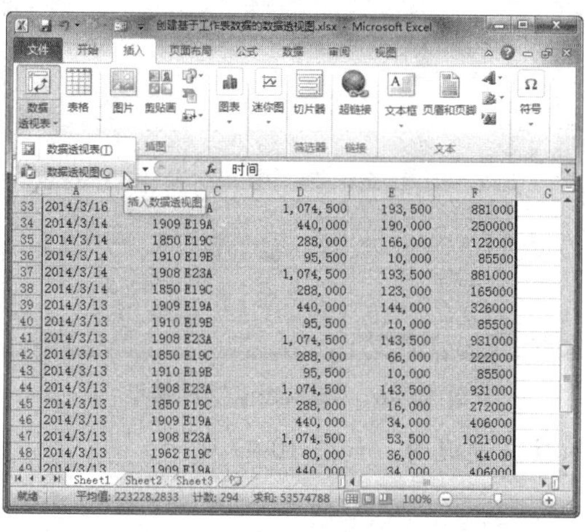

图 10-41　选择“数据透视图”选项

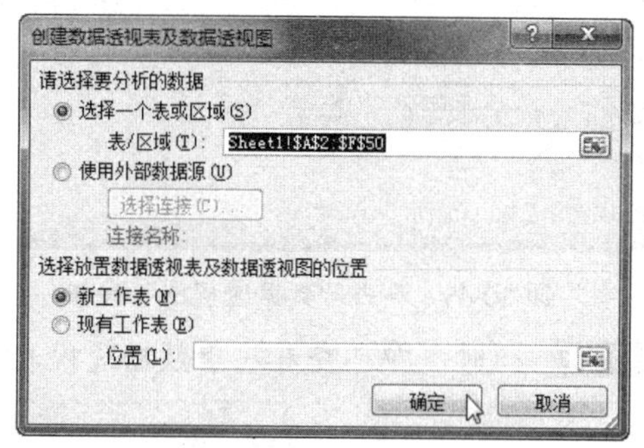

图 10-42　“创建数据透视表及数据透视图”对话框

Step 03 弹出“数据透视表字段列表”窗格，分别选中“产品名称”、“订购量”和“库存量”复选框，然后单击“关闭”按钮，如图 10-43 所示。

Step 04 此时，即可查看基于工作表数据创建的数据透视图，如图 10-44 所示。

图 10-43　设置数据透视表字段

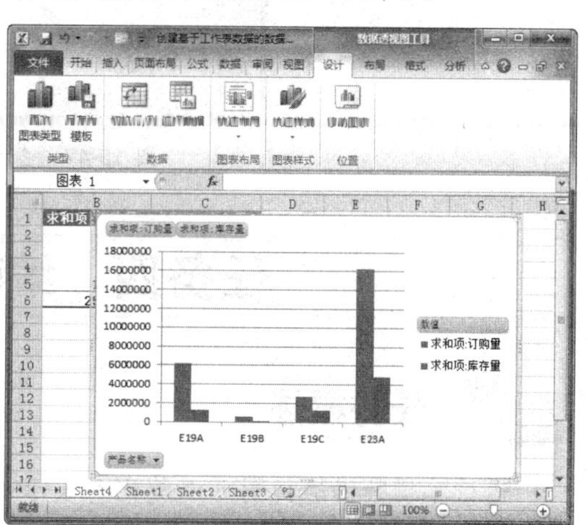

图 10-44　查看数据透视图效果

二、创建基于数据透视表的数据透视图

生成数据透视表之后，就可以由数据透视表生成数据透视图，具体操作方法如下：

Step 01 打开“素材文件/第 10 章/创建基于数据透视表的数据透视图.xlsx”，选中数据透视表中的任意单元格，单击“选项”选项卡下“工具”组中的“数据透视图”按钮，如图 10-45 所示。

Step 02 弹出“插入图表”对话框，在左窗格中选择“柱形图”选项，在右窗格中选择“簇状柱形图”选项，然后单击“确定”按钮，如图 10-46 所示。

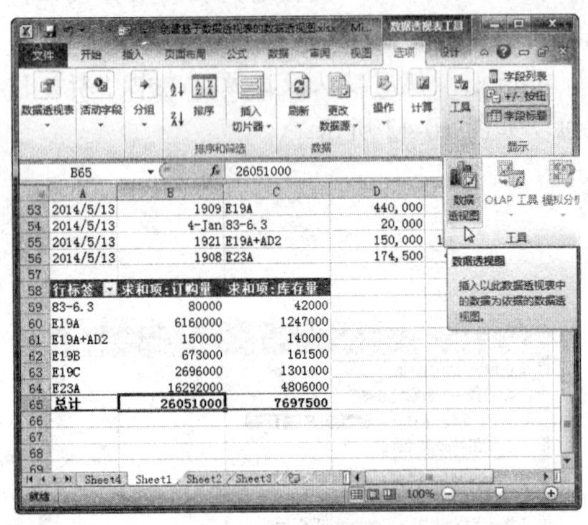

图 10-45　单击“数据透视图”按钮

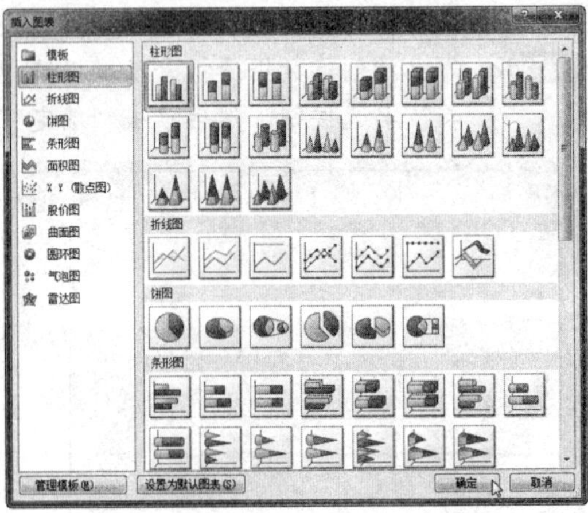

图 10-46　“插入图表”对话框

Step 03 此时，即可查看基于数据透视表生成的数据透视图，如图 10-47 所示。

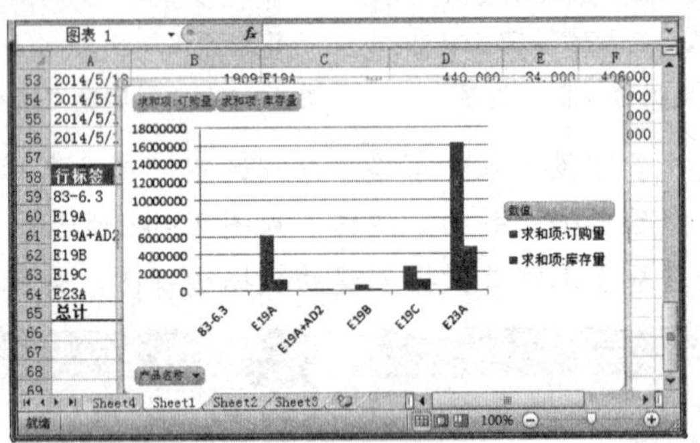

图 10-47　查看数据透视图效果

任务四　编辑数据透视图

任务概述

通过编辑数据透视图可以美化其显示效果，更便于数据的分析与处理。数据透视图的编辑操作主要包括更改图表的位置，编辑标题，设置图表布局，添加数据标签和应用图表样式等，下面将分别对其进行介绍。

任务重点与实施

一、改变数据透视图类型

改变数据透视图类型与改变图表类型相似，具体操作方法如下：

Step 01 打开“素材文件/第10章/改变数据透视图类型.xlsx”，选中数据透视图，单击“设计”选项卡下“类型”组中的“更改图表类型”按钮，如图10-48所示。

Step 02 弹出“更改图表类型”对话框，在左窗格中选择“柱形图”选项，在右窗格中选择一种新的图表类型，如“三维簇状柱形图”，然后单击“确定”按钮，如图10-49所示。

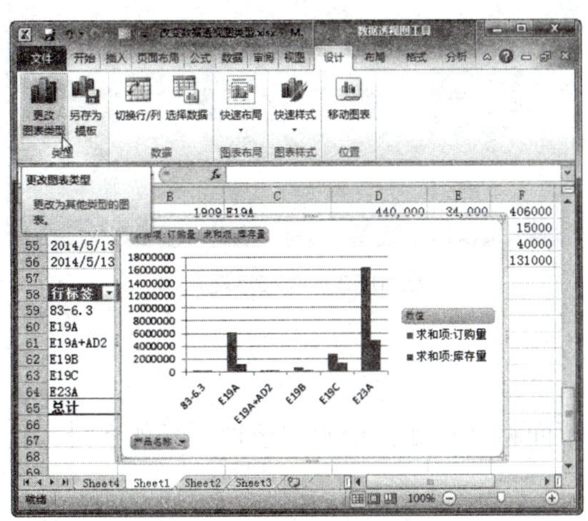

图10-48　单击“更改图表类型”按钮

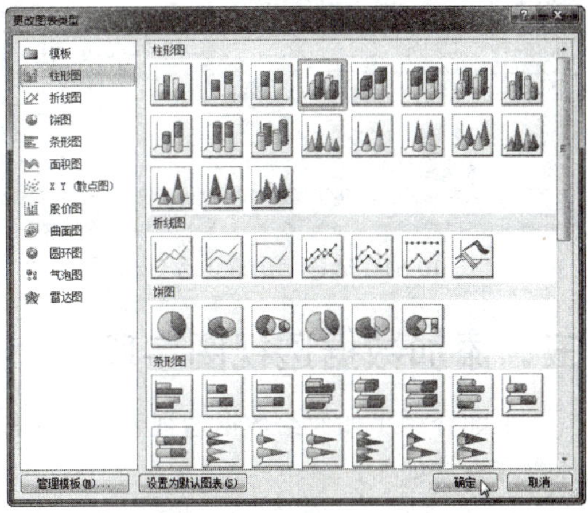

图10-49　“更改图表类型”对话框

Step 03 此时，即可查看数据透视图改为“三维簇状柱形图”类型后的效果，如图10-50所示。

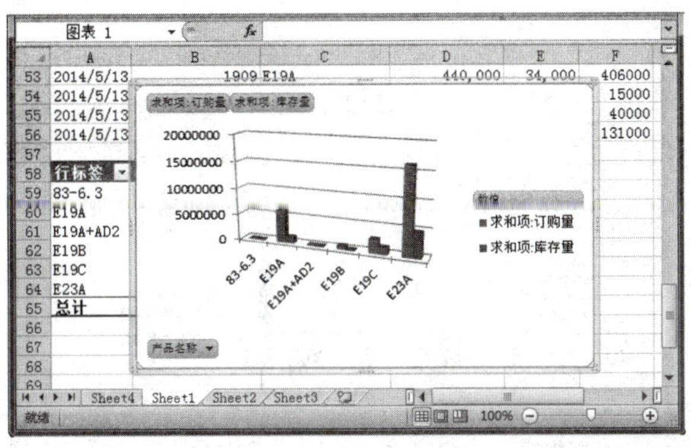

图10-50　查看设置效果

二、添加数据透视图标题

默认创建的数据透视图没有添加标题，用户需要自己来添加标题，具体操作方法如下：

Step 01 打开“素材文件/第 10 章/添加数据透视图标题.xlsx”，选中数据透视图，单击“布局”选项卡下“标签”组中的“图表标题”下拉按钮，在弹出的下拉列表中选择“图表上方”选项，如图 10-51 所示。

Step 02 此时，在数据透视图的上方出现“图表标题”字样，输入标题内容即可，如图 10-52 所示。

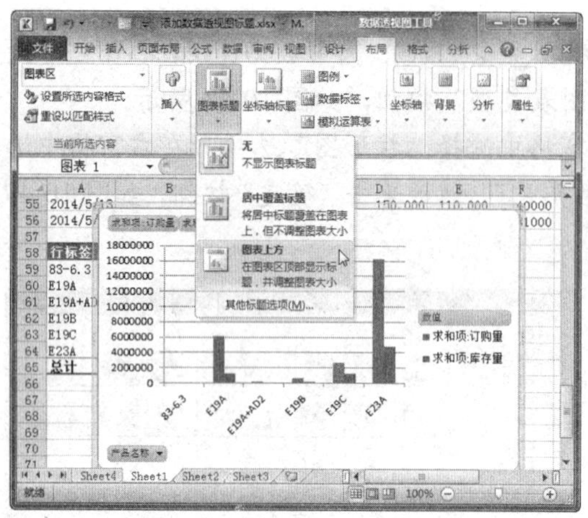

图 10-51　选择“图表上方”选项

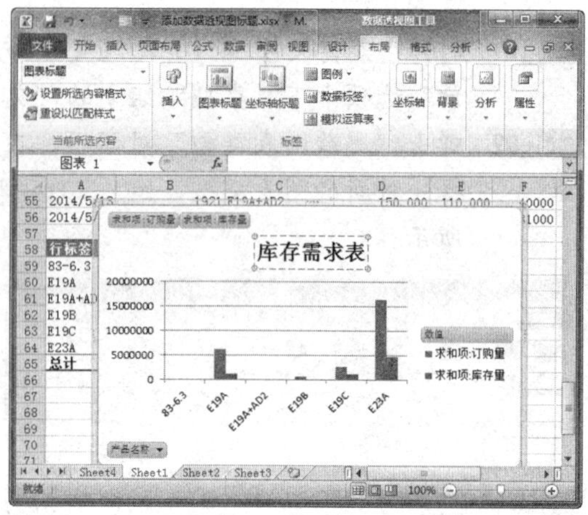

图 10-52　输入标题内容

三、添加数据透视图字段

前面介绍了如何给数据透视表添加字段，下面将介绍如何给数据透视图添加字段，具体操作方法如下：

Step 01 打开“素材文件/第 10 章/添加数据透视图字段.xlsx”，选中数据透视图，单击“分析”选项卡下“显示/隐藏”组中的“字段列表”按钮，如图 10-53 所示。

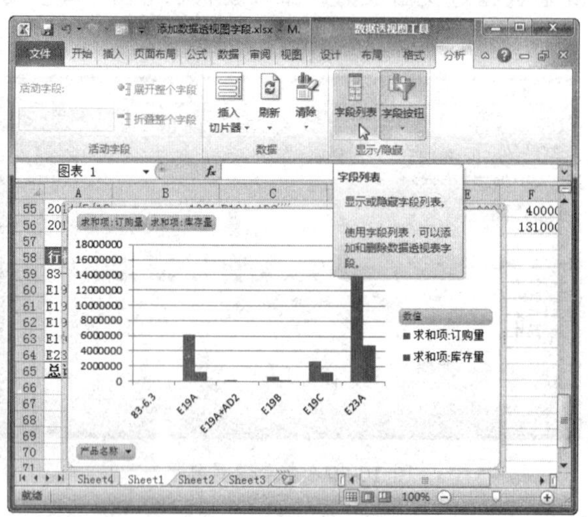

图 10-53　单击“字段列表”按钮

Step 02 弹出“数据透视表字段列表”窗格，在“选择要添加到报表的字段”列表中选中“需求量”复选框，如图 10-54 所示。

Step 03 此时，在图表的上方多了“求和项：需求量”字段，给数据透视图添加字段后的效果如图 10-55 所示。

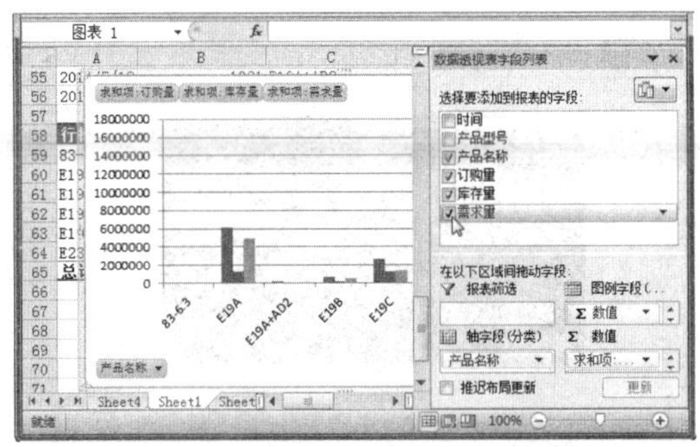

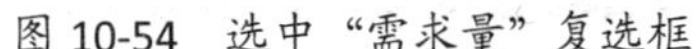
图 10-54 选中“需求量”复选框

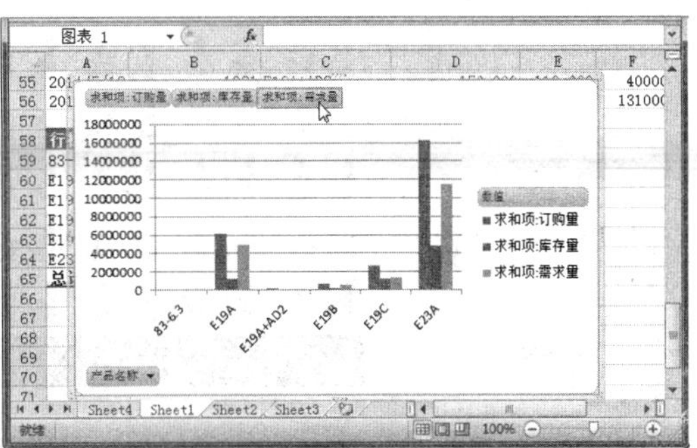

图 10-55 查看添加字段效果

四、设置数据透视图布局

与其他图表类似，数据透视图也可以调整布局，具体操作方法如下：

Step 01 打开“素材文件/第 10 章/设置数据透视图布局.xlsx”，选中数据透视图，单击“设计”选项卡下的“快速布局”下拉按钮，在弹出的下拉列表中选择一种布局，如图 10-56 所示。

Step 02 此时，即可查看应用新布局后的数据透视图效果，如图 10-57 所示。

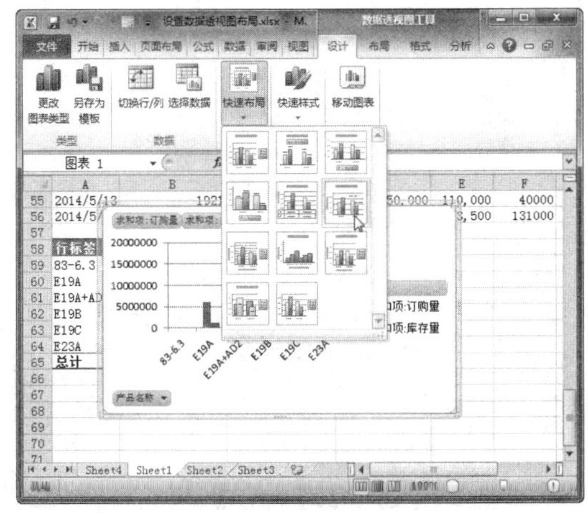

图 10-56 选择新布局

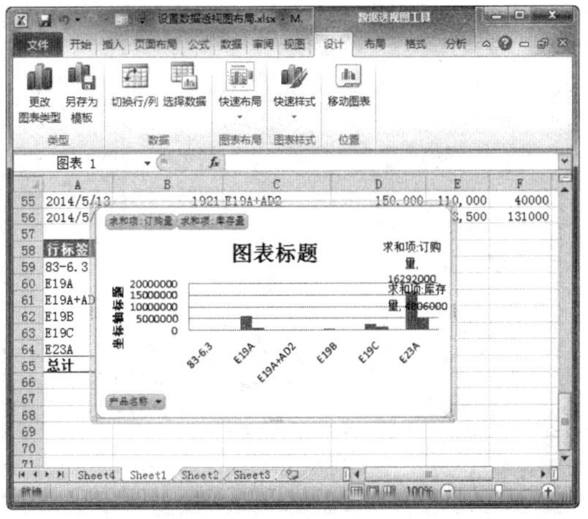

图 10-57 查看应用布局效果

五、设置数据透视图样式

Excel 2010 中提供了大量的图表样式，用户可以应用图表样式来改变数据透视图的样式，具体操作方法如下：

Step 01 打开“素材文件/第 10 章/设置数据透视图样式.xlsx”，选中数据透视图，单击“设计”选项卡下“快速样式”下拉按钮，在弹出的样式下拉列表中选择一种样式，如图 10-58 所示。

Step 02 此时，即可查看应用新样式后的数据透视图效果，如图 10-59 所示。

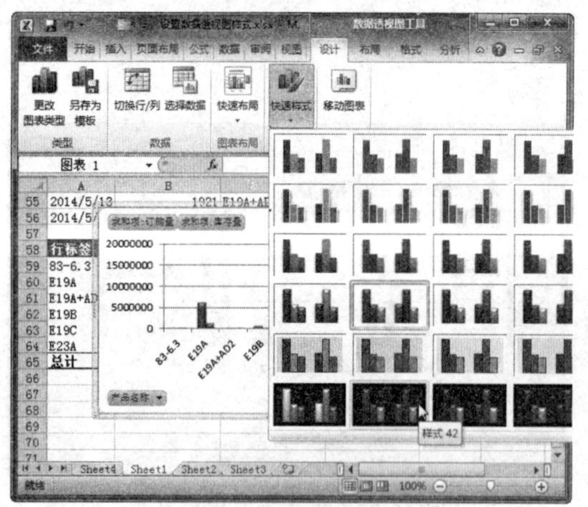

图 10-58　选择新样式

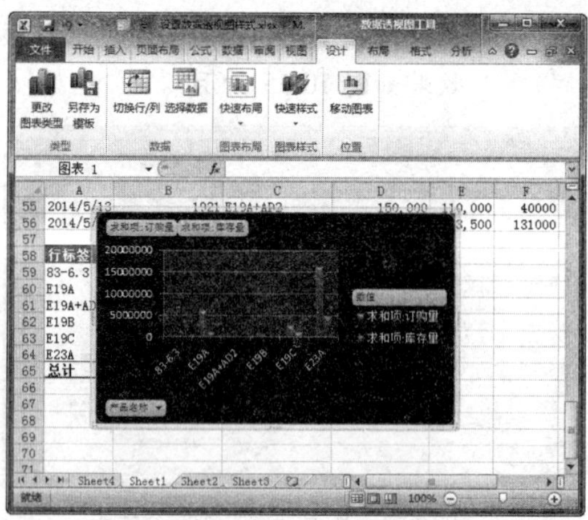

图 10-59　查看应用样式效果

六、为数据透视图添加数据标签

为数据透视图添加标签后可以更精确地进行使用，具体操作方法如下：

Step 01 打开“素材文件/第 10 章/为数据透视图添加数据标签.xlsx”，选中数据透视图，单击“布局”选项卡下“标签”组中的“数据标签”下拉按钮，在弹出的下拉列表中选择“数据标签外”选项，如图 10-60 所示。

Step 02 此时，即可查看添加数据标签后的数据透视图效果，如图 10-61 所示。

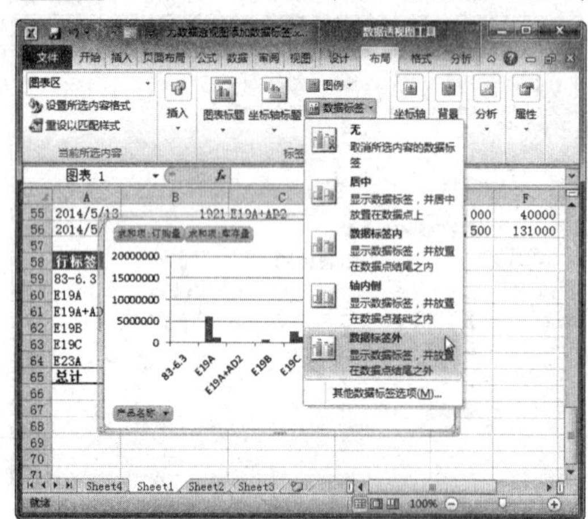

图 10-60　选择“数据标签外”选项

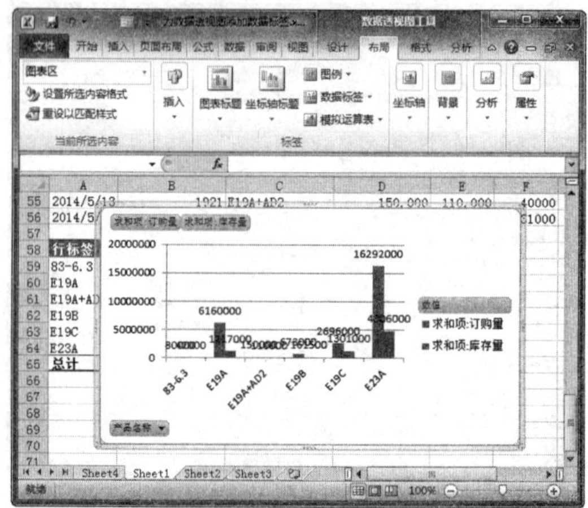

图 10-61　查看添加数据标签效果

项目小结

本项目主要介绍了创建数据透视表、编辑与美化数据透视表、创建数据透视图，以及编辑数据透视图的方法。通过对本项目的学习，读者应重点掌握以下知识：

（1）创建数据透视表的方法。

（2）编辑数据透视表的方法。

（3）创建数据透视图的方法。

（4）根据需要编辑数据透视图的方法。

项目习题

打开素材文件“日常现金流水账簿表.xlsx”（如图 10-62 所示），为其创建数据透视表及数据透视图，设置数据透视表样式，以及美化数据透视图，最终效果如图 10-63 所示。

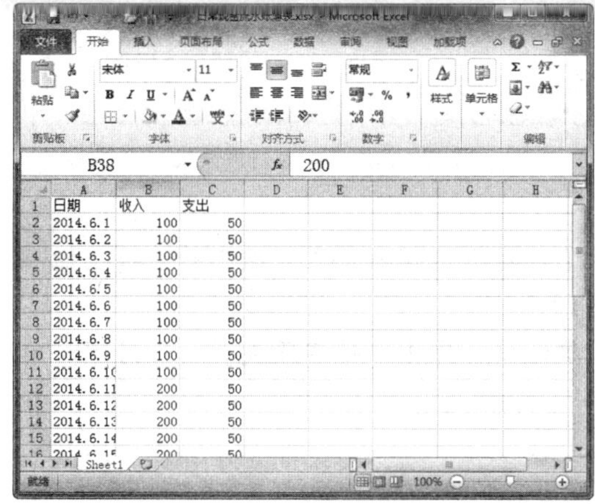

图 10-62　素材文件

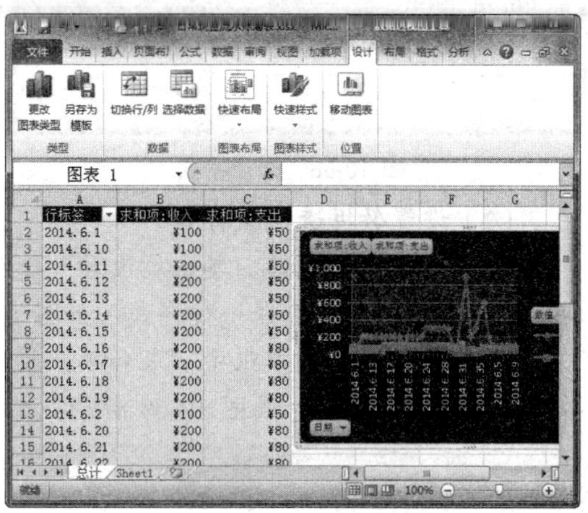

图 10-63　效果文件

操作提示：

（1）创建数据透视表及数据透视图

① 选择一个单元格，单击“插入”选项卡下“表格”组中的“数据透视表”下拉按钮，在弹出的下拉列表中选择“数据透视图”选项，如图 10-64 所示。

② 弹出“创建数据透视表及数据透视图”对话框，使用默认数据源，选中“新工作表”单选按钮，然后单击“确定”按钮，如图 10-65 所示。

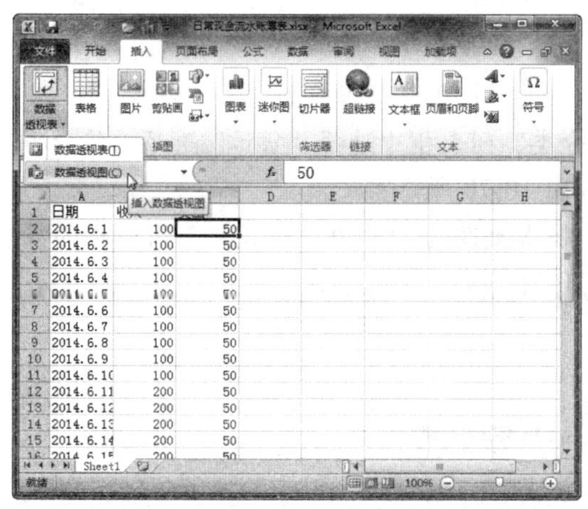

图 10-64　选择“数据透视图”选项

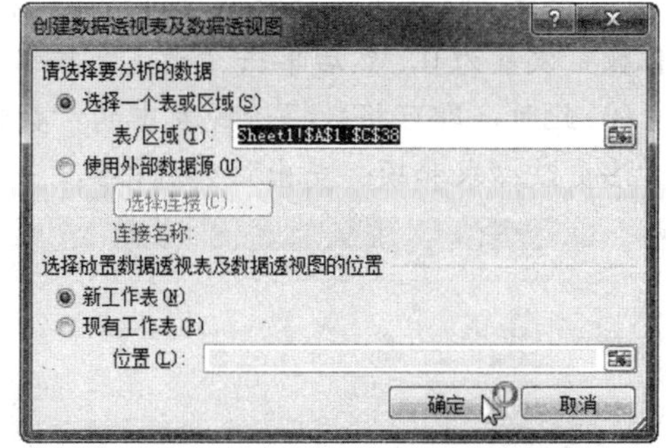

图 10-65　“创建数据透视表及数据透视图”对话框

③ 弹出“数据透视表字段列表”窗格，分别选中“日期”、“收入”和“支出”字段复选框，然后单击“关闭”按钮，如图 10-66 所示。

④ 将此工作表的标签重命名为“总计”，即可查看创建数据透视表及数据透视图效果，如图 10-67 所示。

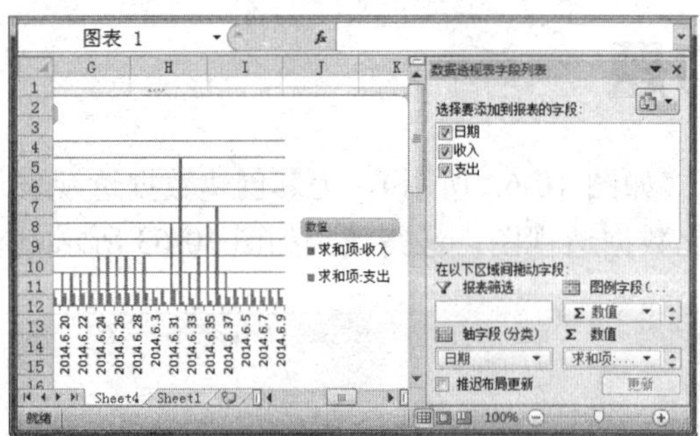

图 10-66 选择字段

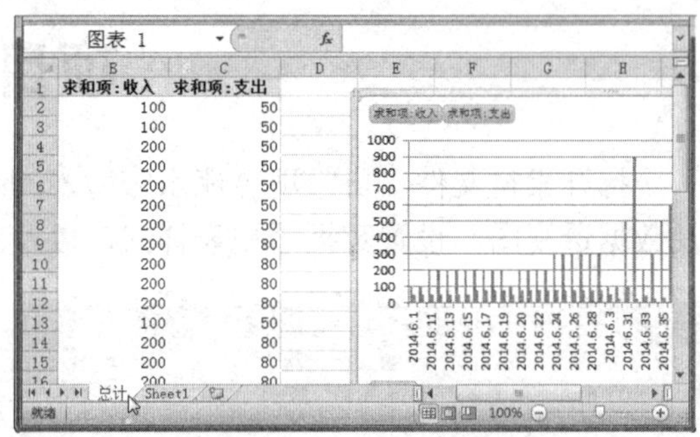

图 10-67 查看创建效果

（2）设置数据透视表样式

① 选择任意单元格，单击“设计”选项卡下“数据透视表样式”组中的下拉按钮，在弹出的下拉列表中选择一种样式，如图 10-68 所示。

② 在数据透视表中双击“求和项：收入”单元格，弹出“值字段设置”对话框，单击“数字格式”按钮，如图 10-69 所示。

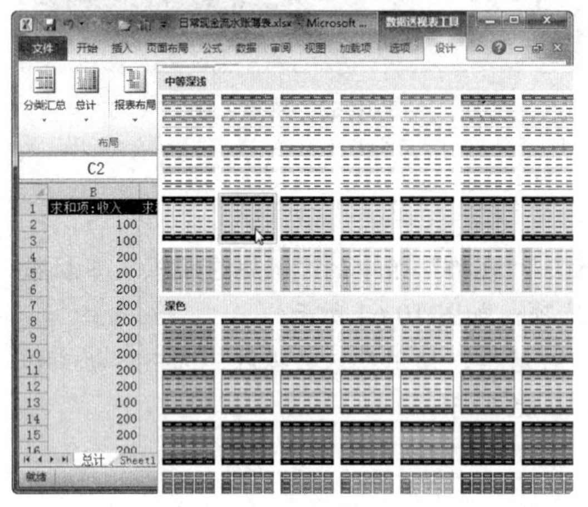

图 10-68 选择数据透视表样式

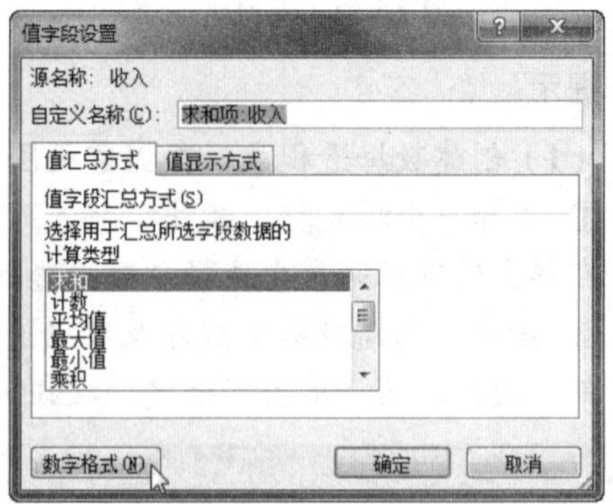

图 10-69 “值字段设置”对话框

③ 弹出“设置单元格格式”对话框，在“分类”列表框中选择“货币”选项，将“小数位数”设置为 0，然后单击“确定”按钮，如图 10-70 所示。

④ 此时，即可将数据透视表中的“数值”格式更改为“货币”格式。采用同样的操作方法更改“求和项：支出”列的格式，如图 10-71 所示。

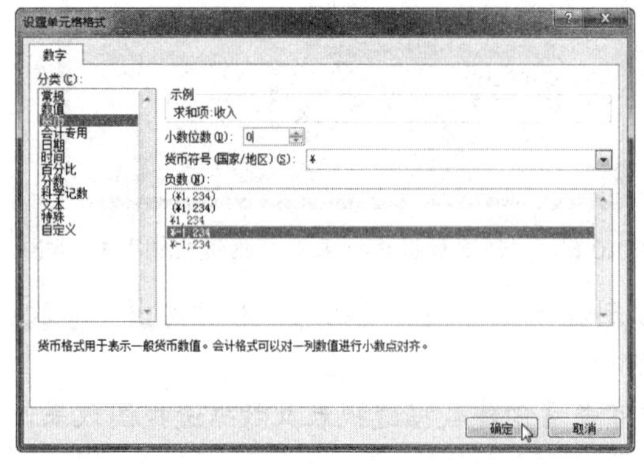

图 10-70 “设置单元格格式”对话框

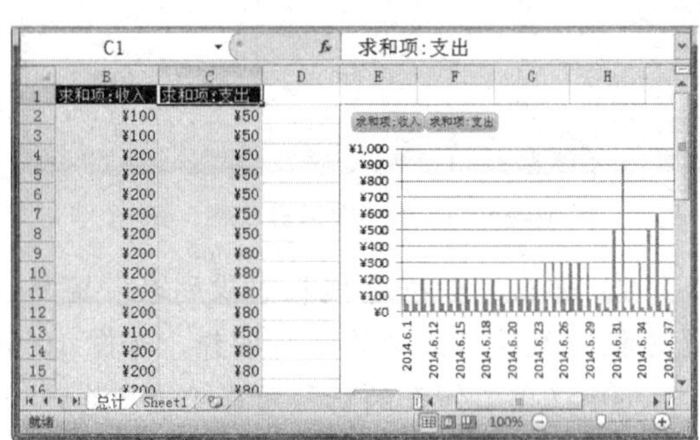

图 10-71 设置其他列格式

（3）美化数据透视图

① 右击数据透视图中的绘图区，在弹出的快捷菜单中选择“更改图表类型”命令，如图 10-72 所示。

② 弹出“更改图表类型”对话框，选择“折线图”中的“折线图”选项，然后单击“确定”按钮，如图 10-73 所示。

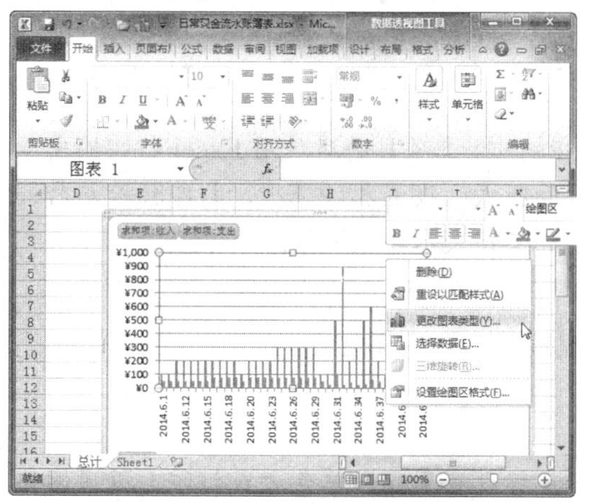

图 10-72 选择“更改图表类型”命令

图 10-73 “更改图表类型”对话框

③ 选中数据透视图，单击“设计”选项卡下“快速样式”的下拉按钮，在弹出的下拉列表中选择一种样式，如图 10-74 所示。

④ 此时，即可查看应用新样式后的数据透视图效果，如图 10-75 所示。

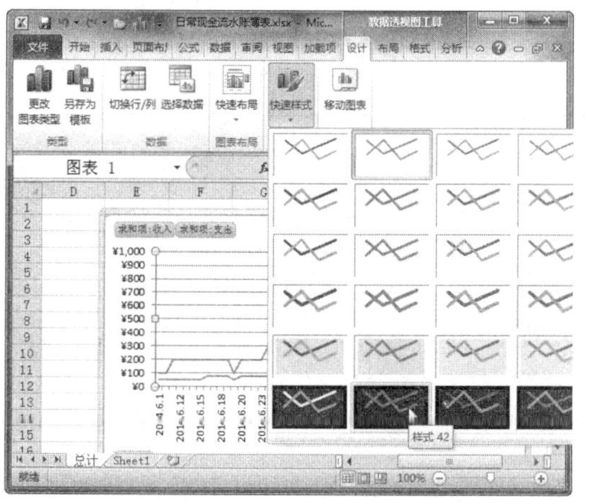

图 10-74 选择数据透视图样式

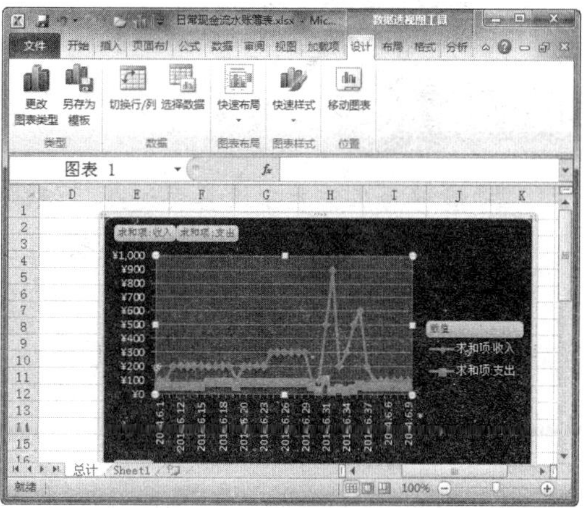

图 10-75 查看应用样式效果

项目十一　Excel 页面设置与打印

项目概述

在制作好 Excel 表格之后，即可将其打印输出。本项目将对使用 Excel 打印输出数据的方法进行详细介绍，其中包括设置页面版式，设置打印选项，打印预览与打印，使用分页符、设置页眉和页脚，以及添加工作表水印效果等。

项目重点

- 掌握设置页面版式的方法。
- 掌握设置打印标题、打印行号与列标；掌握设置草稿和单色方式打印、设置网格线打印的方法。
- 掌握打印预览和打印的方法。
- 掌握插入和删除分页符的方法。
- 掌握插入页眉和页脚的方法。
- 掌握添加水印效果的方法。

项目目标

- 能够为工作表中设置页边距、纸张大小和方向。
- 能够在工作表中设置打印选项。
- 能够打印工作表。
- 能够为工作表插入分页符。
- 能够为工作表插入页眉和页脚。
- 能够为工作表添加水印效果。

任务一　设置页面版式

任务概述

在 Excel 2010 中，每个工作表都有一个默认的页面版式，用于打印 Excel 工作表，但在实际打印过程中，经常需要根据实际情况来设置页面版式。

任务重点与实施

一、设置打印页面

在设置打印页面时，可以设置打印方向、纸张大小、缩放、打印质量等页面版式，具体操作方法如下：

Step 01 打开“素材文件/第 11 章/设置打印页面.xlsx”，单击“页面布局”选项卡下“页面设置”组中的扩展按钮，如图 11-1 所示。

Step 02 弹出“页面设置”对话框，在“页面”选项卡下选中“横向”单选按钮，在“缩放比例”数值框中输入 150，在“纸张大小”下拉列表框中选择 A4 选项，然后单击“打印预览”按钮，如图 11-2 所示。

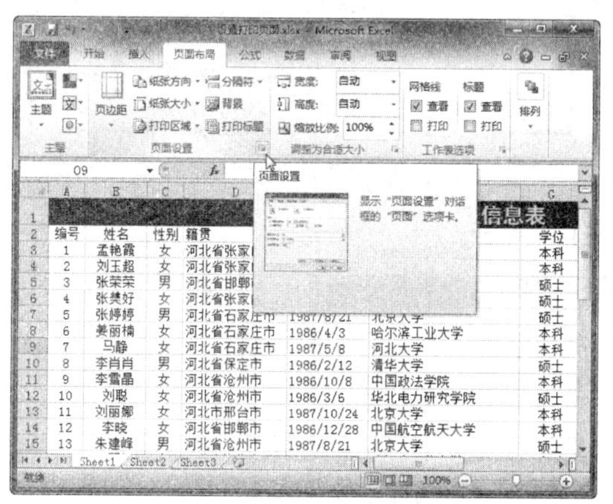

图 11-1　单击扩展按钮

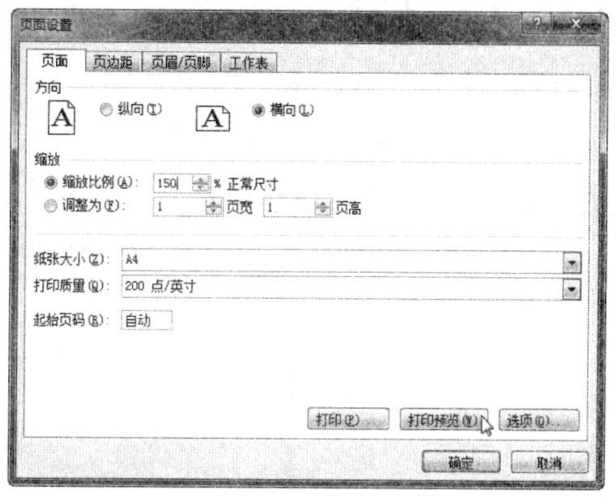

图 11-2　“页面设置”对话框

Step 03 此时，即可查看按 150%缩放比例后的页面预览效果，如图 11-3 所示。

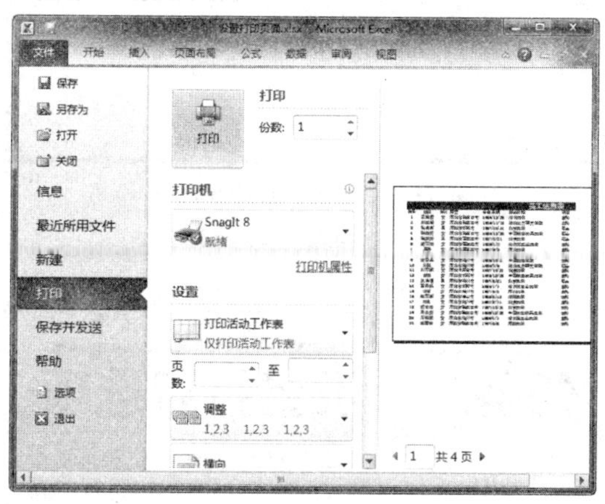

图 11-3　查看预览效果

二、设置页边距

设置页边距是打印办公文件时常用的基本设置，用户可以为表格设置一个打印区域，具体操作方法如下：

Step 01 打开“素材文件/第 11 章/设置页边距.xlsx”，单击“页面布局”选项卡下“页面设置”组中的扩展按钮，如图 11-4 所示。

Step 02 弹出“页面设置”对话框，选择“页边距”选项卡，在“上”、“下”、“左”、“右”数值框中分别输入 2、2、2.2 和 2.2，然后单击“打印预览”按钮，如图 11-5 所示。

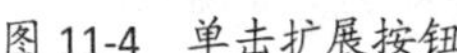
图 11-4 单击扩展按钮

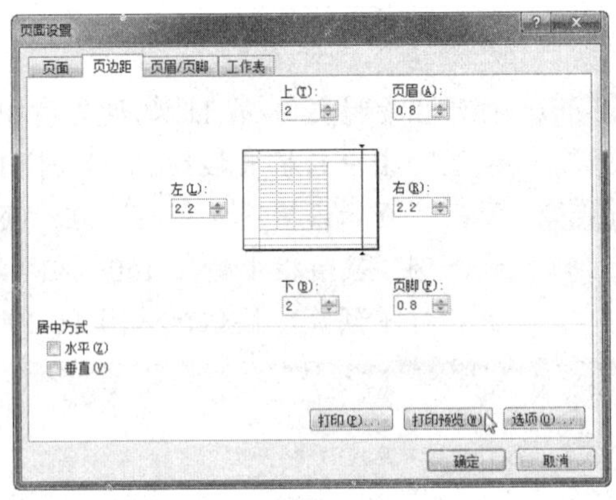

图 11-5 “页面设置”对话框

Step 03 此时，即可查看预览打印效果，如图 11-6 所示。

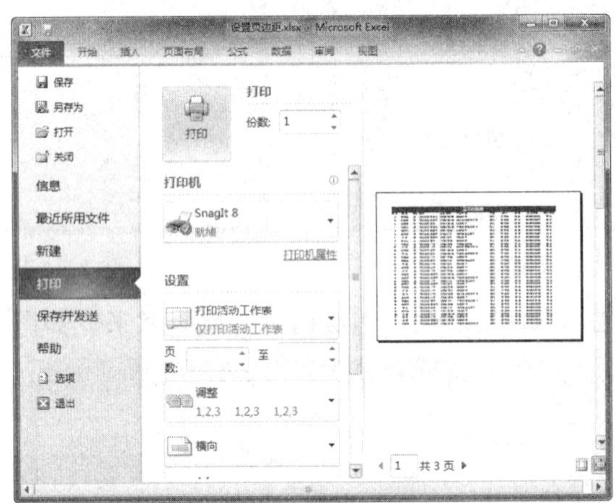
图 11-6 查看打印预览效果

任务二 设置打印选项

任务概述

在 Excel 2010 中，除了可以设置页面版式外，还可以设置工作表的打印选项，如设置打印区域，设置打印标题，设置打印行号和列标，设置草稿和单色方式打印，以及设置网格线打印等。

任务重点与实施

一、设置打印区域

如果打印的不是整个数据区域，可以打印一个选定的区域，具体操作方法如下：

Step 01 打开“素材文件/第 11 章/设置打印区域.xlsx”，单击“页面布局”选项卡下“页面设置”组中的扩展按钮，如图 11-7 所示。

Step 02 弹出“页面设置”对话框，选择“工作表”选项卡，单击“打印区域”文本框右侧的折叠按钮，如图 11-8 所示。

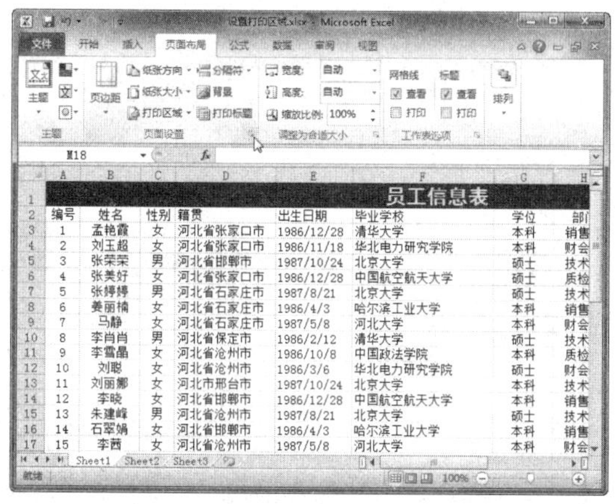

图 11-7　单击扩展按钮

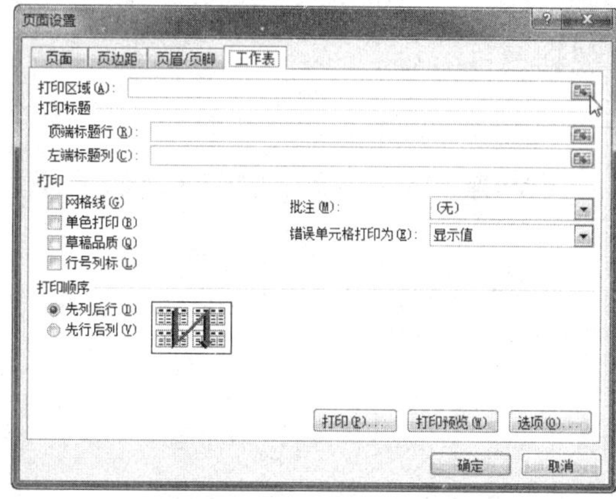

图 11-8　“页面设置”对话框

Step 03 选择打印区域，如 A2:G16，然后单击“页面设置 - 打印区域”对话框中的折叠按钮，如图 11-9 所示。

Step 04 返回“页面设置”对话框，单击“打印预览”按钮，此时选择内容成为被打印的内容，效果如图 11-10 所示。

图 11-9　选择打印区域

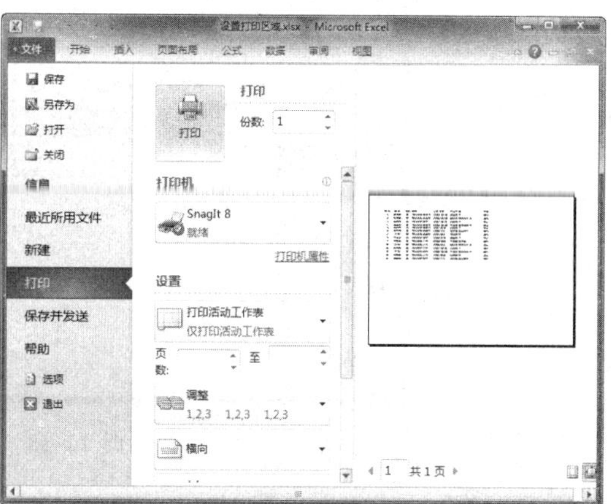

图 11-10　查看预览效果

二、设置打印标题

当工作表的打印页数大于 1 时，第 2 页以后将不出现顶端标题行和左端标题列。如果需要在打印时能在每一页中均能包含顶端标题行和左端标题列，可以按照以下方法进行操作：

Step 01 打开“素材文件/第 11 章/设置打印标题.xlsx”，单击“页面布局”选项卡下“页面设置”组中的“打印标题”按钮，如图 11-11 所示。

Step 02 弹出“页面设置”对话框，在“打印区域”文本框和“打印标题”选项区中设置单元格范围，然后单击“打印预览”按钮，如图 11-12 所示。

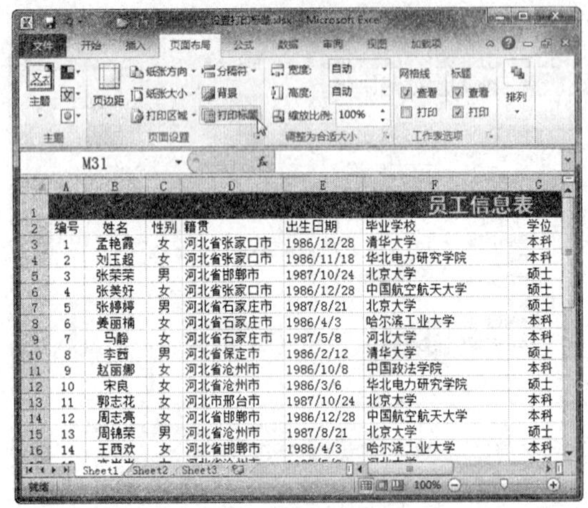

图 11-11 单击“打印标题”按钮

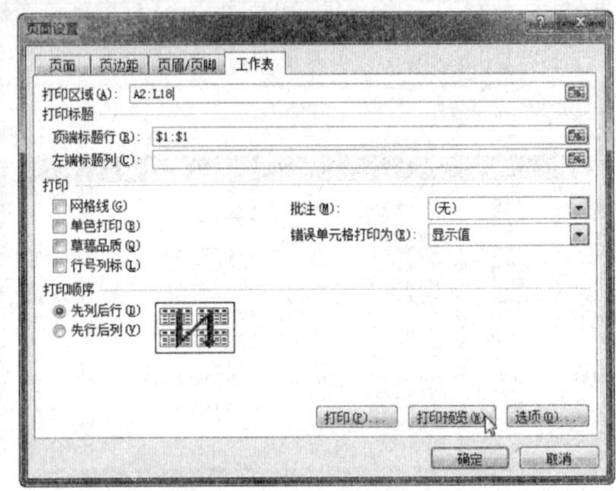

图 11-12 “页面设置”对话框

Step 03 此时，即可查看设置显示标题后的预览效果，如图 11-13 所示。

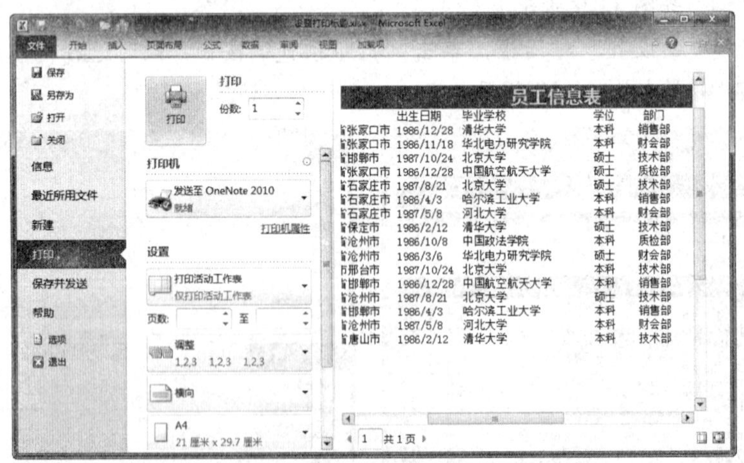

图 11-13 查看预览效果

当工作表中存在公式时，难免会出现一些错误信息，可以选择“页眉设置”对话框中的“工作表”选项卡，选择“错误单元格打印为”下拉列表的“空白”选项，这样就不会将工作表中的错误信息打印出来。

三、设置打印行号和列标

用户也可以将工作表的行号或列标打印出来，具体操作方法如下：

Step 01 打开“素材文件/第 11 章/设置行号和列标的打印.xlsx”，单击“页面布局”选项卡下“页面设置”组中的扩展按钮，如图 11-14 所示。

Step 02 弹出“页面设置”对话框，选择“工作表”选项卡，选中“行号列标”复选框，然后单击“打印预览”按钮，如图 11-15 所示。

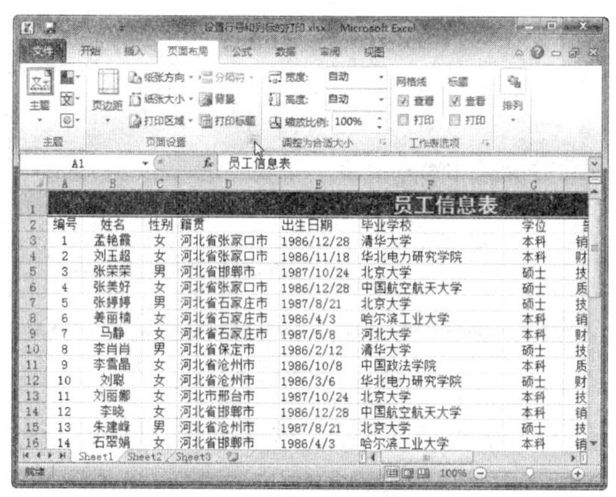

图 11-14 单击扩展按钮

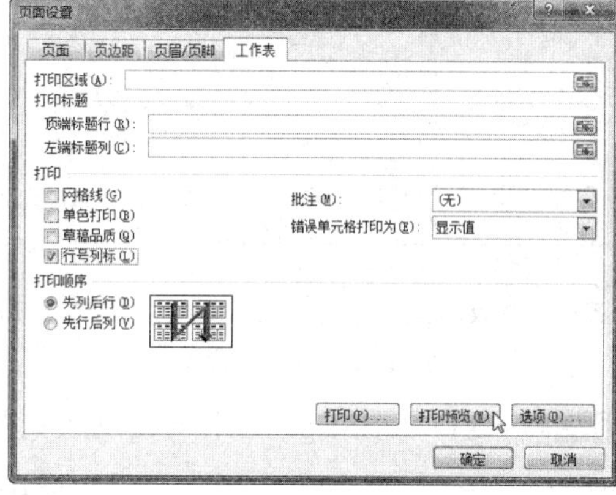

图 11-15 “页面设置”对话框

Step 03 返回预览窗口，即可看到行号和列标也被打印出来，效果如图 11-16 所示。

	A	B	C	D	E	F	G	H	I	J	K
1	员工信息表										
2	编号	姓名	性别	籍贯	出生日期	毕业学校	学位	部门	职位	联系方式	政治面貌
3	1	孟艳霞	女	河北省张家口市	1986/12/28	清华大学	本科	销售部	职员	15112345678	团员
4	2	刘玉超	女	河北省张家口市	1986/11/18	华北电力研究学院	本科	财会部	职员	15112345679	团员
5	3	张荣荣	男	河北省邯郸市	1987/10/24	北京大学	硕士	技术部	主管	15112345680	团员
6	4	张美好	女	河北省张家口市	1986/12/28	中国航空航天大学	硕士	质检部	主管	15112345681	党员
7	5	张婷婷	男	河北省石家庄市	1987/8/21	北京大学	硕士	技术部	经理	15112345682	团员
8	6	姜丽楠	女	河北省石家庄市	1986/4/3	哈尔滨工业大学	本科	销售部	主管	15112345683	党员
9	7	马静	女	河北省石家庄市	1987/5/8	河北大学	本科	财会部	职员	15112345684	团员
10	8	李肖肖	男	河北省保定市	1986/2/12	清华大学	硕士	技术部	职员	15112345685	党员
11	9	李雪晶	女	河北省沧州市	1986/10/8	中国政法学院	本科	质检部	职员	15112345686	团员
12	10	刘聪	女	河北省沧州市	1986/3/6	华北电力研究学院	硕士	财会部	主管	15112345687	党员
13	11	刘丽娜	女	河北市邢台市	1987/10/24	北京大学	本科	技术部	职员	15112345688	团员
14	12	李晓	女	河北省邯郸市	1986/12/28	中国航空航天大学	本科	销售部	职员	15112345689	团员
15	13	朱建峰	男	河北省沧州市	1987/8/21	北京大学	硕士	技术部	职员	15112345690	团员
16	14	石翠娟	女	河北省邯郸市	1986/4/3	哈尔滨工业大学	本科	销售部	职员	15112345691	党员
17	15	李茜	女	河北省沧州市	1987/5/8	河北大学	本科	财会部	经理	15112345692	党员
18	16	赵丽娜	女	河北省唐山市	1986/2/12	清华大学	本科	技术部	职员	15112345693	团员
19	17	宋良	女	河北省沧州市	1987/8/21	北京大学	本科	技术部	职员	15112345694	团员
20	18	郭志花	女	河北省张家口市	1987/10/24	北京大学	本科	技术部	职员	15112345695	团员
21	19	周志亮	女	河北省张家口市	1986/12/28	中国航空航天大学	本科	质检部	职员	15112345696	党员
22	30	周锦荣	女	河北省沧州市	1986/4/3	哈尔滨工业大学	本科	销售部	职员	15112345697	党员
23	21	王西欢	女	河北省张家口市	1987/5/8	河北大学	本科	财会部	职员	15112345698	团员
24	22	李加英	女	河北省沧州市	1986/2/12	清华大学	硕士	技术部	职员	15112345699	党员
25	23	尹旭	男	河北省沧州市	1986/12/1	清华大学	本科	销售部	经理	15112345700	团员
26	24	[illegible]	男	河北省沧州市	1986/11/8	华北电力研究学院	本科	财会部	职员	15112345701	团员
27	25	边永康	男	河北省沧州市	1986/10/3	清华大学	本科	销售部	职员	15112345702	团员
28	26	王建涛	女	河北省保定市	1986/6/7	中国航空航天大学	硕士	质检部	经理	15112345703	团员
29	13	朱林林	男	河北省张家口市	1986/8/21	北京大学	硕士	技术部	职员	15112345690	团员
30	14	石小	女	河北省邯郸市	1986/4/8	哈尔滨工业大学	本科	销售部	职员	15112345691	党员
31	15	孟子由	男	河北省沧州市	1987/5/12	河北大学	本科	财会部	职员	15112345692	党员
32	16	刘玉	女	河北省唐山市	1986/12/12	清华大学	本科	技术部	职员	15112345693	团员
33	17	张林	男	河北省沧州市	1987/8/25	北京大学	本科	技术部	职员	15112345694	团员
34	18	张婧	女	河北省石家庄市	1987/10/24	北京大学	本科	技术部	职员	15112345695	团员

图 11-16 查看预览效果

四、设置草稿和单色方式打印

以草稿方式打印工作表时，将忽略格式和大部分的图形，这样可以提高工作表的打印速度，具体操作方法如下：

Step 01 打开“素材文件/第 11 章/设置草稿和单色方式打印.xlsx”，单击“页面布局”选项卡下“页面设置”组中的扩展按钮，如图 11-17 所示。

Step 02 弹出“页面设置”对话框，选择“工作表”选项卡，选中“打印”选项区中的“单色打印”和“草稿品质”复选框，然后单击“打印预览”按钮，如图 11-18 所示。

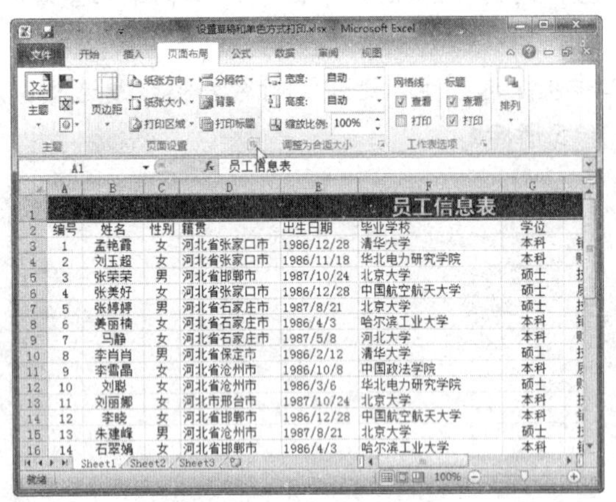

图 11-17 单击扩展按钮

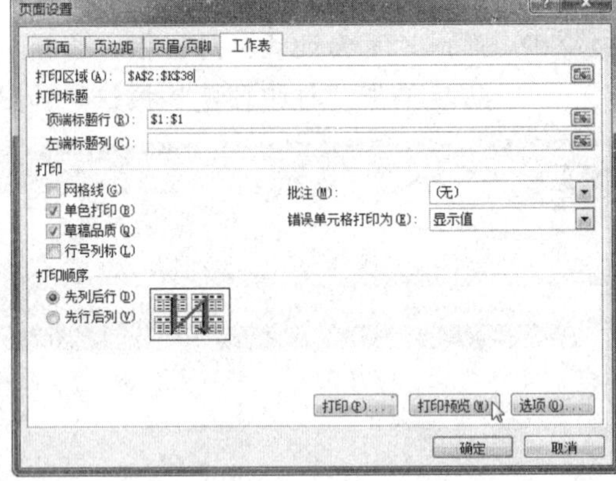

图 11-18 “页面设置”对话框

Step 03 返回 Backstage 视图，可看到预览中没有了色彩和格式设置，效果如图 11-19 所示。

员工信息表

编号	姓名	性别	籍贯	出生日期	毕业学校	学位	部门	职位	联系方式	政治面貌
1	孟艳霞	女	河北省张家口市	1986/12/28	清华大学	本科	销售部	职员	15112345678	团员
2	刘玉超	女	河北省张家口市	1986/11/18	华北电力研究学院	本科	财会部	职员	15112345679	团员
3	张荣荣	男	河北省邯郸市	1987/10/24	北京大学	硕士	技术部	主管	15112345680	团员
4	张美好	女	河北省张家口市	1986/12/28	中国航空航天大学	硕士	质检部	主管	15112345681	党员
5	张婷婷	男	河北省石家庄市	1987/8/21	北京大学	硕士	技术部	经理	15112345682	团员
6	姜丽楠	女	河北省石家庄市	1986/4/3	哈尔滨工业大学	本科	销售部	主管	15112345683	党员
7	马静	女	河北省石家庄市	1987/5/8	河北大学	本科	财会部	职员	15112345684	团员
8	李肖肖	男	河北省保定市	1986/2/12	清华大学	硕士	技术部	职员	15112345685	党员
9	李雪晶	女	河北省沧州市	1986/10/8	中国政法学院	本科	质检部	职员	15112345686	团员
10	刘聪	女	河北省沧州市	1986/3/6	华北电力研究学院	硕士	财会部	主管	15112345687	党员
11	刘丽娜	女	河北市邢台市	1987/10/24	北京大学	本科	技术部	职员	15112345688	团员
12	李晓	女	河北省邯郸市	1986/12/28	中国航空航天大学	本科	销售部	职员	15112345689	团员
13	朱建峰	男	河北省沧州市	1987/8/21	北京大学	硕士	技术部	职员	15112345690	团员
14	石翠娟	女	河北省邯郸市	1986/4/3	哈尔滨工业大学	本科	销售部	职员	15112345691	党员
15	李茜	女	河北省沧州市	1987/5/8	河北大学	本科	财会部	经理	15112345692	党员
16	赵丽娜	女	河北省唐山市	1986/2/12	清华大学	本科	技术部	职员	15112345693	团员
17	宋良	女	河北省沧州市	1987/8/21	北京大学	本科	技术部	职员	15112345694	团员
18	郭志花	女	河北省张家口市	1987/10/24	北京大学	本科	技术部	职员	15112345695	团员
19	周志亮	女	河北省张家口市	1986/12/28	中国航空航天大学	本科	质检部	职员	15112345696	党员
20	周锦荣	女	河北省沧州市	1986/4/3	哈尔滨工业大学	本科	销售部	职员	15112345697	党员
21	王西欢	女	河北省张家口市	1987/5/8	河北大学	本科	财会部	职员	15112345698	团员
22	李如英	女	河北省沧州市	1986/2/12	清华大学	硕士	技术部	职员	15112345699	党员
23	尹旭	男	河北省沧州市	1986/12/1	清华大学	本科	销售部	经理	15112345700	团员
24	姚伟	男	河北省沧州市	1986/11/8	华北电力研究学院	本科	财会部	职员	15112345701	团员
25	边永康	男	河北省沧州市	1986/10/3	清华大学	本科	销售部	职员	15112345702	团员
26	王建涛	女	河北省保定市	1986/6/7	中国航空航天大学	硕士	质检部	经理	15112345703	团员
13	朱林林	男	河北省张家口市	1986/8/21	北京大学	硕士	技术部	职员	15112345690	团员
14	石小	女	河北省邯郸市	1986/4/8	哈尔滨工业大学	本科	销售部	职员	15112345691	党员
15	孟子由	男	河北省沧州市	1987/5/12	河北大学	本科	财会部	职员	15112345692	党员
16	刘玉	女	河北省唐山市	1986/12/12	清华大学	本科	技术部	职员	15112345693	团员
17	张林	男	河北省沧州市	1987/8/25	北京大学	本科	技术部	职员	15112345694	团员
18	张婧	女	河北省石家庄市	1987/10/24	北京大学	本科	技术部	职员	15112345695	团员
19	李梦楠	女	河北省张家口市	1986/9/15	中国航空航天大学	本科	质检部	职员	15112345696	团员

图 11-19 查看预览效果

五、设置网格线打印

工作表中如果没有设置单元格的边框格式，当打印工作表时单元格数据之间就没有网格线，此时可以设置在打印工作表时给单元格添加边框，具体操作方法如下：

Step 01 打开“素材文件/第 11 章/设置网格线打印.xlsx”，单击“页面布局”选项卡下“页面设置”组中的扩展按钮，如图 11-20 所示。

Step 02 弹出“页面设置”对话框，选择“工作表”选项卡，选中“网格线”复选框，然后单击“打印预览”按钮，如图 11-21 所示。

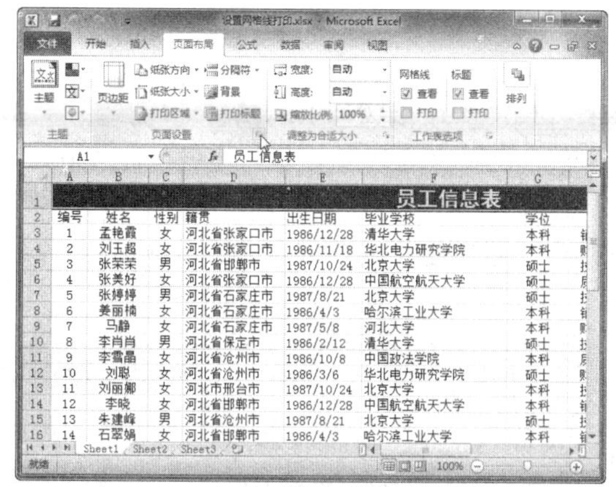

图 11-20　单击扩展按钮

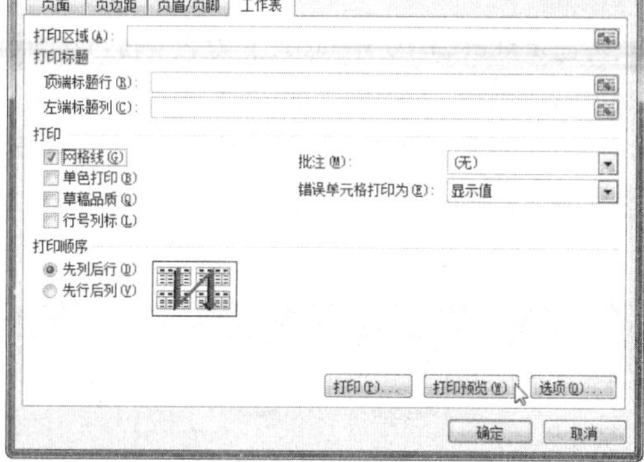

图 11-21　“页面设置”对话框

Step 03 返回 Backstage 视图，可以看到打印预览中添加了网格线，效果如图 11-22 所示。

员工信息表										
编号	姓名	性别	籍贯	出生日期	毕业学校	学位	部门	职位	联系方式	政治面貌
1	孟艳霞	女	河北省张家口市	1986/12/28	清华大学	本科	销售部	职员	15112345678	团员
2	刘玉超	女	河北省张家口市	1986/11/18	华北电力研究学院	本科	财会部	职员	15112345679	团员
3	张荣荣	男	河北省邯郸市	1987/10/24	北京大学	硕士	技术部	主管	15112345680	团员
4	张美好	女	河北省张家口市	1986/12/28	中国航空航天大学	硕士	质检部	主管	15112345681	党员
5	张婷婷	男	河北省石家庄市	1987/8/21	北京大学	硕士	技术部	经理	15112345682	团员
6	姜丽楠	女	河北省石家庄市	1986/4/3	哈尔滨工业大学	本科	销售部	主管	15112345683	党员
7	马静	女	河北省石家庄市	1987/5/8	河北大学	本科	财会部	职员	15112345684	团员
8	李肖肖	男	河北省保定市	1986/2/12	清华大学	硕士	技术部	职员	15112345685	党员
9	李雪晶	女	河北省沧州市	1986/10/8	中国政法学院	本科	质检部	职员	15112345686	团员
10	刘聪	女	河北省沧州市	1986/3/6	华北电力研究学院	硕士	财会部	主管	15112345687	党员
11	刘丽娜	女	河北市邢台市	1987/10/24	北京大学	本科	技术部	职员	15112345688	团员
12	李晓	女	河北省邯郸市	1986/12/28	中国航空航天大学	本科	销售部	职员	15112345689	团员
13	朱建峰	男	河北省沧州市	1987/8/21	北京大学	硕士	技术部	职员	15112345690	团员
14	石翠娟	女	河北省邯郸市	1986/4/3	哈尔滨工业大学	本科	销售部	职员	15112345691	党员
15	李茜	女	河北省沧州市	1987/5/8	河北大学	本科	财会部	经理	15112345692	党员
16	赵丽娜	女	河北省唐山市	1986/2/12	清华大学	本科	技术部	职员	15112345693	团员
17	宋良	女	河北省沧州市	1987/8/21	北京大学	本科	技术部	职员	15112345694	团员
18	郭志花	女	河北省张家口市	1987/10/24	北京大学	本科	技术部	职员	15112345695	团员
19	周志亮	女	河北省张家口市	1986/12/28	中国航空航天大学	本科	质检部	职员	15112345696	党员
20	周锦荣	女	河北省沧州市	1986/4/3	哈尔滨工业大学	本科	销售部	职员	15112345697	党员
21	王西欢	女	河北省张家口市	1987/5/8	河北大学	本科	财会部	职员	15112345698	团员
22	李如英	女	河北省沧州市	1986/2/12	清华大学	硕士	技术部	职员	15112345699	党员
23	尹旭	男	河北省沧州市	1986/12/1	清华大学	本科	销售部	经理	15112345700	团员
24	姚伟	男	河北省沧州市	1986/11/8	华北电力研究学院	本科	财会部	职员	15112345701	团员
25	边永康	男	河北省沧州市	1986/10/3	清华大学	本科	销售部	职员	15112345702	团员
26	王建涛	女	河北省保定市	1986/6/7	中国航空航天大学	硕士	质检部	经理	15112345703	团员
13	朱林林	男	河北省张家口市	1986/8/21	北京大学	硕士	技术部	职员	15112345690	团员
14	石小	女	河北省邯郸市	1986/4/8	哈尔滨工业大学	本科	销售部	职员	15112345691	党员
15	孟子由	男	河北省沧州市	1987/5/12	河北大学	本科	财会部	职员	15112345692	党员
16	刘玉	女	河北省唐山市	1986/12/12	清华大学	本科	技术部	职员	15112345693	团员
17	张林	男	河北省沧州市	1987/8/25	北京大学	本科	技术部	职员	15112345694	团员
18	张婧	女	河北省石家庄市	1987/10/24	北京大学	本科	技术部	职员	15112345695	团员
19	李梦楠	女	河北省张家口市	1986/9/15	中国航空航天大学	本科	质检部	职员	15112345696	团员

图 11-22　查看预览效果

任务三　打印预览和打印

任务概述

设置好页面版式之后，可以对设置的效果进行预览。根据预览效果再调整页面设置，设置满意后再进行打印。

任务重点与实施

一、打印预览

在 Excel 2010 中提供了方便的打印预览效果，具体操作方法如下：

Step 01 选择“文件”选项卡，在弹出的 Backstage 视图中选择“打印”选项，即可在右侧看到打印效果，如图 11-23 所示。

Step 02 也可以单击“页面布局”选项卡下“页面设置”组中的扩展按钮，如图 11-24 所示。

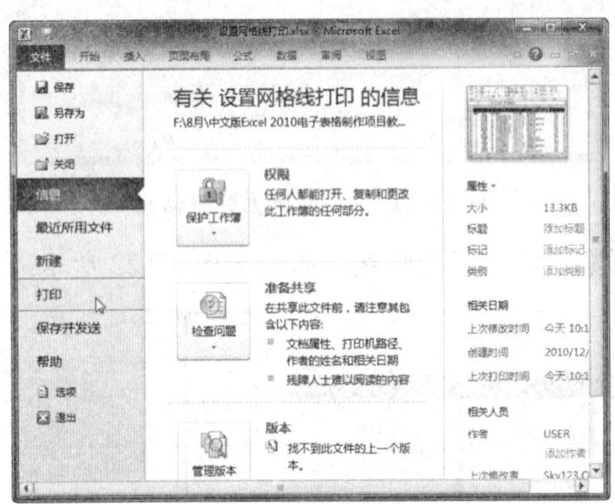

图 11-23 选择“打印”选项

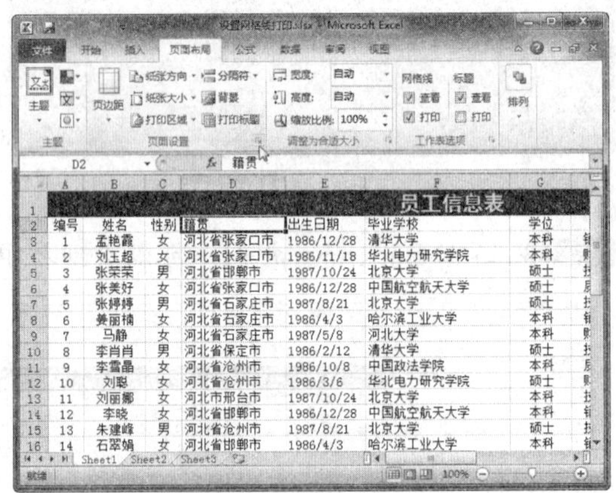

图 11-24 单击扩展按钮

Step 03 弹出“页面设置”对话框，单击“打印预览”按钮，如图 11-25 所示。

Step 04 此时，即可查看打印预览效果，如图 11-26 所示。

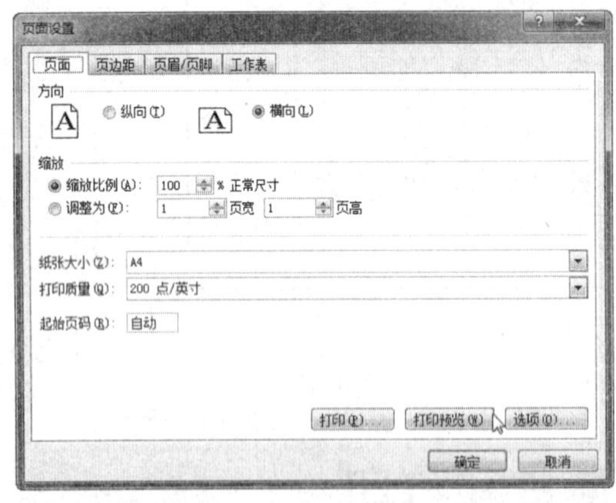

图 11-25 “页面设置”对话框

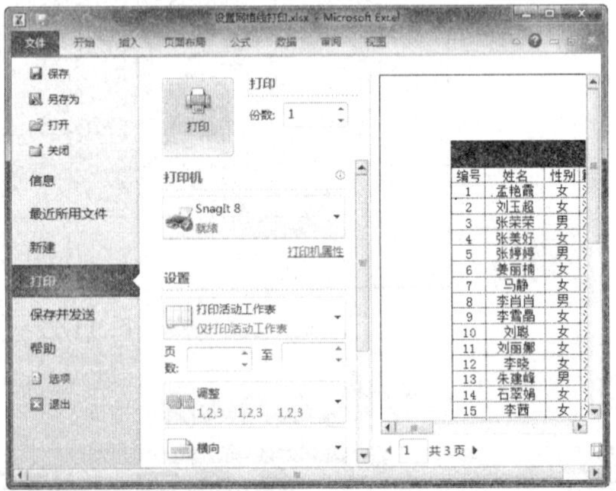

图 11-26 查看打印预览效果

二、打印设置

打印工作表时可以设置一定的顺序，还可以选择要使用的打印机、纸张方向等，具体操作方法如下：

Step 01 在打印工作表 Backstage 视图中可以选择打印机的类型，如图 11-27 所示。

Step02 单击“打印活动工作表”下拉按钮，选择要打印的区域，如图 11-28 所示。

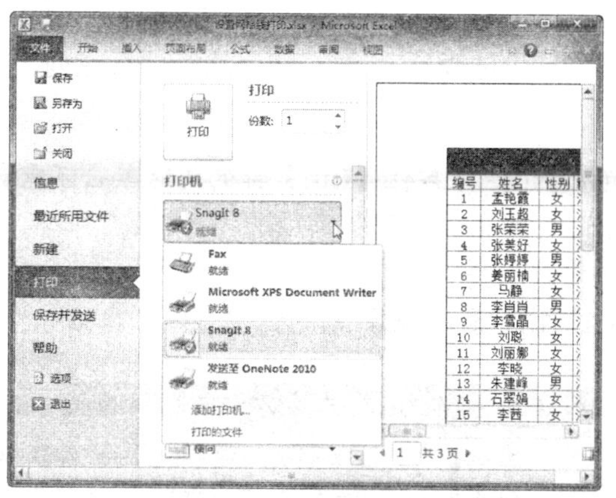

图 11-27 选择打印机类型

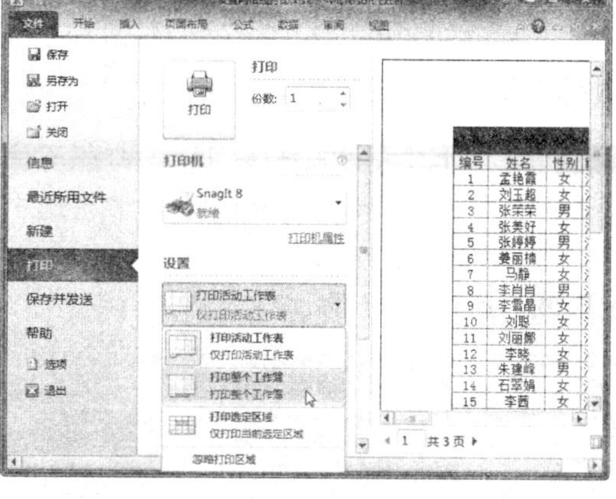

图 11-28 设置打印区域

Step03 单击“调整”下拉按钮，选择打印输出时的顺序，如图 11-29 所示。

Step04 单击“横向”下拉按钮，选择纸张的使用方向，如图 11-30 所示。

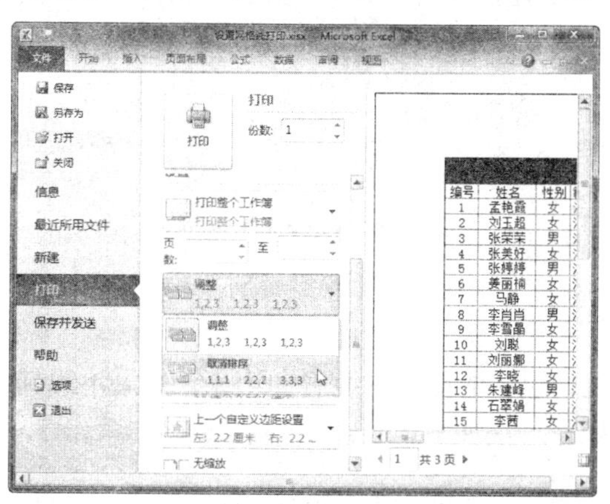

图 11-29 设置打印顺序

图 11-30 设置纸张方向

Step05 单击“无缩放”下拉按钮，选择缩放的方式，如图 11-31 所示。

Step06 设置完成后，单击“打印”按钮即可，如图 11-32 所示。

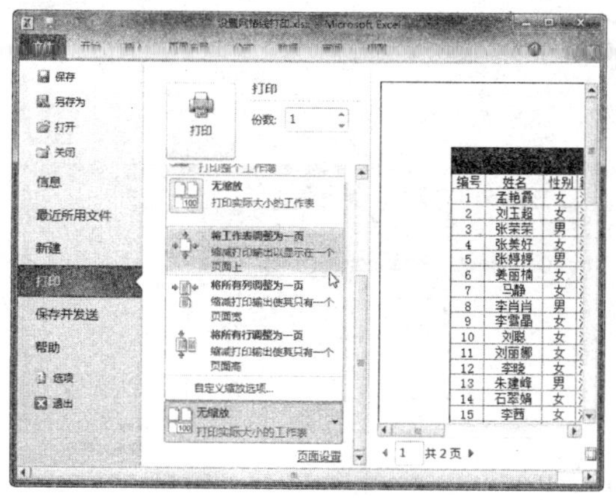

图 11-31 设置缩放方式

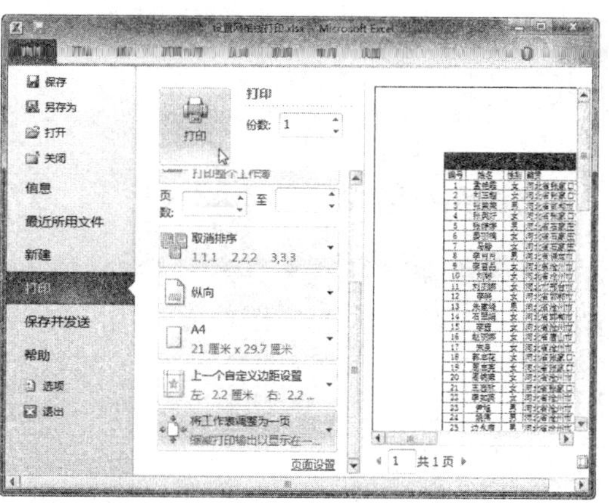

图 11-32 打印工作表

三、打印不连续的行或列

如果打印的内容不是连续的行或列，就是不连续的打印。若要打印不连续的行或列，具体操作方法如下：

Step 01 打开“素材文件/第 11 章/打印不连续的行.xlsx”，按住【Ctrl】键的同时单击不需要打印的行号（或列标），右击选中的行，在弹出的快捷菜单中选择“隐藏”命令，如图 11-33 所示。

Step 02 这样，当打印工作表时只打印显示的内容，而不打印隐藏的内容，如图 11-34 所示。

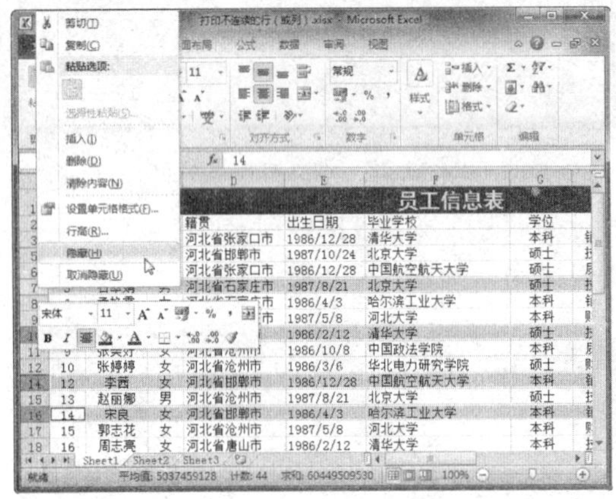

图 11-33 选择“隐藏”命令

员工信息表

编号	姓名	性别	籍贯	出生日期	毕业学校
1	刘聪	女	河北省张家口市	1986/12/28	清华大学
3	李晓	男	河北省邯郸市	1987/10/24	北京大学
4	朱建峰	女	河北省张家口市	1986/12/28	中国航空航天大学
6	孟艳霞	女	河北省石家庄市	1986/4/3	哈尔滨工业大学
7	刘玉超	女	河北省石家庄市	1987/5/8	河北大学
9	张美好	女	河北省沧州市	1986/10/8	中国政法学院
10	张婷婷	女	河北省沧州市	1986/3/6	华北电力研究学院
13	赵丽娜	男	河北省沧州市	1987/8/21	北京大学
15	郭志花	女	河北省沧州市	1987/5/8	河北大学
16	周志亮	女	河北省唐山市	1986/2/12	清华大学
17	周锦荣	女	河北省沧州市	1987/8/21	北京大学
18	王西欢	女	河北省张家口市	1987/10/24	北京大学
19	李肖肖	女	河北省张家口市	1986/12/28	中国航空航天大学
20	李雪晶	女	河北省沧州市	1986/4/3	哈尔滨工业大学
21	马静	女	河北省张家口市	1987/5/8	河北大学
22	李如英	女	河北省沧州市	1986/2/12	清华大学
23	尹旭	男	河北省沧州市	1986/12/1	清华大学
24	姚伟	男	河北省沧州市	1986/11/8	华北电力研究学院
25	边永康	男	河北省沧州市	1986/10/3	清华大学
26	王建涛	女	河北省保定市	1986/6/7	中国航空航天大学

图 11-34 预览打印效果

四、取消图表打印

在 Excel 2010 中打印文件的过程中，工作表中包含的图表都会打印出来。如果不想打印工作表中的图表，可以取消图表打印，具体操作方法如下：

Step 01 打开“素材文件/第 11 章/取消图表打印.xlsx”，单击“页面布局”选项卡下“排列”组中的“选择窗格”按钮，如图 11-35 所示。

Step 02 弹出“选择和可见性”任务窗格，单击“工作表中的图形”列表中不需要打印的图片名称右侧的按钮，此时该按钮变成按钮，如图 11-36 所示。

图 11-35 单击“选择窗格”按钮

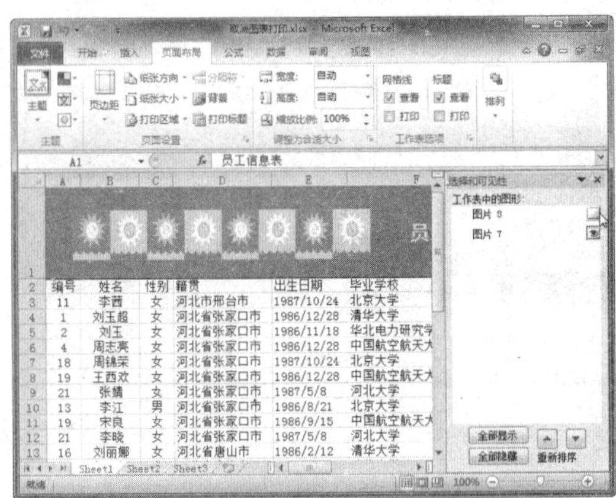

图 11-36 设置图片可见性

Step 03 此时，即可使用打印预览功能查看打印效果，如图 11-37 所示。

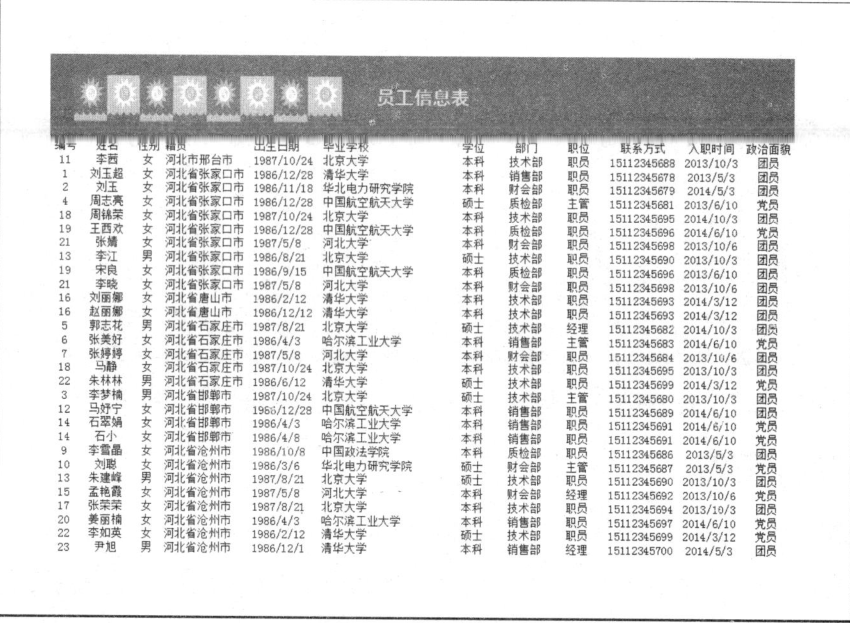

员工信息表

编号	姓名	性别	籍贯	出生日期	毕业学校	学位	部门	职位	联系方式	入职时间	政治面貌
11	李茜	女	河北市邢台市	1987/10/24	北京大学	本科	技术部	职员	15112345688	2013/10/3	团员
1	刘玉超	女	河北省张家口市	1986/12/28	清华大学	本科	销售部	职员	15112345678	2013/5/3	团员
2	刘玉	女	河北省张家口市	1986/11/18	华北电力研究学院	本科	财会部	职员	15112345679	2014/5/3	团员
4	周志亮	女	河北省张家口市	1986/12/28	中国航空航天大学	硕士	质检部	主管	15112345681	2013/6/10	党员
18	周锦荣	女	河北省张家口市	1987/10/24	北京大学	本科	技术部	职员	15112345695	2014/10/3	团员
19	王西欢	女	河北省张家口市	1986/12/28	中国航空航天大学	本科	质检部	职员	15112345696	2014/6/10	党员
21	张婧	女	河北省张家口市	1987/5/8	河北大学	本科	财会部	职员	15112345698	2013/10/6	团员
13	李江	男	河北省张家口市	1986/8/21	北京大学	硕士	技术部	职员	15112345690	2013/10/3	团员
19	宋良	女	河北省张家口市	1986/9/15	中国航空航天大学	本科	质检部	职员	15112345696	2013/6/10	团员
21	李晓	女	河北省张家口市	1987/5/8	河北大学	本科	财会部	职员	15112345698	2013/10/6	团员
16	刘丽娜	女	河北省唐山市	1986/2/12	清华大学	本科	技术部	职员	15112345693	2014/3/12	团员
16	赵丽娜	女	河北省唐山市	1986/12/12	清华大学	本科	技术部	职员	15112345693	2014/3/12	团员
5	郭志花	男	河北省石家庄市	1987/8/21	北京大学	硕士	技术部	经理	15112345682	2014/10/3	团员
6	张美好	女	河北省石家庄市	1986/4/3	哈尔滨工业大学	本科	销售部	主管	15112345683	2014/6/10	党员
7	张婷婷	女	河北省石家庄市	1987/5/8	河北大学	本科	财会部	职员	15112345684	2013/10/6	团员
18	马静	女	河北省石家庄市	1987/10/24	北京大学	本科	技术部	职员	15112345695	2013/10/3	团员
22	朱林林	男	河北省石家庄市	1986/6/12	清华大学	硕士	技术部	职员	15112345699	2014/3/12	党员
3	李梦楠	男	河北省邯郸市	1987/10/24	北京大学	硕士	技术部	主管	15112345680	2013/10/3	团员
12	马妤宁	女	河北省邯郸市	1966/12/28	中国航空航天大学	本科	销售部	职员	15112345689	2014/6/10	团员
14	石翠娟	女	河北省邯郸市	1986/4/3	哈尔滨工业大学	本科	销售部	职员	15112345691	2014/6/10	党员
14	石小	女	河北省邯郸市	1986/4/8	哈尔滨工业大学	本科	销售部	职员	15112345691	2014/6/10	党员
9	李雪晶	女	河北省沧州市	1986/10/8	中国政法学院	本科	质检部	职员	15112345686	2013/5/3	团员
10	刘聪	女	河北省沧州市	1986/3/6	华北电力研究学院	硕士	财会部	主管	15112345687	2013/5/3	党员
13	朱建峰	男	河北省沧州市	1987/8/21	北京大学	硕士	技术部	职员	15112345690	2013/10/3	团员
15	孟艳霞	女	河北省沧州市	1987/5/8	河北大学	本科	财会部	经理	15112345692	2013/10/6	党员
17	张荣荣	女	河北省沧州市	1987/8/21	北京大学	本科	技术部	职员	15112345694	2013/10/3	团员
20	姜丽楠	女	河北省沧州市	1986/4/3	哈尔滨工业大学	本科	销售部	职员	15112345697	2014/6/10	党员
22	李如英	女	河北省沧州市	1986/2/12	清华大学	硕士	技术部	职员	15112345699	2014/3/12	党员
23	尹旭	男	河北省沧州市	1986/12/1	清华大学	本科	销售部	经理	15112345700	2014/5/3	团员

图 11-37　预览打印效果

任务四　使用分页符

任务概述

如果要打印多页工作表，Excel 将自动在其中插入分页符。分页符的位置取决于纸张的大小、页边距设置和设定的打印比例。当需要将文件强制分页时，可以插入分页符。

任务重点与实施

一、插入分页符

若要在需要分页的地方插入分页符，具体操作方法如下：

Step 01 打开“素材文件/第 11 章/插入分页符.xlsx”，在要进行分页的位置选中单元格，如 D10，单击“页面布局”选项卡下“页面设置”组中的“分隔符”下拉按钮，在弹出的下拉列表中选择“插入分页符”选项，如图 11-38 所示。

Step 02 此时，工作表中出现的虚线即是分页符，表格实际被分成了四部分，如图 11-39 所示。

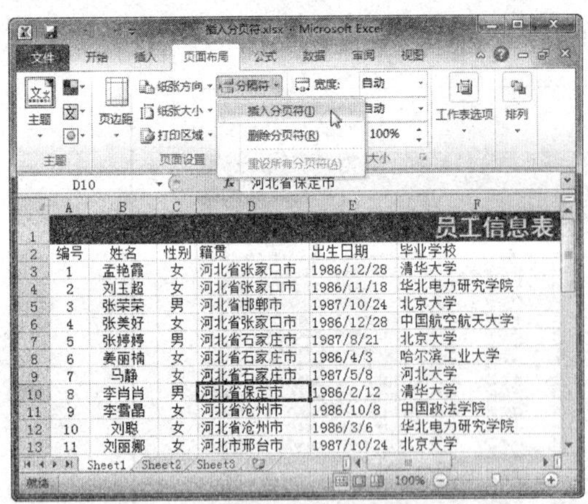

图 11-38　选择“插入分页符”选项

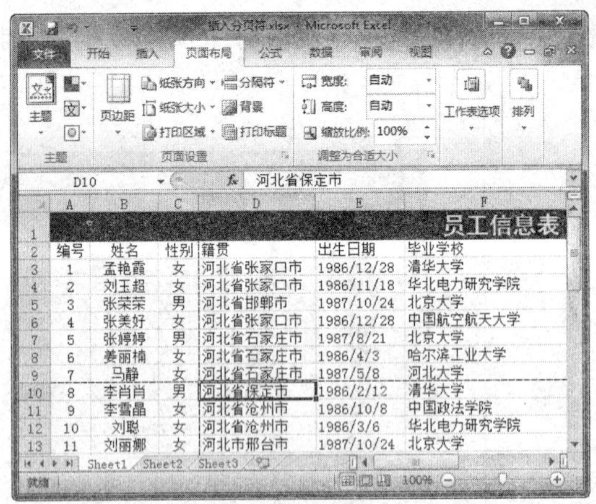

图 11-39　查看分页效果

二、删除分页符

当不需要分页符时可以将其删除，具体操作方法如下：

Step 01　单击“页面布局”选项卡下“页面设置”组中的“分隔符”下拉按钮，在弹出的下拉列表中选择“删除分页符”选项，如图 11-40 所示。

Step 02　此时工作表中的分页符已经被删除，效果如图 11-41 所示。

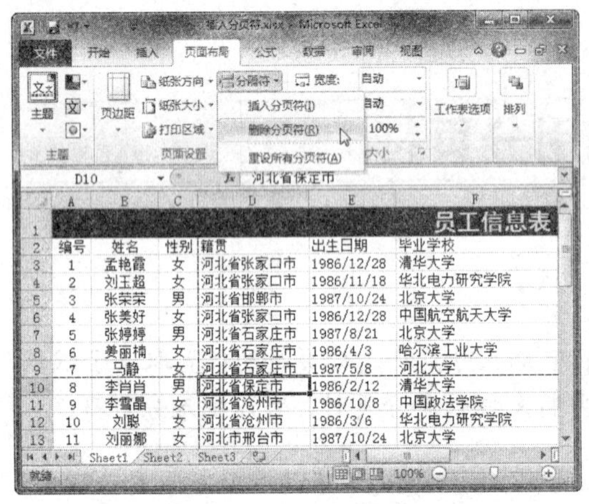

图 11-40　选择“删除分页符”选项

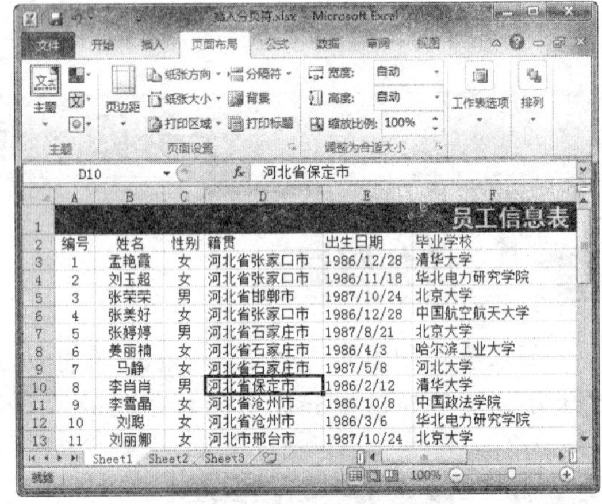

图 11-41　预览删除分页符效果

任务五　设置页眉和页脚

任务概述

页眉位于每一页的顶端，用于标明名称和报表标题，可以由文本或图形组成。页脚位于每一页的底部，用于标明页号和时间等。在 Excel 2010 中，既可以选择内置的页眉和页脚，也可以自定义页眉和页脚。下面将详细介绍如何在表格中设置页眉和页脚。

任务重点与实施

一、设置内置的页眉和页脚

用户可以为每一页表格都设置内置的页眉和页脚，具体操作方法如下：

Step 01　打开“素材文件/第 11 章/选择内置的页眉和页脚.xlsx”，单击“插入”选项卡下“文本”组中的“页眉和页脚”按钮，如图 11-42 所示。

Step 02　此时出现插入页眉文本框，在该文本框中输入页眉文本，然后单击“设计”选项卡下“导航”组中的“转至页脚”按钮，如图 11-43 所示。

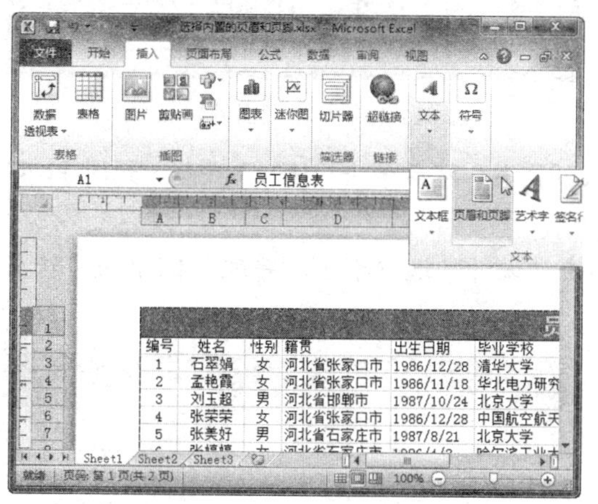

图 11-42　单击“页眉和页脚”按钮

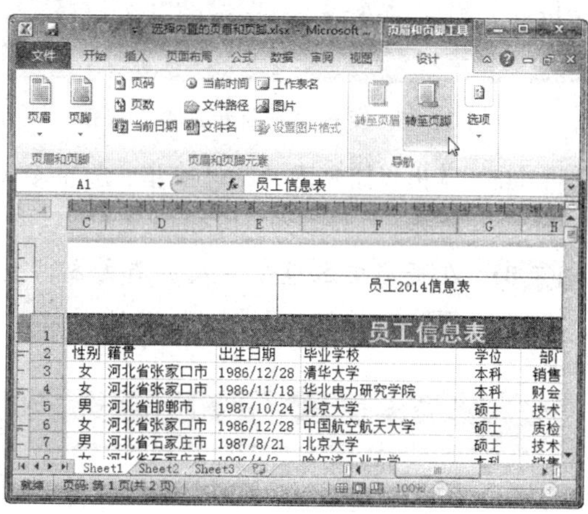

图 11-43　输入页眉文本

Step 03　此时光标跳转到页脚位置，在页脚文本框中输入页脚文本，双击任意单元格结束编辑操作即可，如图 11-44 所示。

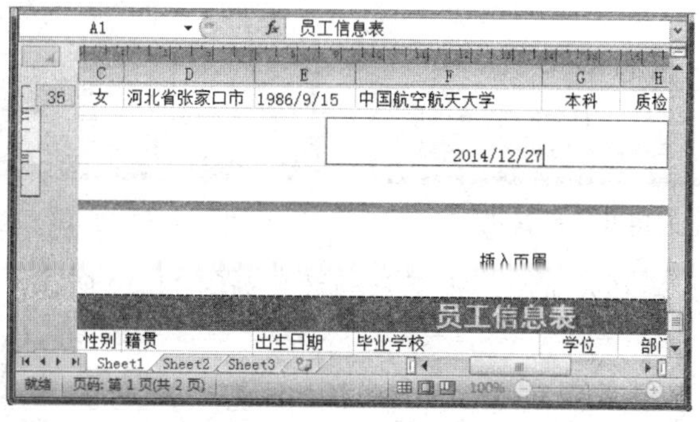

图 11-44　输入页脚文本

二、自定义页眉和页脚

如果对系统提供的页眉和页脚不满意，还可以自定义页眉和页脚，具体操作方法如下：

Step 01　打开“素材文件/第 12 章/自定义页眉和页脚.xlsx”，单击“插入”选项卡下“文本”组中的“页眉和页脚”按钮，如图 11-45 所示。

Step02 单击"设计"选项卡下"页眉和页脚元素"组中的"图片"按钮，如图 11-46 所示。

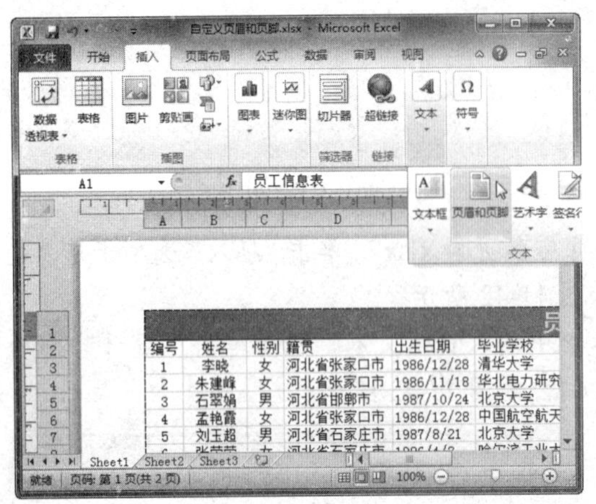

图 11-45 单击"页眉和页脚"按钮

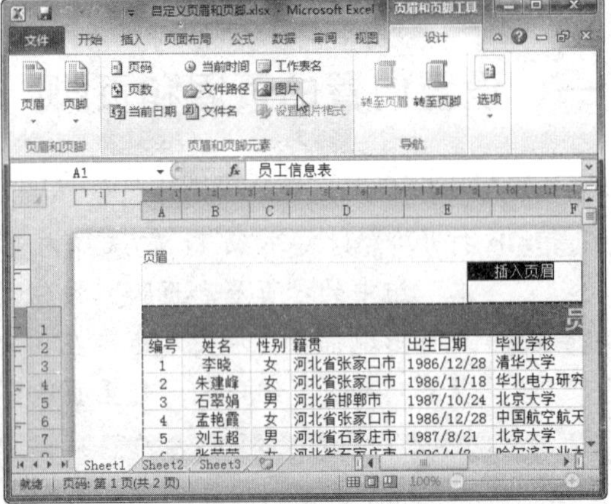

图 11-46 单击"图片"按钮

Step03 弹出"插入图片"对话框，选中要插入的图片，然后单击"插入"按钮，如图 11-47 所示。

Step04 在页眉文本框中输入页眉文本，并单击"设计"选项卡下"导航"组中的"转至页脚"按钮，如图 11-48 所示。

图 11-47 "插入图片"对话框

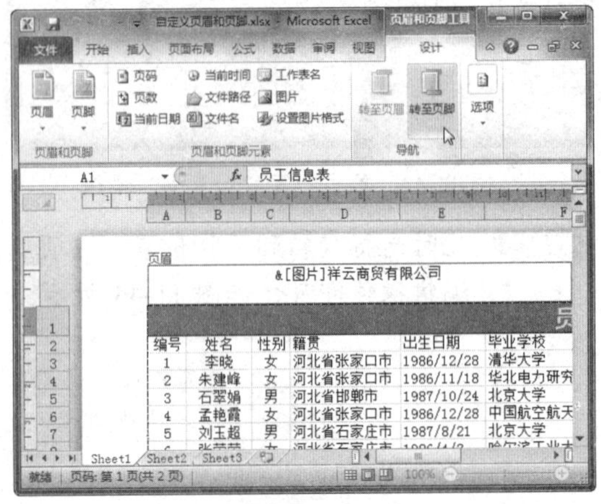

图 11-48 输入页眉文本

Step05 采用同样的方法插入页脚，设置后的效果如图 11-49 所示。

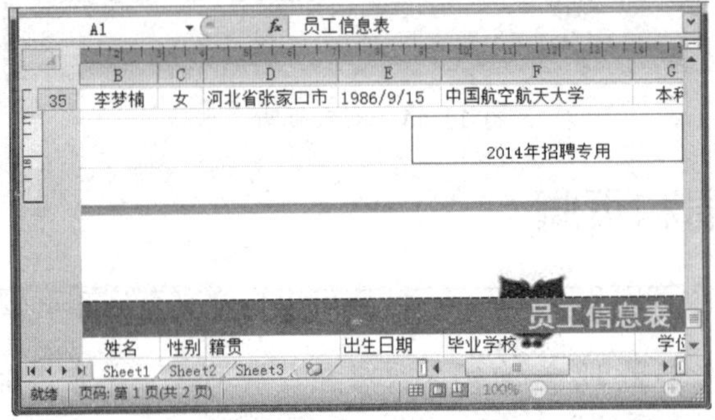

图 11-49 输入页脚文本

三、删除页眉和页脚

当不再需要工作表的页眉和页脚时，可以将其删除，方法如下：

方法 1：使用快捷键删除

Step01　打开“素材文件/第 11 章/删除页眉和页脚.xlsx”，单击“插入”选项卡下“文本”组中的“页眉和页脚”按钮，如图 11-50 所示。

Step02　进入页眉和页脚编辑模式，选中页眉或页脚处的文本或图片元素，按【Delete】键将其删除，如图 11-51 所示。

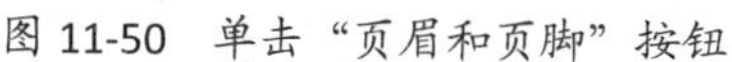
图 11-50　单击“页眉和页脚”按钮

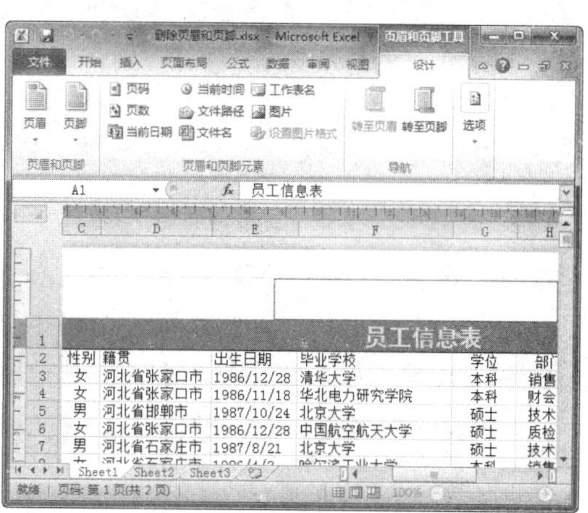

图 11-51　删除页眉

Step03　双击工作表中其他单元格，结束对页眉和页脚的编辑操作，效果如图 11-52 所示。

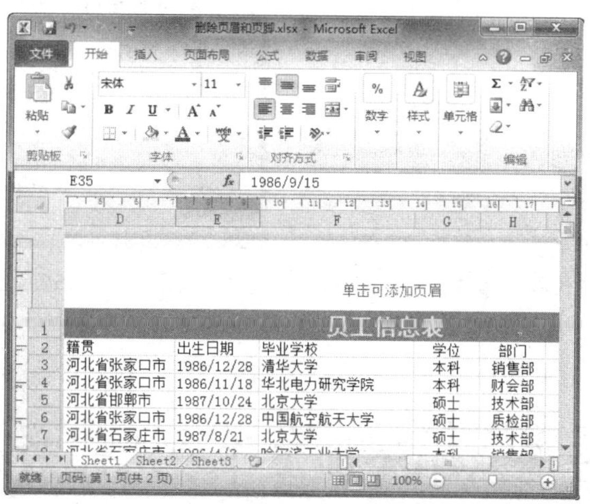

图 11-52　查看删除效果

方法 2：使用功能区按钮删除

Step01　打开“素材文件/第 11 章/删除页眉和页脚.xlsx”，单击“插入”选项卡下“文本”组中的“页眉和页脚”按钮，如图 11-53 所示。

Step 02 单击“设计”选项卡下“页眉和页脚”组中的“页眉”下拉按钮，在弹出的下拉列表中选择“无”选项，如图 11-54 所示。

图 11-53 单击“页眉和页脚”按钮

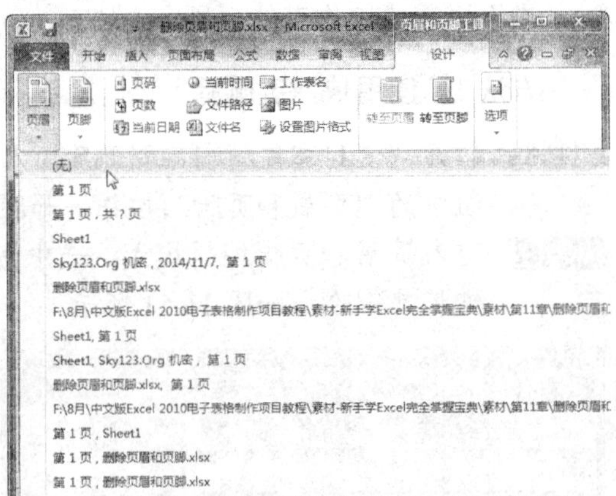

图 11-54 在页眉下拉列表中选择“无”选项

Step 03 单击“设计”选项卡下“页眉和页脚”组中的“页脚”下拉按钮，在弹出的下拉列表中选择“无”选项，如图 11-55 所示。

Step 04 此时，原来的页眉和页脚即被删除，效果如图 11-56 所示。

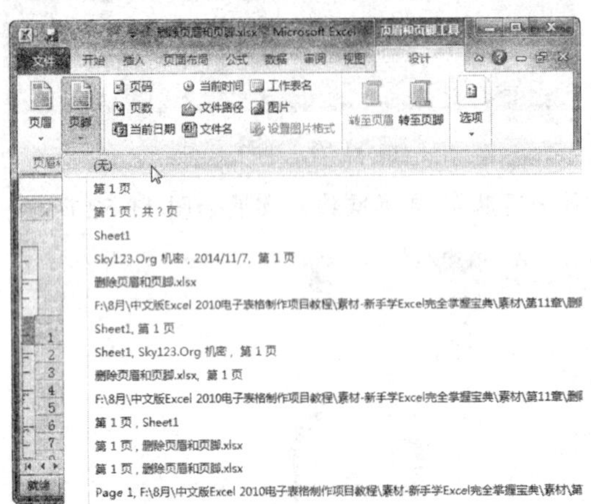

图 11-55 在页脚下拉列表中选择“无”选项

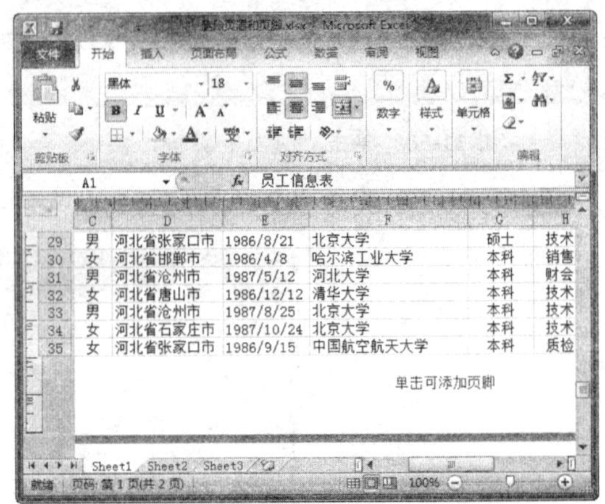

图 11-56 查看删除效果

任务六 添加工作表水印效果

任务概述

在 Excel 2010 中可以为工作表添加水印效果，以满足在特殊文档编辑中的个性化需求。虽然实际上 Excel 并没有提供水印效果功能，但可以模仿制作出水印效果。

任务重点与实施

一、使用页眉或页脚添加水印效果

用户可以使用页面和页脚来添加水印效果，具体操作方法如下：

Step 01 打开“素材文件/第 11 章/使用页眉或页脚添加水印效果.xlsx”，单击“插入”选项卡下“文本”组中的“页眉和页脚”按钮，如图 11-57 所示。

Step 02 单击“设计”选项卡下“页眉和页脚元素”组中的“图片”按钮，如图 11-58 所示。

图 11-57　单击“页眉和页脚”按钮

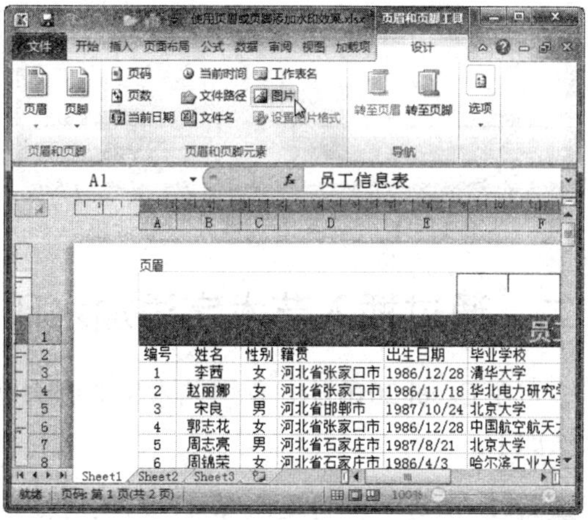

图 11-58　单击“图片”按钮

Step 03 弹出“插入图片”对话框，选择需要插入的图片，单击“插入”按钮，如图 11-59 所示。

Step 04 单击“设计”选项卡下“页眉和页脚元素”组中的“设置图片格式”按钮，如图 11-60 所示。

图 11-59　插入图片

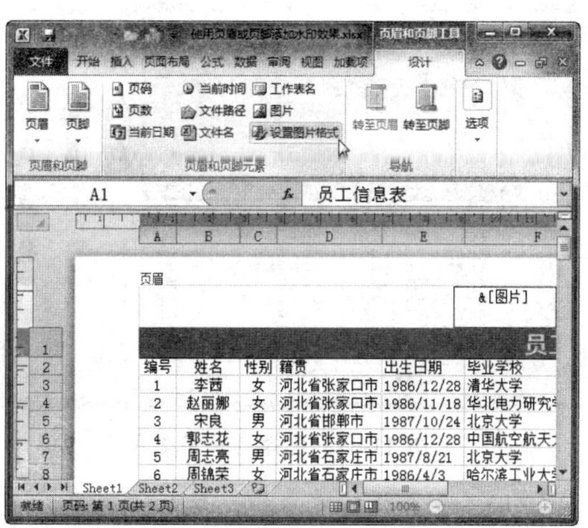

图 11-60　单击“设置图片格式”按钮

Step 05 弹出“设置图片格式”对话框，选择“图片”选项卡，在“颜色”下拉列表框中选择“冲蚀”选项，单击“确定”按钮，如图 11-61 所示。

Step 06 此时，插入的图片将以“冲蚀”效果显示，如图 11-62 所示。

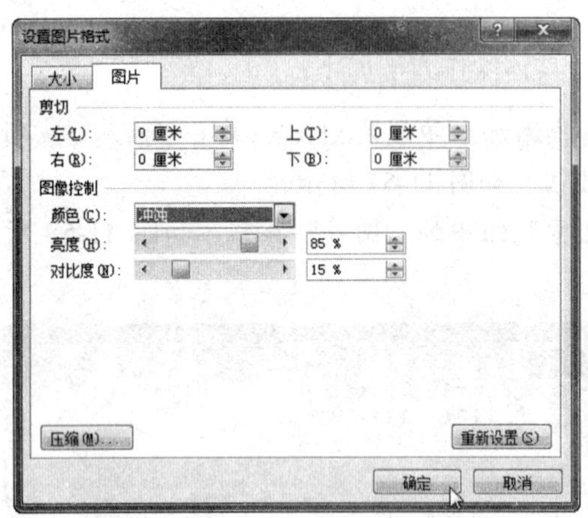

图 11-61 “设置图片格式”对话框

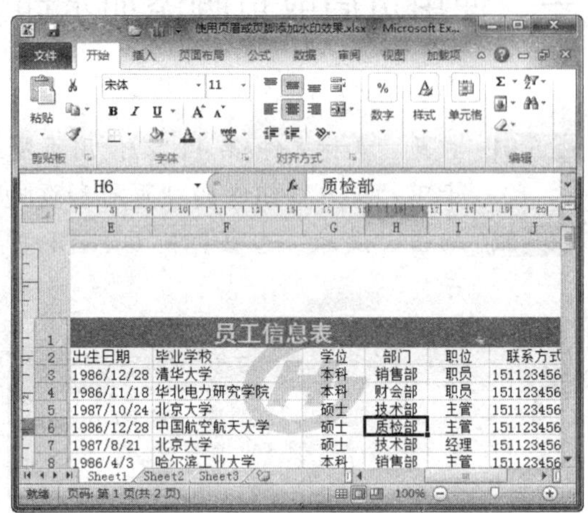

图 11-62 查看图片效果

二、通过插入艺术字添加水印效果

在 Excel 2010 中，使用艺术字的强大功能也可以设计出美观的水印效果，具体操作方法如下：

Step 01 打开“素材文件/第 11 章/使用插入艺术字添加水印效果.xlsx”，单击“插入”选项卡下“文本”组的“艺术字”下拉按钮，在弹出的下拉列表中选择一种艺术字格式，如图 11-63 所示。

Step 02 此时工作表中出现艺术字文本框，在其中输入需要的文本内容，如图 11-64 所示。

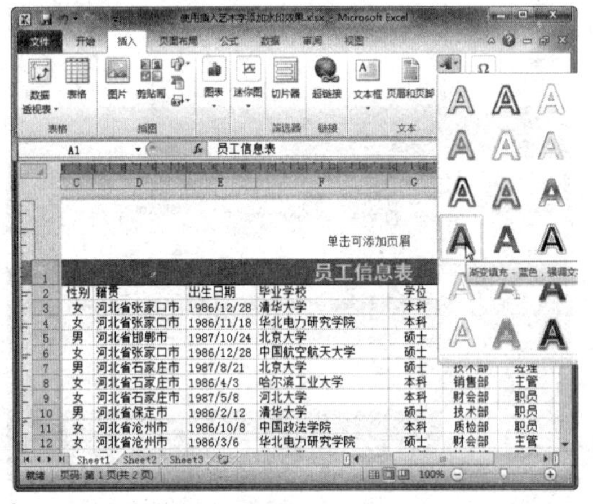

图 11-63 选择艺术字格式

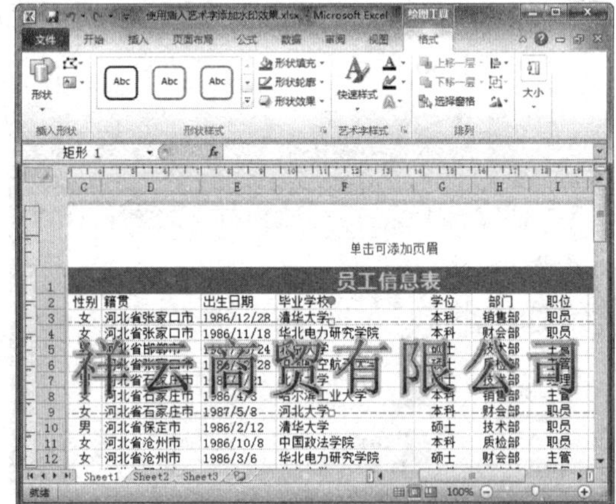

图 11-64 输入文本内容

Step 03 适当旋转文本框，然后调整其位置，如图 11-65 所示。

Step 04 单击“格式”选项卡下“艺术字样式”组中的扩展按钮，如图 11-66 所示。

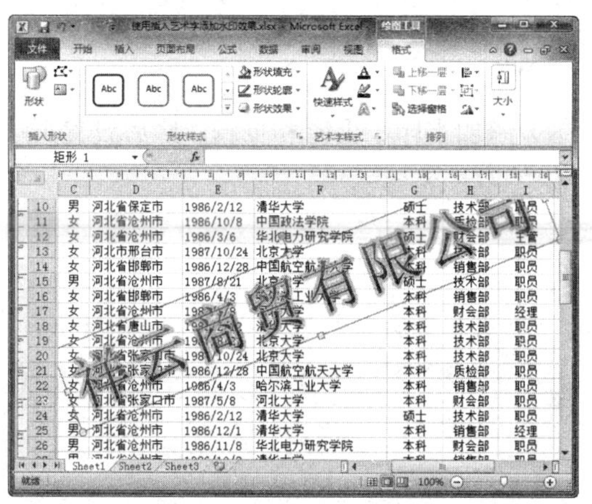

图 11-65　旋转文本框并调整位置

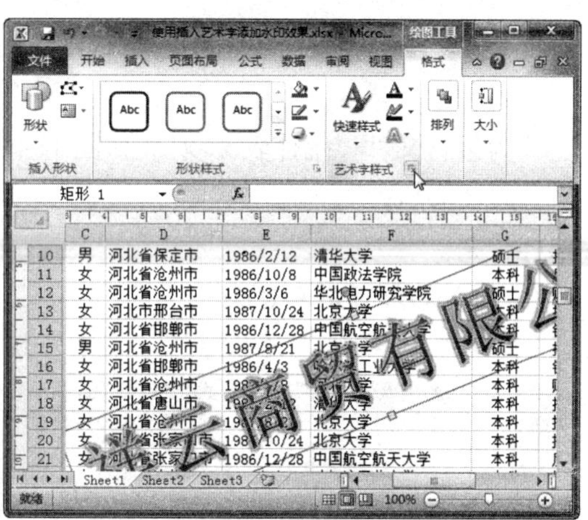

图 11-66　单击扩展按钮

Step 05 弹出“设置文本效果格式”对话框，在左窗格中选择“文本填充”选项，在右窗格中选中“纯色填充”单选按钮，调整透明度到较大的数值，单击“关闭”按钮，如图 11-67 所示。

Step 06 调整透明度后，此时的艺术字效果如同水印效果，如图 11-68 所示。

图 11-67　“设置文本效果格式”对话框

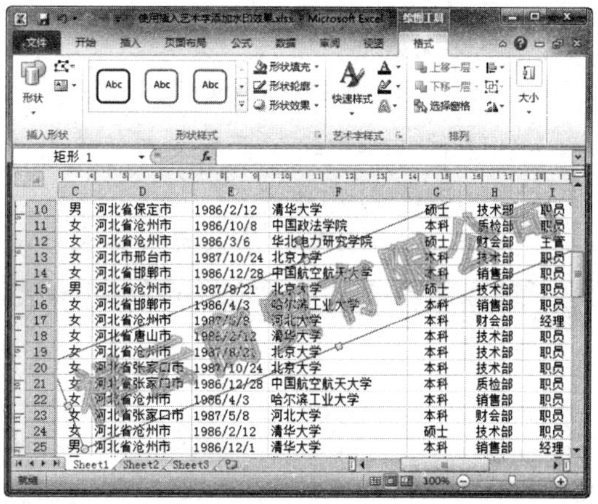

图 11-68　查看水印效果

项目小结

本项目主要介绍了如何使用 Excel 打印输出数据，其中包括设置页面版式，设置打印选项，打印预览与打印，使用分页符、设置页眉和页脚，以及添加工作表水印效果等方法。通过对本项目的学习，读者应重点掌握以下知识：

（1）为工作表设置页边距、纸张大小和打印方向。

（2）根据需要设置打印选项，并打印文档。

（3）为工作表插入分页符。

（4）为工作表插入页眉和页脚。

（5）为工作表添加水印效果。

项目习题

为素材文件“统计表.xlsx”（如图 11-69 所示）添加水印、页眉和页脚，然后设置页边距并打印 20 份。

操作提示：

（1）添加页眉和页脚

① 单击“插入”选项卡下“文本”组中的“页眉和页脚”按钮，如图 11-70 所示。

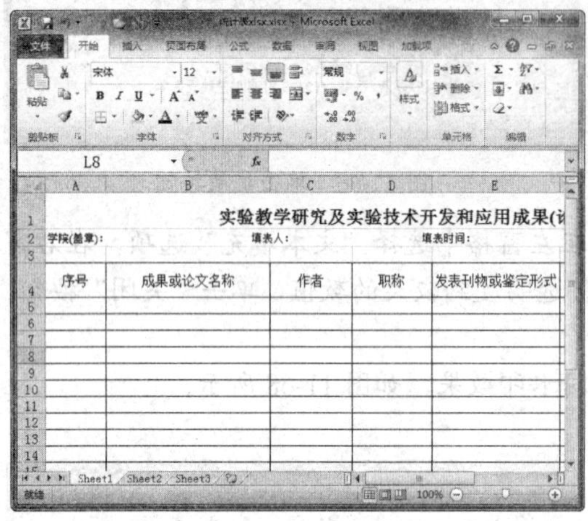

图 11-69　素材文件

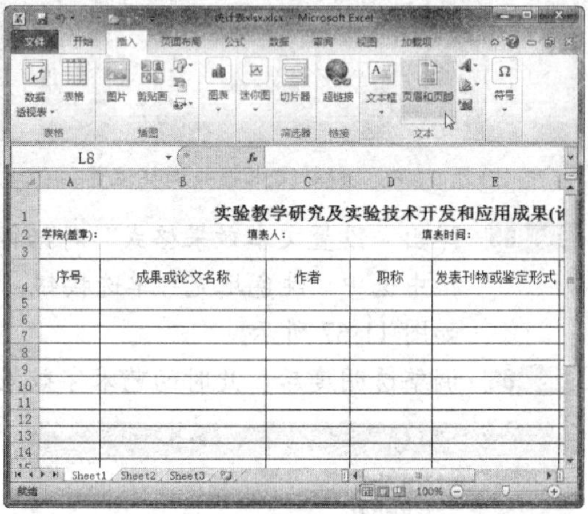

图 11-70　单击“页眉和页脚”按钮

② 在文本框中输入页眉文本，单击“设计”选项卡下“导航”组中的“转至页脚”按钮，如图 11-71 所示。

③ 在页脚文本框中输入页脚文本，双击任意单元格结束编辑操作，如图 11-72 所示。

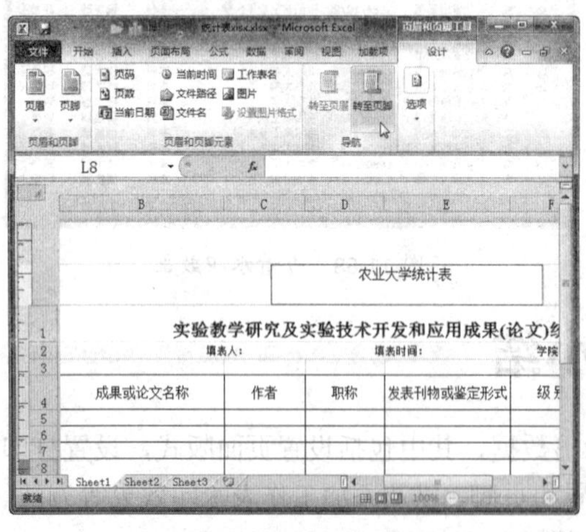

图 11-71　输入页眉文本

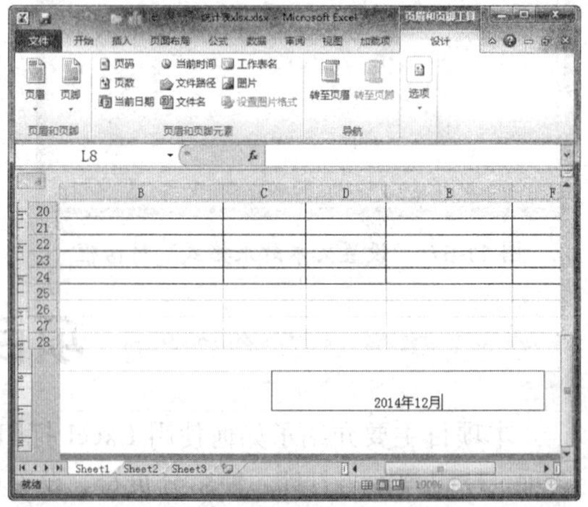

图 11-72　输入页脚文本

（2）添加水印效果

① 单击“插入”选项卡下“文本”组中的“艺术字”下拉按钮，在弹出的下拉列表中选择一种艺术字格式，如图 11-73 所示。

② 此时工作表中出现文本框，在其中输入需要的文本内容，调整文本框的角度和位置，然后单击“格式”选项卡下“艺术字样式”组中的扩展按钮，如图 11-74 所示。

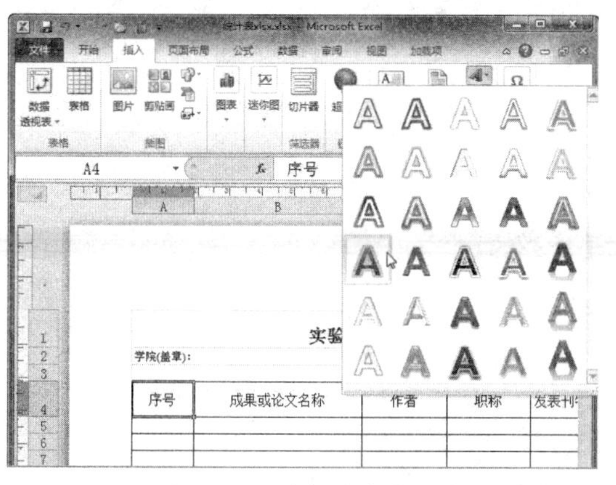

图 11-73　选择艺术字格式

图 11-74　输入文本

③ 弹出“设置文本效果格式”对话框，在左窗格中选择“映像”选项，在右窗格中调整各项数值，然后单击“关闭”按钮，如图 11-75 所示。

④ 此时，即可查看添加的水印效果，如图 11-76 所示。

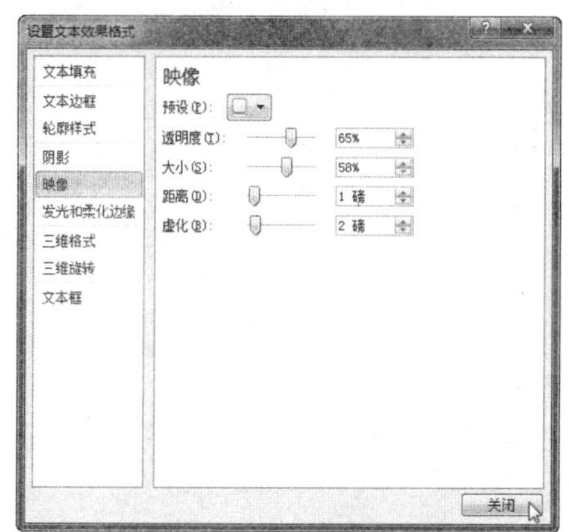

图 11-75　设置文本效果

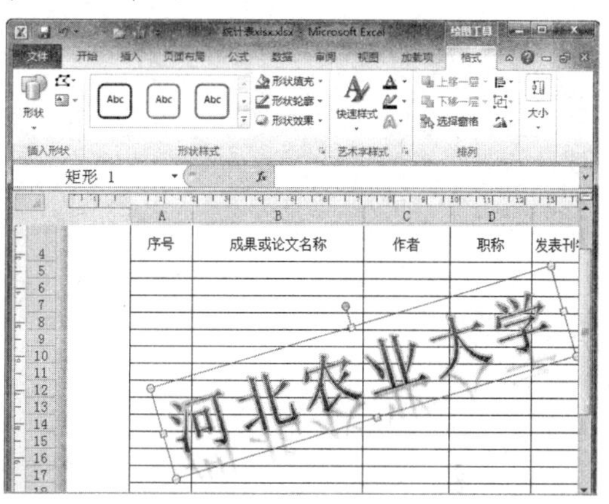

图 11-76　查看水印效果

（3）打印文档

① 单击“文件”按钮，在弹出的 backstage 视图中选择“打印”选项，单击“自定义边距”下拉按钮，在弹出的下拉列表中选择“宽”选项，如图 11-77 所示。

② 在“份数”数值框中输入 20，选择打印机后单击“打印”按钮，即可打印文档，如图 11-78 所示。

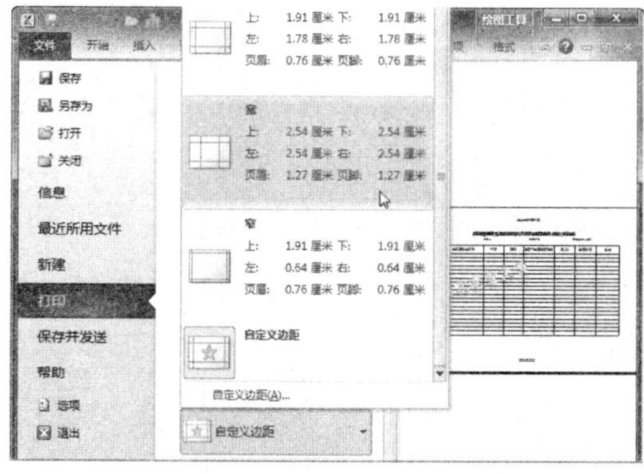

图 11-77　设置页边距

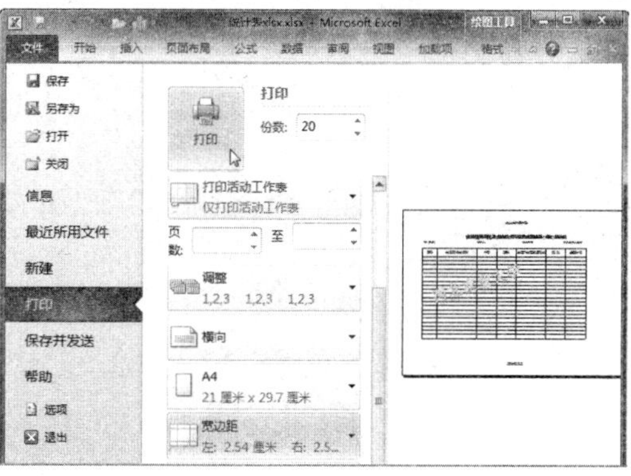

图 11-78　打印文档